扫码查看资源

# 算法设计

# 与分析

主　编◎高丽伟

副主编◎杨海军　薛现斌

SUANFA SHEJI

YU FENXI

北京师范大学出版集团
BEIJING NORMAL UNIVERSITY PUBLISHING GROUP
北京师范大学出版社

**图书在版编目(CIP)数据**

算法设计与分析/高丽伟主编. —北京：北京师范大学出版
社，2025.1

ISBN 978-7-303-29801-3

Ⅰ.①算… Ⅱ.①高… Ⅲ.①电子计算机-算法设计 ②
电子计算机-算法分析 Ⅳ.①TP301.6

中国版本图书馆 CIP 数据核字(2024)第 034286 号

---

出版发行：北京师范大学出版社 https://www.bnupg.com
　　　　　北京市西城区新街口外大街 12-3 号
　　　　　邮政编码：100088
印　　刷：北京虎彩文化传播有限公司
经　　销：全国新华书店
开　　本：787 mm×1092 mm　1/16
印　　张：24
字　　数：550 千字
版　　次：2025 年 1 月第 1 版
印　　次：2025 年 1 月第 1 次印刷
定　　价：59.80 元

---

策划编辑：赵洛育　　　　　责任编辑：赵洛育
美术编辑：焦　丽　　　　　装帧设计：焦　丽
责任校对：陈　民　　　　　责任印制：马　洁

# 内 容 简 介

  本书按照算法策略进行划分，每一章都引入了若干经典问题。本书内容共 10 章，包括算法设计与分析基础、算法工具 STL、蛮力法、递归与分治法、贪心法、动态规划法、回溯法与分支限界法、图的搜索算法、计算几何算法、随机算法。

  本书的特色是按照算法之间的逻辑关系编排学习顺序，并对第 3～第 7 章的核心算法的经典问题给出了完整的 C、C＋＋编程语言的实现程序，是一本既能让读者清晰、轻松地理解算法思想，又能让读者通过编程实现算法的实用书籍。建议读者对照本书在计算机上自己创建项目、文件，进行录入、调试程序等操作，从中体会算法思想的精髓，体验编程成功带来的乐趣。同时，考虑到初学者所面临的困难，本书在算法设计与描述中刻意增加了基于源代码的程序设计与实现环节，从而全方位地帮助读者提高算法设计与分析的实践能力和理论水平。

  本书注重原理与实践结合，配有大量图表、习题、实验题，内容丰富，概念讲解清楚，表达严谨，逻辑性强，语言精练，可读性好，既可以作为高等院校计算机专业"算法设计与分析"课程的教材，也可以作为广大工程技术人员和自学读者的参考用书。

# 前　言

教育是国之大计、党之大计。党的二十大报告明确提出，坚持教育优先发展，到2035年建成教育强国，首次将"实施科教兴国战略，强化现代化建设人才支撑"作为一个单独部分，并把"教育、科技和人才"三者联系在一起加以论述、部署，且有关教育的论述出现在经济之后，排在各项战略任务的第二位，充分体现了教育的基础性、战略性地位和作用。

随着大数据时代的到来，"数据挖掘""人工智能"等与算法相关的词语已成为IT行业流行的词汇。若想以最少的成本、最快的速度、最好的质量开发出适合各种应用需求的软件，就必须遵循软件工程的原则，设计出高效率的程序。软件的效率和稳定性取决于软件中所采用的算法，然而，程序设计的"灵魂"就是解决问题的算法。现阶段，我国对于算法方面的人才需求与日俱增，为了满足这一需求，培养出优秀的软件研究与设计人才，绝大多数高校的计算机及相关专业开设了"算法设计与分析"课程，它早已成为计算机科学与技术、智能科学与技术、软件工程、人工智能等本科专业的核心课程。

为了适应"新工科"背景下计算机相关专业算法类课程的教学模式及我国计算机各类人才的需要，本书以算法设计策略为主线，系统地介绍了计算机算法的设计方法与分析技巧，以期为计算机学科的学生提供广泛而坚实的计算机算法基础知识，提升学生的算法设计能力、综合应用能力和创新能力，立足培养学生跟上国际计算机科学技术的发展水平。

本书对各类算法的介绍深入浅出、通俗易懂，注重理论与实践相结合。为了适应高等院校的人才培养模式，本书各章均配套相关的实验内容，以增强学生学有所得和学有所用的体验，激发学生学习算法设计相关知识的兴趣。在学习本书之前，学生已经学习了基本的数据结构知识，能熟练运用一门或多门编程语言，并具备了一定的编程经验。让学生能够利用已学过的知识针对不同的实际问题设计出有效的算法，是本书所要达到的目的。本书的特点是"问题模型化，求解算法化，设计最优化"。

1. 本书内容

全书共10章，各章的内容如下。

第1章为算法设计与分析基础，主要介绍算法、算法设计、算法分析的基本概念，以及常见重要问题的类型和常用算法的设计方法。

第2章为算法工具STL，主要介绍标准模板库STL，STL是C++程序员必须掌握的模板库，掌握它对提升C++编程大有益处。

第3章为蛮力法，介绍了蛮力法的概念与特点，讨论了运用蛮力策略解决几类常见排序问题的设计思想，并介绍了与蛮力法相关的几个经典问题。

第4章为递归与分治法，介绍了递归技术和分治法的基本思想，递归设计实例，以及分治法在二分查找、归并排序、快速排序、堆排序、棋盘覆盖、最大子段和等问题中的应用。这是设计有效算法最常用的策略之一，是必须掌握的方法。

第 5 章为贪心法，介绍了贪心法的基本思想，以及贪心法在经典问题中的应用，这是一种非常重要的算法设计策略，其计算效率很高。按贪心法设计出的许多算法能得出最优解，其中有许多典型问题和典型算法可供学生学习和使用。

第 6 章为动态规划法，介绍了动态规划的原理和求解步骤，讨论了采用动态规划法求解斐波那契数列、排队买票问题、凑硬币问题、数字塔问题、最长公共子序列问题、流水作业调度问题、资源分配问题、最短路径问题等经典问题的算法设计。

第 7 章为回溯法与分支限界法，介绍了问题的解空间的概念和回溯法与分支限界法的基本思想，讨论了回溯法与分支限界法的异同，并对比了这两种算法在 0/1 背包问题、旅行商问题等经典问题中的应用。

第 8 章为图的搜索算法，在前 7 章讨论过的算法设计方法的基础上设计了有效的图的搜索算法，探讨了几个基本应用问题，并介绍了网络流的相关概念以及求最大流、割集与割量、求最小费用最大流的算法。

第 9 章为计算几何算法，介绍了计算几何中常用的向量运算以及求解凸包问题、最近点对问题和最远点对问题的典型算法。

第 10 章为随机算法，主要讨论了蒙特卡罗算法、舍伍德算法和拉斯维加斯算法 3 类随机算法的应用。

2. 本书特色

(1)课程思政融入教学

本课程要求学生具备算法设计与分析技能的同时，更关注大学生的心理健康问题。本书配套的电子资料包含大量教学案例，引导学生树立正确的价值观和人生观，激发学生科技报国的历史担当，自觉抵制外界的一些负面影响和诱惑，帮助学生把精力集中到学习科学知识的主业中，培养学生具备精益求精的工匠精神、科技报国的使命担当，以及坚定"四个自信"的爱国主义精神。本课程的主讲教师应秉承创新精神、匠心精神，与时俱进地不断完善和提升课程质量，力争为祖国培养更多德才兼备的青年才俊，为教学改革贡献自己的力量。

(2)编程语言之间的共性与个性的比较

本书的核心语言是 C 语言，第 3～第 7 章中核心算法的经典问题的代码采用了 C、C++语言同时实现(Java 的完整实现代码扫二维码可以查阅)，同一个算法使用多种语言进行编写、对比和分析，能提高学生的综合能力。本书是一本既能让学生清晰、轻松地理解算法思想，又能让学生编程实现算法的实用书籍。

(3)由浅入深，循序渐进

每种算法策略从设计思想、算法框架入手，由易到难地讲解经典问题的求解过程，使读者既能学到求解问题的方法，又能通过对算法策略的反复应用掌握其核心原理，以达到融会贯通之效。

(4)注重问题导向的学习内容设计

本书将各种算法应用于多个有趣的现实问题的解决过程中，以问题为导向来促进学生思考并体会算法的精妙之处与用途，进而提升其学习效果。

（5）注重求解问题的多维性

同一个问题可采用多种算法策略实现，如0/1背包问题分别采用回溯法、分支限界法和动态规划法求解。通过不同算法策略的比较，使学生更容易体会到每一种算法策略的设计特点和优缺点，以提高其算法设计的效率。

（6）配套资源丰富

为了加深学生对知识的理解，各章配有难易适当的习题、实验题，以适应不同程度的学生练习的需要。本书还配套有教学计划、教学大纲、PPT课件、教材源代码、实验源代码等丰富的教学资源供教师授课使用。

3. 结束语

本书由兰州财经大学高丽伟、杨海军，贵州大学薛现斌共同编著而成。其中，高丽伟编写了第4、第5、第6、第7、第10章；杨海军编写了第2、第9章，并完成了本书图片的绘制和校正工作；薛现斌编写了第1、第3、第8章，并负责全书代码的测试和校正工作。

本书是课程组全体教师多年教学经验的总结和体现，在编写过程中，编者参考了很多同行的教材和网络博客。由于编者水平有限，书中疏漏在所难免，故殷切希望广大读者及同行专家、教师能够批评指正，以便修改完善。编者 E-mail 为 glwdz324@163.com。

编者

2024 年 9 月

# 目　　录

# 第 1 章　算法设计与分析基础

(1) 理解算法的基本概念。

(2) 掌握算法的描述方法。

(3) 掌握算法设计的基本步骤。

(4) 掌握算法的时间复杂度与空间复杂度的分析方法。

**内容导读**

"算法是计算机科学的核心""没有算法，就没有计算机程序"，很多计算机及相关学科的专家赋予了算法很高的地位，可见其在整个计算机科学中的重要性。无论是否为计算机相关专业的学生，学习算法都可以培养其分析问题和解决问题的能力。毕竟，算法可以被看作解决问题的方法，尽管它不是问题的答案，但它是经过准确定义以获得答案的过程。因此，不管是否涉及计算机，特定的算法设计技术都能看作问题求解的有效策略。

计算机系统中的任何软件都是由一个个特定的算法来实现的。用什么方法来设计算法，如何判定一个算法的性能，设计的算法需要多少运行时间、多少存储空间，这些问题都是开发一款软件时必须考虑的。算法性能的好坏直接决定了软件性能的优劣。

本章主要介绍算法、算法设计、算法分析的基本概念，以及常见重要问题的类型和常用算法的设计方法。

# 1.1　算法概述

## 1.1.1　什么是算法

众所周知，算法是程序的"灵魂"。只有对需要解决的计算问题有一个正确的算法才可能编写出解决此问题的程序。算法研究是计算机科学的主要任务之一。利用计算机解决一个实际问题时，首先是选择一个合适的数学模型来表示问题，以便抽象出问题的本质特征；其次就是寻找一种算法，作为问题的一种解法。那么什么是算法？算法有什么基本特征？算法的组成部分有哪些？

## 1. 算法的定义

算法就是解决一个计算问题的一系列计算步骤有序、合理的排列。算法是解题方案的准确而完整的描述，也就是解题的方法和步骤。对一个具体问题(有确定的输入数据)依次执行正确算法中的操作步骤，最终将得到该问题的解(正确地输出数据)。

计算机科学中讨论的算法是由计算机来执行的，也可由人模拟计算机用笔和纸执行。算法中最底层的操作是对用存储器实现的变量赋值，这样整个算法就变成一个信息变换器，即对任意一组给定的输入值，产生一组唯一确定的输出结果值。

对算法(Algorithm)一词给出精确的定义是很难的。算法是用计算机解决某一类特定问题的一组规则的有穷集合，或者说是对特定问题求解步骤的一种描述，它是指令的有限序列。

也可以说，算法是将输入转化为输出的一系列计算步骤，它取某些数值或数值的集合作为输入，并产生某些值或值的集合作为输出。因此，算法是将输入转化为输出的一系列计算步骤。计算机科学中，算法已经逐渐成为用计算机解决问题的精确、有效方法的代名词。

下面举两个例子来说明算法。

【例 1.1】假设作业是 10 道数学应用题，学生必须一道题、一道题地进行解答，解答每道题的过程是相同的：审题→思考→解答，并验算检查有无错误，若无误，则做下一道题；若有误，则重做这一道题。直到 10 道题都解答完，作业才算完成。解题的方法和步骤如图 1.1 所示。

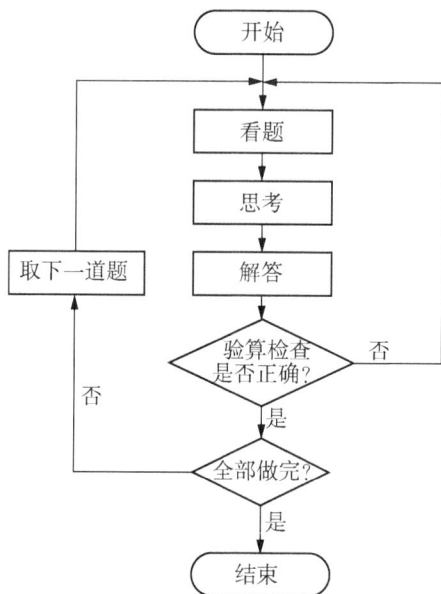

图 1.1　解题的方法和步骤

一个学生做任何作业都可以按这个"算法"执行，每次执行都产生相应的结果，这个算法的执行者是人而不是机器。

【**例1.2**】求任意两个整数 $m$ 和 $n(0<m<n)$ 的最大公约数，称为**欧几里得算法**，记为 $gcd(m，n)$。作为例子，这里用了 3 种方法来解决这一问题，用以阐明算法概念中的以下几个要点。

(1)算法的每一个步骤都必须清晰、明确。

(2)算法所处理的输入的值域必须仔细定义。

(3)同一个算法可以用几种不同的形式来描述。

(4)可能存在几种解决相同问题的算法。

(5)针对同一个问题的算法可能会基于完全不同的解题思路，且解题速度会有显著不同。

【**程序 1-1**】欧几里得递归算法。

```
void  swap(int  &a,int  &b)
{  int  c;
   c=a;  a=b；b=c;
}
int  rgcd (int  m,int  n)
{  if( m==0)  return  n;
   return  rgcd(n% m, m);
}
int  gcd(int  m,int  n)
{  if(m>n)  swap(m,n);
   return  rgcd(m, n);
}
```

【**程序 1-2**】欧几里得迭代算法。

```
int  gcd(int  m, int  n)
{  if (m==0)  return n;
   if (n==0)  return m;
   if(m>n)  swap(m,n);
   while(m>0)
   {  int c=n% m;
       n=m;
       m=c;
   }
   return n;
}
```

【**程序 1-3**】欧几里得的连续整数检测算法。

```
int  gcd(int  m, int  n)
{  int t;
   if( m==0)
   return n;
```

```
    if( n==0) return  m;
    int  t=m>n? n:m;
    while( m%t || n%t)  t--;
    return t;
}
```

简言之，算法就是有效求出问题的解，对问题求解过程的精确描述。那么一个算法应该具有哪些基本特征呢？

**2. 算法的特征**

算法通常具有以下几个特征。

（1）输入

一个算法可以有零个或多个输入（Input）。这些输入是在算法开始之前给出的量，它们取自特定对象的集合，通常体现为算法中的一组变量，如程序 1-1 中有两个输入 $m$、$n$。当然，有些算法也可以没有输入，如求 10 以内素数的算法。

（2）输出

一个算法必须具有一个或多个输出（Output），以反映算法对输入数据加工后的结果。这些输出是同输入有某种特定关系的量，实际上是输入的某种函数。不同取值的输入会产生不同的输出结果。没有输出的算法是没有意义的。例如，程序 1-1 中的输出是输入 $m$、$n$ 的最大公约数。

（3）确定性

确定性（Definiteness）指算法中的每一个步骤都必须是有明确定义的，必须是足够清楚的、无二义性的，不允许有模棱两可的解释。确定性保证了以同样的输入多次执行一个算法时，必定产生相同的结果，否则一定是执行者出了差错。例如，程序 1-1 中的两个输入 $m$、$n$ 一定是从正整数集合中抽取的。

（4）可行性

算法的可行性（Effectiveness）也称为有效性，算法中所有的操作都必须足够基本，使算法的执行者或阅读者明确其含义以及如何执行。它们可以通过已经实现的基本运算执行有限次数来实现；每种运算至少在原理上均能由人用纸和笔在有限的时间内完成。例如，"增加变量 $x$ 的值"或"把 $x$ 和 $y$ 的最大公因子赋给 $z$"都不够明确，前者不知增加多少，后者不知如何去操作。如果一个算法有缺陷或不适合解决某个问题，那么执行这个算法将不会解决问题。

（5）有穷性

算法的有穷性（Finiteness）是指算法必须总能在执行有限步骤之后终止，且每一步的时间是有限的。如果一个算法需要执行千万年，就失去了实用价值。例如，程序 1-1 中输入任意正整数 $m$、$n$，再把 $m$ 除以 $n$ 的余数赋值给 $n$，从而使 $n$ 值变小，如此重复进行，最终使 $n=0$，算法终止。再如，1 除以 3 等于 0.3333…，如果规定保留小数点第几位，则按照四舍五入的方法计算就可以确定一个值，而不是无穷计算下去。

**【例 1.3】** 有下列两段算法描述，这两段描述均不能满足算法的特征，试问它们违反了算法的哪些特征？

描述1：

```
void exam1()
{  int n;
    n＝2;
    while (n%2＝＝0)
      n＝n＋2;
    printf("%d\n", n);
}
```

描述2：

```
void  exam2()
{  int  x，y;
    y＝0;
    x＝5/y;
    printf("%d,%d\n", x,y);
}
```

**解：** 第一段描述的算法出现了死循环，违反了算法的有穷性特征。

第二段描述的算法出现了除零错误，违反了算法的可行性特征。

**3．算法的基本要素**

一个算法通常由两种基本要素组成：一是对数据对象的运算和操作，二是算法的控制结构。

（1）对数据对象的运算和操作

在一般的计算机系统中，基本的运算和操作有如下4类。

①算术运算：主要包括加、减、乘、除等运算。

②逻辑运算：主要包括与、或、非等运算。

③关系运算：主要包括大于、小于、等于、不等于等运算。

④数据传输：主要包括赋值、输入、输出等操作。

（2）算法的控制结构

一个算法的功能不仅取决于选用的操作，还与各操作之间的执行顺序有关。算法中各操作之间的执行顺序称为算法的控制结构。

一个算法一般可以由顺序、选择、循环（当型循环或直到型循环）3种控制结构组成。如例1.1中，"审题→思考→解答"是顺序执行；"验算检查"是选择控制结构；"对就继续执行，错则重做"是循环控制结构。

**4．算法的描述方式**

描述算法可以有多种方式。

（1）自然语言

自然语言就是人们日常使用的语言，可以是汉语、英语或其他语言。自然语言描述方式就是直接将设计者完成任务的思维过程用其母语描述下来。用自然语言描述算法非常接近人类的思维习惯，是一种非形式描述方式。初学者可以先使用这种方式描述完成任务的步骤，再将其转换为其他描述方式。

（2）流程图

流程图是用规定的图形、流程线、文字说明表示算法的方式，是一种图形方式的描述手段。流程图可以清晰地描述出完成解题任务的方法及步骤，是使用最早的算法描述工具之一。它的优点是非常直观，图 1.1 即为例 1.1 所示问题的解题方法和步骤的流程图。

（3）N-S 流程图

N-S 流程图（简称 N-S 图）是 1973 年提出的一种新的流程图形式，其名称来源于提出它的两位美国学者艾克·纳西（Ike Nassi）和本·施奈德曼（Ben Shneiderman）。基本程序结构的 N-S 图，如图 1.2 所示。

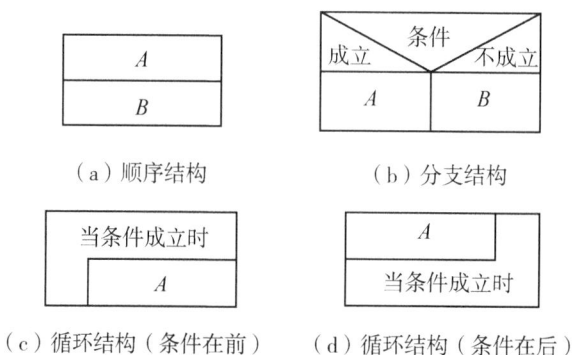

（a）顺序结构　　　　　　　（b）分支结构

（c）循环结构（条件在前）　　（d）循环结构（条件在后）

图 1.2　基本程序结构的 N-S 图

N-S 图也是图形方式的描述手段。N-S 图中去掉容易引起麻烦的流程线，不允许随意使用转移控制，全部算法都写在一个框内，框内还可以包含其他框。这种流程图适用于结构化程序设计，能清楚地显示出程序的结构，是一种结构化的流程图。N-S 图的优点是简洁，但当嵌套层数太多时，内层的方框将越画越小，从而影响图形的清晰度。

（4）伪代码

伪代码是用介于自然语言和计算机语言之间的文字和符号来描述算法，是一种描述语言。它不使用图形符号，因此比较紧凑、简洁，也比较好懂，与程序语言的形式非常接近，也容易转换为高级语言程序，是常用的算法描述方式。例如，输入 3 个数，输出其中最大的数。可用以下伪代码表示。

```
Begin(算法开始)
   输入 A,B,C
   IF A>B 则 A→Max
   否则 B→Max
   IF C>Max 则 C→Max
   Print Max
End(算法结束)
```

伪代码只是一种描述程序执行过程的工具，是一种在程序设计过程中表达想法的非正式的符号系统，是面向读者的，不能直接用于计算机，实际使用时还需将其转换为某种计算机语言来表示。无论采用何种算法描述方式，若最终要在计算机中执行，则都需要将其转换为相应的计算机语言程序。

(5)程序设计语言

程序设计语言是能够被计算机执行的算法描述，是所有算法描述方法中最清晰的、简明的、严谨的表达。但它也存在一些缺点，如需要用特定的程序设计语言实现算法；限制了使用不同程序语言的算法设计人员之间的交流；注重算法步骤的细节描述而忽视了算法的本质；掌握程序设计语言需要消耗大量的时间。

**5. 算法与程序和数据结构的关系**

(1)算法与程序

算法的概念与程序(Program)十分相似，但也有很大的不同。算法代表了对特定问题的求解，算法是行为的说明，是一组逻辑步骤。而程序是算法用某种程序设计语言的表述，是算法在计算机上的具体实现。执行一个程序就是执行一个用计算机语言表述的算法。因此，算法也常被称为一个可行的过程。

算法在描述上一般使用半形式化的语言，而程序是用形式化的计算机语言描述的，是使用一些特殊编程语言表达的算法。算法对问题求解过程的描述可以比用程序描述粗略一些，算法经过细化以后可以得到程序。

一个算法可以用不同的编程语言编写出不同的程序，但它们遵循的逻辑步骤是相同的，它们都表达同样的算法，它们不是同样的程序。例如，同一道菜肴的制作步骤，可以分别使用英语、法语和日语写成。这是不同的3个菜谱，但是它们都表达同一个操作步骤。

程序并不都满足算法所要求的特征，例如，操作系统是一个在无限循环中执行的程序，不具备"有穷性"的特征，因而"操作系统"是一种程序而不是一个算法。

(2)算法与数据结构

算法与数据结构既有联系又有区别。

**联系**：数据结构是算法设计的基础。算法的操作对象是数据结构，在设计算法时，通常需要构建适合这种算法的数据结构。数据结构设计主要是选择数据的存储方式，如确定求解问题中的数据采用数组存储还是采用链表存储等。算法设计就是在选定的存储结构上设计一个满足要求的好算法。

**区别**：数据结构关注的是数据的逻辑结构、存储结构以及基本操作，而算法更多关注的是如何在数据结构的基础上解决实际问题。算法是编程思想，数据结构则是这些思想的逻辑基础。

不了解施加于数据上的算法就无法决定如何构造数据，可以说算法是数据结构的灵魂；相反，算法的结构和选择往往在很大程度上依赖于数据结构。算法与数据结构是密不可分的，二者缺一不可。因此有人说："**算法＋数据结构＝程序**"。

## 1.1.2 学习算法的重要性

算法是计算机科学的基础，更是程序的基石，只有具有良好的算法基础才能成为训练有素的软件人才。对计算机类专业的学生来说，学习算法是十分必要的。因为你必须知道来自不同计算领域的重要算法，也必须学会设计新的算法、确认其正确性并分析其效率。

随着计算机应用的日益普及，各个应用领域的研究人员和技术人员都在使用计算机求解他们各自专业领域的问题，他们需要设计算法、编写程序、开发应用软件，所以学习算法对于越来越多的人来说变得十分必要。

计算机的操作系统、语言编译系统、数据库管理系统以及各种各样的计算机应用软件，都要用具体的算法来实现。因此算法设计与分析是计算机科学与技术的一个核心问题，也是一门重要的专业基础课程。

通过对算法设计与分析这门课程的学习，读者可以掌握算法设计与分析的方法，用以解决软件开发中所遇到的各种问题，设计相应的算法，并对所设计的算法做出科学的评价。无论是计算机专业技术人员，还是使用计算机的其他专业技术人员，算法设计与分析都是非常重要的。

# 1.2　问题的求解过程

软件开发的过程就是计算机求解问题的过程，使用计算机解题的核心就是进行算法设计。算法是为解决特定问题而采取的有限操作步骤，是对解决方案准确而完整的描述。算法是精确定义的，可以说是问题程序化的解决方案。

## 1.2.1　问题及问题的求解过程

当前情况和预期的目标不同就会产生问题，问题求解(Problem Solving)是寻找一种方法来实现目标。问题的求解过程(Problem Solving Process)是人们使用问题领域的知识来理解和定义问题，并凭借自身的经验和知识去选择和使用适当的问题求解策略、技术和工具，将一个问题的描述转换为对问题求解的过程，如图1.3所示。

计算机求解问题的关键之一是寻找一种问题求解策略(Problem Solving Strategy)，得到求解问题的算法，从而得到问题的解。一个计算机程序的开发过程就是使用计算机求解问题的过程。软件工程(Software Engineering)将软件开发和维护过程分成若干阶段，称为系统生命周期(System Life Cycle)或软件生命周期。通常把软件生命周期

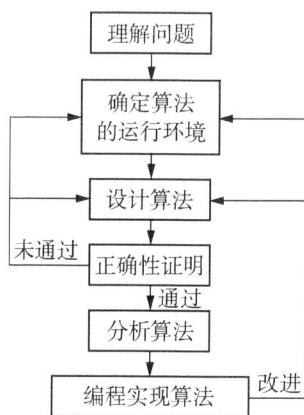

图 1.3　问题求解的过程

划分为分析(Analysis)、设计(Design)、编程(Coding or Programming)、测试(Testing)和维护(Maintenance)5个阶段。前4个阶段属于开发期，最后一个阶段属于运行期。

算法设计的整个过程，可以包含问题需求的说明、数学模型的拟制、算法的详细设计、算法的描述、算法的正确性验证、算法分析、算法的实现、程序测试和文档资料的

编制。在此我们只关心算法的设计和分析。

现在给出在算法设计和分析过程中所要经历的一系列典型步骤。

(1)**理解问题(Understand the Problem)**：在设计算法前首先要做的就是完全理解所给的问题，从而明确定义所要求解的问题，并用适当的方式表示问题。

(2)**设计方案(Devise a Plan)**：求解问题时，需要考虑从何处着手、选择何种问题求解策略和技术进行求解，以得到问题求解的算法。

(3)**实现方案(Carry Out the Plan)**：实现求解问题的算法，使用问题实例进行测试、验证。

(4)**回顾复查(Look Back)**：检查该求解方法是否确实求解了问题或达到了目的。

(5)**评估算法(Evaluation)**：考虑该解法是否可以简化、改进和推广。

## 1.2.2 算法设计与算法表示

### 1. 算法问题的求解过程

算法问题的求解过程本质上与一般问题的求解过程是一致的。求解一个算法问题，需要先理解问题。通过最小阅读对问题的描述，充分理解所求解的问题。

算法一般分为两类：**精确算法**和**启发式算法**。精确算法(Exact Algorithm)总能保证求得问题的解；启发式算法(Heuristic Algorithm)通过使用某种规则、简化或智能猜测来减少问题求解的时间。

对于最优化问题，一个算法如果致力于寻找近似解而不是最优解，则被称为近似算法(Approximation Algorithm)。如果在算法中需做出某些随机选择，则称之为随机算法(Randomized Algorithm)。

### 2. 算法设计策略

使用计算机的问题求解策略主要指算法设计策略(Algorithm Design Strategy)。算法设计策略是使用算法解题的一般性方法，可用于解决不同计算领域的多种问题，是创造性的活动，已经被实践证明一些基本设计策略是非常有用的。值得注意的是要学习设计高效的算法。算法设计方法主要有分治法、贪心法、动态规划法、回溯法、分支限界法等。我们将在后面的章节中陆续介绍这些算法。

### 3. 算法的表示

算法需要用一种语言来描述，算法的表示是算法思想的表示形式。显然，用自然语言描述算法时，往往一个人认为是明确的操作，另一个人却觉得不明确；或者尽管两个人都觉得明确了，但实际上有着不同的理解。因此，算法应该用无歧义的算法描述语言来描述。

计算机语言既能描述算法，又能实际执行。在这里，我们将采用C、C++语言来描述算法。C、C++语言的优点是数据类型丰富，语句精练，功能强，效率高，可移植性好，既能面向对象又能面向过程。用C++语言来描述算法可使整个算法结构紧凑，可读性强，便于修改。此外，本书部分经典算法除了用C、C++语言实现以外，还采用了

Java 语言的实现过程(部分 Java 代码详见数字资源),以提高读者的阅读兴趣,拓展读者的学习视野。

### 1.2.3 算法确认和算法分析

确认一个算法是否正确的活动称为**算法确认**(Algorithm Validation)。其目的在于确认一个算法是否能正确无误地工作,即证明算法对所有可能的合法输入都能得出正确的答案。

**1. 算法证明**

算法证明与算法描述语言无关。使用数学工具证明算法的正确性,称为**算法证明**。有些算法证明简单,有些算法证明困难。在本课程中,仅对算法的正确性进行一般的非形式化的讨论和对算法的程序实现进行测试。

证明算法正确性的常用方法是数学归纳法。如程序 1-1 中求最大公约数的递归算法 gcd,可用数学归纳法证明如下。

设 $m$ 和 $n$ 是整数,$0 \leqslant m < n$。若 $m = 0$,则因 $gcd(0, n) = n$,程序 rgcd 在 $m = 0$ 时返回 $n$ 是正确的。归纳法假定当 $0 \leqslant m < n < k$ 时,函数 $rgcd(m, n)$ 能在有限时间内正确返回 $m$ 和 $n$ 的最大公约数,那么当 $0 < m < n = k$ 时,考察函数 $rgcd(m, n)$,它将具有 $rgcd(n \% m, m)$ 的值。这是因为 $0 \leqslant n \% m < m$ 且 $gcd(m, n) = gcd(n \% m, m)$,故该值正是 $m$ 和 $n$ 的最大公约数,证明完毕。

如果要表明算法是不正确的,举一个反例,即给出一个能够导致算法不能正确处理的输入实例就可以了。

**2. 算法测试**

程序测试(Program Testing)是指对程序模块或程序总体进行测试,输入事先准备好的样本数据(称为测试用例,Test Case),检查该程序的输出,用以发现程序中存在的错误及判定程序是否满足其设计要求的活动。

调试只能指出程序有错误,而不能指出它们不存在错误。测试的目的是发现错误,调试是诊断和纠正错误。大多数情况下,算法的正确性验证是通过程序测试和调试排错来进行的。

**3. 算法分析**

根据算法分析与设计的步骤,在完成算法正确性检验之后,要做的工作就是算法分析。

**算法分析**(Algorithm Analysis)是对算法利用时间资源和空间资源的效率进行研究。算法分析活动将对算法的运行时间和所需的存储空间进行估算。算法分析不仅可以预计算法能否有效地完成任务,而且可以知道算法在最好、最坏和平均情况下的运行时间,比较解决同一问题的不同算法的优劣。

当然在算法编写为程序后,便可使用样本数据实际测量一个程序所消耗的时间和空间,这称为程序的性能测量(Performance Measurement)。

**4. 算法评价**

算法的优劣是经过分析后得出的结果,而为判断算法的效率对其进行的分析即算法分析。但是效率分析并不是算法分析的唯一目的，虽然算法追求的目标是速度，但算法必须首先正确才有存在的意义。

不过，正确性和时间分析并不是算法分析的唯一任务，如果两个算法的时间效率相同，就要比较两个算法实现的空间，空间使用较少者为优。在某些情况下，两个算法的时间、空间效率都有可能相同或相似，这时就要分析算法的其他属性，如稳定性、健壮性、实现难度等，并以此来判断到底应该选择哪一个算法。通常一个好的算法应该考虑达到以下目标。

（1）正确性

一个好算法的前提就是算法具有正确性（Correctness）。不正确的算法没有任何意义。在给定有效输入后，算法经过有限时间的计算，执行结果满足预先规定的功能和性能要求，答案正确，就称算法是正确的。算法应当满足具体问题的需求，否则，算法的正确与否的衡量准则就不存在了。

"正确"一词的含义在通常用法上有很大差别，大体可分为以下4层。

第1层：程序不含语法错误。

第2层：程序对几组输入数据能够产生满足规格说明要求的结果。

第3层：程序对于精心选择的典型、苛刻而带有刁难性的几组输入数据能够产生满足规格说明要求的结果。

第4层：程序对于一切合法的输入数据都能产生满足规格说明要求的结果。

达到第4层意义上的正确是极为困难的，所有不同输入数据的数据量大得惊人，逐一验证是不现实的，在实际中，通常以第3层意义下的正确作为一个程序是否合格的标准。

对于大型程序，可以将它分解为小的相互独立的模块，分别进行验证。而小模块程序则可以使用数学归纳法、软件形式法等加以验证。

（2）可读性

算法主要是为了方便用户的阅读与交流，其次才是机器的执行。因此，算法应该易于理解、调试和修改，可读性（Readability）好则有助于用户对算法的理解。

（3）健壮性和可靠性

健壮性（Robustness）是指当输入数据非法时，算法也能适当地做出反应或进行处理，而不会产生莫名其妙的输出结果。即当程序遇到意外时，能按某种预定方式做出适当处理。例如，求一个凸多边形面积的算法，是采用求各三角形面积之和的策略来解决问题的。当输入的坐标集合表示的是一个凹多边形时，不应继续计算，而应报告输入错误，并且返回一个表示错误或错误性质的值，以便在更高的抽象层次上进行处理。

正确性和健壮性是相互补充的。

程序的可靠性指一个程序在正常情况下能正确地工作，而在异常情况下也能做出适当处理。

（4）效率

效率（Efficiency）包括运行程序所花费的时间，以及运行这个程序所占用的存储空间（即存储量需求）。算法应该有效使用存储空间，并具有高的时间效率。

通俗地说，效率是指算法的运行时间，对于同一个问题，如果有多个算法可以解决，那么运行时间短的效率高；存储量需求指算法执行过程中所需要的最大存储空间。效率与存储量需求都与问题的规模有关，求 100 个人的平均分与求 10000 个人的平均分算法所花的运行时间或存储空间显然有一定差别。

对于规模较大的程序，算法的效率问题是算法设计必须面对的一个关键问题，目标是设计复杂度尽可能低的算法。

(5)简明性

简明性(Simplicity)是指算法应该思路清晰、层次分明、容易理解、利于编码和调试，即算法简单、程序结构简单。

简单的算法效率不一定高，要在保证一定效率的前提下力求得到简单的算法。简明性是算法设计人员努力争取的一个重要特性。

(6)最优性

最优性(Optimality)指求解某类问题中效率最高的算法，即算法的运行时间已达到求解该类问题所需时间的下界。最优性与所求解问题自身的复杂程度有关。

例如，在 $n$ 个不同的数中找最大数的算法 $\text{Findmax}(L, n)$ 的代码如下。

```
int  Findmax(int L[], int n)
{
  int  max=L[1];
  int  i=2;
  while(i<=n)
  {
    if(max <L[i])  max=L[i];
    i=i+1;
  }
  return max;
}
```

因为 max 是唯一的，其他的 $n-1$ 个数必须在比较后被淘汰。一次比较至多可淘汰 1 个数，所以至少需要 $n-1$ 次比较。即在有 $n$ 个数的数组中找数值最大的数并以比较作为基本运算的算法，至少要做 $n-1$ 次比较。Findmax 算法是最优算法。

一般来说，正确性和可读性都比效率重要，一个在某些情况下会产生错误结果的算法，即使效率再高，也是没有意义的。当然在基本保证正确的前提下，效率也是非常重要的。

### 5. 影响程序运行时间的因素

一个程序的运行时间是指程序从开始运行到结束运行所需的时间。影响程序运行时间的因素主要有以下几方面。

(1)程序所依赖的算法

求解同一个问题的不同算法，其运行时间一般不同。一个好的算法运行时间较少。算法自身的好坏对程序运行时间的长短，起着根本性的作用。

(2)问题的规模和输入数据

程序的一次运行是针对所求解问题的某一特定实例而言的。因此分析算法性能需要考虑的一个基本问题是所求解问题实例的规模，即输入数据量，必要时也需要考虑输出的数据量。此外问题的规模必须考虑数据的数值大小；还需要说明的是，即使是在同一计算机系统下运行同一个程序，且问题实例的规模也相同，由于输入数据的状态（如排列次序）不同，所需的时间也会不同。

（3）计算机系统的性能

程序运行时间还依赖于计算机的硬件系统和软件系统。

# 1.3　数学基础

算法设计的优劣决定着软件系统的性能，算法分析的任务就是利用数学工具对设计出的算法进行复杂度分析，以评价算法的"优劣"。一个算法的复杂度体现了运行该算法所需要的计算机资源，占用资源越多，该算法的复杂度就越高；反之，占用资源越少，该算法的复杂度就越低。最重要的计算机资源是时间和空间，即占用的 CPU 计算时间和存储器资源。因此，**算法的复杂度分为时间复杂度和空间复杂度**。

【例 1.4】编程输出具有下述特点的 $n \times n$ 阶三角矩阵，试分析该算法的时间复杂度。

$$
\begin{array}{lll}
1 & & \\
2 & 3 & \\
4 & 5 & 6
\end{array}
$$

本题对应的完整 C 程序如下。

```c
# include <stdio.h>
void main()
{
  int i, j, n, k=1;
  scanf ("%d", &n);
  for(i=0; i<n ;i++)
  {
    for(j=0 ; j<=i ; j++)  printf("%5d",k++);
    printf("\n");
  }
}
```

【算法效率分析】

找到算法的核心语句"printf("%5d"，k++)；"，它受两层循环控制，且内层循环次数随着外层循环控制变量 $i$ 的增加而增多。但是判断表达式"$j \leqslant i$"比核心语句在内层中多循环一次，也是需要进行统计的。需要统计在内层的可执行语句或表达式，还有内层控制变量 $j$ 的初始化……通过统计语句条数得到了算法复杂度：

$$
T(n) = \sum_{i=0}^{n-1} \left( 5 + \sum_{j=0}^{i} 3 \right) + 4 = \frac{3}{2} n^2 + \frac{7}{2} n + 4
$$

通过上述分析，我们找到了一种对算法进行客观评价的方法。例1.4通过统计语句条数得到了算法复杂度。然而，并不是所有算法的复杂度都可通过这种方法获得。因此需要找到一些能够克服上述缺点且更加方便、高效的算法分析方法。在此之前，让我们先来学习一些数学工具的使用。

## 1.3.1 函数的渐近的界

设 $T(n)$ 是算法 $A$ 的时间复杂度函数，$n$ 是问题规模，$n \geq 0$ 且 $n \in$ 整数集 **Z**。一般来说，当 $n$ 单调递增且趋于 $\infty$ 时，$T(n)$ 也将单调递增且趋于 $\infty$。对于 $T(n)$，如果存在 $T'(n)$，当 $n \rightarrow \infty$ 时，有 $(T(n)-T'(n))/T(n) \rightarrow 0$，那么 $T'(n)$ 是 $T(n)$ 当 $n \rightarrow \infty$ 时的渐近态，或称 $T'(n)$ 为算法 $A$ 当 $T(n) \rightarrow \infty$ 时的渐近复杂度。在数学上，如果 $T'(n)$ 是 $T(n)$ 的渐近表达式，则意味着 $T'(n)$ 是 $T(n)$ 中去掉低阶项所留下的主项，因此它比 $T(n)$ 更简单。例如，当 $T(n)=\frac{3}{2}n^2+\frac{7}{2}n+4$ 时，其渐近表达式可表示为 $T'(n)=\frac{3}{2}n^2$，因为有

$$\lim_{n \rightarrow \infty} \frac{T(n)-T'(n)}{T(n)} = \lim_{n \rightarrow \infty} \frac{\frac{7}{2}n+4}{\frac{3}{2}n^2+\frac{7}{2}n+4} = 0$$

当 $n \rightarrow \infty$ 时，$T(n)$ 渐近于 $T'(n)$，那么可以用 $T'(n)$ 替代 $T(n)$ 作为算法 $A$ 在 $n \rightarrow \infty$ 时的算法复杂度，而 $T'(n)$ 比 $T(n)$ 更简单，这种替代相当于简化了算法复杂度分析。这种简化方法是有实践依据的，如例1.4中的算法分析，$T'(n)$ 可取 $\frac{3}{2}n^2$，这个取值实际上是忽略了变量的声明、初始化、输入输出等几乎所有算法都有的语句。这些语句虽然在算法实现时是必须有的，但在两个算法比较时，因为它们不是主体语句而相互抵消。由此可知，比较算法之间的效率高低，只需比较它们的渐近复杂度函数 $T'(n)$，$T'(n)$ 被称为 $T(n)$ 的**渐近的界**。在算法分析时，可以通过函数的渐近的界对算法复杂度进行化简和推理，请看下面对函数的渐近的界的定义和定理。

**定义1.1** 设 $f$ 和 $g$ 是定义域为自然数集 **N** 上的函数。

(1)若 $\exists c>0$ 和 $n_0>0$ 使所有 $n \geq n_0$，有 $0 \leq f(n) \leq cg(n)$ 成立，则称 $f(n)$ 的渐近上界是 $g(n)$，记作 $f(n)=O(g(n))$。

(2)若 $\exists c>0$ 和 $n_0>0$ 使所有 $n \geq n_0$，有 $0 \leq cg(n) \leq f(n)$ 成立，则称 $f(n)$ 的渐近下界是 $g(n)$，记作 $f(n)=\Omega(g(n))$。

(3)若对于 $\forall c>0$ 都存在非负整数 $n_0$，使 $n \geq n_0$ 时，有 $0 \leq f(n) \leq cg(n)$ 成立，则称 $f(n)$ 当 $n$ 充分大时，比 $g(n)$ 低阶，记作 $f(n)=o(g(n))$。

(4)若 $\forall c>0$ 都存在 $n>0$，使 $n \geq n_0$ 时，有 $0 \leq cg(n) \leq f(n)$ 成立，则称 $f(n)$ 比 $g(n)$ 高阶，记作 $f(n)=\omega(g(n))$。

(5)若 $f(n)=O(g(n))$ 且 $f(n)=\Omega(g(n))$ 时，则称 $g(n)$ 是 $f(n)$ 的渐近的紧界，记作 $f(n)=\Theta(g(n))$。

"$f$ 和 $g$ 的定义域为自然数集"是因为不可能有输入规模为0或执行语句为0条的算法存在。在定义1.1中，(1)与(2)要求存在一个与 $n$ 无关的常数 $c$，且针对这个 $c$，可以找

到某个 $n_0$ 使 $n \geqslant n_0$ 时不等式成立。但是在(3)中 $c$ 不是一个常数,它可以任意小。对于任意小的 $c$ 都可以找到一个 $n_0$,使 $n \geqslant n_0$ 时不等式成立。(1)与(3)是有区别的,当 $f(n) = O(g(n))$ 时,$f(n)$ 的阶可能低于 $g(n)$ 的阶,也可能等于 $g(n)$ 的阶;而当 $f(n) = o(g(n))$ 时,$f(n)$ 的阶只能低于 $g(n)$ 的阶。因此,从 $f(n) = o(g(n))$ 可以推出 $f(n) = O(g(n))$,但是反之则不然。

大 $O$ 符号用来描述增长率的上界,表示 $f(n)$ 的增长最多像 $g(n)$ 增长的那样快,也就是当输入规模为 $n$ 时,算法消耗时间的最大值。这个上界的阶越低,结果就越有价值,所以,对于 $10n^2 + 4n + 2$,$O(n)$ 比 $O(n^2)$ 有价值。一个算法的时间用大 $O$ 符号表示时,总是采用最有价值的 $g(n)$ 表示,因此 $O(g(n))$ 也被称为"**紧凑上界**"或"**紧确上界**"。

大 $\Omega$ 符号用来描述增长率的下界,表示 $f(n)$ 的增长最少像 $g(n)$ 增长的那样快,也就是当输入规模为 $n$ 时,算法消耗时间的最小值。

与大 $O$ 符号对称,用大 $\Omega$ 符号描述的下界的阶越高,结果就越有价值,所以,对于 $10n^2 + 4n + 2$,$\Omega(n^2)$ 比 $\Omega(n)$ 有价值。一个算法的时间用大 $\Omega$ 符号表示时,总是采用最有价值的 $\Omega(n)$ 表示,因此 $\Omega(g(n))$ 也被称为"**紧凑下界**"或"**紧确下界**"。

大 $\Theta$ 符号比大 $O$ 符号和大 $\Omega$ 符号都精确,$f(n) = \Theta(g(n))$,当且仅当 $g(n)$ 既是 $f(n)$ 的上界又是 $f(n)$ 的下界。$O$、$\Omega$ 与 $\Theta$ 符号的图例如图1.4所示。

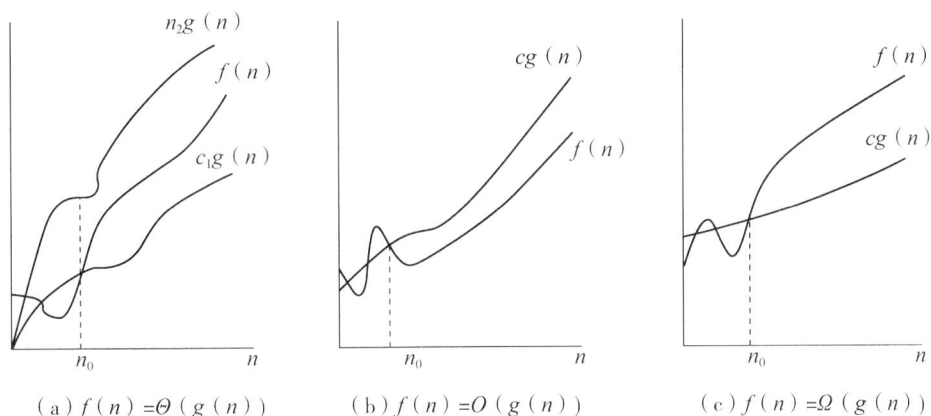

图1.4 3种符号的图例

从直观上看,一个渐近正函数的低阶项在决定渐近确界时可以忽略不计,因为当 $n$ 很大时它们就相对不重要了,同样最高阶的系数也可以忽略。在分析渐近上界和渐近下界时也是如此忽略低阶项和最高阶的系数。

【例1.5】设有函数 $f(n) = n^2 + 3n + 1$,当 $n$ 足够大时,试证明下述内容:

(1)$f(n) = O(n^2)$ 和 $f(n) = O(n^3)$ 成立;

(2)$f(n) = o(n^2)$ 不成立。

**证明:**

(1)$f(n) = n^2 + 3n + 1 \leqslant n^2 + 3n^2 + n^2 = 5n^2$,则存在 $c = 5$ 使 $n \geqslant 1$ 时,$f(n) = O(n^2)$ 成立。又因为 $5n^2 \leqslant 5n^3$,所以存在 $c = 5$ 使 $n \geqslant 1$ 时,有 $f(n) = O(n^3)$ 成立。

(2)若要使 $n^2 + 3n + 1 < n^2$,就要使 $1 + 3/n + 1/n < 1$,这显然不成立。也就是说,对

于 $\forall c > 0$，找不到一个非负整数 $n_0$ 使 $n \geq n_0$ 时，有 $f(n) = o(n^2)$ 成立。

类似地，对 $\Omega$ 和 $\omega$ 也存在相同的性质。定义(5)中的 $\Theta$ 表示 $f(n)$ 与 $g(n)$ 的阶相等，它成立的条件是当 $n$ 足够大时，$f(n)$ 的上界和下界都由 $g(n)$ 的常数倍所确定，也就是说，存在大于 0 的常数 $c_1$、$c_2$ 和非负的整数 $n_0$，对于所有的 $n \geq n_0$ 来说，有 $c_2 g(n) \leq f(n) \leq c_1 g(n)$。

【例 1.6】试证明 $f(n) = \frac{1}{2} n(n-1)$ 有 $f(n) = \Theta(n^2)$。

证明：当 $n > 1$ 时，有

$$f(n) = \frac{1}{2} n(n-1) = \frac{1}{2} n^2 - \frac{1}{2} n \leq \frac{1}{2} n^2 = c_1 n^2, \quad c_1 = 1/2$$

$$f(n) = \frac{1}{2} n(n-1) = \frac{1}{2} n^2 - \frac{1}{2} n \geq \frac{1}{2} n^2 - \frac{1}{2} n \times \frac{1}{2} n = \frac{1}{4} n^2 = c_2 n^2, \quad c_2 = 1/4$$

所以，当 $n_0 = 1$、$c_1 = 1/2$、$c_2 = 1/4$ 时，有 $f(n) = \Theta(n^2)$ 成立。

为了简化讨论，有时候会将 $f(n) = O(g(n))$ 简化为 $f = O(g)$。对于 $\Omega$ 与 $\Theta$ 也有类似的简化。下面讨论关于 $O$、$\Omega$ 与 $\Theta$ 的一些性质。

**定理 1.1(传递性)** 设 $f$、$g$、$h$ 是定义域为自然数集的函数。
(1)如果 $f = O(g)$ 且 $g = O(h)$，那么 $f = O(h)$。
(2)如果 $f = \Omega(g)$ 且 $g = \Omega(h)$，那么 $f = \Omega(h)$
(3)如果 $f = \Theta(g)$ 且 $g = \Theta(h)$，那么 $f = \Theta(h)$。

证明：如果(3)是(1)和(2)的直接结果，而(2)的证明与(1)类似，因此这里只需要证明(1)成立。

根据定义，存在某个大于 0 的常数 $c_1$ 和 $n_1$，对所有的 $n \geq n_1$ 有 $f(n) \leq c_1 g(n)$。类似地，存在某个大于 0 的常数 $c_2$ 和 $n_2$，对于所有的 $n \geq n_2$ 有 $g(n) \leq c_2 h(n)$。于是，令 $n_0 = \max\{n_1, n_2\}$，当 $n \geq n_0$ 时，有 $f(n) \leq c_1 g(n) \leq c_1 c_2 h(n)$，因此 $f = O(h)$。

**定理 1.2(求和公式)** 假设 $f$、$g$、$h$ 是定义域为自然数集的函数，若有 $f = O(h)$ 且 $g = O(h)$，那么 $f + g = O(h)$。

证明：根据定义，存在某个常数 $c_1$ 和 $n_1$，对所有的 $n \geq n_1$ 有 $f(n) \leq c_1 h(n)$。类似地，存在某个大于 0 的常数 $c_2$ 和 $n_2$，对于所有的 $n \geq n_2$ 有 $g(n) \leq c_2 h(n)$。于是，有 $f(n) + g(n) \leq c_1 h(n) + c_2 h(n) = (c_1 + c_2) h(n)$，令 $c = c_1 + c_2$，$n_0 = \max\{n_1, n_2\}$，当 $n \geq n_0$ 时，有 $f(n) + g(n) \leq c h(n)$，因此 $f + g = O(h)$。

**推论 1** 设 $m$ 是固定常数，$f_1, f_2, \cdots, f_m$ 和 $h$ 是定义域为自然数集的函数，且对 $\forall i$ 都有 $f_i = O(h)$，$i \in [1, m]$，则有 $f_1 + f_2 + \cdots + f_m = O(h)$。

**推论 2** 设 $m$ 是固定常数，$f_1, f_2, \cdots, f_m$ 和 $h_1, h_2, \cdots, h_m$ 是定义域为自然数集的函数，且对 $\forall i$ 都有 $f_i = O(h_i)$，$i \in [1, m]$，则有 $f_1 + f_2 + \cdots + f_m = O(\max\{h_1, h_2, \cdots, h_m\})$。

定理 1.2 及其推论又被称为算法分析当中的求和公式，反映了算法设计中的一种特性，即主体部分含有多段并列的代码段，则以迭代次数最多的代码段所抽象出来的渐近函数为该算法的**时间渐近复杂度**(简称**时间复杂度**)。

**【例 1.7】**设 $f(n) = 6n^3$，试证明 $f(n) \neq \Theta(n^2)$。

**证明：**反证法。设 $6n^3 \leqslant cn^2$ 成立，因为 $n > 0$，则必有 $6n \leqslant c$，但 $c$ 为常数，当 $n$ 足够大时 $6n \leqslant c$ 不成立。原题得证。

**多项式函数：**设 $k$ 为常数，$f(n) = a_0 + a_1 n + a_2 n^2 + \cdots + a_k n^k$ 称为 $k$ 次多项式，其中，$a_k \neq 0$，显然有 $f(n) = \Omega(n^k)$，再根据定理 1.2 的推论不难证明 $f(n) = O(n^k)$，所以有 $f(n) = \Theta(n^k)$。由此可以看出，前面举的例子多数是程序运行时间 $T(n)$ 为 $O(n^k)$ 的算法。即使一个算法的程序运行时间没有写为 $n$ 的整数次幂，它也可能是多项式时间的。

**对数函数：**当 $b^x = n$，有 $\log_b n = x$。对数运算有如下性质：

$$a^{\log_b n} = n^{\log_b a}$$

**证明：**对上式两边取以 $b$ 为底数的对数，左边 $= \log_b n \log_b a$，右边 $= \log_b a \log_b n$，所以命题成立。

这个等式说明，有些函数从表面上看，$n$ 处在指数位置，但它不一定是指数函数，有可能仍旧是多项式函数。对数是增长得比较慢的函数，使用微积分的知识很容易证明，任何幂函数 $n^a (a > 0)$ 都比对数函数 $\log_b n$ 的阶高，这里的 $a$ 可以是非常小的正数，具体表述如下。

**定理 1.3** 对于每一个 $b > 1$ 和每一个 $a > 0$，有 $\log_b n = o(n^a)$。

**对数函数的性质：**对于不同底数 $a$ 与 $b$，且 $a$、$b$ 均为大于 0 的正整数，有

$$\log_a n = \Theta(\log_b n)$$

**证明：**对数基本恒等式 $\log_a n = \dfrac{\log_b n}{\log_b a} = c \log_b n$，$c = \log_a b$，则有

$$c_1 \log_b n \leqslant \log_a n \leqslant c_2 \log_b n, \qquad c_1 \leqslant \log_a b, c_2 \geqslant \log_a b$$

根据定义 1.1(5)，得 $\log_a n = \Theta(\log_b n)$。

这个性质说明对于渐近函数来说，对数的底数并不重要。如归并排序、堆排序的时间渐近复杂度一般都写为 $n \log n$，它们是以 2 为底数的对数，这与以其他数为底数的对数之间只差一个常数因子。

**指数函数：**设 $a$ 为常数，且 $a > 1$，则这里的指数函数是指形如 $f(n) = a^n$ 的函数。它与对数函数相反，是一个飞速增长的函数，使用微积分的知识不难证明指数函数与多项式函数具有以下关系。

**定理 1.4** 对于每个 $a > 1$ 和每个 $k > 0$，有 $n^k = o(a^n)$。

上述定理说明每个指数函数比每个多项式函数都增长得快。但是对于不同的底数 $a$ 与 $s$，指数函数 $a^n$ 与 $s^n$ 的阶是不同的，底数越大，指数函数的阶就越高。

通过对函数的渐近的界的定义、相关定理的证明，可以看出使用函数的渐近的界可以准确地反映算法复杂度的客观变化规律。尽管像变量声明、输入输出这样的语句对于算法来说是必不可少的，但是它们通常不能反映算法复杂度的本质特征，所以，在后面的算法设计与描述中，部分经典算法我们会给出完整的 C 和 C++代码，而其他代码将不再给出算法的源代码，只是用伪代码来表述算法的核心计算过程。

## 1.3.2 利用极限求函数的渐近的界

虽然符号 $O$、$\Omega$ 与 $\Theta$ 的正式定义对于证明它们的抽象性质是不可缺少的，但我们很

少直接使用它们来比较两个特定函数的渐近的界。有一种较为简便的比较方法，是对两个函数的比率求极限。基于极限的方法往往比基于定义的方法更方便，因为它可利用强大的微积分技术来计算极限，如洛必达法则（L'Hospital rule）：

$$\lim_{n \to \infty} \frac{f(n)}{g(n)} = \lim_{n \to \infty} \frac{f'(n)}{g'(n)}$$

和斯特林公式（Stirling's approximation）：

$$n! = \sqrt{2\pi n} \left(\frac{n}{e}\right)^n \left(1 + \Theta\left(\frac{1}{n}\right)\right)$$

**定理 1.5** 设 $f$ 和 $g$ 是定义域为自然数集 **N** 上的非负函数，则有

$$\lim_{n \to \infty} \frac{f(n)}{g(n)} = \begin{cases} 0 & f(n) = o(g(n)) & (1\text{-}1) \\ c, \ c > 0 & f(n) = \Theta(g(n)) & (1\text{-}2) \\ \infty & f(n) = \omega(g(n)) & (1\text{-}3) \end{cases}$$

**证明：** 假设 $f(n)$ 和 $g(n)$ 均大于等于 0。

**式(1-1)：** $\forall c > 0$，由于 $\lim\limits_{n \to \infty} \frac{f(n)}{g(n)} = 0$，根据极限定义，对于 $\varepsilon = c > 0$ 存在 $n_0$，只要 $n \geq n_0$，就有 $|f(n)/g(n)| < \varepsilon$，即 $f(n) < \varepsilon g(n) = cg(n)$，所以，$f(n) = o(g(n))$ 成立。

**式(1-2)：** 由于 $\lim\limits_{n \to \infty} \frac{f(n)}{g(n)} = c > 0$，根据极限定义，对于给定的正数 $\varepsilon = c/2$，存在某个 $n_0$，只要 $n \geq n_0$，就有

$$\left| \frac{f(n)}{g(n)} - c \right| < \varepsilon \Rightarrow c - \varepsilon < \frac{f(n)}{g(n)} < c + \varepsilon \Rightarrow \frac{c}{2} < \frac{f(n)}{g(n)} < \frac{3c}{2} < 2c$$

于是，若 $n \geq n_0$，$f(n) \leq 2cg(n)$，则有 $f(n) = Og(n)$；若 $n \geq n_0$，$f(n) \geq \frac{c}{2}g(n)$，则有 $(n) = \Omega g(n)$，所以，$f(n) = \Theta(g(n))$ 成立。

**式(1-3)：** $\forall c > 0$，由于 $\lim\limits_{n \to +\infty} \frac{f(n)}{g(n)} = \infty$，根据极限定义，对于 $M = c > 0$，存在 $n_0$，只要 $n \geq n_0$，就有 $|f(n)/g(n)| > M = c$，即有 $f(n) > Mg(n) = cg(n)$，所以，$f(n) = \omega(g(n))$ 成立。

**【例1.8】** 用极限的方法证明例1.6的 $f(n) = \frac{1}{2}n(n-1)$ 有 $f(n) = \Theta(n^2)$。

**证明：**

$$\lim_{n \to +\infty} \frac{f(n)}{n^2} = \lim_{n \to +\infty} \frac{\frac{1}{2}n(n-1)}{n^2} = \frac{1}{2}$$

由定理 1.5 可知 $f(n) = \Theta(n^2)$。

**阶乘函数：** 关于阶乘函数有 $n! = o(n^n)$，$n! = \omega(2^n)$，$\log(n!) = \Theta(n\log n)$ 成立。

**证明：** 依据斯特林公式，则有

$$(1) \ \lim_{n \to +\infty} \frac{n!}{n^2} = \lim_{n \to +\infty} \frac{\sqrt{2\pi n}\left(\frac{n}{e}\right)^n\left(1 + \frac{C}{n}\right)}{n^n} = \lim_{n \to \infty} \frac{\sqrt{2\pi n}\, n^n}{n^n e^n}\left(1 + \frac{C}{n}\right)$$

$$=\lim_{n\to\infty}\frac{\sqrt{2\pi n}}{\mathrm{e}^n}\left(1+\frac{C}{n}\right)=0$$

$$(2)\ \lim_{n\to+\infty}\frac{n!}{2^n}=\lim_{n\to+\infty}\frac{\sqrt{2\pi n}\left(\frac{n}{\mathrm{e}}\right)^n\left(1+\frac{C}{n}\right)}{2^n}=\lim_{n\to+\infty}\left(\frac{\sqrt{2\pi n}\,n^n}{2^n\mathrm{e}^n}+\frac{\sqrt{2\pi n}\,c}{n}\left(\frac{n}{2\mathrm{e}}\right)^n\right)$$

$$=\lim_{n\to+\infty}\left(\sqrt{2\pi n}\left(\frac{n}{2\mathrm{e}}\right)^n+\frac{c\sqrt{2\pi n}}{2\mathrm{e}}\left(\frac{n}{2\mathrm{e}}\right)^{n-1}\right)=\infty$$

$$(3)\ \lim_{n\to+\infty}\frac{\log(n!)}{n\log n}=\lim_{n\to+\infty}\frac{\ln(n!)/\ln2}{n\ln n/\ln2}=\lim_{n\to+\infty}\frac{\ln(n!)}{n\ln n}=\lim_{n\to+\infty}\frac{\ln\left(\sqrt{2\pi n}\left(\frac{n}{\mathrm{e}}\right)^n\left(1+\frac{C}{n}\right)\right)}{n\ln n}$$

$$=\lim_{n\to+\infty}\frac{\ln\sqrt{2\pi n}+n\ln\frac{n}{\mathrm{e}}}{n\ln n}=1$$

## 1.3.3 常用的求和级数及推导方法

在算法分析中如果遇到循环，经常需要对循环中各次迭代的运算次数求和，从而得到总的运算次数，这就用到了序列求和的方法。下面是使用比较频繁的求和运算的两个基本法则。

$$\sum_{k=1}^{n}ca_k=c\sum_{k=1}^{n}a_k$$

$$\sum_{k=1}^{n}(a_k\pm b_k)=\sum_{k=1}^{n}a_k\pm\sum_{k=1}^{n}b_k$$

最常见的序列是等差级数$\{a_k\}$、等比级数$\{aq^k\}$与调和级数$\{1/k\}$，其求和公式分别为

$$\sum_{k=1}^{n}a_k=\frac{n(a_1+a_n)}{2}$$

$$\sum_{k=0}^{n}aq^k=\frac{a(1-q^{n+1})}{1-q},\quad\sum_{k=0}^{n}x^k=\frac{(1-x^{n+1})}{1-x}$$

$$\sum_{k=1}^{n}\frac{1}{k}=\ln n+O(1)$$

算法分析中常用的多项式求和公式有

$$\sum_{i=1}^{n}i=\frac{n(n+1)}{2}=O(n^2)$$

$$\sum_{i=1}^{n}2^{i-1}=2^n-1=O(2^n)$$

$$\sum_{i=1}^{n}i^2=\frac{n(n+1)(2n+1)}{6}=O(n^3)$$

$$\sum_{i=1}^{n}i^k=\frac{n^{k+2}}{k+2}+\frac{n^k}{2}+\text{低次项}=O(n^{k+1})$$

可以使用数学归纳法证明等差与等比级数的求和公式。调和级数求和公式得不到精确值，只能得到一个近似值。对于算法分析工作，主要关注的是函数的渐近的界，而这个近似值正好就是它的渐近的界。常数函数用 $O(1)$ 表示，用于表示算法的时间复杂度和输入无关。

【例 1.9】求和。

(1) $\displaystyle\sum_{k=1}^{n-1} \frac{1}{k(k+1)}$；

(2) $\displaystyle\sum_{k=1}^{n} k \times 2^{k-1}$。

**解：**

$(1) \displaystyle\sum_{k=1}^{n-1} \frac{1}{k(k+1)} = \sum_{k=1}^{n-1}\left(\frac{1}{k} - \frac{1}{k+1}\right) = \sum_{k=1}^{n-1}\frac{1}{k} - \sum_{k=1}^{n-1}\frac{1}{k+1}$

$$= \sum_{k=1}^{n-1}\frac{1}{k} - \sum_{k=2}^{n}\frac{1}{k} = 1 - \frac{1}{n}$$

$(2) \displaystyle\sum_{k=1}^{n} k \times 2^{k-1} = \sum_{k=1}^{n} k\left(2^k - 2^{k-1}\right) = \sum_{k=1}^{n} k 2^k - \sum_{k=0}^{n-1}(k+1)2^k$

$$= \sum_{k=1}^{n} k \times 2^k - \sum_{k=0}^{n-1} k \times 2^k - \sum_{k=0}^{n-1} 2^k = n \times 2^n - (2^n - 1)$$

$$= (n-1)2^n + 1$$

上面的求和利用了基本的求和公式。例 1.9(2) 的运算式可在二分查找算法平均情况下的时间复杂度分析公式中用到。对于有些求和公式，无法求得精确的值，但可以估计出求和公式的上界。这个上界对某些算法分析过程也是有用的。要估计求和公式的上界，可以使用放大方法，就是将数列中的某些项放大，使数列转换为类似等比或等差数列等基本数列的形式，然后再求和。估计求和公式的上界的第一种放大方法就是用序列中的最大项替代序列中的每个项。这种方法虽然简单，但是放大后求得的和可能与原来数列的和差距太大。如果放大后求得的和与函数的渐近的界仍旧保持不变，这种放大还是有用的。另一种放大方法要用到等比级数，假设存在常数 $r<1$，使 $a^{k+1}/a^k \leqslant r$ 对一切 $k \geqslant 0$ 成立，那么有

$$\sum_{k=0}^{n} a^k \leqslant \sum_{k=0}^{n} a_0 r^k = a_0 \sum_{k=0}^{n} r^k = \frac{a_0}{1-r}$$

【例 1.10】估计 $\displaystyle\sum_{k=1}^{n} \frac{k}{3^k}$ 的上界。

**解：** 由 $a_k = \dfrac{k}{3^k}$，$a_{k+1} = \dfrac{k+1}{3^{k+1}}$ 得

$$\frac{a_{k+1}}{a_k} = \frac{1}{3} \times \frac{k+1}{k} \leqslant \frac{2}{3}, \qquad k>0$$

从而得到

$$\sum_{k=1}^{n} \frac{k}{3^k} \leqslant \sum_{k=1}^{\infty} \frac{1}{3} \times \left(\frac{2}{3}\right)^{k-1} = \frac{1}{3} \times \frac{1}{1-\dfrac{2}{3}} = 1$$

就本题而言，还可以用其他方法获得更准确的上界估算。例如，可设

$$S = \sum_{k=1}^{n} \frac{k}{3^k}, \qquad \frac{1}{3}S = \sum_{k=1}^{n} \frac{k}{3^{k+1}}$$

$$S - \frac{1}{3}S = \sum_{k=1}^{n} \frac{1}{3^k} - \frac{n}{3^{n+1}}$$

$$\frac{2}{3}S = \frac{1}{2}\left(1 - \frac{1}{3^n}\right) - \frac{n}{3^{n+1}}$$

$$S = \frac{3}{4}\left(1 - \frac{1}{3^n}\right) - \frac{1}{2} \times \frac{n}{3^n} \leqslant \frac{3}{4}$$

由此可见，缩放法是在没有更为精确的估算方法时的一种选择。除了用放大的方法估计求和公式的上界外，还可以用积分法来求出求和公式的渐近的界。下面就用积分法来求解调和级数和的近似值。

【例 1.11】估计 $\sum_{k=1}^{n} \frac{1}{k}$ 的渐近的界。

**解**：调和级数的和可以用积分作为它的渐近的界，其下界与上界的积分分别为

$$\sum_{k=1}^{n} \frac{1}{k} \geqslant \int_{1}^{n+1} \frac{\mathrm{d}x}{x} = \ln(n+1)$$

$$\sum_{k=1}^{n} \frac{1}{k} = 1 + \sum_{k=2}^{n} \frac{1}{k} \leqslant 1 + \int_{1}^{n} \frac{\mathrm{d}x}{x} = \ln n + 1$$

则得到 $\sum_{k=1}^{n} \frac{1}{k} = \Theta(\log_2 n)$。

## 1.3.4 基本渐近效率类型

尽管前面分析了多项式函数、对数函数、指数函数及阶乘函数，但仍然存在着无数种效率类型（如对于不同的底数 $a$，指数函数 $a^n$ 的增长次数是不同的）。我们将最基本、最常用的渐近效率类型按照增长次数的升序排列，分类列在表 1.1 中。

表 1.1 基本渐近效率类型

| 类型 | 名称 | 注释 |
|---|---|---|
| 1 | 常量 | 为数很少、效率最高的算法，很难举出几个合适的范例，因为典型情况下，当输入规模变大时，算法的运行时间也会趋向于变大 |
| $\log_2 n$ | 对数 | 一般来说，算法的每一次循环都会消去问题规模的一个常数因子。因此，一个对数算法不可能关注它输入的每一个部分，任何能做到这一点的算法最起码拥有线性运行时间 |
| $n$ | 线性 | 输入规模为 $n$ 的列表（如顺序查找）的算法属于这一类型 |
| $n\log_2 n$ | 线性对数 | 许多分治算法，包括合并排序和快速排序的平均效率，都属于这一类型 |
| $n^2$ | 平方 | 一般来说，包含两重循环的算法的典型效率。简单排序算法、$n$ 阶方阵的某些特定操作、图的遍历等都属于这一类型 |

续表

| 类型 | 名称 | 注释 |
|---|---|---|
| $n^3$ | 立方 | 一般来说，它是包含三重循环的算法的典型效率，如矩阵相乘和线性代数中的一些著名算法都属于这一类型 |
| $2^n$ | 指数 | 求 $n$ 个元素集合的所有子集的算法是这一类型的典型例子。"指数"这个术语常常被用在一个更广的层面上，不仅包括这一类型，还包括那些增长速度更快的类型 |
| $n!$ | 阶乘 | 求 $n$ 个元素集合的完全排列的算法是这一类型的典型例子 |

必须指出，按照算法的渐近效率类型对其进行分类有时候并不实用，因为多数情况下没有办法指定乘法常量的值。所以，仍然存在这样一种可能性：对于实际规模的输入，一个效率类型差的算法有可能比效率类型好的算法运行更快。例如，一个算法的运行时间是 $n^3$，另一个算法的运行时间是 $10^6 n^2$，除非 $n$ 比 $10^6$ 还大，否则，$n^3$ 算法的表现会优于 $10^6 n^2$ 的算法。幸运的是，乘法常量之间通常不会相差那么悬殊。作为一个规律，即使是中等规模的输入，一个属于较优渐近效率类型的算法也会比一个来自较差渐近效率类型的算法表现得更好。

因此，虽然渐近效率函数分析法为我们提供了算法分析的数学工具，但在实践中还需要活学活用。

# 1.4　算法分析

算法分析主要用于分析算法占用计算机资源的情况，可围绕时间和空间两方面展开，分别进行算法的时间复杂度分析和空间复杂度分析，根据分析情况选择算法或对算法进行改进和优化。评价算法效率的方法有两种：事前分析法和事后评估法。事后评估法是指先将算法通过计算机语言转换为程序，再由计算机运行后，统计它所耗费的时间和占用的资源。这种方法有一定缺陷，首先是必须进行程序运行，如果有多个算法，需要先逐个运行再进行比较，比较耗费时间和精力；其次是在程序运行过程中，有可能受到各种外部因素的影响，使评估结果产生偏差。因此在实际应用中，大多使用事前分析法来评估算法效率。

算法的运行时间主要和问题的规模 $n$ 有关，如参与运算的元素个数等。算法的复杂度描述的是算法的运行时间与问题规模之间的关系。通常情况下，用算法中基本语句的运行时间来衡量算法的运行时间。基本语句通常是除去分支结构和循环结构之外被执行次数最多的语句，一般是指最内层循环中的语句。

## 1.4.1　算法的时间复杂度分析

接下来我们用大 $O$ 阶表示方法对表 1.1 中的几种常见算法的时间复杂度进行分析。

**1. $O(1)$**

```
void pt( int   n)
{
  int   m=0;            /*执行 1 次 */
  m=2*n+n/5+6;          /*执行 1 次 */
  printf( "%d", m);     /*执行 1 次 */
}
```

这个算法由顺序结构的语句构成，算法的执行次数函数 $T(n)=3$。根据数学基础中常数函数用 $O(1)$ 表示，把常数项 3 改为 1，求出该算法的时间复杂度为 $O(1)$。

假设现在修改该算法，执行语句 $m=2*n+n/5+6$；5 次，算法如下。

```
void pt( int   n)
{
  int   m=0;            /*执行 1 次 */
  m=2*n+n/5+6;          /*执行 1 次 */
  m=2*n+n/5+6;          /*执行 1 次 */
  m=2*n+n/5+6;          /*执行 1 次 */
  m=2*n+n/5+6;          /*执行 1 次 */
  m=2*n+n/5+6;          /*执行 1 次 */
  printf ("%d", m);     /*执行 1 次 */
}
```

这个算法的执行次数函数 $T(n)=7$。根据数学基础中常数函数用 $O(1)$ 表示，把常数项 7 改为 1，求出该算法的时间复杂度也是 $O(1)$。由上面两个例子可以看出，不管 $n$ 的值是多少，第一个算法和第二个算法的执行次数始终都是 3 次和 7 次，这类算法的执行次数与问题规模 $n$ 没有关系，算法的时间复杂度始终为 $O(1)$。

**2. $O(n)$**

在算法的基本结构中，主要有三种类型：顺序结构、选择结构和循环结构。顺序结构的语句的时间复杂度一般都是 $O(1)$（循环体内的除外）。选择结构中，无论选择哪个分支运行，执行次数都是不变的，不会随着 $n$ 的变大而增加，因此选择结构的时间复杂度一般也是 $O(1)$（循环体内的除外）。循环结构相对于前两者来说复杂一些，我们需要计算出基本语句的运行次数，以确定算法的阶次，此时需要分析循环结构内基本语句的执行情况。

```
void  sum( int  n)
{
    int  i ;               /*执行 1 次 */
    int   sum=0;           /*执行 1 次 */
    for (i=0 ; i<n ; i++)
    {
```

```
        sum=sum + i;                    /*执行 n 次 */
    }
    printf("%d", sum);                  /*执行 1 次 */
}
```

这个算法的执行次数函数 $T(n)=n+3$。根据数学基础，求得该算法的时间复杂度为 $O(n)$。此时算法的执行次数随问题规模 $n$ 的增加而增加，两者是线性关系，因此也称这类算法的时间复杂度为线性阶。

### 3. $O(\log_2 n)$

```
void powersum( int  n)
{
    int  i;                          /*执行 1 次 */
    int   sum=0;                     /*执行 1 次 */
    while ( i<n)
    {
        sum=sum + i;                 /*执行 log₂n 次 */
        i=i * 2;                     /*执行 log₂n 次 */
    }
    printf( "%d",  sum);             /*执行 1 次 */
}
```

这个算法的关键在于分析循环体内基本语句的执行次数，即计算循环的执行次数。循环变量 $i$ 的初始值为1，每次循环让 $i=i\times2$，循环条件也就转换为判断多少个2相乘后大于 $n$，如果满足条件，就结束循环。假设循环次数为 $c$，由于 $2\times c=n$，可得 $c=\log_2 n$。由此算出该算法的执行次数函数 $T(n)=2\times\log_2 n+3$。根据数学基础，求得该算法的时间复杂度为 $O(\log_2 n)$。

### 4. $O(n^2)$

接下来再看如下嵌套循环的算法。

```
void sum1(int   n)
{
    int i, j;                        /* 执行 1 次 */
    int   sum=0;                     /* 执行 1 次 */
    for (i=0; i < n; i++)
    for (j=0; j < n; j++)
      {
        sum=sum + i * j;             /* 执行 n² 次 */
      }
    printf("%d", sum);               /* 执行 1 次 */
}
```

这个算法使用了双重循环，内层循环在前面已经分析过，其时间复杂度为 $O(n)$。在内层循环的外面再加上一层循环，其实也就是把循环体内时间复杂度为 $O(n)$ 的语句，再执行 $n$ 次，因此得出该算法的时间复杂度为 $O(n^2)$。下面将这个算法修改如下。

```
void sum2(int  m, int  n)
{
    int i, j;                    /* 执行 1 次 */
    int  sum=0;                  /* 执行 1 次 */
    for ( i=0; i < m; i++)
        for ( j=0; j < n; j++)
        {
            sum=sum + i * j;     /* 执行 m×n 次 */
        }
    printf("%d", sum);           /* 执行 1 次 */
}
```

此时这个算法仍采用双重循环，内层循环的时间复杂度还是 $O(n)$，只不过外层循环的执行次数变成了 $m$ 次，也就是把循环体内时间复杂度为 $O(n)$ 的语句再执行 $m$ 次，因此得出该算法的时间复杂度为 $O(m \times n)$。

再来看看下面这个算法，它的时间复杂度是多少呢？

```
void sum3(int  n)
{
    int i, j;                    /* 执行 1 次 */
    int  sum=0;                  /* 执行 1 次 */
    for (i=0; i < n; i++)
        for (j=i; j < n; j++)
        {
            sum=sum + i * j;     /* 执行 (n²+n)/2 次 */
        }
    printf("%d", sum);           /* 执行 1 次 */
}
```

这个算法同样采用了双重循环，但是内层循环的执行次数不再是 $n$ 了，需要重新计算，此时内层循环的执行次数与 $i$ 的值有关。当 $i=0$ 时，内层循环的执行次数是 $n$；当 $i=1$ 时，内层循环的执行次数是 $n-1$；当 $i=2$ 时，内层循环的执行次数是 $n-2$；以此类推，当 $i=n-1$ 时，内层循环的执行次数是 1，则总的执行次数为

$$T(n)=n+(n-1)+(n-2)+\cdots+1+3=(n^2+n)/2+3$$

我们也可以利用求和公式 $\sum\limits_{k=1}^{n} a_k = \dfrac{n(a_1+a_n)}{2}$，直接算出 $T(n)=(n^2+n)/2+3$，根据上述数学基础，得出该算法的时间复杂度为 $O(n^2)$。

刚才介绍了 $O(1)$、$O(n)$、$O(\log_2 n)$ 和 $O(n^2)$，除了上述 4 种时间复杂度以外，还有 $O(n\log_2 n)$、$O(n^3)$ 等时间复杂度。下面按由快到慢的顺序列出了当 $n$ 足够大时常见的几

种大 $O$ 阶运行时间(表 1.2)并进行了对比。

$$O(\log_2 n)<O(n)<O(n\log_2 n)<O(n^2)<\cdots<O(2^n)<O(n!)$$

表 1.2　常见的大 $O$ 阶运行时间

| 大 $O$ 阶运行时间 | 常见算法 |
| --- | --- |
| $O(\log_2 n)$ | 对数时间，常见算法有二分查找 |
| $O(n)$ | 线性时间，常见算法有简单查找 |
| $O(n\log_2 n)$ | 一种效率较高的排序——快速排序 |
| $O(n^2)$ | 一些效率不高的排序——选择排序、冒泡排序等 |
| $O(2^n)$ | 斐波那契数列的递归算法 |
| $O(n!)$ | 旅行商问题 |

一个问题的解可能有多个，在选择和设计算法的时候就要尽量选择时间复杂度低的算法。上述算法中，$O(n^2)$ 和 $O(n!)$ 是不切实际的时间复杂度，理论上可行，但实际上不可行，在解决问题时应当尽量避免使用此类算法。

【例 1.12】给出以下算法的时间复杂度。

```
void  fun(int  n)
{
  int s=0, i, j, k;
  for ( i=0 ; i<=n ; i++)
      for ( j=0 ; j<=i ; j++)
          for ( k=0 ; k<j ; k++)
              s++;
}
```

解：该算法的基本语句是 s++，所以有

$$f(n)=\sum_{i=0}^{n}\sum_{j=0}^{i}\sum_{k=0}^{j-1}1=\sum_{i=0}^{n}\sum_{j=0}^{i}(j-i-0+1)=\sum_{i=0}^{n}\sum_{j=0}^{i}j$$

$$=\sum_{i=0}^{n}\frac{i(i+1)}{2}=\frac{1}{2}\left(\sum_{i=0}^{n}i^2+\sum_{i=0}^{n}i\right)$$

$$=\frac{2n^3+6n^2+4n}{12}=O(n^3)$$

则该算法的时间复杂度为 $O(n^3)$。

**5. 算法的最好、最坏和平均情况**

定义 1.2　设一个算法的输入规模为 $n$，$D_n$ 是所有输入的集合，任一输入 $I\in D_n$，$P(I)$ 是 $I$ 出现的概率，有 $\sum P(I)=1$，$T(I)$ 是算法在输入 $I$ 下所执行的基本语句次数，则该算法的平均运行时间 $A(n)=\sum_{I\in D_n}P(I)\times T(I)$。

也就是说，算法的平均情况是指在各种特定输入下的基本语句执行次数的带权平均值。

算法的最好情况 $G(n) = \underset{I \in D_n}{\mathrm{MIN}}\{T(I)\}$，是指算法在所有输入 $I$ 下所执行基本语句的最少次数。

算法的最坏情况 $W(n) = \underset{I \in D_n}{\mathrm{MAX}}\{T(I)\}$，是指算法在所有输入 $I$ 下所执行基本语句的最多次数。

【例1.13】采用顺序查找方法，在长度为 $n$ 的一维实型数组 $a$ 中查找值为 $x$ 的元素。即从数组的第一个元素开始，逐个与被查值 $x$ 进行比较。若找到 $x$ 返回1，否则返回0。

```
int  Find( double  a[], int  n, double x)
{
    int  i=0;
    while ( i<n)
    {  if ( a[i]==x)  break;
        i++ ;
    }
    if ( i<n) return 1;
    else  return 0;
}
```

回答以下问题。

(1)分析该算法在等概率情况下成功查找到值为 $x$ 的元素的最好、最坏和平均时间复杂度。

(2)假设被查值 $x$ 在数组 $a$ 中的概率是 $q$，求算法的时间复杂度。

**解：**

(1)算法的 while 循环中的 if 语句是基本语句。$a$ 数组中有 $n$ 个元素，当第一个元素 $a[0]$ 等于 $x$ 时，基本语句仅执行一次，此时呈现最好的情况，即 $G(n)=O(1)$。

当 $a$ 中最后一个元素 $a[n-1]$ 等于 $x$ 时，基本语句执行 $n$ 次，此时呈现最坏的情况，即 $W(n)=O(n)$。

对于其他情况，假设查找每个元素的概率相同，则 $P(a[i])=1/n(0 \leqslant i \leqslant n-1)$，而成功找到 $a[i]$ 元素时基本语句正好执行 $i+1$ 次，所以算法的平均时间复杂度

$$A(n) = \sum_{i=0}^{n-1} \frac{1}{n}(i+1) = \frac{1}{n}\sum_{i=0}^{n-1}(i+1) = \frac{n+1}{2} = O(n)$$

(2)当被查值 $x$ 在数组 $a$ 中的概率为 $q$ 时，算法执行有 $n+1$ 种情况，即 $n$ 种成功查找和1种不成功查找。

对于成功查找，假设是等概率情况，则元素 $a[i]$ 被查找到的概率 $P(a[i])=q/n$，成功找到 $a[i]$ 元素时基本语句正好执行 $i+1$ 次。

对于不成功查找，其概率为 $1-q$，不成功查找时基本语句正好执行 $n$ 次。

所以

$$A(n) = \sum_{I \in D_n} P(I) \times T(I) = \sum_{i=0}^{n} P(I) \times T(I)$$

$$= \sum_{i=0}^{n-1} \frac{q}{n}(i+1) + (1-q)n = \frac{(n+1)q}{2} + (1-q)n$$

如果已知需要查找的 $x$ 有一半的概率在数组中，此时 $q=1/2$，则有

$$A(n) = [(n+1)/4] + n/2 \approx 3n/4$$

### 1.4.2　算法的空间复杂度分析

算法的空间复杂度是指算法执行时所耗费的临时存储空间，用 $S(n)$ 表示，同样是问题规模 $n$ 的函数。算法的空间复杂度分析是指对算法在执行过程中临时变量需要使用的存储空间大小进行量度。算法在执行过程中所占用的存储空间与算法的设计有关，针对同一问题的不同算法所占用的存储空间有所不同。有的算法的空间复杂度与问题规模有关，会随问题规模的增大而增大；有的则与问题规模无关，在计算空间复杂度的时候也使用大 $O$ 阶表示法。

例如，下面这段程序是求两个数中最大值的算法。

```
int  max(int  a,int  b)
{
    int  max;
    if(a>b)  max=a;
    else    max=b;
    return max;
}
```

空间复杂度的分析方法与前面介绍的时间复杂度类似。上面这个算法中只用到了临时存储空间 max，$S(n)=1$，因此其空间复杂度为 $O(1)$，与时间复杂度一样。只要临时存储空间的大小是常量，不随问题规模的变化而变化，与问题规模无关，算法的空间复杂度就都是 $O(1)$。当算法的空间复杂度与问题规模 $n$ 呈线性关系时，其空间复杂度为 $O(n)$。

再如，用以下算法求数组中的最大值，其中临时存储空间为变量 $i$、$\max i$ 占用的空间。所以，空间复杂度是对一个算法在运行过程中临时占用的存储空间大小的量度，一般也作为问题规模 $n$ 的函数，以数量级形式给出，记作 $S(n)=O(g(n))$。

```
int  max(int  a[],int  n)
{ int  i,maxi=0;
    for ( i=1 ; i<=n ; i++)
    if (a[i]>a[maxi])  maxi=i;
    return a[maxi];
}
```

函数体内分配的变量空间为临时存储空间，不计算形参所占用的存储空间，这里仅计算 $i$、$\max i$ 变量的存储空间，其空间复杂度为 $O(1)$。

为什么算法所占用的存储空间只考虑临时存储空间，而不必考虑形参所占用的存储

空间呢？这是因为形参所占用的存储空间会在调用该算法的算法中考虑，例如，以下代码中用 maxfun 算法调用了 max 算法。

```
void maxfun()
{  int b[]={1,2,3,4,5}, n=5;
   printf("Max=%d\n", max(b,n));
}
```

maxfun 算法中为 $b$ 数组分配了相应的存储空间，其空间复杂度为 $O(n)$，如果在 max 算法中再考虑形参 $a$ 的存储空间，就重复计算了所占用的存储空间。

算法空间复杂度的分析方法与前面介绍的时间复杂度分析方法相似。

**【例 1.14】** 分析下面算法的空间复杂度。

```
void func(int  n)
{  int i=1,k=100;
   while (i<=n)
   {  k++;
      i+=2;
   }
}
```

**解**：该算法是一个非递归算法，其中只临时分配了 $i$、$k$ 两个变量的存储空间，它与问题规模 $n$ 无关，所以其空间复杂度均为 $O(1)$。

这里需要注意的是，算法的时间复杂度和空间复杂度之间是相互影响的。有时候，好的时间复杂度有可能会占用较多的存储空间；而有时候，追求好的空间复杂度时又会导致程序运行时间增加。因此，在设计算法的时候，需要在时间复杂度和空间复杂度之间做好权衡。

## 1.4.3　非递归算法分析

对于非递归算法，分析其时间复杂度相对比较简单，关键是求出代表算法运行时间的表达式。通常是算法中基本语句的执行次数，是一个关于问题规模 $n$ 的表达式，然后用渐近符号来表示这个表达式即得到算法的时间复杂度。

分析非递归算法时，可遵循以下步骤。

(1)决定用哪些参数表示输入规模。

(2)找出算法的核心操作，它通常位于算法的最内层循环中。

(3)检查核心操作的执行次数是否只依赖于输入规模。如果它还依赖于一些其他的特性，则可能需要对最差效率、平均效率及最优效率分别进行研究。

(4)建立一个算法基本操作执行次数的求和表达式。

(5)利用求和运算标准公式和法则来建立一个操作次数的闭合公式。

**【例 1.15】** 给出例 1.14 算法的时间复杂度。

```
void func(int  n)
{ int i=1,k=100;
   while (i<=n)
   { k++;
     i+=2;
   }
}
```

**解**：算法中基本语句是 while 循环内的语句。设 while 循环语句执行的次数为 $m$，$i$ 从 1 开始递增，最后取值为 $1+2m$，则有

$$i=1+2m \leqslant n$$
$$f(n)=m \leqslant (n-1)/2=O(n)$$

该算法的时间复杂度为 $O(n)$。

**【例 1.16】** 给出以下交换 $a$ 和 $b$ 的值的算法的时间复杂度。

```
void swap(int a, int b)
{
  int  Temp=a;
  a=b;
  b=Temp;
  printf("%d,%d", a,b);
}
```

**解**：算法的核心操作为 3 条交换语句，其时间复杂度为常数阶：

$$T(n)=O(1)$$

**【例 1.17】** 给出以下求 $n!$ 的算法的时间复杂度。

```
void fact(int n)
{
  int  p=1;
  for ( int i=1; i<n+1; i++)
       p=p*i;
  printf("%d!=%d", n, p);
}
```

**解**：算法的核心操作为 $p=p*i$，为一次乘法运算，其执行次数只受输入规模 $n$ 控制；依据数学基础，本题的时间复杂度为

$$T(n)=\sum_{i=1}^{n} 1 = \Theta(n)$$

## 1.4.4　递归算法分析

递归算法采用一种分而治之的方法，把一个"大问题"分解为若干相似的"小问题"来

求解。

对于递归算法时间复杂度分析，关键是根据递归过程建立递推关系式，然后求解这个递推关系式，得到一个表示算法的程序运行时间的表达式，最后用渐近符号来表示这个表达式即得到算法的时间复杂度。

分析递归算法时，可遵循以下步骤。

(1)决定用哪些参数作为输入规模的度量标准。

(2)找出算法的核心操作，它通常是递推公式。

(3)检查一下，对于相同规模的不同输入，核心操作的执行次数是否相同。若不同，则必须对最差效率、平均效率及最优效率做单独研究。

(4)对于算法核心操作的执行次数，建立一个递推关系式以及相应的边界条件。

(5)解这个递推关系式，或者至少确定它的解的增长次数。

【例1.18】给出以下用递归算法求 $n!$ 的算法的时间复杂度。

```
long Fact(int n)
{
    if (n < 0)
        return -1;
    else if (n==0 || n==1)
        return  1;
    else
    return n * Fact(n-1);
}
```

**解**：算法核心操作为 $n * \mathrm{Fact}(n-1)$，是一次乘法操作，依据递推公式，每递推一次，执行一次乘法操作，因此有如下推导过程：

$$T(n)=1+T(n-1)=1+1+T(n-2)=\cdots=1+1+\cdots+1+T(1)$$
$$=1+1+\cdots+1=n=\Theta(n)$$

由例1.17和例1.18算法分析的结果可知，用递归方法与用循环方法求 $n!$，虽然算法的时间复杂度一样，但是递归算法有很多保存现场(入栈)与恢复现场(出栈)的操作，实际效率要比循环算法低很多。

【例1.19】有以下递归算法：

```
void mergesort(int  a[],int i,int  j)
{  int  m;
   if ( i!=j)
   { m=(i+j)/2;
     mergesort( a, i, m);
     mergesort( a, m+1, j);
     merge( a, i, j, m) ;
   }
}
```

其中，mergesort()函数用于数组 $a[0..n-1]$（设 $n=2^k$，这里的 $k$ 为正整数）的归并排序，调用该函数的方式为 mergesort($a$，0，$n-1$)。

另外，merge($a$，$i$，$j$，$m$)用于两个有序子序列 $a[i..j]$ 和 $a[j+1..m]$ 的有序合并，是非递归函数，它的时间复杂度为 $O(n)$（这里 $n=j-i+1$）。分析上述调用的时间复杂度。

**解**：设调用 mergesort($a$，0，$n-1$)的运行时间为 $T(n)$，由其执行过程得到以下求运行时间的递归关系(递推关系式)：

$$\begin{cases} T(n)=O(1), & n=1 \\ T(n)=2T\left(\dfrac{n}{2}\right)+O(n), & n>1 \end{cases}$$

其中，$O(n)$ 为 mergesort()函数运行所需的时间，设为 $cn$（$c$ 为正常量）。因此
$$\begin{aligned} T(n)&=2T(n/2)+cn=2[2T(n/2^2)+cn/2]+cn=2^2T(n/2^2)+2cn \\ &=2^3T(n/2^3)+3cn \\ &\cdots \\ &=2^kT(n/2^k)+kcn \\ &=nO(1)+cn\log_2 n=n+cn\log_2 n \quad (n=2^k，即 k=\log_2 n) \\ &=O(n\log_2 n) \end{aligned}$$

【例 1.20】汉诺塔(Tower of Hanoi)问题，分析算法时间复杂度。如图 1.5 所示，有 $n$ 个大小不同的盘子和 3 根木桩。开始时，所有盘子都套在木桩 A 上，最大的盘子在底部，最小的盘子在顶部。现在要借助木桩 B 把所有盘子都移动到木桩 C 上，但是移动时，必须保证大盘子在下面，小盘子在上面。

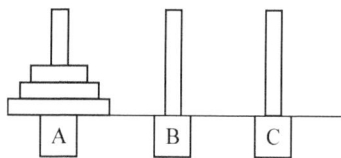

图 1.5 汉诺塔问题

**解**：把 $n \geqslant 1$ 个盘子从木桩 A 移动到木桩 C 上，共有 3 个步骤。
(1)借助木桩 C，把 $n-1$ 个盘子从木桩 A 移动到木桩 B 上。
(2)把一个盘子从木桩 A 移动到木桩 C 上。
(3)借助木桩 A，把 $n-1$ 个盘子从木桩 B 移动到木桩 C 上。
算法代码如下。

```
void Hanoi(int n,char x,char y,char z)
{ if (n==1)
    printf("将盘片%d从%c搬到%c\n",n,x,z);
  else
  { Hanoi(n-1,x,z,y);
    printf("将盘片%d从%c搬到%c\n",n,x,z);
    Hanoi(n-1,y,x,z);
  }
}
```

设调用 Hanoi($n$，$x$，$y$，$z$)的运行时间为 $T(n)$，由其执行过程得到以下求运行时间

的递归关系(递推关系式):

$$\begin{cases} T(n)=O(1), & n=1 \\ T(n)=2T(n-1)+1, & n>1 \end{cases}$$

因此

$$\begin{aligned} T(n) &=2[2T(n-2)+1]+1=2^2T(n-2)+1+2^1 \\ &=2^3T(n-3)+1+2^1+2^2 \\ &\cdots \\ &=2^{n-1}T(1)+1+2^1+2^2+\cdots+2^{n-1} \\ &=2^n-1=O(2^n) \end{aligned}$$

由算法分析可知,汉诺塔问题的时间复杂度为指数阶,它不是一个多项式时间复杂度的算法,而且目前找不到汉诺塔问题的多项式时间复杂度的算法,这是由问题本身属性所限制的,因此,它是一个难解问题。这个例子展示出了一个具有普遍意义的重要观点:谨慎使用递归算法,因为它们的简洁可能会掩盖其低效率的事实。

【例1.21】有如下递归算法,分析调用 maxelem($a$,0,$n-1$)的空间复杂度。

```
int  maxelem( int a[], int  i,int  j)
{  int mid=(i+j)/2, max1, max2;
   if (i<j)
   {max1=maxelem(a,i,mid);
    max2=maxelem(a,mid+1,j);
    return (max1>max2) ? max1 :max2;
   }
   else return a[i];
}
```

**解**:执行该递归算法需要多次调用自身,每次调用时,系统临时分配3个整型变量的存储空间 $O(1)$。

设调用 maxelem($a$,0,$n-1$)的存储空间为 $S(n)$,有

$$\begin{cases} S(n)=O(1), & n=1 \\ S(n)=2S(n/2)+O(1), & n>1 \end{cases}$$

则

$$\begin{aligned} S(n) &=2S(n/2)+1=2[2S(n/2^2)+1]+1=2^2S(n/2^2)+1+2^1 \\ &=2^3S(n/2^3)+1+2^1+2^2 \\ &\cdots \\ &=2^kS(n/2^k)+1+2^1+2^2+\cdots+2^{k-1}(\text{设 } n=2^k,\text{ 即 } k=\log_2 n) \\ &=n*1+2^k-1=2n-1=O(n) \end{aligned}$$

# 1.5  关于 P 类、NP 类和 NPC 类问题

研究算法的渐近效率是用来描述算法的时间复杂度和空间复杂度的,从这些表达式

中可以判断出算法求解问题时的难易程度。在算法复杂度研究中，将在确定性模型下的易解问题类，称为 **P 类问题**；在非确定性模型下的易验证问题类，称为 **NP 类问题**。所谓易验证问题就是如果找到了问题的一个答案，可以在多项式时间内判断这个答案是否正确。通常情况下解一个问题要比验证一个问题解的正确性困难得多。与算法的渐近效率相联系，一般认为能用时间复杂度小于 $n^k$ 型（即多项式型）算法求解的问题，就是 P 类问题；而只能用时间复杂度为指数（如 $2^n$）或阶乘型算法求解的问题，就是 NP 类问题。

自然地，我们可能会想到这样一个挑战：随着技术的进步，在求解 NP 类问题时，能否找到一种新的算法来提高效率、降低其时间复杂度为多项式型，即 P＝NP？这里需要说明的是，大多数计算机科学家相信 P≠NP 的理由是，存在一类 **NP 完全问题（NP-Completeness，NPC）**。目前已知的 NPC 类问题有 2000 多个，其中有许多是非常重要的问题，如背包问题、装箱问题、旅行商问题等。NPC 类问题是某 NP 类问题中复杂度最高的一个子类。已经证明，在同类问题里，任取 NP 类问题中的一个问题，再任取 NPC 类问题中的一个问题，则一定存在一个具有多项式时间复杂度的算法，可以把前者转变成后者。这就表明，只要能证明 NPC 类问题中有一个问题属于 P 类问题，也就证明了 NP 类问题都是 P 类问题，即证明了 P＝NP。尽管经过多年研究，目前还没有一个 NPC 类问题有多项式时间算法。在后续内容中，将会陆续讲解一些经典 NPC 类问题。

# 1.6　本章小结

本章介绍了有关算法的基本概念、算法设计的基本流程、算法复杂度分析的一些原理和方法，主要包括以下几个知识点。

（1）算法指的是由若干条指令组成的有穷序列，它具有五大特征：有零个或多个输入、至少有一个输出、确定性、可行性、有穷性。在设计算法求解问题时，一般需要经过 6 个步骤：理解问题、确定算法的运行环境、设计算法、正确性证明、分析算法和编程实现算法。对算法的研究主要包括算法的设计、表示、确认和分析。

（2）定义了函数的渐近的界，引入了 $O$、$\Omega$、$\Theta$、$o$、$\omega$ 符号，建立了算法复杂度分析的运算基础，指出使用函数的渐近的界可以对时间渐近复杂度进行有效度量，与算法实现相结合，指出了用函数的渐近的界所表达的现实意义。通过函数渐近的界也可以让人们更加明白伪代码描述对算法的实际贡献——反映算法的核心本质。

（3）用函数的渐近的界的定义证明了几个有用的定理，对用多项式函数、对数函数、指数函数所描述的算法渐近复杂度进行了对比和分析。

（4）引入了极限求函数的渐近的界，利用强大的微积分技术简化时间渐近复杂度的运算及证明。介绍了洛必达法则、斯特林公式和几个有用的求和级数，使求函数的渐近的界更加容易和方便。

（5）将所介绍的数学方法运用到实例当中，探讨了函数的渐近的界及其运算在非递归算法和递归算法分析中的应用。

算法分析是算法设计中必不可少的环节，是算法核心价值的客观体现与评价，掌握基本的算法分析技术对于算法设计者来说是十分必要的。本章介绍的有关算法分析的数学知识，是最基本的算法分析工具，在后续内容中不但会大量使用，还会做适当补充。

# 1.7 习题

1. 下列描述中，不能称之为算法的是（　　）。

A. 武术的拳谱

B. 歌曲的歌谱

C. 用土鸡炖鸡汤

D. 做稀饭需要执行淘米、加水、加热这些步骤

2. 下列问题中，不属于算法讨论范畴的是（　　）。

A. 四则运算法则 　　　　　　　　　　B. 求一枚硬币抛落下来是正面的概率

C. 求正方形的面积 　　　　　　　　　D. 求两地之间的最短路线

3. 下列有关算法的描述中，正确的是（　　）。

A. 解决问题的算法是唯一的

B. 算法的执行步骤必须是有穷的

C. 算法的执行步骤是可逆的

D. 一个问题的算法只能用一种语言来设计

4. 下列关于算法的说法中，正确的个数是（　　）。

Ⅰ. 求解某一类问题的算法是唯一的

Ⅱ. 算法必须在有限步操作之后停止

Ⅲ. 算法的每一步操作必须是明确的，不能有歧义或含义模糊

Ⅳ. 算法执行后一定产生确定的结果

A. 1 　　　　　　　B. 2 　　　　　　　C. 3 　　　　　　　D. 4

5. 下列有关算法的描述中，错误的是（　　）。

A. 算法要有输出 　　　　　　　　　　B. 算法要有 1 个输入

C. 算法要能处理不规范输入 　　　　　D. 算法必须能在执行有限步骤后结束

6. 下列选项中，不属于算法特性的是（　　）。

A. 可行性 　　　　B. 健壮性 　　　　　C. 有限性 　　　　D. 输入性

7. 下列有关算法的描述中，错误的是（　　）。

A. 自然语言可能出现二义性 　　　　　B. 计算机可直接执行伪代码

C. 流程图直观形象 　　　　　　　　　D. 程序设计语言的抽象性差

8. $T(n)$ 表示当输入规模为 $n$ 时的算法效率，以下算法中效率最优的是（　　）。

A. $T(n)=T(n-1)+1$，$T(1)=1$ 　　　B. $T(n)=2n^2$

C. $T(n)=T(n/2)+1$，$T(1)=1$ 　　　D. $T(n)=3n\log_2 n$

9. 什么是算法？算法有哪些特性？

10. 证明以下关系成立：

(1) $10n^2-2n=\Theta(n^2)$；

$(2)\,2^{n+1}=\Theta(2^n)$。

11. 请估计 $\displaystyle\sum_{k=1}^{n}\dfrac{k}{3^k}$ 的上界。

12. 判断一个大于 2 的正整数 $n$ 是否为素数的方法有多种，本题目给出了两种算法，请说明其中哪种算法更好并阐述自己的理由。

```c
# include < stdio. h>
# include < math. h>
bool isPrime1(int n)      //方法 1
{
for (int i=2; i<n; i++)
if (n% i==0)  return false;
return true;
}
bool isPrime2(int n)      //方法 2
{
for (int i=2; i<=(int) sqrt(n); i++)
if (n% i==0)  return false;
return true;
}
void main()
{
int n=5;
printf("%d, %d\n", isPrime1(n), isPrime2(n)) ;
}
```

# 1.8  实验题

**实验一：** 用穷举法和欧几里得算法求任意两个非负整数的最大公约数

**实验二：** 求 $1/1\,! -1/3\,! +1/5\,! -1/7\,! +\cdots +(-1)^{n+1}/(2n-1)\,!$

**实验三：** 设计算法，输出一个 $n\times n$ 的三角矩阵

输出规律如下。

请输入 n 值:5
```
    1
    6    2
   10    7    3
   13   11    8    4
   15   14   12    9    5
```

请输入 n 值:10

```
   1
  11    2
  20   12    3
  28   21   13    4
  35   29   22   14    5
  41   36   30   23   15    6
  46   42   37   31   24   16    7
  50   47   43   38   32   25   17    8
  53   51   48   44   39   33   26   18    9
  55   54   52   49   45   40   34   27   19   10
```

### 实验四：统计求最大、最小元素的平均比较次数

**【问题描述】**编写一个实验程序，随机产生 10 个 1～20 的整数，设计一个高效算法查找其中的最大元素和最小元素，并统计元素之间的比较次数。调用该算法执行 10 次并求出元素的平均比较次数。

**【问题解析】**采用元素之间直接比较的方法求最大和最小元素，并累计比较次数。

**样例输出：**

```
第1组:6  10 15 5  8  6  19 11 11 15 :最大值=19,最小值=5,比较次数=15
第2组:2  18 9  10 8  14 5  1  9  16 :最大值=18,最小值=1,比较次数=17
第3组:4  19 17 2  5  6  1  17 4  13 :最大值=19,最小值=1,比较次数=17
第4组:15 14 7  8  16 9  4  12 3  3  :最大值=16,最小值=3,比较次数=17
第5组:17 7  9  17 6  3  7  5  19 10 :最大值=19,最小值=3,比较次数=17
第6组:7  13 2  14 12 18 5  13 15 19 :最大值=19,最小值=2,比较次数=14
第7组:7  4  10 14 15 16 18 6  10 1  :最大值=18,最小值=1,比较次数=13
第8组:14 2  14 19 4  13 10 9  7  10 :最大值=19,最小值=2,比较次数=17
第9组:20 8  4  17 8  3  5  7  4  4  :最大值=20,最小值=3,比较次数=18
第10组:5 14 16 4  1  17 18 10 14 3  :最大值=18,最小值=1,比较次数=14
平均比较次数=15.9
```

# 第 2 章　算法工具 STL

(1)理解算法工具 STL 的概念。
(2)理解 STL 算法和 STL 迭代器的基本用法。
(3)掌握利用常见的 STL 容器解决典型应用问题的设计思想。
(4)掌握 STL 工具在一些经典算法中的应用。

内容导读

　　STL 是标准模板库，是 C++标准库的重要组成部分。招聘工作中，经常遇到 C++
程序员对 STL 不是非常了解，仅有一个大致的印象，而一旦具体到在什么情况下应该使
用哪个容器和算法就比较茫然了。STL 是 C++程序员的一项不可或缺的基本技能，掌
握它对提升 C++编程大有益处。

## 2.1　STL 概述

　　长久以来，软件界一直希望建立一种可重复利用的工具，C++的面向对象和泛型编
程思想，目的就是提升复用性。在大多数情况下，数据结构和算法都未能有一套标准，导
致程序员被迫从事大量重复性工作。为了建立数据结构和算法的一套标准，STL 诞生了。
　　**标准模板库(Standard Template Library，STL)**是 C++标准库的重要组成部分，不仅
是一个可复用的组件库，而且是一个包罗数据结构与算法的软件框架。
　　通俗来说，STL 就是将常见的数据结构(如顺序
表、链表、栈、队列、二叉树、哈希表等)以模板的
形式进行封装，这样使用时就可以直接调用，而不
必人为编写，包含常见的通用泛型算法(一些常规的
算法也不用自己实现，可以直接调用)。
　　STL 主要由容器(Container)、算法(Algorithm)
和迭代器(Iterator)三大部分构成，容器用于存放数
据对象(元素)，算法用于操作容器中的数据对象，
它们之间的结构关系如图 2.1 所示。

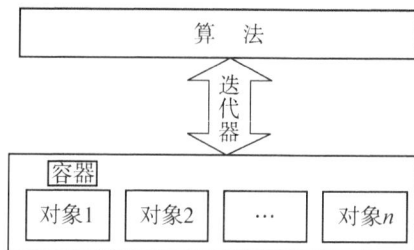

图 2.1　容器算法结构关系图

### 2.1.1    什么是 STL 容器

一个 STL 容器就是一种数据结构，如链表、栈和队列等，这些数据结构在 STL 中均已实现，设计算法时可以直接使用它们。

STL 容器部分主要由头文件＜vector＞、＜string＞、＜deque＞、＜list＞、＜stack＞、＜queue＞、＜set＞和＜map＞等组成。表 2.1 列出了 STL 中常用的数据结构和相应的头文件，另外还有哈希表容器 hash_map 等，它们属于非标准 STL 容器，其功能可以用 map 容器替代。

表 2.1    常用的数据结构和相应的头文件

| 数据结构 | 说明 | 实现头文件 |
| --- | --- | --- |
| 向量（vector） | 连续存储元素。底层数据结构为数组，支持快速随机访问 | ＜vector＞ |
| 字符串（string） | 字符串处理容器 | ＜string＞ |
| 双端队列（deque） | 连续存储指向不同元素的指针所组成的数组。底层数据结构为一个中央控制器和多个缓冲区，支持首尾元素（中间元素不支持）快速增删，也支持随机访问 | ＜deque＞ |
| 链表（list） | 由结点组成的链表，每个结点包含一个元素。底层数据结构为双向链表，支持结点的快速增删 | ＜list＞ |
| 栈（stack） | 后进先出的序列。底层一般用 deque（默认）或者 list 实现 | ＜stack＞ |
| 队列（queue） | 先进先出的序列。底层一般用 deque（默认）或者 list 实现 | ＜queue＞ |
| 优先队列（priority_queue） | 元素的进出队顺序由某个谓词或者关系函数决定的一种队列。底层数据结构一般为 vector（默认）或者 deque | ＜queue＞ |
| 集合（set）/多重集合（multiset） | 由结点组成的红黑树，每个结点都包含一个元素，set 中所有元素有序但不重复，multiset 中所有关键字有序但不重复 | ＜set＞ |
| 映射（map）/多重映射（multimap） | 由键值对组成的集合，底层数据结构为红黑树，map 中所有关键字有序但不重复，multimap 中所有关键字有序但可以重复 | ＜map＞ |

C++ 中引入了命名空间的概念，在不同命名空间中可以存在同名的标识符。程序员可能在自己的程序中定义了 sort()函数，而 STL 中也有 sort()函数，为了避免两者混淆和冲突，可以将 STL 的 sort()函数及其标识符都封装在命名空间 std 中，即将 STL 的 sort()函数编译为 std∷sort()。为此，在使用 STL 时必须将下面的语句插入源代码文件开头：

```
using namespace std;
```

用以将程序代码定位到 std 命名空间中。

### 2.1.2    什么是 STL 算法

**STL 算法**是用来操作容器中数据的模板函数，STL 提供了大约 100 个实现算法的模板函数。例如，STL用sort()函数对一个向量中的数据进行排序，用find()搜索一个链表中的对象。

正是由于采用模板函数设计(即泛型设计)，STL算法具有很好的通用性，例如，排序算法sort()不仅可以对内置数据类型的数据(如int数据)进行排序，也可以对自定义的结构体数据进行排序，不仅可以进行递增排序，也可以按程序员指定的方式进行排序(如递减排序)，从而简化代码，提高算法设计效率。

STL算法部分主要由头文件<algorithm>、<numeric>和<functional>组成。

<algorithm>是所有STL头文件中最大的一个，由众多模板函数组成，其功能范围涉及容器元素的比较、交换、查找、遍历、复制、修改、删除、排序和合并等操作。

<numeric>头文件的体积很小，只包括几个简单数学运算的模板函数。

<functional>头文件中定义了一些模板类用于声明关系函数对象。

例如，以下程序使用STL算法sort()实现了整型数组$a$的递增排序。

```
# include <stdio.h>
# include <algorithm>
using namespace std;
void main()
{   int a[]={2,5,4,1,3};
    sort(a,a+5);
    for (int i=0;i<5;i++)
        printf("%d ",a[i]);                //输出:1 2 3 4 5
    printf("\n");
}
```

## 2.1.3　什么是STL迭代器

STL迭代器用于访问容器中的数据对象。每个容器都有自己的迭代器，只有容器自己才知道如何访问自己的元素。迭代器类似C/C++中的指针，算法通过迭代器来定位和操作容器中的元素。

迭代器有各种不同的创建方法，程序可能把迭代器作为一个变量创建，一个STL容器类可能为了使用一个特定类型的数据而创建一个迭代器。作为指针，必须能够使用*操作符来获取数据值。

程序员可以使用相关运算符操作迭代器。例如，++运算符用来递增迭代器，以访问容器中的下一个数据对象。如果迭代器到达了容器中的最后一个元素的后面，则迭代器变成一个特殊的值，就好像使用NULL或未初始化的指针一样。

常用的迭代器有以下几种。

(1)iterator：指向容器中存放元素的迭代器，用于正向遍历容器中的元素。

(2)const_iterator：指向容器中存放元素的常量迭代器，只能读取容器中的元素。

(3)reverse_iterator：指向容器中存放元素的反向迭代器，用于反向遍历容器中的元素。

(4)const＿reverse＿iterator：指向容器中存放元素的常量反向迭代器，只能读取容器中的元素。

迭代器的常用运算如下。

(1)＋＋：正向移动迭代器。

(2)－－：反向移动迭代器。

(3)＊：返回迭代器所指的元素值。

例如，以下程序代码。

```
# include <stdio.h>
# include <vector>
using namespace std;
void main()
{
vector<int>myv;          //定义一个存放 int 型整数的 vector 容器
myv.push_back(1);
myv.push_back(2);
myv.push_back(3);        //使 vector 容器的成员函数 push_back()在 myv 的尾部插入元素;
/*这样 myv 中包含 3 个元素,依次是 1、2、3。如果要正向输出所有元素,可以使用正向迭代器*/
vector<int>::iterator it;                      //定义正向迭代器 it
for (it=myv.begin();it!=myv.end();++it)        //从头到尾遍历所有元素
        printf("%d ",*it);                     //输出:1 2 3
printf("\n");
/*如果要反向输出所有元素,可以使用反向迭代器*/
vector<int>:.reverse_iterator rit;             //定义反向迭代器 rit
for (rit=myv.rbegin();rit!=myv.rend();++rit)   //从尾到头遍历所有元素
        printf("%d ",* rit);                   //输出:3 2 1
printf("\n");
}
```

# 2.2  常用的 STL 容器

STL 容器有很多，每一个容器就是一个类模板，大致可分为顺序容器、关联容器和适配器容器 3 种类型。

## 2.2.1  顺序容器

顺序容器按照线性次序的位置存储数据，即第 1 个元素，第 2 个元素，以此类推。STL 提供的顺序容器有 vector、string、deque 和 list。

### 1. vector 容器

vector 容器即向量容器，是一个向量类模板。vector 容器相当于数组，用于存储具有相同数据类型的一组元素。图 2.2 所示为 vector 容器 $v$ 的一般存储方式，可以从尾部快速地插入与删除元素，也可以快速地随机访问元素，但是在序列中间插入、删除元素较慢，因为需要移动要插入或删除位置后面的所有元素。

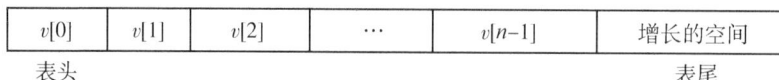

| $v[0]$ | $v[1]$ | $v[2]$ | … | $v[n-1]$ | 增长的空间 |
|---|---|---|---|---|---|
| 表头 | | | | | 表尾 |

图 2.2  vector 容器 $v$ 的存储方式

如果初始分配的存储空间不够，当数据溢出时会重新分配更大的存储空间（通常按两倍大小扩展），此时需要进行大量的元素复制，从而增加了性能开销。

定义 vector 容器有以下几种方式。

```
vector<int>v1;                //定义元素为 int 的向量 v1
vector<int>v2(10);            //指定向量 v2 的初始大小为 10 个 int 元素
vector<double>v3(10,1.23);    //指定 v3 的 10 个初始元素的初值为 1.23
vector<int>v4(a,a+5);         //用数组 a[0..4]共 5 个元素初始化 v4
```

vector 容器提供了一系列的成员函数，主要的成员函数有。

（1）empty()：判断当前 vector 容器是否为空。

（2）size()：返回当前 vector 容器中的实际元素个数。

（3）[ ]：返回指定下标的元素。

（4）reserve($n$)：为当前 vector 容器预分配 $n$ 个元素的存储空间。

（5）resize($n$)：调整当前 vector 容器的大小，使其能容纳 $n$ 个元素。

（6）capacity()：返回当前 vector 容器在使用函数 resize($n$) 重新进行内存分配以前所能容纳的元素个数。

（7）push＿back()：在当前 vector 容器尾部添加 1 个元素。

（8）insert(pos，elem)：在 pos 位置插入元素 elem，即将元素 elem 插入迭代器 pos 指定元素之前。

（9）front()：获取当前 vector 容器的第一个元素。

（10）back()：获取当前 vector 容器的最后一个元素。

（11）erase()：删除当前 vector 容器中某个迭代器或者迭代器区间指定的元素。

（12）clear()：删除当前 vector 容器中所有元素。

（13）begin()：该函数的两个版本返回 iterator 或 const＿iterator，引用容器的第一个元素。

（14）end()：该函数的两个版本返回 iterator 或 const＿iterator，引用容器的最后一个元素后面的一个位置。

（15）rbegin()：该函数的两个版本返回 reverse＿iterator 或 const＿reverse＿iterator，引用容器的最后一个元素。

（16）rend()：该函数的两个版本返回 reverse＿iterator 或 const＿reverse＿iterator，引用容器的第一个元素前面的一个位置。

例如，以下程序说明了 vector 容器的应用。

```
# include <stdio.h>
# include <vector>
using namespace std;
void main()
{   vector<int>myv;                                        //定义 vector 容器 myv
vector<int>::iterator it;                                  //定义 myv 的正向迭代器 it
myv.reserve(10);                                           //为当前 vector 容器预分配 10 个元素
                                                              的存储空间

printf("能容纳:%d 个元素\n",myv.capacity()) ;              //当前 vector 容器能容纳 10 个元素
printf("实际元素个数:%d\n", myv.size());                   //当前 vector 容器中实际元素个数为 0
//判断容器 myv 是否为空,1 代表空,0 代表非空
printf("是否为空:%d\n", myv.empty());

myv.push_back(1);                                          //在 myv 尾部添加元素 1
printf("第一个元素:%d\n", myv[0]);                         //用下标方式打印第一个元素
printf("是否为空:%d\n", myv.empty());                     //判断容器 myv 是否为空
it=myv.begin();                                            //it 迭代器指向开头元素 1
myv.insert(it,2);                                          //在 it 指向的元素之前插入元素 2
myv.push_back(3);                                          //在 myv 尾部添加元素 3
myv.push_back(4);                                          //在 myv 尾部添加元素 4
it=myv.end();                                              //it 迭代器指向尾元素 4 的后面
it--;                                                      //it 迭代器指向尾元素 4
myv.erase(it);                                             //删除元素 4
printf("最终 vector 容器中的元素为:");
for (it=myv.begin();it!=myv.end();++it)
        printf("%d ", *it);
    printf("\n");
}
```

**上述程序的输出如下。**

```
能容纳:10 个元素
实际元素个数:0
是否为空:1
第一个元素:1
是否为空:0
最终 vector 容器中的元素为:2 1 3
```

**2. string 容器**

string 容器即字符串容器,是一个保存字符序列的容器。图 2.3 所示为 string 容器 s 的一般存储方式,其所有元素均为字符类型,类似 vector<char>。因此 string 容器中除了字符串的一些常用操作以外,还包含了所有序列容器的操作。字符串的常用操作包括增加、删除、修改、查找、比较、连接、输入、输出等。string 容器重载了许多运算符,包括+、+=、<、=、[]、<<和>>等。正是有了这些运算符,才使 string 容器实现

字符串的操作变得非常方便和简捷。

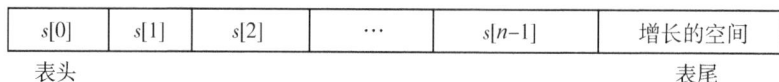

| s[0] | s[1] | s[2] | ⋯ | s[n-1] | 增长的空间 |
|------|------|------|---|--------|-----------|

表头                                                     表尾

图 2.3   string 容器 s 的存储方式

创建 string 容器主要有以下几种方式。

```
string()//建立一个空的字符串
string(const string& str)//用字符串 str 建立当前字符
string(const string& str,size_type str_idx)/*用字符串 str 起始于 str_idx 的字符建
立当前字符串 */
string(const string& str,size_type str_idx,size_type str_num)/*用字符串 str 起
始于 str_idx 的 str_num 个字符建立当前字符串 */
string(const char * cstr)//用 C-字符串 cstr 建立当前字符串
string (const char* cstr,size_type chars_len)/*用 C-字符串 cstr 开头的 chars_
len 个字符建立当前字符串 */
string(size type num,char c)//用 num 个字符 c 建立当前字符串。
```

其中，"C-字符串"是指采用字符数组存放的字符串。例如：

```
char cstr[]="China! Greate Wall";      //C-字符串
string s1(cstr);                       // s1:China! Greate Wall
string s2(s1);                         // s2:China! Greate Wall
string s3(cstr,7,11);                  // s3:Greate Wall
string s4(cstr,6);                     // s4:China!
string s5(5,'A');                      // s5:AAAAA
```

string 类型包含了很多成员，用于实现各种常用字符串操作的功能，常用的成员函数如下(其中，size _ type 在不同的机器上长度可能有所不同，并非固定长度，例如，sizetype 通常为 unsigned int 类型)。

(1)empty()：判断当前字符串是否为空串。

(2)size()：返回当前字符串的实际字符个数(返回结果为 size _ type 类型)。

(3)length()：返回当前字符串的实际字符个数。

(4)[idx]：返回当前字符串中位于 idx 位置的字符，idx 从 0 开始。

(5)at(idx)：返回当前字符串中位于 idx 位置的字符。

(6)compare(const string & str)：返回当前字符串与字符串 str 的比较结果。在比较时，若两者相等，返回 0；前者小于后者，返回-1，否则返回 1。

(7)append(cstr)：在当前字符串的尾部添加一个字符串 str。

(8)insert(size _ type idx, const string & str)：在当前字符串的 idx 处插入一个字符串 str。

(9)find(string & s, size _ type pos)：从当前字符串中的 pos 位置开始查找字符串 s 的第一个位置，找到后返回其位置，若没有找到返回-1。

(10)replace(size _ type idx，size _ type len，const string & str)：将当前字符串中起始于 idx 的 len 个字符用一个字符串 str 替换。

(11)replace(iterator beg，iterator end，const string & str)：将当前字符串中由迭代器 beg 和 end 所指区间的所有字符用一个字符串 str 替换。

(12)substr(size _ type idx)：返回当前字符串起始于 idx 的子串。

(13)substr(size _ type idx，size type len)：返回当前字符起始于 idx 的长度为 len 的子串。

(14)clear()：删除当前字符串中的所有字符。

(15)erase()：删除当前字符串中的一个或多个字符。

(16)erase(size _ type idx)：删除当前字符串中从 idx 开始的所有字符。

(17)erase(size _ type idx，size _ type len)：删除当前字符串中从 idx 开始的 len 个字符。

例如，有以下程序。

```
# include <iostream>
# include <string>
using namespace std;
void main()
{   string s1="",s2,s3="Bye";
    s1. append("Good morning");          //s1=" Good morning"
    s2=s1;                               //s1=" Good morning"
    int i=s2. find("morning");           //i=5
    s2. replace(i,s2. length()-i,s3);    //相当于 s2. replace(5,7,s3)
    cout << "s1:" << s1 << endl;
    cout << "s2:" << s2 << endl;
}
```

上述程序通过 string 容器的 append()成员函数给 s1 添加了一个字符串，执行 s2＝s1；将 s1 复制给 s2，然后将 s2 中的"morning"子串用 s3 替换。上述程序的执行结果如下。

```
s1:Good morning
s2:Good Bye
```

### 3. deque 容器

deque 容器即双端队列容器，是一个双端队列类模板。deque 容器由若干个块构成，每个块中元素地址是连续的，块之间的地址是不连续的。图 2.4 所示为 deque 容器的一般存储方式，系统有一个特定的机制将这些块构成一个整体。用户可以从前面或后面快速地插入、删除及随机访问元素，但在中间位置插入和删除元素速度较慢。

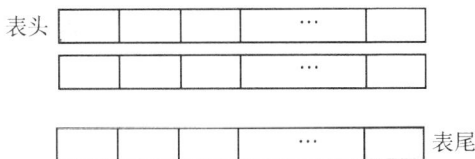

图 2.4　deque 容器的存储方式

deque 容器不像 vector 容器那样把所有的元素保存在一个连续的内存块中，而是采用多个连续的存储块存放数据元素，所以空间的重新分配要比 vector 容器快，因为重新分配存储空间后原有的元素不需要复制。

定义 deque 容器主要有以下几种方式。

```
deque<int>dq1;                          //定义元素为 int 的双端队列 dq1
deque<int>dq2(10);                      //指定 dq2 的初始大小为 10 个 int 元素
deque<double>dq3(10,1.23);              //指定 dq3 的 10 个初始元素的初值为 1.23
deque<int>dq4(dq2.begin(),dq2.end());   //用 dq2 的所有元素初始化 dq4
```

deque 容器的主要成员函数如下。

(1)empty()：判断 deque 容器是否为空。

(2)size()：返回 deque 容器中元素的个数。

(3)push_front(elem)：在队头插入元素 elem。

(4)push_back(elem)：在队尾插入元素 elem。

(5)pop_front()：删除队头一个元素。

(6)pop_back()：删除队尾一个元素。

(7)erase()：从 deque 容器中删除一个或多个元素。

(8)clear()：删除 deque 容器中所有元素。

(9)begin()：该函数的两个版本返回 iterator 或 const_iterator，引用容器的第一个元素。

(10)end()：该函数的两个版本返回 iterator 或 const_iterator，引用容器的最后一个元素后面的一个位置。

(11)rbegin()：该函数的两个版本返回 reverse_iterator 或 const_reverse_iterator，引用容器的最后一个元素。

(12)rend()：该函数的两个版本返回 reverse_iterator 或 const_reverse_iterator，引用容器的第一个元素前面的一个位置。

例如，有以下程序。

```
# include <stdio.h>
# include <deque>
using namespace std;
void disp(deque<int>&dq)                //输出 dq 的所有元素
{ deque<int>::iterator iter;            //定义迭代器 iter
  for (iter=dq.begin();iter!=dq.end();iter++)
        printf("%d ", *iter);
  printf("\n");
}
void main()
{ deque<int>dq;                         //建立一个双端队列 dq
  dq.push_front(1);                     //队头插入 1
```

```
dq.push_back(2);                    //队尾插入 2
dq.push_front(3);                   //队头插入 3
dq.push_back(4);                    //队尾插入 4
printf("dq:"); disp(dq);
dq.pop_front();                     //删除队头元素
dq.pop_back();                      //删除队尾元素
printf("dq:"); disp(dq);
}
```

在上述程序中定义了字符串双端队列 dq，利用插入和删除成员函数进行操作。其输出如下。

```
dq:3 1 2 4
dq:1 2
```

#### 4. list 容器

list 容器即链表容器，是一个双链表类模板。图 2.5 所示为 list 容器的一般存储方式，可以从任何位置快速地插入与删除元素。它的每个节点之间通过指针连接，不能随机访问元素。要访问 list 容器中特定的元素，必须从第 1 个位置（表头）开始，随着指针从一个元素到下一个元素，直到找到要找的元素。list 容器插入元素比 vector 容器快，对每个元素单独分配存储空间，所以不存在存储空间不够需要重新分配的情况。

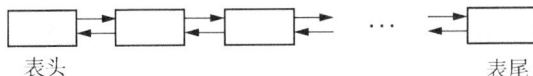

图 2.5　list 容器的存储方式

定义 list 容器主要有以下几种方式。

```
list<int>l1;            //定义元素类型为 int 的链表 l1
list<int>l2(10);        //指定链表 l2 的初始大小为 10 个 int 元素
list<double>l3(10,1.23);//指定 l3 的 10 个初始元素的初值为 1.23
list<int>l4(a,a+5);     //用数组 a[0..4]共 5 个元素初始化链表 l4
```

list 容器的主要成员函数如下。

(1)empty()：判断 list 容器是否为空。

(2)size()：返回 list 容器中的实际元素个数。

(3)push_back()：在链表尾部插入元素。

(4)pop_back()：删除 list 容器中的最后一个元素。

(5)remove()：删除 list 容器中所有指定值的元素。

(6)remove_if(cmp)：删除 list 容器中满足条件的元素。

(7)erase()：从 list 容器中删除一个或多个元素。

(8)unique()：删除 list 容器中相邻的重复元素。

(9)clear()：删除 list 容器中的所有元素。

(10)insert(pos，elem)：在 pos 位置插入元素 elem，即将元素 elem 插入迭代器 pos 指定的元素之前。

(11)insert(pos，$n$，elem)：在 pos 位置插入 $n$ 个元素 elem。

(12)insert(pos，pos1，pos2)：在迭代器 pos 处插入[pos1，pos2)的元素。

(13)reverse()：反转链表。

(14)sort()：对 list 容器中的元素进行排序。

(15)begin()：该函数的两个版本返回 iterator 或 const_iterator，引用容器的第一个元素。

(16)end()：该函数的两个版本返回 iterator 或 const_iterator，引用容器的最后一个元素后面的一个位置。

(17)rbegin()：该函数的两个版本返回 reverse_iterator 或 const_reverse_iterator，引用容器的最后一个元素。

(18)rend()：该函数的两个版本返回 reverse_iterator 或 const_reverse_iterator，引用容器的第一个元素前面的一个位置。

**说明**：STL 提供的 sort()排序算法主要用于支持随机访问的容器，而 list 容器不支持随机访问，为此，list 容器提供了 sort()函数用于元素排序。类似的还有 unique()、reverse()、merge()等 STL 算法。

例如，有以下程序。

```
# include <stdio.h>
# include <list>
using namespace std;
void disp(list<int>&lst)                //输出 lst 的所有元素
{  list<int>::iterator it;
   for (it=lst.begin();it!=lst.end();it++)
    printf("%d ", *it);
   printf("\n");
}
void main()
{  list<int>lst;                        //定义 list 容器 lst
   list<int>::iterator it,start,end;
   lst.push_back(5);                    //添加 5 个整数 5,2,4,1,3
   lst.push_back(2);  lst.push_back(4);
   lst.push_back(1);  lst.push_back(3);
   printf("初始 lst:"); disp(lst);
   it=lst.begin();                      //it 指向首元素 5
   start=++lst.begin();                 //start 指向第 2 个元素 2
   end=--lst.end();                     //end 指向尾元素 3
   lst.insert(it,start,end);
   printf("执行 lst.insert(it,start,end)\n");
```

```
        printf("插入后 lst:"); disp(lst);
    }
```

在上述程序中建立了一个整数链表 lst，向其中添加 5 个元素，it 指向首元素 5，start 指向元素 2，end 指向元素 3，执行 lst.insert(it，start，end)；语句时将元素 2、4、1 插入最前端。其输出如下。

```
初始 lst:5 2 4 1 3
执行 lst.insert(it,start,end)
插入后 lst:2 4 1 5 2 4 1 3
```

## 2.2.2  关联容器

关联容器中的每个元素有一个 key(关键字)，通过 key 来存储和读取元素。这些关键字可能与元素在容器中的位置无关，所以关联容器不提供顺序容器中的 front()、push_front()、back()、push_back()及 pop_back()操作。

### 1. set/multiset 容器

集合(set)和多重集合(multiset)容器都是集合类模板，其元素值被称为关键字。set 容器中元素的关键字是唯一的；而 multiset 容器中元素的关键字可以不唯一，而且默认情况下会对元素按关键字自动升序排列，所以查找速度比较快，同时支持交、差和并等一些集合上的运算。因此如果需要集合中的元素允许重复，可以使用 multiset 容器。

由于 set 容器中不允许存在两个相同关键字的元素，在向 set 容器插入元素时，如果已经存在该元素则不插入；而 multiset 容器中允许存在两个相同关键字的元素，在删除操作时删除 multiset 容器中值等于 elem 的所有元素，若删除成功则返回删除个数，否则返回 0。

set/multiset 容器的成员函数如下。

(1)empty()：判断容器是否为空。

(2)size()：返回容器中的实际元素个数。

(3)insert()：在容器中插入元素。

(4)erase()：从容器中删除一个或多个元素。

(5)clear()：删除容器中的所有元素。

(6)count($k$)：返回容器中关键字 $k$ 出现的次数。

(7)find($k$)：如果容器中存在关键字为 $k$ 的元素，返回该元素的迭代器，否则返回 end()值。

(8)upper_bound()：返回一个迭代器，指向关键字大于 $k$ 的第一个元素。

(9)lower_bound()：返回一个迭代器，指向关键字不小于 $k$ 的第一个元素。

(10)begin()：用于正向迭代，返回容器中第一个元素的位置。

(11)end()：用于正向迭代，返回容器中最后一个元素后面的一个位置。

(12)rbegin()：用于反向迭代，返回容器中最后一个元素的位置。

（13）rend()：用于反向迭代，返回容器中第一个元素前面的一个位置。

例如，有以下程序。

```
# include <set>
using namespace std;
void main()
{   set<int>s;                          //定义 set 容器 s
    set<int>::iterator it;              //定义 set 容器迭代器 it
    s.insert(1);
    s.insert(3);
    s.insert(2);
    s.insert(4);
    s.insert(2);
    printf(" s:");
    for (it=s.begin();it!=s.end();it++)
            printf("%d ", *it);
    printf("\n");
    multiset<int>ms;                    //定义 multiset 容器 ms
    multiset<int>::iterator mit;        //定义 multiset 容器迭代器 mit
    ms.insert(1);
    ms.insert(3);
    ms.insert(2);
    ms.insert(4);
    ms.insert(2);
    printf("ms:");
    for (mit=ms.begin();mit!=ms.end();mit++)
            printf("%d ", * mit);
    printf("\n");
}
```

在上述程序中建立了 set 容器 s 和 multiset 容器 ms，均插入了 5 个元素，最后使用迭代器输出所有元素。set 容器的关键字不允许重复，因此两次插入元素 2，后者并没有真正插入容器中；而 multiset 容器的关键字允许重复，因此两次插入元素 2，容器中存在两个关键字均为 2 的元素。程序的输出如下。

```
s:1 2 3 4
ms:1 2 2 3 4
```

## 2. map/multimap 容器

映射（map）和多重映射（multimap）容器都是映射类模板。映射是实现关键字与值关系的存储结构，可以使用一个关键字 key 来访问相应的数据值 value。在 set/multiset 容器中的 key 和 value 都是 key 类型，而 map/multimap 容器中的 key 和 value 都是 pair 类结构。

pair 类结构的声明形式如下。

```
struct pair
{   T first;
    T second;
}
```

也就是说，pair 中有两个分量(二元组)，first 为第一个分量(在映射中对应 key)，second 为第二个分量(在映射中对应 value)。例如，定义一个对象 p1 表示一个平面坐标点并输入坐标的代码如下。

```
pair < double, double>p1;        //定义 pair 对象 p1
cin>>p1.first>>p1.second;        //输入 p1 的坐标
```

同时，pair 对==、!=、<、>、<=、>=共 6 个运算符进行重载，提供了按照字典顺序对元素进行大小比较的比较运算符模板函数。

map/multimap 容器利用 pair 的<运算符将所有元素(即 key-value 对)按 key 的升序排列以红黑树的形式存储，可以根据 key 快速地找到与之对应的 value[查找时间为 $O(\log_2 n)$]。map 容器中不允许关键字重复出现，支持[]运算符；而 multimap 容器中允许关键字重复出现，但不支持[]运算符。

map/multimap 容器的主要成员函数如下。

(1)empty()：判断容器是否为空。

(2)size()：返回容器中的实际元素个数。

(3)map[key]：返回关键字为 key 的元素的引用，如果不存在这样的关键字，则以 key 作为关键字插入一个元素(不适合 multimap 容器)。

(4)insert(elem)：插入一个元素 elem 并返回该元素的位置。

(5)clear()：删除容器中的所有元素。

(6)find()：在容器中查找元素。

(7)count()：在容器中指定关键字的元素个数(map 中只有 1 或者 0)。

(8)begin()：用于正向迭代，返回容器中第一个元素的位置。

(9)end()：用于正向迭代，返回容器中最后一个元素后面的一个位置。

(10)rbegin()：用于反向迭代，返回容器中最后一个元素的位置。

(11)rend()：用于反向迭代，返回容器中第一个元素前面的一个位置。

以 map 容器为例进行说明。在 map 容器中修改元素非常简单，这是因为 map 容器已经对[]运算符进行了重载。例如：

```
map<char, int>mymap;        //定义 map 容器 mymap,其元素类型为 pair<char,int>
mymap['a']=1;               //或者 mymap.insert (pair <char,int>('a',1));
```

获得 map 容器中一个值的最简单方法如下。

```
int ans=mymap['a'];
```

只有当 map 容器中有这个关键字('a')时才会成功，否则自动插入一个元素，其关键字为'a'，对应的值为 int 类型默认值 0。用户可以使用 find()方法来验证一个关键字是否存在，传入的参数是要查找的 key。例如：

```
if(mymap.find('a')==mymap.end())
{
//没找到的处理
}
else
{
//找到后的处理
        }
```

例如，有以下程序。

```
# include <stdio.h>
# include <map>
using namespace std;
void main()
{   map<char,int>mymap;                                //定义 map 容器 mymap
    mymap.insert(pair<char,int>('a',1));               //插入方式 1
    mymap.insert(map<char,int>::value_type('b',2));    //插入方式 2
    mymap['c']=3;                                       //插入方式 3
    map<char,int>::iterator it;
    for(it=mymap.begin();it!=mymap.end();it++)
        printf("[%c,%d] ",it->first,it->second);
    printf("\n");
}
```

在上述程序中建立了一个 map 容器 mymap，其中元素的关键字和值类型分别是 char 和 int，采用 3 种方式插入了 3 个元素，最后通过迭代器输出所有元素。程序的输出如下。

[a,1][b,2][c,3]

### 2.2.3  适配器容器

适配器容器是指基于其他容器实现的容器，也就是说，适配器容器包含另一个容器作为其底层容器，实际上在算法设计中可以将适配器容器作为一般容器来使用。STL 提供的适配器容器如下。

#### 1. stack 容器

stack 容器即栈容器，是一个栈类模板，和数据结构中的栈一样具有后进先出的特点。stack 容器默认的底层容器是 deque。用户也可以指定其他底层容器，如以下语句指定 myst 栈的底层容器为 vector。

```
stack < string, vector < string>>myst;   //第2个参数指定底层容器为vector
```

stack 容器只有一个出口,即栈顶,可以在栈顶插入(入栈)和删除(出栈)元素,而不允许顺序遍历,所以 stack 容器没有 begin()、end()和 rbegin()、rend()这样的用于迭代器的成员函数。stack 容器的主要成员函数如下。

(1)empty():判断栈容器是否为空。

(2)size():返回栈容器中的实际元素个数。

(3)push(elem):元素 elem 入栈。

(4)top():返回栈顶元素。

(5)pop():元素出栈。

例如,有以下程序。

```
# include <stdio.h>
# include <stack>
using namespace std;
void main()
{   stack<int>st;
    st.push(1); st.push(2); st.push(3);
    printf("栈顶元素:%d\n",st.top());
    printf("出栈顺序:");
    while(!st.empty())            //栈不空时出栈所有元素
    {printf("%d ",st.top());
            st.pop() ;
    }
    printf("\n");
}
```

在上述程序中建立了一个整数栈 st,入栈 3 个元素,取栈顶元素,然后出栈所有元素并输出。程序的输出如下。

```
栈顶元素:3
出栈顺序:3 2 1
```

### 2. queue 容器

queue 容器即队列容器,是一个队列类模板,和数据结构中的队列一样具有先进先出的特点。queue 容器不允许顺序遍历,没有 begin()、end()和 rbegin()、rend()这样的用于迭代器的成员函数。queue 容器的主要的成员函数如下。

(1)empty():判断队列容器是否为空。

(2)size():返回队列容器中的实际元素个数。

(3)front():返回队头元素。

(4)back():返回队尾元素。

(5)push(elem)：元素 elem 入队。

(6)pop()：元素出队。

例如，有以下程序。

```
# include <stdio.h>
# include <queue>
using namespace std;
void main()
{ queue<int>qu;
  qu.push(1); qu.push(2); qu.push(3);
  printf("队头元素:%d\n",qu.front());
  printf("队尾元素:%d\n",qu.back());
  printf("出队顺序:");
  while(!qu.empty())              //出队所有元素
  {printf("%d ",qu.front());
        qu.pop();
  }
      printf("\n");
}
```

在上述程序中建立了一个整数队列 qu，入队 3 个元素，取队头、队尾元素，然后出队所有元素并输出。程序的输出如下。

```
队头元素:1
队尾元素:3
出队顺序:1 2 3
```

### 3. priority_queue 容器

priority_queue 容器即优先队列容器，是一个优先队列类模板。优先队列是一种具有受限访问操作的存储结构，元素可以以任意顺序进入优先队列。一旦元素在 priority_queue 容器中，出队操作将出队队列中最高优先级的元素。priority_queue 容器的主要的成员函数如下。

(1)empty()：判断 priority_queue 容器是否为空。

(2)size()：返回 priority_queue 容器中的实际元素个数。

(3)push(elem)：元素 elem 入队。

(4)top()：获取队头元素。

(5)pop()：元素出队。

优先队列中优先级的高低由队列中数据元素的关系函数（比较运算符）确定，用户可以使用默认的关系函数（对于内置数据类型，默认关系函数是值越大优先级越高），也可以重载自己编写的关系函数。例如，有以下程序。

```
# include <stdio.h>
# include <queue>
```

```
using namespace std;
void main()
{   priority_queue<int>qu;
    qu.push(3); qu.push(1); qu.push(2);
    printf("队头元素:%d\n",qu.top());
    printf("出队顺序:");
    while(!qu.empty())          //出队所有元素
    {   printf("%d ",qu.top());
        qu.pop();
    }
    printf("\n");
}
```

在上述程序中建立了一个整数优先队列 qu, 入队 3 个元素, 取队头元素, 然后出队所有元素并输出。程序的输出如下。

```
队头元素:3
出队顺序:3 2 1
```

从输出可以看出, 对于 int 类型的元素, priority_queue 容器默认元素值越大越优先, 即大根堆。

# 2.3  STL 在算法设计中的应用

### 1. 存放主数据

算法设计的一个重要步骤是设计数据的存储结构, 除非特别指定, 程序员可以采用 STL 中的容器存放主数据, 选择何种容器不仅要考虑数据的类型, 还要考虑数据的处理过程。

例如, 字符串可以采用 string 或者 vector<char> 容器来存储, 链表可以采用 list 容器来存储。

**【例 2.1】** 有一个字符串采用 string 容器存储, 设计一个算法判断该字符串是否为回文。

**解**: 这里的主数据也是一段英文, 可以采用 string 容器的字符串 str 存储; "回文串"是一个正读和反读都一样的字符串, 可以采用前后字符判断方法进行判断。

**本题对应的完整 C++ 程序如下。**

```
# include <iostream>
# include <string>
using namespace std;
```

```
    bool solve(string str)    //判断字符串 str 是否为回文
{   int i=0,j=str.length()-1;
    while (i<j)
    { if (str[i]!=str[j])
    return false;
    i++; j--;
    }
    return true;
}
void main()
{   cout << "求解结果" << endl;
    string str="abcdef";
    cout << " " << str << (solve(str)?"是回文":"不是回文") << endl;
    string str1="abcba";
    cout << " " << str1 << (solve(str1)?"是回文":"不是回文") << endl;
}
```

**本程序的执行结果如下。**

```
求解结果
abcdef 不是回文
abcba 是回文
```

【例 2.2】求解旋转词问题：如果字符串 t 是由字符串 s 的后面若干个字符循环右移得到的，则称 s 和 t 是旋转词，如"abcdef"和"efabcd"是旋转词，而"abcdef"和"feabcd"不是旋转词。输入的第 1 行为 $n(1 \leqslant n \leqslant 100)$，接下来的 $n$ 行，每行有两个字符串并以空格分隔。输出 $n$ 行，若输入的两个字符串是旋转词，则输出"Yes"，否则输出"No"。

**解**：对于字符串 s 和 t，若 s 和 t 是旋转词，则 s=xy，t=yx，由 s 和 s 自连接得到字符串 ss，即 ss=xyxy，显然 t 是 ss 的子串。所以判断方式为若 t 是 s 的子串，则 s 和 t 是旋转词，否则不是旋转词。

**本题对应的完整 C++程序如下。**

```
# include <iostream>
# include <string>
using namespace std;
//问题表示
int n;
string s,t;
bool solve(string s,string t)              //判断 s 和 t 是否为旋转词
{
    string ss=s+s;
    if (ss.find(t,0)!=-1)                  //在 ss 中找到子串 t
        return true;
```

```
    else
        return false;
}
int main()
{
    cin>>n;
    for (int i=0;i<n;i++)
    {
        cin>>s>>t;
        if (solve(s,t))
            cout << "Yes" << endl;
        else
            cout << "No" << endl;
    }
    return 0;
}
```

**本程序的执行结果如下。**

```
2
abcdef efabcd
Yes
abcdef feabcd
No
```

【例 2.3】有一段英文由若干个单词组成，单词之间用一个空格分隔。编写程序提取其中的所有单词。

**解：** 这里的主数据是一段英文，采用 string 容器的字符串 str 存储，最后提取的单词采用 vector<string>容器 words 存储。

**本题对应的完整 C++程序如下。**

```
# include <iostream>
# include <string>
# include <vector>
using namespace std;
void solve(string str,vector<string>&words)    //产生所有单词 words
{   string w;
    int i=0;
    int j=str.find(" ");                        //查找第一个空格
    while (j!=-1)                               //找到单词后循环
    {   w=str.substr(i,j-i);                    //提取一个单词
        words.push_back(w);                     //单词添加到 words 中
        i=j+1;
```

```
      j=str.find(" ",i);                      //查找下一个空格
        }
      if (i<str.length()-1)                   //处理最后一个单词
      {   w=str.substr(i);                    //提取最后一个单词
          words.push_back(w);                 //最后单词添加到 words 中
      }
}
void main()
{   string str="This code tests the application of STL tools";
    vector<string>words;
    solve(str,words);
    cout << "所有的单词:" << endl;             //输出结果
    vector<string>::iterator it;
    for (it=words.begin();it!=words.end();++it)
    cout << "   " << * it << endl;
}
```

**本程序的执行结果如下。**

```
所有的单词:
This
code
tests
the
application
of
STL
tools
```

### 2. 存放临时数据

在算法设计中,有时需要存放一些临时数据。通常的情况是,如果后存入的元素先处理,可以使用 stack 容器;如果先存入的元素先处理,可以使用 queue 容器;如果元素处理顺序按某个优先级进行,可以使用 priority_queue 容器。

【例 2.4】设计一个算法,判断一个含有( )、[ ]、{ }三种类型括号的表达式中的所有括号是否匹配。

**解:** 这里的主数据是一个字符串表达式,采用 string 容器的字符串 str 存储它。在判断括号是否匹配时需要用到一个栈(因为每个右括号都是和前面最近的左括号相匹配),采用 stack<char>容器作为栈。

**本题对应的完整 C++程序如下。**

```
# include <iostream>
# include <stack>
```

```
# include <string>
using namespace std;
bool solve(string str)                    //判断字符串 str 中的括号是否匹配
{   stack<char>st;
    int i=0;
    while (i<str.length())                //扫描 str 的所有字符
    {   if (str[i]=='(' || str[i]=='[' || str[i]=='{')
            st.push(str[i]);              //所有左括号入栈
        else if (str[i]==')')             //当前字符为')'
          {   if (st.top()!='(')          //若栈顶不是匹配的'(',返回 false
                return false;
              else                        //若栈顶是匹配的'(',退栈
                  st.pop();
          }
        else if (str[i]==']')             //当前字符为']'
        {   if (st.top()!='[')            //若栈顶不是匹配的'[',返回 false
            return false;
            else                          //若栈顶是匹配的'[',退栈
            st.pop();
        }
        else if (str[i]=='}')             //当前字符为'}'
        {   if (st.top()!='{')            //若栈顶不是匹配的'{',返回 false
            return false;
            else                          //若栈顶是匹配的'{',退栈
            st.pop();
        }
        i++;
    }
    if (st.empty())                       //字符串 str 处理完毕并且栈空返回 true
        return true;
    else
        return false;                     //否则返回 false
}
void main()
{   cout << "求解结果:" << endl;
    string str="(a+[b-c]+(d*e))";
    cout << "  " << str <<
        (solve(str)?"中括号匹配":"中括号不匹配") << endl;
    str="(a+(b-c]+[d*e))";
    cout << "  " << str <<
        (solve(str)?"中括号匹配":"中括号不匹配") << endl;
}
```

本程序的执行结果如下。

求解结果：
  (a+[b−c]+(d＊e))中括号匹配
  (a+(b−c)+[d＊e))中括号不匹配

### 3. 检测数据元素的唯一性

用户可以使用 map 容器检测数据元素是否唯一。

【例 2.5】设计一个算法判断字符串 str 中的每个字符是否唯一。如，"abc"的每个字符是唯一的，算法返回 true，而"accb"中"c"不是唯一的，算法返回 false。

**解**：设计 map＜char，int＞容器 mymap，第一个分量 key 的类型为 char；第二个分量 value 的类型为 int，表示对应关键字出现的次数。将字符串 str 中的每个字符作为关键字插入 map 容器中，插入后对应出现次数增 1。如果某个字符的出现次数大于 1，表示不唯一，返回 false；如果所有字符唯一，返回 true。

**本题对应的完整 C++程序如下。**

```
# include <iostream>
# include <map>
# include <string>
using namespace std;
bool isUnique(string &str)      //检测字符串 str 中的所有字符是否唯一
{ map<char,int>mymap;
    for (int i=0;i<str.length();i++)
    {mymap[str[i]]++;
    if (mymap[str[i]]>1)
        return false;
    }
    return true;
}
int main()
{ cout << "输入字符串:" << endl;
    string str;
    cin>>str;
    cout << str <<
        (isUnique(str)?"中所有字符唯一":"中所有字符不唯一") << endl;
    return 0;
}
```

**本程序的执行结果如下。**

输入字符串：
abcde
abcde 中所有字符唯一

输入字符串：

absccd

absccd 中所有字符不唯一

**【例 2.6】**有 $n$ 个非零且各不相同的整数。请你编一个程序求出它们中有多少对相反数（$a$ 和 $-a$ 为一对相反数）。输入第一行包含一个正整数 $n$（$1 \leqslant n \leqslant 500$）。第二行为 $n$ 个用单个空格隔开的非零整数，每个数的绝对值不超过 1000，保证这些整数各不相同。输出只输出一个整数，即 $n$ 个数中包含的相反数对的个数。

**解：**可以使用 STL 的 map 容器 mymap，对于输入的负整数 $x$，将（$-x$，1）插入。扫描所有输入的正整数 $y$，当 mymap[$y$]存在时说明对应一个相反数对，ans 增加 1。

**本题对应的完整 C++程序如下。**

```
# include <stdio.h>
# include <map>
using namespace std;
# define MAX 505
int main()
{   int ans=0;                    //累计相反数对的个数
    int n,x,i;
    int a[MAX];
    map<int,int>mymap;
    printf("输入整数个数:");
    scanf("%d",&n);
    for (i=0;i<n;i++)
    {   scanf("%d",&x);
        a[i]=x;
        if (x<0)                  //将负整数插入 mymap
        mymap.insert(pair<int,int>(-x,1));
    }
    for (i=0;i<n;i++)
        if (a[i]>0 && mymap[a[i]])
            ans++;
    printf("有%d 对相反数\n",ans);
}
```

**本程序的执行结果如下。**

输入整数个数:6

1 0 -5 2 -1 5

有 2 对相反数

**【例 2.7】**求解门禁系统问题。

**问题描述：**小李最近负责图书馆的管理工作，需要记录下每天读者的到访情况。每位读者有一个编号，每条记录用读者的编号来表示。给出读者的来访记录，得到每一条记录中的读者是第几次出现。

**输入描述**：输入的第1行包含一个整数 $n$，表示小李的记录条数；第2行包含 $n$ 个整数，依次表示小李的记录中每位读者的编号。

**输出描述**：输出一行，包含 $n$ 个整数，由空格分隔，依次表示每条记录中的读者编号是第几次出现。

**解**：设计整数数组 $a$，$a[i]$ 表示第 $i$ 条记录中的读者编号是第几次出现，采用 map 容器 mp 进行计数。

**本题对应的完整 C++ 程序如下。**

```
# include <iostream>
# include <map>
using namespace std;
# define MAX 1001
int main()
{   int n,x;
    int a[MAX];
    map<int,int>mp;
    cout <<"输入记录条数:";
    cin>>n;
    for(int i=0;i<n;i++)
    {   cin>>x;
        ++mp[x];                    //累计 x 出现的次数
        a[i]=mp[x];
    }
    for(int j=0;j<n;j++)
    cout << a[j] << " ";
    cout << endl;
    return 0;
}
```

**本程序的执行结果如下。**

```
输入记录条数:6
1 3 6 7 1 7
1 1 1 1 2 2
```

**4. 数据的排序**

对 list 容器中的元素进行排序可以使用其成员函数 sort()，对 vector 等具有随机访问特性的容器中的元素进行排序可以使用 STL 算法 sort()。下面以 STL 算法 sort() 为例展开讨论。

(1)内置数据类型的排序

对于内置数据类型的数据，sort() 默认以 less<T>（小于关系函数）作为关系函数实

62

现递增排序，调用＜functional＞头文件中定义的 greater 类模板实现递减排序。例如，以下程序使用 greater＜int＞() 实现了 vector ＜int＞容器中元素的递减排序［其中 sort(myv. begin()，myv. end()，less＜ int＞())语句等价于 sort(myv. begin()，myv. end())，实现默认的递增排序］。

**【例 2.8】** 使用 greater＜int＞()实现 vector ＜int＞容器中元素的递减排序。

```
# include ＜iostream＞
# include ＜algorithm＞
# include ＜vector＞
# include ＜functional＞                    //包含 less、greater 等
using namespace std;
void Disp(vector＜int＞&myv)                //输出 vector 容器的元素
{  vector＜int＞::iterator it;
   for(it=myv.begin();it!=myv.end();it++)
   cout ＜＜ * it ＜＜ " ";
   cout ＜＜ endl;
}
void main()
{  int a[]={2,1,5,4,3};
   int n=sizeof(a)/sizeof(a[0]);
   vector＜int＞myv(a,a+n);
   cout ＜＜ "初始 myv:"; Disp(myv);          //输出:2 1 5 4 3
   sort(myv.begin(),myv.end(),less＜int＞());
   cout ＜＜ "递增排序:"; Disp(myv);          //输出:1 2 3 4 5
   sort(myv.begin(),myv.end(),greater＜int＞());
   cout ＜＜ "递减排序:"; Disp(myv);          //输出:5 4 3 2 1
}
```

**本程序的执行结果如下。**

```
初始 myv:2 1 5 4 3
递增排序:1 2 3 4 5
递减排序:5 4 3 2 1
```

**说明：** less＜T＞、greater＜T＞均属于 STL 关系函数对象，分别支持对象之间的小于(＜)、大于(＞)比较，返回布尔值。它们的原型包含在＜functional＞头文件中。

(2)自定义数据类型的排序

对于自定义数据类型(如结构体数据)，同样默认以 less＜T＞(即小于关系函数)作为关系函数，但需要重载该函数。另外，用户还可以自定义关系函数，在这些重载函数或者关系函数中指定数据的排序顺序(按哪些结构体成员排序，是递增还是递减)。

归纳起来，实现自定义数据类型的排序主要有以下两种方式。

**方式 1：** 在声明结构体类型中重载＜运算符，以实现按指定成员的递增或者递减排序，如 sort(myv. begin()，myv. end())调用＜运算符对 myv 容器中的所有元素进行排序。

　　**方式 2**：用户自定义关系函数，以实现按指定成员的递增或者递减排序。例如，sort(myv. begin()，myv. end()，Cmp())调用 Cmp 的()运算符对 myv 容器中的所有元素进行排序。

　　例如，以下程序采用上述两种方式分别实现了 vector＜Stud＞容器 myv 中的数据按 no 成员递减排序和按 name 成员递增排序：

【例 2.9】自定义数据类型的排序。

```
# include <iostream>
# include <algorithm>
# include <vector>
# include <string>
using namespace std;
struct Stud
{ int no;
   string name;
   Stud(int no1,string name1)              //构造函数
   {no=no1;
      name=name1;
   }
   bool operator<(const Stud &s) const     //方式1:重载<运算符
   {
       return s.no<no;     //用于按 no 递减排序,将<改为>则按 no 递增排序
   }
};
struct Cmp                                  //方式2:定义关系函数()
{ bool operator()(const Stud &s,const Stud &t) const
   {
   return s.name<t.name;   //用于按 name 递增排序,将<改为>则按 name 递减排序
   }
};
void Disp(vector<Stud>&myv)                 //输出 vector 的元素
{ vector<Stud>::iterator it;
   for(it=myv.begin();it!=myv.end();it++)
   cout << it->no << "," << it->name << "\t";
   cout << endl;
   }
int main()
{ Stud a[]={Stud(2,"Mary"),Stud(1,"John"),Stud(5,"Smith")};
   int n=sizeof(a)/sizeof(a[0]);
   vector<Stud>myv(a,a+n);
   cout << "初始 myv:    "; Disp(myv);      //输出:2,Mary   1,John   5,Smith
   sort(myv.begin(),myv.end());             //默认使用<运算符排序
   cout << "按 no 递减排序: "; Disp(myv);    //输出:5,Smith   2,Mary   1,John
```

```
        sort(myv.begin(),myv.end(),Cmp());        //使用 Cmp 中的()运算符进行排序
        cout << "按 name 递增排序:"; Disp(myv);    //输出:1,John  2,Mary  5,Smith
}
```

**本程序的执行结果如下。**

```
初始 myv:2,Mary  1,John  5,Smith
按 no 递减排序:5,Smith  2,Mary  1,John
按 name 递增排序:1,John  2,Mary  5,Smith
```

### 5. 优先队列作为堆

在有些算法设计中会用到堆,堆采用 STL 的优先队列来实现,优先级的高低由队列中数据元素的关系函数(比较运算符)确定,很多情况下需要重载关系函数。

(1)元素为内置数据类型的堆

对于 C/C++内置数据类型,默认以 less<T>(小于关系函数)作为关系函数,值越大优先级越高(即大根堆)。也可以改为以 greater<T>作为关系函数,此时值越大优先级越低(即小根堆)。

**【例 2.10】** 程序中 pq1 为大根堆(默认),pq2 为小根堆(通过 greater<int>实现)。

```cpp
# include <iostream>
# include <queue>
using namespace std;
void main()
{   int a[]={3,6,1,5,4,2};
    int n=sizeof(a)/sizeof(a[0]);
    //(1)优先队列 pq1 默认使用 vector 容器
    priority_queue<int>pq1(a,a+n);
    cout << "pq1:";
    while(!pq1.empty())
    {cout << pq1.top() << " ";        //while 循环输出:6 5 4 3 2 1
      pq1.pop();
    }
    cout << endl;
    //(2)优先队列 pq2 使用 vector 作为容器,int 元素的关系函数改为 greater<int>
    priority_queue<int,vector<int>,greater<int>>pq2(a,a+n);
    cout << "pq2:";
    while(!pq2.empty())
    {cout << pq2.top() << " ";        //while 循环输出:1 2 3 4 5 6
      pq2.pop();
    }
    cout << endl;
}
```

**本程序的执行结果如下。**

```
pq1:6 5 4 3 2 1
pq2:1 2 3 4 5 6
```

(2)元素为自定义数据类型的堆

对于自定义数据类型(如结构体数据),同样默认以 less<T>(即小于关系函数)作为关系函数,但需要重载该函数。另外还可以自定义关系函数,在这些重载函数或者关系函数中指定数据的优先级(即优先级取决于哪些结构体,是越大越优先还是越小越优先)。

归纳起来,实现优先队列排序主要有以下 3 种方式。

**方式 1**:在声明结构体类型中重载<运算符,以指定优先级,如 priority _ queue<Stud>pq1 调用默认的<运算符创建堆 pq1(是大根堆还是小根堆由<重载函数体确定)。

**方式 2**:在声明结构体类型中重载>运算符,以指定优先级,如 priority _ queue<Stud,vector< Stud>,greater< Stud>>pq2 调用重载>运算符创建堆 pq2,此时需要指定优先队列的底层容器(这里是 vector,也可以是 deque)。

**方式 3**:自定义关系函数,以指定优先级,如 priority _ queue< Stud,vector<Stud>StudCmp>pq3 调用 StudCmp 的()运算符创建堆 pq3,此时需要指定优先队列的底层容器(这里是 vector,也可以是 deque)。

【例 2.11】采用上述 3 种方式分别创建 3 个堆。

```cpp
# include <iostream>
# include <queue>
# include <string>
using namespace std;
struct Stud                         //声明结构体 Stud
{   int no;
    string name;
    Stud(int n,string na)           //构造函数
    {no=n;
        name=na;
    }
    bool operator<(const Stud &s) const    //重载<关系函数
    {return no<s.no;   }
    bool operator>(const Stud &s) const    //重载>关系函数
    {return no>s.no;   }
};
//结构体的关系函数,改写 operator()
struct StudCmp
{   bool operator()(const Stud &s,const Stud &t) const
    {
        return s.name<t.name;               //name 越大越优先
    }
```

```
};
void main()
{  Stud a[]={Stud(2,"Mary"),Stud(1,"John"),Stud(5,"Smith")};
   int n=sizeof(a)/sizeof(a[0]);
   //(1)使用Stud结构体的<关系函数定义pq1
   priority_queue<Stud>pq1(a,a+n);
   cout << "pq1出队顺序:";
   while(!pq1.empty())              //按no递减输出
      {cout << "[" << pq1.top().no << "," << pq1.top().name << "]\t";
       pq1.pop();
   }
   cout << endl;
   //(2)使用Stud结构体的>关系函数定义pq2
   priority_queue<Stud,deque<Stud>,greater<Stud>>pq2(a,a+n);
   cout << "pq2出队顺序:";
   while(!pq2.empty())              //按no递增输出
   {   cout << "[" << pq2.top().no << "," << pq2.top().name << "]\t";
       pq2.pop();
   }
   cout << endl;
   //(3)使用StudCmp结构体的<关系函数定义pq3
   priority_queue<Stud,deque<Stud>,StudCmp>pq3(a,a+n);
   cout << "pq3出队顺序:";
   while(!pq3.empty())              //按name递减输出
   {cout << "[" << pq3.top().no << "," << pq3.top().name << "]\t";
       pq3.pop();
   }
   cout << endl;
}
```

**本程序的执行结果如下。**

```
pq1出队顺序:[5,Smith]  [2,Mary]        [1,John]
pq2出队顺序:[1,John]   [2,Mary]        [5,Smith]
pq3出队顺序:[5,Smith]  [2,Mary]        [1,John]
```

# 2.4  本章小结

本章主要介绍了有关算法工具STL的基本概念、原理和使用方法,主要包括以下几个知识点。

(1)STL主要由容器(Container)、算法(Algorithm)和迭代器(Iterator)三大部分构

成，容器用于存放数据对象（元素），算法用于操作容器中的数据对象。

（2）STL 算法是用于操作容器中数据的模板函数，STL 提供了大约 100 个实现算法的模板函数。一个 STL 容器就是一种数据结构，如链表、栈和队列等，这些数据结构在 STL 中均已实现，在设计算法时可以直接使用它们。

（3）顺序容器、关联容器、适配器容器是在实际问题求解中的常用工具，掌握它们的用法，在特定场合下可以大大提高算法的执行效率。

# 2.5　习题

1. 能够连续存储元素，底层数据结构为数组，支持快速随机访问的容器是（　　　）。

A. deque　　　　　　　B. vector　　　　　　　C. list　　　　　　　D. stack

2. 指向容器中存放的元素，用于正向遍历容器中元素的迭代器是（　　　）。

A. iterator　　　　　　　　　　　　B. const_iterator

C. reverse_iterator　　　　　　　　D. const_reverse_iterator

3. 迭代器的常用运算符中表示反向移动迭代器的是（　　　）。

A. ++　　　　　　　B. --　　　　　　　C. +　　　　　　　D. -

4. vector 容器中返回当前向量容器中实际元素个数的成员函数是（　　　）。

A. sizeof(　)　　　B. capacity()　　　C. size(　)　　　D. length ()

5. 有语句 char cstr[]="China! Greate Wall"，则 string s4(cstr, 6)输出的是（　　　）。

A. China! Greate Wall　　　　　　B. Greate Wall

C. China! Greate　　　　　　　　　D. China!

6. 下列关于 deque 容器的说法中，错误的是（　　　）。

A. 它是一个双端队列类模板　　　　B. 可以快速地随机访问元素

C. 可以从前面或后面快速插入与删除元素　　D. 可以快速地删除元素

7. 下列关于集合容器的描述中，错误的是（　　　）。

A. set 容器中元素的关键字是唯一的

B. multiset 容器中元素的关键字是唯一的

C. 查找速度比较快

D. 支持集合的交、差和并等一些集合上的运算

8. 下列关于 map/multimap 容器的描述中，错误的是（　　　）。

A. 以二叉树的形式存储　　　　　　B. 查找时间为 $O(\log_2 n)$

C. map 容器中不允许关键字重复出现　　D. multimap 容器不支持[]运算符

9. queue 容器是一个队列类模板，和数据结构中的队列一样，特点是（　　　）。

A. 后进先出　　　　B. 先进后出　　　　C. 随机进出　　　　D. 先进先出

10. 下列关于 priority_queue 容器的描述中，错误的是（　　　）。

A. 它是一个优先队列类模板

B. 它是一种具有受限访问操作的存储结构

C. 出队操作将出队队列中优先级最低的元素

D. 元素可以以任意顺序进入队列

11. 编程：有一个含 $n(n>2)$ 个整数的数组，判断其中是否存在出现次数超过所有元素出现次数半数的元素。

12. 有一个整数序列，所有元素均不相同，设计一个算法求相差最小的元素对的个数，例如，序列 4，1，2，3 相差最小的元素对个数是 3，其元素对是 (1, 2)、(2, 3)、(3, 4)。

13. 有两个整数序列，每个整数序列中的所有元素均不相同，设计一个算法求它们的公共元素，要求使用 STL 的集合算法实现。

14. 有一个 map<string，int>容器，其中已经存放了较多元素，设计一个算法求出其中重复的 value 并返回重复 value 的个数。

# 2.6　实验题

**实验一：求解删除公共字符问题**

**【问题描述】**

输入两个字符串，从第一个字符串中删除第二个字符串中的所有字符。例如，输入"They are students. "和"aeiou"，则删除之后的第一个字符串变成"Thy r stdnts. "。

**输入描述**：每个测试输入包含两个字符串。

**输出描述**：输出删除后的字符串。

**输入样例：**

```
They are students.
aeiou
```

**样例输出：**

```
Thy r stdnts.
```

**实验二：求无序序列中第 $k$ 小的元素**

**【问题描述】**

编写一个实验程序，利用 priority _ queue 容器求出一个无序整数序列中第 $k$ 小的元素。

**【问题解析】**

可以创建一个 priority _ queue<int，vector<int>，greater<int>>的小根堆 pq，将数组 $a$ 中的所有元素入队，再连续出队，第 $k$ 个出队的元素即为所求。

**样例输出：**

```
实验结果
第 1 小的元素:1
```

第 2 小的元素:2
第 3 小的元素:3
第 4 小的元素:4
第 5 小的元素:5

### 实验三: 求解移动字符串问题

**【问题描述】**

设计一个函数将字符串中的字符 * 移到字符串的前面部分,前面的非 * 字符后移,但不能改变非 * 字符的先后顺序,函数返回字符串中字符 * 的数量。例如,原始字符串为"ab * * cd * * e * 12",处理后为" * *  * * * abcdel2",函数返回值为 5(要求使用尽量少的时间和存储空间)。

**输入描述**:输入的第 1 行为字符串的个数 $n(n \leqslant 100)$,接下来的 $n$ 行每行一个字符串,字符串长度都小于 100,均由小写字母组成。

**输出描述**:对于每个字符串,输出两行,第 1 行为转换后的字符串,第 2 行为字符串中字符 * 的个数。

**输入样例:**

```
1
ab * * cd * * e * fg
```

**样例输出:**

```
 * * * * * abcdefg
5
```

### 实验四: 出队第 $k$ 个元素

**【问题描述】**

编写一个实验程序,对于一个含 $n(n > 1)$ 个元素的 queue<int> 容器 qu,出队从队头到队尾的第 $k(1 \leqslant k \leqslant n)$ 个元素,其他队列元素不变。

**【问题解析】**

queue 容器不能顺序遍历,为此创建一个临时队列 tmpqu,先将 qu 的 $k-1$ 个元素出队并入队到 tmpqu 中,再出队 qu 一次得到第 $k$ 个元素,将 qu 的剩余元素出队并入队到 tmpqu 中,最后将队列 tmpqu 复制到 qu 中。

**样例输出:**

```
实验结果
  元素 1,2,3,4 依次入队 qu
  出队第 3 个元素是:3
  qu 中其余元素出队顺序:1 2 4
```

**实验五：求解数字排序问题**

**【问题描述】**

给定 $n$ 个整数，请统计出每个整数出现的次数，并按出现次数从多到少的顺序输出。

**【问题解析】**

设计 map<int，int>容器 mymap，前者表示输入的整数，后者表示它出现的次数，再设计结构体类型 Elem（含整数 $d$ 和它出现的次数 num 两个成员）的向量 myv，将 mymap 的元素复制到 myv 中，采用 STL 通用排序算法 sort（）对 myv 元素按"次数 num 相同，$d$ 越小越排列在前面，次数 num 不同，num 越大越排列在前面"的方式排序，最后输出 myv 的所有元素。

**输入描述**：输入的第 1 行包含一个整数 $n$，表示给定数字的个数；第 2 行包含 $n$ 个整数，相邻的整数之间用一个空格分隔，表示所给定的整数。

**输出描述**：输出多行，每行包含两个整数，分别表示一个给定的整数和它出现的次数，按出现次数递减的顺序输出。如果两个整数出现的次数一样多，则先输出值较小的，再输出值较大的。

**输入样例：**

```
10
1 3 4 2 4 5 3 2 4 1
```

**样例输出：**

```
4 3
1 2
2 2
3 2
5 1
```

**评测用例规模与约定**：$1 \leqslant n \leqslant 1000$，给出的数都是不超过 1000 的非负整数。

# 第 3 章　蛮力法

## 学习目标

(1)理解蛮力法的基本思想。

(2)掌握蛮力法的基本解题格式。

(3)理解运用蛮力策略解决典型应用问题的设计思想。

(4)掌握蛮力法的算法分析与设计步骤。

## 内容导读

蛮力法简单易行，是算法设计中应用较为广泛的方法之一。蛮力法的基本思想是对问题所有可能的解或状态逐一进行测试，直至找到可行解，或将所有可能的状态都测试完毕。

# 3.1　蛮力法概述

## 3.1.1　蛮力法的基本思想

**引入**：假设现在有一把锁和 10 把钥匙，怎么找出能打开这把锁的钥匙呢？

**思路**：从第一把钥匙开始，逐一尝试开锁。如果打不开，就继续尝试下一把钥匙，如果能打开就停止。

**蛮力法也称暴力法、穷举法、枚举法**，其基本思想是直接基于问题的描述和定义，尝试该问题所有可能的解，直到找到可行解为止。蛮力法的特点是简单直接，其中的"力"指的是借助计算机的计算能力，而不是人的"智力"。

蛮力法是基于计算机运算速度快这一特性，在解决问题时采取的一种"懒惰"策略。这种策略不经过(或者说经过很少)思考，而是把问题的所有情况或所有过程交给计算机去一一尝试，从中找出问题的解。

【例 3.1】设计算法，从 1～10 中找到能被 3 整除的数。

```
# include <stdio.h>
int main()
{
```

```
    int i;
    for (i=1;i<=10;i++)
        if(i% 3==0)  printf("%d\n",i);
    return 0;
}
```

【例 3.2】谁做的好事？班里收到一封表扬信，已知是 4 名同学中的一名做了好事，但不留名，老师问他们是谁做的好事。

A 说：不是我。

B 说：是 C。

C 说：是 D。

D 说：C 说的不对。

已知其中 3 个人说的是真话，有 1 个人说的是假话。请设计算法，找出做了好事的人。

【解题思路】怎样找到做好事的人呢？先假设某个人就是做好事的人，再用 4 句话去测试有几句是真话。如果其中有 3 句是真话，1 句是假话，就确定是这个人做的好事，否则就继续测试下一个人。定义一个字符型变量 found，用来存放做了好事的同学的姓名，在此基础上将 4 句话转换成逻辑表达式，如表 3.1 所示。

表 3.1　逻辑表达式

| 说话的人 | 说的话 | 逻辑表达式 |
| --- | --- | --- |
| A | 不是我 | found!='A' |
| B | 是 C | found=='C' |
| C | 是 D | found=='D' |
| D | C 说的不对 | found!='D' |

(1)假设 A 是做了好事的人，则有 found='A'，代入表 3.1 所示的 4 句话中。

A 说：found!='A'；由假设可得'A'!=A，结论为假，值为 0。

B 说：found=='C'，由假设可得'A'=='C'，结论为假，值为 0。

C 说：found=='D'，由假设可得'A'=='D'，结论为假，值为 0。

D 说：found!='D'；由假设可得'A'!='D'，结论为真，值为 1。

结果为 1 句真，3 句假，得出不是 A 做的好事。

(2)假设 B 是做了好事的人，则有 found='B'，代入表 3.1 所示的 4 句话中。

A 说：found!='A'；由假设可得'B'!='A'，结论为真，值为 1。

B 说：found=='C'；由假设可得'B'=='C'，结论为假，值为 0。

C 说：found=='D'；由假设可得'B'=='D'，结论为假，值为 0

D 说：found!='D'；由假设可得'B'!='D'，结论为真，值为 1。

结果为 2 句真，2 句假，得出不是 B 做的好事。

(3)假设 C 是做了好事的人，则有 found=C，代入表 3.1 所示的 4 句话中。

A 说：found!='A'；由假设可得'C'!='A'，结论为真，值为 1。

B 说：found=='C'；由假设可得'C'=='C'，结论为真，值为 1。

C 说：found=='D'；由假设可得'C'=='D'，结论为假，值为 0。

D 说：found!='D'；由假设可得'C'!='D'，结论为真，值为 1。

结果为 3 句真，1 句假，得出是 C 做的好事。

由上面的分析可以得出问题的关键在于对 found!='A'、found=='C'、found=='D'和 found!='D' 4 个逻辑表达式进行判断，测试在哪种情况下，其中有 3 个为真、1 个为假，即 3 个逻辑表达式的和应当等于 3。

**设计算法，对应的完整 C 程序如下。**

```c
# include <stdio.h>
int main()
{
    char found;
    int w1,w2,w3,w4,count;
    for (found='A'; found<='D'; found++)
    {
        w1=(found!='A');
        w2=(found=='C');
        w3=(found=='D');
        w4=(found!='D');
        count=w1+w2+w3+w4;
        if(count==3)
        printf("%c 做了好事。\n", found);
    }
    return 0;
}
```

**本程序的输出如下。**

C 做了好事。

蛮力法不能算作最好的算法，一般来说高效的算法很少出自蛮力法，但它仍然是一种很有用的算法策略。首先，蛮力法适应性强，是一种几乎所有问题都能解决的算法，在有些情况下，当我们在有限的时间里想不到更巧妙的办法时，蛮力法也不失为一种有效的解题方法；其次，蛮力法简单且容易实现，在问题规模有限的时候，能够在可接受的时间内完成求解。蛮力法一般是把问题所有可能的解都列举出来，判断它们是否满足特定的条件或要求，力求从中找到符合要求的解。

蛮力法的优点总结如下。

(1)逻辑清晰，程序简洁。

(2)可以用来解决广阔领域的问题。

(3)对于一些重要的问题，它可以产生一些合理的算法。

(4)可以解决一些小规模的问题。

(5)可以作为其他高效算法的衡量标准。

蛮力法的主要缺点是效率不高，主要适用于问题规模比较小的问题的求解。

蛮力法依赖的基本技术是扫描技术，即采用一定的方式将待求解问题的所有元素依次处理一次，从而找出问题的解。依次处理所有元素是蛮力法的关键，为了避免陷入重复试探，应该保证处理过的元素不再被处理。

使用蛮力法通常有以下几种情况。

(1)**搜索所有的解空间**：问题的解存在于规模不大的解空间中。解决这类问题一般是找出某些特定的解，这些解满足某些特征或要求。使用蛮力法解决这类问题就是把所有可能的解都列出来，看这些解是否满足特定的条件或要求，从中选出符合要求的解。

(2)**搜索所有的路径**：这类问题中不同的路径对应不同的解，需要找出特定解。采用蛮力法解决这类问题就是把所有可能的路径都搜索一遍，计算出所有路径对应的解，找出特定解。

(3)**直接计算**：基于问题的描述和所涉及的概念定义直接进行计算，往往是一些简单的问题，不需要算法技巧。

(4)**模拟和仿真**：按照求解问题的要求直接模拟或仿真即可。

从算法实现的角度看，采用蛮力法设计算法分为两类，一类是采用基本穷举思路，即直接采用穷举思想设计算法，另一类是在穷举中应用递归，即采用递归方法穷举搜索解空间。前者相对直接、简单，后者需要结合递归方法设计算法，相对复杂一些。

## 3.1.2 蛮力法解题格式

在使用蛮力法设计算法时，一般使用循环语句和选择语句，循环语句用于列举所有可能的解，选择语句则用于判断这个解是否满足指定的条件。其基本解题格式如下。

```
for (循环变量的取值是所有可能的解)
{
    …
    if (x满足指定的条件)
        对 x 进行操作;
    …
}
```

实际上，在直接穷举所有可能取值时可能存在重复的情况，对于如何避免重复的情况，将在后面的章节中讨论。

【例3.3】编写一个程序，输出2～1000的所有完全数。所谓完全数，是指该数的各因子(除该数本身外)之和正好等于该数本身，例如：

$$6 = 1 + 2 + 3$$
$$28 = 1 + 2 + 4 + 7 + 14$$

【解题思路】先考虑对于一个整数 $m$，如何判断它是否为完全数。从数学知识可知：一个数 $m$ 除该数本身以外的所有因子都在 1 到 $m/2$ 区间。若算法中要取得因子之和，只需要在 1 到 $m/2$ 区间找到所有整除 $m$ 的数，将其累加起来。如果累加和与 $m$ 本身相等，

则表示 $m$ 是一个完全数，可以将 $m$ 输出。采用蛮力法求解，其循环格式如下。

```
for(m=2;m<=1000;m++)
{
求出 m 的所有因子之和 s;
if(m==s)输出 s;
}
```

**本题对应的完整 C 程序如下。**

```c
# include <stdio.h>
void main()
{   int m,i,s;
    for (m=2;m<=1000;m++)
    {   s=0;
        for (i=1;i<=m/2;i++)
            if (m%i==0) s+=i;        //i 是 m 的一个因子
        if (m==s)
        printf("%d ",m);
    }
    printf("\n");
}
```

**本程序的输出如下。**

```
6 28 496
```

【例 3.4】爱因斯坦的数学题：一条长长的阶梯，每步跨 2 阶，最后剩 1 阶；每步跨 3 阶，最后剩 2 阶；每步跨 5 阶，最后剩 4 阶；每步跨 6 阶，最后剩 5 阶；只有每步跨 7 阶时，才正好到头，一阶也不剩。请问，这条阶梯到底有多少阶？求出满足条件的最小阶梯数即可。

【解题思路】假设这条阶梯的阶数是 $m$，$m$ 的下限是 1，根据题目要求，找出满足条件的最小阶梯数即可。因此只需要从 1 开始尝试，往上找到满足条件的整数。判断式为 $m\%2==1\&\&m\%3==2\&\&m\%5==4\&\&m\%6==5\&\&m\%7==0$。

**本题对应的完整 C 程序如下。**

```c
# include <stdio.h>
int main()
{
    int m=1;
    while (1)                    //找到满足条件的 m 就结束
    {
```

```
if (m%2==1&&m%3==2&&m%5==4&&m%6==5&&m%7==0)
    {
        printf("%d\n",m);
        break;                //找到满足条件的 m 就结束
    }
    m++;
  }
  return 0;
}
```

**本程序的输出如下。**

```
m=119
```

【例 3.5】编写一个程序，求这样一个 4 位数：该 4 位数的千位上的数字和百位上的数字都被擦掉了，知道十位上的数字是 1、个位上的数字是 2，又知道这个数如果减 7 就能被 7 整除，减 8 就能被 8 整除，减 9 就能被 9 整除。

【解题思路】设这个数为 ab12，则 $n=1000\times a+100\times b+10+2$，且有 $0<a\leqslant 9$，$0<b\leqslant 9$。采用蛮力法求解该问题，其循环格式如下。

```
for (a=1;a<=9;a++)
    for(b=0;b<=9;b++)
    {   n=1000*a+100*b+10+2;
        if (n满足题中给定条件)输出 n;
    }
```

**本题对应的完整 C 程序如下。**

```
# include <stdio.h>
int main()
{
    int n,a,b;
    for(a=1;a<=9;a++)
        for(b=0;b<=9;b++)
        {
            n=1000*a+100*b+10+2;
            if((n-7)%7==0&&(n-8)%8==0&&(n-9)%9==0)
            {   printf("n=%d\n",n);
                break;
            }
        }
    return 0;
}
```

本程序的输出如下。

```
n＝1512
```

【例 3.6】编写一个程序，求这样一个 3 位数：个位上的数字比百位上的数字大，而百位上的数字比十位上的数字大，并且各位数字之和等于各位数字之积。求这个 3 位数。

【解题思路】由题意可知，对于一个 3 位数 $m$，它的取值为 $100 \sim 999$，其中百位上数字的取值为 $1 \sim 9$，十位上数字的取值为 $0 \sim 8$，个位上数字 $k$ 的取值为 $2 \sim 9$。由于要对这三个数字进行比较，因此需要使用三重循环来表示解的范围，判断式为 $(k>i) \&\& (i>j) \&\& (i+j+k==i*j*k)$。

本题对应的完整 C 程序如下。

```c
# include <stdio.h>
int main()
{
    int i,j,k,m;
    for (i=1;i<9;i++)
        for (j=0;j<8;j++)
            for (k=2;k<= 9; k++)
                if((k>i) &&(i>j) && (i+j+k==i*j*k))
                    {
                    m=100*i+10*j+k;
                    printf ("m=%d",m);
                    }
    return 0;
}
```

**本程序的输出如下。**

```
m=213
```

【例 3.7】水仙花数是指如下这样一个 3 位数：每个位的数字的 3 次幂之和等于这个 3 位数本身，如 $153=1^3+5^3+3^3$。请设计算法以输出所有的水仙花数。

【解题思路】假设水仙花数是一个 3 位数 $n$，$n$ 的取值为 $100 \sim 999$，也就是解的范围。使用蛮力法，从 100 开始逐一进行判断，假设这个 3 位数的百位、十位和个位上的数字分别是 $b$、$s$、$g$，则判断式是 $b \times b \times b + s \times s \times s + g \times g \times g == n$。本题的关键在于如何分解 3 位数 $n$ 的百位、十位和个位上的数字，这 3 个数字可以通过下式求得：$b=n/100$、$s=(n/10)\%10$、$g=\%10$。

本题对应的完整 C 程序如下。

```c
# include <stdio.h>
int main()
{
```

```
    int n,b,s,g;;
    printf ("水仙花数:\n");
    for (n=100;n<1000;n++)
    {
        b=n/100;            //求千位数
        s=(n/10)%10;        //求百位数
        g=n%10;             //求个位数
        if(b*b*b+s*s*s+g*g*g==n)
            printf ("%d\n",n);
    }
    return 0;
}
```

**本程序的输出如下。**

水仙花数:

153

370

371

407

【例 3.8】在象棋算式中不同的棋子代表不同的数字，对于图 3.1 所示的算式，请设计一个算法求这些棋子各自代表哪些数字。

$$
\begin{array}{r}
兵\ 炮\ 马\ 卒 \\
+\quad 兵\ 炮\ 车\ 卒 \\
\hline
车\ 卒\ 马\ 兵\ 卒
\end{array}
$$

图 3.1　象棋算式

【解题思路】

**采用逻辑推理法**：先从"卒"入手，卒和卒相加，和的个位上的数字仍是卒，这个数字只能是 0。这时会看到"兵十兵＝车 0"，从而得到兵为 5、车是 1，进一步得到"马＋1＝5"，所以马＝4，又有"炮＋炮＝4"，从而得到炮＝2。

最后的结果是兵＝5，炮＝2，马＝4，卒＝0，车＝1。

**采用蛮力法**：兵、炮、马、卒和车的取值分别为 $a$、$b$、$c$、$d$、$e$。则有 $a$、$b$、$c$、$d$、$e$ 的取值为 0～9 且均不相等(即 $a==b \parallel a==c \parallel a==d \parallel a==e \parallel b==c \parallel b==d \parallel ==e \parallel c==d \parallel c==e \parallel d==e$ 不成立)。

设

$$
\begin{cases}
m=a\times1000+b\times100+c\times10+d \\
n=a\times1000+b\times100+e\times10+d \\
s=e\times10000+d\times1000+c\times100+a\times10+d
\end{cases}
$$

则满足的条件转换为 $m+n==s$。

**本题对应的完整 C 程序如下。**

```
# include <stdio.h>
void fun()
{   int a,b,c,d,e,m,n,s;
    for (a=1;a<=9;a++)
      for (b=0;b<=9;b++)
        for (c=0;c<=9;c++)
          for (d=0;d<=9;d++)
            for (e=0;e<=9;e++)
          if (a==b || a==c || a==d ||
              a==e || b==c || b==d ||
              b==e || c==d || c==e ||  d==e)
                continue;
          else
          {   m=a*1000+b*100+c*10+d;
              n=a*1000+b*100+e*10+d;
              s=e*10000+d*1000+c*100+a*10+d;
              if (m+n==s)
                printf("兵:%d 炮:%d 马:%d 卒:%d 车:%d\n",a,b,c,d,e);
          }
}
int main()
{
    fun();
    return 0;
}
```

**本程序的输出如下。**

兵:5 炮:2 马:4 卒:0 车:1

【例 3.9】约瑟夫问题，也称约瑟夫环，是一个数学应用问题。已知有 $n$ 个人(分别编号为 1，2，3，…，$n$)围坐成一圈，从第 1 个人开始报数，报到数 $k$ 的人出圈；再从下一个人开始重新报数，报到数 $k$ 的人出圈；直到剩下最后一个人的时候游戏结束。输出剩下的人的原始编号。给定 $n$ 和 $k$，请问最后获胜的人编号为多少？

例如，当 $n=6$，$k=3$ 时：

1 号的人报数 1；

2 号的人报数 2；

**3 号的人报数 3 出圈；**

4 号的人报数 1；

5 号的人报数 2；

**6 号的人报数 3 出圈；**

1 号的人报数 1；

2 号的人报数 2；

**4 号的人报数 3 出圈；**

5 号的人报数 1；

1 号的人报数 2；

**2 号的人报数 3 出圈；**

5 号的人报数 1；

1 号的人报数 2；

**5 号的人报数 3 出圈；**

**最后剩下 1 号的人。**

【解题思路】怎样实现尾部和头部无缝连接的循环过程？当第 $k$ 个人报完数时，下一个报数的应该又是 1 而不是 $k+1$。我们可以利用 queue 容器先进先出的特点，先将 $n$ 个人保存在 queue 容器中，再采用蛮力法依次将每次报数的人出队，新增一个计数变量 count，每出队 1 人 count 加 1，count 计数没到 $k$ 的人又要重新入队，如果 count 计数到了 $k$ 就不再入队了，重新从头开始计数 count=1。本题利用 queue 容器实现相对比较简单，学生也可以利用数组和循环设计一个算法来解决本题。

**本题对应的完整 C 程序如下。**

```c
# include "stdio.h"
# include<queue>
using namespace std;
int main()
{   int n,k;
    queue<int>q;
    printf("输入总人数 n 和报数 k:");
    scanf("%d%d",&n,&k);
    for(int i=1;i<=n;i++)
      q.push(i);
    int count=1,m=1;
    while(!q.empty())
    {   m=q.front();
        q.pop();
        if(count==k) count=1;          //数到 k,从头开始计数
        else{ q.push(m);   count++; }
    }
    printf("最后剩下的人的编号:%d\n",m);
    return 0;
}
```

**本程序的 2 个执行结果如下。**

输入总人数 n 和报数 k:10 4

最后剩下的人的编号:5

输入总人数 n 和报数 k:6 3

最后剩下的人的编号:1

【例 3.10】$n$ 个小朋友围成一圈玩游戏，小朋友从 1 至 $n$ 编号，2 号小朋友坐在 1 号小朋友的顺时针方向，3 号小朋友坐在 2 号小朋友的顺时针方向……1 号小朋友坐在 $n$ 号小朋友的顺时针方向。

游戏开始，从 1 号小朋友开始顺时针报数，接下来每个小朋友的报数是上一个小朋友报的数加 1。若一个小朋友报的数为 $k$ 的倍数或其末位数（即数的个位）为 $k$，则该小朋友被淘汰出局，不再参加后面的报数。当游戏中只剩下一个小朋友时，该小朋友获胜。

例如，当 $n=5$，$k=2$ 时：

1 号小朋友报数 1；

**2 号小朋友报数 2 淘汰；**

3 号小朋友报数 3；

**4 号小朋友报数 4 淘汰；**

5 号小朋友报数 5；

**1 号小朋友报数 6 淘汰；**

3 号小朋友报数 7；

**5 号小朋友报数 8 淘汰；**

3 号小朋友获胜。

给定 $n$ 和 $k$，请问最后获胜的小朋友编号是多少？

【解题思路】本题目和例 3.9 的约瑟夫问题类似，不同的是，当 count 计数到 $k$ 的倍数或者尾部为 $k$ 的小朋友淘汰并且继续计数。

**本题对应的完整 C 程序如下。**

```c
# include "stdio.h"
# include<queue>
using namespace std;
int main()
{   int n,k;
    queue<int>q;
    printf("输入总人数 n 和报数 k:");
    scanf("%d%d",&n,&k);
    for(int i=1;i<=n;i++)
      q.push(i);
    int count=1,m=1;
    while(!q.empty())
    {   m=q.front();
        q.pop();
```

```
        if(count%k==0 ||count% 10==k);          //为 k 的倍数或其末位数为 k
        else q.push(m);
        count++;
    }
    printf("最后%d号小朋友获胜\n",m);
    return 0;
}
```

**本程序的 2 个执行结果如下。**

输入总人数 n 和报数 k:5 2
最后 3 号小朋友获胜
输入总人数 n 和报数 k:7 3
最后 4 号小朋友获胜

通过以上多个实例可以看出，蛮力法提供了一种直接求解问题的思路，实际中可以加以改进以提高算法执行效率。蛮力法利用了计算机运算速度快的特点，采用简单而直接的方法去解决问题，它的算法设计往往是直接基于问题的描述和所涉及的概念定义的。一般来说，蛮力法也往往是最容易应用的方法。虽然巧妙而高效的算法很少来自蛮力法，但是蛮力法作为一种重要的算法设计策略是不能被忽视的，具体原因如下。

(1)蛮力法所能解决的问题跨越的领域非常广泛。实际上，它可能是唯一的什么问题都能解决的一般性方法。

(2)对于一些重要的问题(如排序、查找、矩阵乘法和字符串匹配等)来说，运用蛮力法可以设计出具备一定实用价值的算法，并且不用限制实例的规模。

(3)当要解决的问题实例不多，且可以接受蛮力法的运算速度时，蛮力法的设计代价通常较为低廉。

(4)蛮力法可以作为衡量其他算法的准绳，服务于研究或教学。

# 3.2  蛮力法的应用

蛮力法是一种基于计算机运算速度快的特性，借助计算机之"力"来解题的策略，使用该策略不需要做过多思考和设计，而是把所有可能情况都交给计算机去逐一测试，从中找出符合条件的解。蛮力策略的典型应用有顺序查找、直接选择排序、冒泡排序、求解幂集、求解最大连续子序列和问题、求解 0/1 背包问题等。

蛮力法的算法设计通常有以下步骤。

(1)列举解的范围，分析问题所涉及的各种情况和解。有时候列举的情况范围太大，超出所能忍受的范围，此时就需要进一步进行分析，排除一些不合理的情况，尽可能缩小列举的范围。

(2)写出约束条件对问题进行分析，明确问题的解需要满足的条件，用逻辑表达式表示出来。

## 3.2.1 百钱百鸡问题

【例 3.11】百钱百鸡问题是一道数学题，出自《张邱建算经》，问题描述如下："鸡翁一，值钱五；鸡母一，值钱三；鸡雏三，值钱一；百钱买百鸡，则翁、母、雏各几何？"如果用数学方法来求解，设公鸡有 $x$ 只，母鸡有 $y$ 只，小鸡有 $z$ 只，根据题意得出两个三元一次方程：

$$5x+3y+z/3=100$$
$$x+y+z=100$$

其中：

$$0 \leq x \leq 100$$
$$0 \leq y \leq 100$$
$$0 \leq z \leq 100$$

解出上述方程组就能得到问题的解，这也是一种解决问题的方法。下面尝试使用蛮力法，借助计算机的运算能力来解决这个问题。

**1. 算法策略一**

(1)列举解的范围：由题意可知，现在有 100 钱，如果全买公鸡，最多可以买 20 只，得出 $x$ 的取值为 $1\sim20$；如果全买母鸡，最多可以买 33 只，得出 $y$ 的取值为 $1\sim33$；如果全买小鸡，最多可以买 100 只，得出 $z$ 的取值为 $1\sim100$。

(2)写出约束条件：$(z\%3==0)\&\&(5\times x+3\times y+z/3==100)\&\&(x+y+z==100)$。

**本题对应的完整 C 程序如下。**

```
# include <stdio.h>
int main()
{
    int x,y,z;
    printf("所得解如下:\n");
    for (x=0;x<20;x++)
        for (y=0;y<33;y++)
            for (z=0;z<100;z++)
            {
            if ((z%3==0) && (5*x+3*y+z/3==100) && (x+y+z==100))
                {
                printf("公鸡买%2d只,母鸡买%2d只,小鸡买%2d只\n",x,y,z);}
            }
        }
return 0;
}
```

本程序的输出如下。

所得解如下。
公鸡买 0 只，母鸡买 25 只，小鸡买 75 只
公鸡买 4 只，母鸡买 18 只，小鸡买 78 只
公鸡买 8 只，母鸡买 11 只，小鸡买 81 只
公鸡买 12 只，母鸡买 4 只，小鸡买 84 只

**【算法效率分析】**上述算法中循环的执行次数是 $20 \times 33 \times 100 = 66000$ 次，次数过多，接下来通过分析上述算法，进一步缩小解的范围。

**2. 算法策略二**

(1)列举解的范围：如果公鸡的数量 $x$ 和母鸡的数量 $y$ 都确定下来了，那么小鸡的数量也就自然确定下来了，因为 $z = 100 - x - y$，因此只需要列举 $x$ 与 $y$。

(2)写出约束条件：$(z\%3 == 0)$ && $(5 \times x + 3 \times y + z/3 == 100)$。

**本题对应的完整 C 程序如下。**

```
# include <stdio.h>
int main()
{
    int x,y,z;
    printf("所得解如下:\n");
    for (x=0;x<20;x++)
        for (y=0;y<33;y++)
            {
                z=100-x-y;
                if ((z%3==0) && (5*x+3*y+z/3==100))
                {
                    printf("公鸡买%2d 只,母鸡买%2d 只,小鸡买%2d 只\n",x,y,z);
                }
            }
    return 0;
}
```

在第二种算法中，循环的执行次数是 $20 \times 33 = 660$ 次，相比第一种算法的 66000 次实现了优化。

## 3.2.2 狱吏问题

**【例 3.12】**狱吏问题

**【问题描述】**国王要对囚犯进行大赦，他通过下面的方法来挑选要释放的犯人。假设一排有 $n$ 间牢房，国王让一个狱吏从牢房前走过，每经过一次就按照一定规则转动一次门锁，门锁每转动一次，原来锁着的门会被打开，而原来打开的门会被锁上。当狱吏走过 $n$ 次后，如果门锁是开着的，牢房中的犯人就会被放出，否则犯人不予释放。

狱吏转动门锁遵循以下规则:当他第一次经过牢房时,需要转动每一把门锁,也就是说,他会把全部的锁打开;当他第二次经过牢房时,就从第二间牢房开始转动门锁,而后每隔一间牢房转动一次门锁……当他第 $k$ 次经过牢房时,从第 $k$ 间牢房开始转动门锁,而后每隔 $k-1$ 间牢房转动一次门锁。请设计算法以找出狱吏经过 $n$ 次后,哪些牢房的犯人将被释放。

### 1. 算法策略一

(1)首先定义一个一维数组 $p$ 来记录每间牢房锁的状态,1 表示锁上状态,0 表示打开状态。对其中 $i$ 号锁的一次转动过程可以表示为 $p[i]=1-p[i]$,如果 $p[i]=1$,转动后就变为 0;如果 $p[i]=0$,转动后就变为 1,从而模拟锁的开关过程。

(2)第一次狱吏经过时转动了锁的房间号是 1,2,3,…,$n$。

第二次狱吏经过时转动了锁的房间号是 2,4,6,…,$n$。

第三次狱吏经过时转动了锁的房间号是 3,6,9,…,$n$。

……

第 $i$ 次狱吏经过时转动了锁的房间号是 $i$,$2i$,$3i$,…,$ni$。这是一个等差数列,公差是 $i$,起始值也是 $i$。

(3)使用蛮力法通过循环来模拟狱吏转动牢房锁的过程。

**本题策略一利用蛮力法实现对应的完整 C 程序如下。**

```
# include <stdio.h>
# define N 10
int main()
{
    int i,j,n,a[N+1];
    for (i=0;i<=N;i++)
        p[i]=1;                      //初始状态下,所有的牢房门都是锁住的
    for(i=1;i<=N;i++)                 //狱吏走过的次数
        for(j=i;j<=N;j=j+i)          //需要转动锁的牢房的编号
            p[j]=1-p[j];
    for (i=1;i<=N;i++)
        if(p[i]==0)    printf("%d if free. \n",i);
return 0;
}
```

【算法效率分析】上述算法的主要操作是转动锁 $p[j]=1-p[j]$,$T(n)=n\times\left(1+\dfrac{1}{2}+\dfrac{1}{3}+\cdots+\dfrac{1}{n}\right)=n\sum\limits_{i=1}^{n}\dfrac{1}{i}$,当 $n$ 取向无穷大的时候,$T(n)=n\times(\ln(n)+C)$,C 为欧拉常数,因此算法的时间复杂度是 $O(n\log_2 n)$。

### 2. 算法策略二

通过进一步研究转动门锁的规则可以发现:第一次狱吏经过时转动了锁的房间号是 1 的倍数,第二次狱吏经过时转动了锁的房间号是 2 的倍数,第三次狱吏经过时转动了锁的

房间号是 3 的倍数……由此问题转换为求因子的个数。

定义 $c(n)$ 是整数 $n$(牢房号)的因子个数,那么它们的对应关系如表 3.2 所示。

表 3.2　牢房号 $n$ 与 $c(n)$ 的对应关系

| $n$ | $c(n)$ |
|---|---|
| 1 | 1 |
| 2 | 2 |
| 3 | 2 |
| 4 | 3 |
| 5 | 2 |
| 6 | 4 |
| 7 | 2 |
| 8 | 4 |
| 9 | 3 |
| ... | ... |

牢房的门在初始状态下是锁着的,对于某间牢房 $i$ 来说,如果想要牢房的锁最终是打开的,那么这间牢房的锁必须被转动奇数次。也就是说,当 $i$ 的因子个数为奇数时,锁的最终状态是打开的,犯人就会被释放;反之,当牢房的锁转动偶数次时,锁的最终状态是锁上的,犯人不会被释放。

此时,问题就变成了求出 $i$ 的因子个数,这时候使用蛮力法,从 $1\sim i$ 逐个尝试,是因子就计入 count。最终,当 count 为奇数时,这间牢房的犯人将被释放。

**本题策略二利用蛮力法实现对应的完整 C 程序如下。**

```c
# include <stdio.h>
int main()
{
    int i,j,n,count;
    scanf("%d",&n);
    for (i=1;i<=n;i++)                      //i 表示牢房的房间号
    {
        count=0;                            //初始状态下因子个数为 0
        for(j=1;j<=i;j++)
                if(i%j==0) count=count+1;   //j 是 i 的因子
        if (count%2!=0) printf("%d is free. \n",i);
    }
return 0;
}
```

上述算法的主要操作是判断 $i\%j$ 是否为 0，$T(n)=\sum\limits_{i=1}^{n}i=1+2+3+\cdots+n=n(n+1)/2$，算法的时间复杂度是 $O(n^2)$。

#### 3. 算法策略三

通过对表 3.2 进行分析，发现只有当 $n$ 是完全平方数的时候，$c(n)$ 才为奇数，原因是 $n$ 的因子一般都是成对出现的。也就是说，当 $n=h\times k$ 并且 $h!=k$ 时，$h$ 和 $k$ 是成对出现的，只有当 $n$ 是完全平方数的时候，换言之，当 $n=f\times f$ 时，才会出现单个的因子，因子的个数 $c(n)$ 才是奇数。最终只有编号为完全平方数的牢房门处于打开状态，此时只需要用蛮力法找出 $1\sim n$ 内的完全平方数。

**本题策略三利用蛮力法实现对应的完整 C 程序如下。**

```c
# include <stdio.h>
int main()
{
    int i,j,n,count;
    scanf("%d",&n);
    for (i=1;i<=n;i++)
    {
        if(i * i<=n)
            printf("%d is free. \n",i * i);
        else break;
    }
    return 0;
}
```

以上算法的时间复杂度是 $O(n)$，这是 3 种算法中最优的算法。蛮力法在解决小规模问题时，不失为一种不错的算法策略，但在处理对运行时间要求较高的大规模问题时，需要做进一步优化，才能找出效率较高的策略。

### 3.2.3　顺序查找

【例 3.13】给定 1 个含有 $n$ 个元素的整型数组 $a$，查找给定的一个整数 $k$ 是否在数组中。如果存在则返回其位置下标。

【解题思路】顺序查找也称为**简单查找**，查找时采用蛮力法，从数据序列的第一个数据元素开始，逐个与待查找的关键字 $k$ 进行比较。如果两者相等，则返回该数据元素在数据序列中的位置，否则继续用 $k$ 和下一个数据元素进行比较，如此重复，直到比较完数据序列中的最后一个数据元素。如果比较完所有数据仍没有找到，则返回 $-1$。

【算法设计】在给定数组 $a$ 中查找数据元素 $k$，设计算法 Search(int a[], int n, int k)，给定数组 $a[0\sim n-1]$，输入 $n$ 为数组中元素的个数，输入 $k$ 为待查找的数据元素。输出为数据元素 $k$ 在数组 $a$ 中的位置下标。

**本题利用蛮力法实现顺序查找的算法如下。**

```
int Search(int a[], int n,int k)
{
    int i=0;
    while (i<n &&a[i]!=k)
        i++;
    if(a[i]==k)
        return i;
    else
        return-1;
}
```

当数组中有多个元素 $k$ 的时候，本程序只返回第一个元素 $k$ 的位置下标，因此本程序可以做进一步改进，使用全局变量 count 进行计数，返回数组查找到的 $k$ 的位置下标。

**本题利用蛮力法实现顺序查找的改进的 search( )算法如下。**

```
void Search(int a[], int n,int k)
{
    for(int i=0;i<n;i++)
    {
        if(a[i]==k)
            {
            count++;
            b[count-1]=i;
            }
    }
}
```

【算法效率分析】输入规模为 $n$ 个元素的序列，基本操作为比较操作 $a[i]=k$，因此算法的时间复杂度为 $O(n)$。

顺序查找借助计算机运算速度快的特性，在数据序列中逐一查找符合条件的元素，是最简单的查找方法，其查找时间随问题规模的增大而快速增长，时间复杂度为 $O(n)$。当问题规模较大时，顺序查找算法耗费时间较多，因而并不是一种高效的查找算法。

## 3.2.4　简单排序算法

简单排序算法指对于给定的含有 $n$ 个元素的数组 $a$，将其按元素值递增排序。排序方法有 10 种，分别为冒泡排序、选择排序、插入排序、希尔排序、归并排序、快速排序、堆排序、计数排序、桶排序和基数排序。选择排序和冒泡排序都属于交换排序。本章利用蛮力法实现了简单交换排序、简单选择排序和冒泡排序、直接插入排序 4 种常用的简单排序算法，本书介绍的排序算法都默认以升序排序为例。

### 1. 简单交换排序

**【例 3.14】** 给定 1 个含有 $n$ 个元素的无序整型数组 $a$，初始数据为 $\{16，7，2，9，58，69，-3\}$，利用简单交换排序算法对数组进行升序排序。

**【解题思路】** 简单交换排序的基本思想是将待排序的数据序列分为无序区和有序区两部分，其中有序区中的数据都小于无序区中的数据。每一趟排序都是从无序区中挑选最小的元素放入有序区的最后面，在挑选过程中采用蛮力法。首先假定无序区中的第一个数据元素就是最小的，用当前最小元素逐一与无序区中的各个数据元素做比较，只要发现更小的数据元素，就进行数据交换。一轮比较过后，无序区中的第一个数据元素就是最小元素。此时有序区的数据元素个数加 1，无序区的数据元素个数减 1。包含 $n$ 个数据元素的序列一般情况下需要进行 $n-1$ 趟排序。初始状态下，有序区中的数据元素个数为 0，无序区中的数据元素个数为 $n$。如图 3.2 所示，对数据序列 $\{16，7，2，9，58，69，-3\}$ 进行简单交换排序，其中有序区用 $\{\}$ 括起来。

```
初始数据：   16   7   2   9   58   69   -3
第1趟排序：{-3}  16   7   9   58   69    2
第2趟排序：{-3   2}  16   9   58   69    7
第3趟排序：{-3   2   7}  16   58   69    9
第4趟排序：{-3   2   7   9}  58   69   16
第5趟排序：{-3   2   7   9   16}  69   58
第6趟排序：{-3   2   7   9   16   58}  69
数组排序后：{-3  2   7   9   16   58   69}
```

图 3.2　简单交换排序的过程

第 1 趟排序的情况：定义数组 $a[7]$ 用于存放待排序的数据序列，变量 $i$ 表示无序区中的第 1 个下标，变量 $j$ 表示无序区中从第二个数据元素开始到最后一个数据元素的下标，$j$ 从 1 变化到 6。在第一趟排序过程中，锁定无序区的第一个位置 $i$ 是当前最小元素，比较 $a[j]$ 与 $a[i]$ 的大小，只要发现 $a[j]<a[i]$，就将二者交换，始终保证 $a[i]$ 中存放的是无序区中的最小元素。在第 1 次比较时，有 $a[1]<a[0]$，交换；在第二次比较时，有 $a[2]<a[0]$，交换；接着继续比较，直到 $a[6]<a[0]$，交换，第一趟选择排序结束。

**【算法设计】** 用简单交换排序算法对给定数组 $a$ 进行排序，设计算法 SwapSort(int a[], int n, int i)，$i$ 为排序数组的起点下标，$n$ 为数组中元素的个数，排序结束后输出按升序排序的数组 $a$。

SwapSort() 算法如下。

```
void SwapSort(int a[],int n,int i)      //简单交换排序算法
{       int j;
    for(;i<n;i++)
    {  for (j=i+1;j<n;j++)
        if (a[j]<a[i])                   //锁定无序区的第一个位置 i 当前最小
        {
        swap(a[j],a[i]);                 //交换数据
        }
    }
}
```

本题采用 Java 语言进行设计时 SwapSort()算法没有改动，由于 Java 中没有 & 取地址符号，因此对 Swap()交换数据函数有所改动；直接调用 Arrays 类的 toString()方法即可直接输出数组元素。

**【算法效率分析】** 在含有 $n$ 个元素的数组 $a$ 中采用蛮力法找出最小元素需要进行 $n-1$ 次比较，则在 $a[i+1..n-1]$ 中找出最小元素需要进行 $n-i-1$ 次比较，所以算法总的比较次数为 $\sum_{i=0}^{n=2}(n-i-1)=n(n-1)/2=O(n^2)$。简单交换排序的时间主要花费在元素的比较和移动上，移动元素最多次数和比较次数相同也是 $O(n^2)$，所以该算法的时间复杂度为 $O(n^2)$。

**2. 简单选择排序**

**【例 3.15】** 给定 1 个含有 $n$ 个元素的无序整型数组 $a$，初始数据为 $\{16，7，2，9，58，69，-3\}$，利用简单选择排序算法对数组进行升序排序。

**【解题思路】** 前面简单交换排序算法中涉及多次调用 swap()函数的数据交换，但是每次交换都不是最终的顺序，在一趟排序过程中需要交换很多次，那是否有一种算法一趟排序只需要交换一次数据？这就是简单选择排序算法。

**简单选择排序**，也称**直接选择排序**，其基本思想是将待排序的数据序列分为无序区和有序区两部分，其中有序区中的数据都小于无序区中的数据。每一趟排序都是从无序区中挑选最小的元素放入有序区的最后面，在挑选过程中采用蛮力法，用变量 min 记录无序区中最小元素的下标。首先，假定无序区中的第一个数据元素就是最小的，用 min 记录其下标，再用 min 记录的最小元素逐一与无序区中的各个数据元素做比较，只要发现更小的数据元素，就让 min 记录这个数据元素的下标。一轮比较过后，看看 min 的值是否发生了改变。如果改变，就将无序区中的第一个数与 min 记录的数据元素交换，因此每一趟排序最多交换 1 次数据，此时有序区的数据元素个数加 1，无序区的数据元素个数减 1，包含 $n$ 个数据元素的序列一般情况下需要进行 $n-1$ 趟排序。初始状态下，有序区中的数据元素个数为 0，无序区中的数据元素个数为 $n$。如图 3.3 所示，对数据序列 $\{16，7，2，9，58，69，-3\}$ 进行简单选择排序，其中有序区用 $\{\}$ 括起来。

```
初始数据:    16   7   2   9   58   69   -3
第1趟排序:  {-3}  7   7   9   58   69   16
第2趟排序:  {-3  2}  7   9   58   69   16
第3趟排序:  {-3  2   7}  9   58   69   16
第4趟排序:  {-3  2   7   9}  58   69   16
第5趟排序:  {-3  2   7   9   16}  69   58
第6趟排序:  {-3  2   7   9   16   58}  69
数组排序后: {-3  2   7   9   16   58   69}
```

图 3.3　简单选择排序的过程

第 1 趟排序的情况：定义数组 $a[7]$ 用来存放待排序的数据序列，变量 $j$ 表示无序区中从第二个数据元素开始到最后一个数据元素的下标。在第一趟排序过程中，min 的初始值是 0，$j$ 的初始值是 1，$j$ 从 1 开始到 6，比较 $a[j]$ 与 $a[min]$ 的大小，只要发现 $a[j]<$

$a[\min]$，就执行 $\min=j$，始终保证 $\min$ 中存放的是无序区中最小元素的下标。在第一次比较时，有 $a[1]<a[0]$，执行 $\min=1$；在第二次比较时，有 $a[2]<a[\min]$，执行 $\min=2$；接着继续比较，直到 $j=6$，$a[6]<a[\min]$，执行 $\min=6$；最后比较 $\min$ 和 $i$ 不相等，交换数据，第一趟选择排序结束。

【算法设计】用简单选择排序算法对给定数组 $a$ 进行排序，设计算法 SelectSort（int a[]，int n，int i)，$i$ 为排序数组的起点下标，$n$ 为数组中元素的个数，排序结束后输出按升序排序的数组 $a$。

**本题利用蛮力法实现简单选择排序对应的算法如下。**

```
void SelectSort (int a[],int n,int i)          //简单选择排序算法
{      int min, j;
    for(;i<n;i++)
    {   min=i;                                  //min 记录 a[i..n-1]中最小元素的下标
        for (j=i+1;j<n;j++)
            if (a[j]<a[min])                    //在 a[i..n-1]中找最小元素
            min=j;
        if (min!=i)    swap(a[i],a[min]);       //若最小元素不是 a[i],交换数据
    }
}
```

【算法效率分析】在含有 $n$ 个元素的数组 $a$ 中采用蛮力法找出最小元素需要进行 $n-1$ 次比较，则在 $a[i+1..n-1]$ 中找最小元素 $a[\min]$ 需要进行 $n-i-1$ 次比较，所以算法总的比较次数为 $\sum_{i=0}^{n-2}(n-i-1)=n(n-1)/2=O(n^2)$。简单选择排序的时间主要花费在元素的比较上，移动元素的最多次数为 $3(n-1)$，所以该算法的时间复杂度为 $O(n^2)$。

**3. 冒泡排序**

【例 3.16】给定 1 个含有 $n$ 个元素的无序整型数组 $a$，初始数据为 $\{16，7，2，9，58，69，-3\}$，利用冒泡排序算法对数组进行升序排序。

【解题思路】冒泡排序，顾名思义，因为越大的元素会经由交换像水泡一样慢慢"浮"到数列的顶端，由此默认得到由小到大的有序序列。冒泡排序将待排序的数据序列分为无序区和有序区两部分，其中有序区的数据都大于无序区的数据。通过交换数据元素的位置进行排序，在交换过程中采用的是蛮力法，也就是从无序区中的第一个数开始，对相邻两数进行两两比较，如果发现反序就交换，一轮比较后，最大的数被交换到无序区的最后一个位置，并加入有序区。包含 $n$ 个数据元素的序列一般情况下需要进行 $n-1$ 轮比较和交换。但如果某一轮比较中没有交换，则说明数据已经排好序，可以提前结束排序。初始状态下，有序区中的数据元素个数为 0，无序区中的数据元素个数为 $n$。如图 3.4 所示，对数据序列 $\{16，7，2，9，58，69，-3\}$ 进行冒泡排序，其中有序区用 $\{\}$ 括起来。

第 1 趟排序的情况：定义数组 $a[7]$ 用于存放待排序的数据序列，变量 $k$ 表示趟数，

变量 $j$ 表示无序区中从第 1 个数据元素开始到最后一个数据元素的下标，注意 $j$ 从 1 开始变化到 $n-k-1$。在第一趟排序过程中，$k$ 是 1，$j$ 的初始值是 1，$j$ 从 1 开始到 5，比较 $a[j]$ 与 $a[j+1]$ 的大小，只要发现 $a[j]>a[j+1]$，就进行数据交换。在第一次比较时，有 $a[0]>a[1]$，交换；在第二次比较时，有 $a[1]>a[2]$，交换；接着继续比较，直到 $j=5$，$a[5]>a[6]$，交换，最大值排到了最后；第一趟冒泡排序结束。

```
初始数据：   16    7    2    9    58    69    -3
第1趟排序：   7    2    9    16    58    -3  │69│
第2趟排序：   2    7    9    16    -3  │58    69│
第3趟排序：   2    7    9    -3  │16    58    69│
第4趟排序：   2    7    -3  │9    16    58    69│
第5趟排序：   2    -3  │7    9    16    58    69│
第6趟排序：   -3  │2    7    9    16    58    69│
数组排序后：│-3    2    7    9    16    58    69│
```

图 3.4 冒泡排序的过程

**【算法设计】** 用冒泡排序算法对给定数组 $a$ 进行排序，设计算法 BubbleSort (int a[]，int n，int i)，$i$ 为排序数组的起点下标，$n$ 为数组中元素的个数，排序结束后输出按升序排序的数组 $a$。

**本题利用蛮力法实现冒泡排序对应的 BubbleSort ( )算法如下。**

```
void BubbleSort(int a[],int n,inti)          //冒泡排序
{   int  j;
    for (int k=1;k<n;k++)
    {
        for (j=i;j<n-k;j++)
        if (a[j]>a[j+1])                      //两两比较,大的排后
        {swap(a[j],a[j+1]);
        }
    }
}
```

**【算法效率分析】** 冒泡排序的时间主要花费在元素的比较和交换上，当初始数据正序时只需通过一趟排序，此时呈现最好的时间复杂度为 $O(n)$。当数据反序时呈现最坏情况，元素比较次数为 $\sum_{i=0}^{n-2}\sum_{j=i+1}^{n-1}1=\sum_{i=0}^{n-2}(n-i-1)=n(n-1)/2=O(n^2)$，元素移动次数为其 3 倍，最坏时间复杂度为 $O(n^2)$。该算法的平均时间复杂度也为 $O(n^2)$。

**4. 直接插入排序**

**【例 3.17】** 给定 1 个含有 $n$ 个元素的无序整型数组 $a$，初始数据为 $\{16，7，2，9，58，69，-3\}$，利用直接插入排序算法对数组进行升序排序。

**【解题思路】** 直接插入排序的基本思想是将待排序的数据序列分为无序区和有序区两部分，其中有序区中的数据都小于无序区中的数据。每一趟排序都将无序区中的第一个元素插入有序区中，插入过程中采用蛮力法，用 $t$ 存储待插入的数据元素，先对 $t$ 与有序

区中的最后一个元素做比较。如果比最后一个数据元素小，则表示 $t$ 肯定应当放在前面，于是让最后一个数据元素往后挪一位。接着继续逐一比较和挪动，直到找到小于 $t$ 的数据元素，此时将 $t$ 插入该数据元素的后面即可。包含 $n$ 个数据元素的序列一般情况下需要进行 $n-1$ 趟排序。初始状态下，有序区中的数据元素个数为 1，无序区中的数据元素个数为 $n$。如图 3.5 所示，对数据序列 $\{16, 7, 2, 9, 58, 69, -3\}$ 进行直接插入排序，其中有序区用 $\{\}$ 括起来。

```
初始数据：    16    7    2    9    58    69    -3
第1趟排序：  {7    16}   2    9    58    69    -3
第2趟排序：  {2    7    16}   9    58    69    -3
第3趟排序：  {2    7    9}   16    58    69    -3
第4趟排序：  {2    7    9    16}   58    69    -3
第5趟排序：  {2    7    9    16    58}   69    -3
第6趟排序：  {-3   2    7    9    16    58}   69
数组排序后： {-3   2    7    9    16    58    69}
```

图 3.5  直接插入排序的过程

前两趟排序的情况：定义数组 $a[7]$ 用于存放待排序的数据序列。在第 1 趟排序过程中，$t=7$，经比较发现 $t<a[0]$，因此 $a[0]$ 中的 16 往后移一位变成 $a[1]$，将 7 放在 $a[0]$ 中。在第 2 趟第 1 次比较过程中，$t=2$，经比较发现 $t<a[1]$，因此 $a[1]$ 中的 16 往后移一位变成 $a[2]$；在第二次比较时发现 $t<a[0]$，因此 $a[0]$ 中的 7 往后移一位变成 $a[1]$，将 $t$ 放在 $a[0]$ 中；第二趟排序结束。

【算法设计】用直接插入排序算法对给定数组 $a$ 进行排序，设计算法 InsertSort（int a[]，int n，int i），$i$ 为排序数组的起点下标，$n$ 为数组中元素的个数，排序结束后输出按升序排序的数组 $a$。

**本题利用蛮力法实现直接插入排序对应的 InsertSort( )算法如下。**

```
void InsertSort(int a[], int n, int i)        //直接插入排序
{
    int j,t;
    for(;i<n-1;i++)
    {
        t=a[i+1];                              // 用t存储待插入的数据元素
        j=i;
        while (j>=0&&t<a[j])
            {
                a[j+1]=a[j];                   // 向后移动位置
                j--;
            }
        a[j+1]=t;                              //找到位置,将待插入数据插入
    }
}
```

【算法效率分析】直接插入排序的时间主要花费在元素的比较和移动数据上，当初始

数据正序时只需通过一趟排序，则只需要进行 $n-1$ 次比较，由于每次都是 $t>a[j]$，无移动记录，此时呈现最好的时间复杂度为 $O(n)$。当数据反序时呈现最坏情况，是排序表逆序，需要比较 $(n+2)(n-1)/2$ 次，移动 $(n+4)(n-1)/2$ 次。如果排序记录是随机的，根据概率相同的原则，平均比较和移动的次数约为 $n^2/4$ 次。因此，直接插入排序算法时间复杂度为 $O(n^2)$。

## 3.2.5 求解幂集问题

【例 3.18】对于给定的正整数 $n(n \geqslant 1)$，求由 $1 \sim n$ 构成的集合的所有子集（幂集）。（即由 $1 \sim n$ 构成的集合的所有子集构成的集合，包括全集和空集）。

本题有两种求解方式：**直接蛮力法**和**增量蛮力法**，下面分别进行讨论。

### 1. 直接蛮力法

【解题思路】将由 $1 \sim n$ 构成的集合存放在数组 $a$ 中，求解问题变为构造集合 $a$ 的所有子集。设集合 $a[0..2]=\{1, 2, 3\}$，其所有子集对应的二进制数及其十进制数如表 3.3 所示。

表 3.3 所有子集对应的二进制数及其十进制数

| 子集 | 对应的二进制数 | 对应的十进制数 |
| --- | --- | --- |
| {} | — | — |
| {1} | 001 | 1 |
| {2} | 010 | 2 |
| {1, 2} | 011 | 3 |
| {3} | 100 | 4 |
| {1, 3} | 101 | 5 |
| {2, 3} | 110 | 6 |
| {1, 2, 3} | 111 | 7 |

对于含有 $n(n \geqslant 1)$ 个元素的集合 $a$，求幂集的过程如下。

```
for (i=0;i<2ⁿ;i++)      //穷举集合 a 的所有子集并输出
{   将 i 转换为二进制数 b;
    输出 b 中为 1 的位对应的 a 元素构成一个子集;
}
```

用数组 $b$ 表示二进制数，首先 $b[0..2]=000$，每调用一次数组 $b$ 表示二进制数增 1。数组 $b$ 变化过程如图 3.6 所示。

【算法设计】利用蛮力法设计算法 inc(int b[], int n) 用于将数组 $b$ 表示的二进制数增 1，利用直接蛮力法设计求幂集算法 PSet(int a[], int b[], int n)，输入为 $n$，输出为 $n$ 的幂集。

$b[0..2]=0\ 0\ 0$

第1次调用：$b[0]=0$，改为$b[0]=1$

$b=1\ 0\ 0$

第2次调用：第1个1改为0，第2个0改为=1

$b=0\ 1\ 0$

第3次调用：第1个0改为1

$b=1\ 1\ 0$

第4次调用：前2个1改为0，第3个0改为1

$b=0\ 0\ 1$

第5次调用：第1个0改为1

$b=1\ 0\ 1$

...

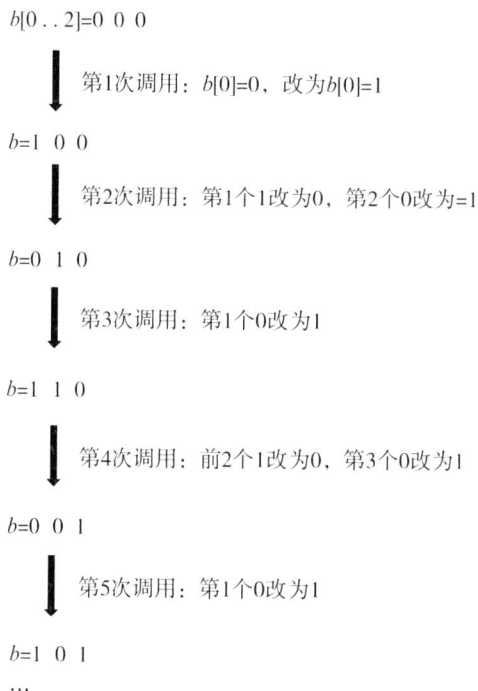

图 3.6　数组 $b$ 变化过程

**算法设计如下。**

```
void inc(int b[], int n)              //将数组 b 表示的二进制数增 1
{   for(int i=0;i<n;i++)              //遍历数组 b
    {   if (b[i])                     //将元素 1 改为 0
            b[i]=0;
        else                          //将元素 0 改为 1 并退出 for 循环
        {   b[i]=1;
            break;
        }
    }
}
void PSet(int a[],int b[],int n)       //求幂集
{   int i,k;
    int pw=(int)pow(2,n);              //求 2^n
    printf("1~%d 的幂集:\n   ",n);
    for(i=0;i<pw;i++)                  //执行 2^n 次
    {printf("{ ");
        for (k=0;k<n;k++)              //执行 n 次
            if(b[k])
                printf("%d ",a[k]);
        printf("} ");
```

```
        inc(b,n);              //数组 b 表示的二进制数增 1
    }
    printf("\n");
}
```

【算法效率分析】算法中 pw 循环 $2^n$ 次，不考虑幂集输出，inc()函数的时间复杂度为 $O(n)$，所以算法的时间复杂度为 $O(n \times 2^n)$，属于指数阶的算法。

### 2. 增量蛮力法

【解题思路】采用增量蛮力法求解 $1 \sim n$ 的幂集，$n = 3$ 时的求解过程如图 3.7 所示，用 ps 表示幂集结果(它的每个元素是一个整数集合)。

使用增量蛮力法求 $1 \sim 3$ 的幂集的过程如下。

(1)产生一个空集元素{}添加到 ps 中，即 ps＝{{}}。

(2)在步骤(1)得到的 ps 的每一个集合元素的尾部添加 1 构成新集合元素{1}，将其添加到 ps 中，即 ps＝{{}, {1}}。

(3)在步骤(2)得到的 ps 的每一个集合元素的尾部添加 2 构成新集合元素{2}、{1, 2}，将其添加到 ps 中，即 ps＝{{ }, {1}, { 2 }, {1, 2}}。

(4)在步骤(3)得到的 ps 的每一个集合元素的尾部添加 3 构成新集合元素{3}、{1, 3}、{2, 3}、{1, 2, 3}，将其添加到 ps 中，即 ps＝{ { }, {1}, { 2 }, {1, 2}, {3}, {1, 3}, {2, 3}, {1, 2, 3}}，最后的 ps 构成{1, 2, 3}的幂集。

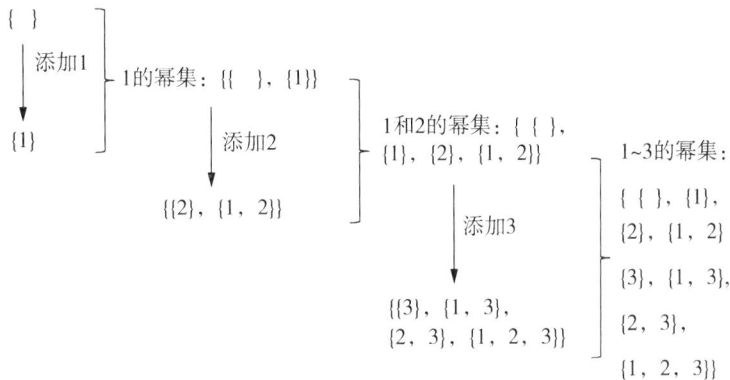

图 3.7　用增量蛮力法求解幂集的过程

增量蛮力法方法穷举由 $1 \sim n$ 构成的集合的所有子集，先建立一个空子集，对于 $i (1 \leqslant i \leqslant n)$，每次都是在前面已建立的子集上添加元素 $i$ 而构成若干子集，对应的过程如下。

```
void f(int n)              //求 1～n 的幂集 ps
{  置 ps＝{{}};            //在 ps 中加入一个空子集元素
   for (i＝1;i<＝n;i++)
       在 ps 的每个元素中添加 i 而构成一个新子集;
}
```

【算法设计】在实现算法时用一个 vector<int> 容器表示一个集合元素，用 vector < vector <int>> 容器存放幂集（即集合的集合）。

**求幂集算法 Pset( )代码如下。**

```
void PSet(int n)                              //求 1～n 的幂集 ps
{  vector<vector<int>>ps1;                    //子幂集
   vector<vector<int>>::iterator it;          //幂集迭代器
   vector<int>s;
   ps.push_back(s);                           //添加{}空集合元素
   for (int i=1;i<=n;i++)                      //循环添加 1～n
   {  ps1=ps;                                  //ps1 存放上一步得到的幂集
      for (it=ps1.begin();it!=ps1.end();++it)
            (*it).push_back(i);                //在 ps1 的每个集合元素的尾部添加 i
      for (it=ps1.begin();it!=ps1.end();++it)
            ps.push_back(*it);                 //将 ps1 的每个集合元素添加到 ps 中
   }
}
```

【算法效率分析】对于给定的 $n$，每一个集合元素都要处理，因为有 $2^n$ 个集合元素，所以上述算法的时间复杂度为 $O(2^n)$。

说明：本题采用 vector<vector <int>> 容器存放幂集，并利用 vector 容器的相关成员函数实现算法思路，这样算法设计十分简单，程序员的精力主要花费在理解算法策略上而不是实现细节上。

## 3.2.6 求解 0/1 背包问题

【例 3.19】蛮力法求解 0/1 背包问题。

【问题描述】有 $n$ 个重量分别为 $\{w_1,w_2,\cdots,w_n\}$ 的物品（物品编号为 $1～n$），它们的价值分别为 $\{v_1,v_2,\cdots,v_n\}$，给定一个容量为 $W$ 的背包。设计从这些物品中选取一部分物品放入该背包的方案，每个物品要么选中要么不选中，要求选中的物品不仅能够放到背包中，而且具有最大的价值。

【解题思路】解决这个问题时最容易想到的就是蛮力法，其实就是穷举一共有多少种方案，如果是 4 件物品，就有 $2^n$ 种方案，用蛮力法计算出这 16 种方案的价值，排除超过总容量的那些方案，剩下的方案中价值最高的就是问题的解。假设有 a、b、c、d 4 件物品，重量分别是 5 kg、4 kg、3 kg 和 1 kg，价值分别是 4、4、2 和 1，背包容量为 8 kg，如表 3.4 所示。

表 3.4　物品清单

| 物品 | 重量(kg) | 价值(元) |
|---|---|---|
| a | 5 | 4 |
| b | 4 | 4 |

| 物品 | 重量（kg） | 价值（元） |
|------|-----------|-----------|
| c | 3 | 2 |
| d | 1 | 1 |

对于每件物品来说都有两种状态：放入或不放入。因此，可以用 1 表示放入，用 0 表示不放入，这样就可以用 $n$ 位二进制数来表示 $n$ 件物品的选取情况。例如，当 $n=4$ 时，0000 表示未选取任何物品，而 1100 表示选取了第 1 件和第 2 件物品，如表 3.5 所示。

表 3.5　蛮力法求解背包问题的过程

| 方案序号 | 放入的物品 | 二进制表示 | 总重量（kg） | 总价值（元） | 能否装入 |
|----------|-----------|-----------|--------------|--------------|----------|
| 1 | 空 | 0000 | 0 | 0 | 能 |
| 2 | d | 0001 | 1 | 1 | 能 |
| 3 | c | 0010 | 3 | 2 | 能 |
| 4 | c、d | 0011 | 4 | 3 | 能 |
| 5 | b | 0100 | 4 | 4 | 能 |
| 6 | b、d | 0101 | 5 | 5 | 能 |
| 7 | b、c | 0110 | 7 | 6 | 能 |
| 8 | b、c、d | 0111 | 8 | 7 | 能（最优） |
| 9 | a | 1000 | 5 | 4 | 能 |
| 10 | a、d | 1001 | 6 | 5 | 能 |
| 11 | a、c | 1010 | 8 | 6 | 能 |
| 12 | a、c、d | 1011 | 9 | 5 | 不能 |
| 13 | a、b | 1100 | 9 | 8 | 不能 |
| 14 | a、b、d | 1101 | 10 | 9 | 不能 |
| 15 | a、b、c | 1110 | 12 | 10 | 不能 |
| 16 | a、b、c、d | 1111 | 13 | 11 | 不能 |

【算法设计】用蛮力法求解 0/1 背包问题，设计算法 int bag(inte w[]，int v[]，int n，int c)，输入的是背包的容量 $C$、物品的数量 $n$、各物品的重量 $w$ 和价值 $v$。输出的是包的最大价值 maxv。

以表 3.4 所示的 4 件物品为例，当 $W=8$ 时，求所有解和最优解的完整 C 程序如下。

```
# include "stdio.h"
# include "math.h"
int bag(int w[], int v[],int n,int c)          //用蛮力法求解 0/1 背包问题
```

```
{       int i,k,j,tempw,tempv,maxv=0;
        for(i=0;i<pow(2,n);i++)              //解空间
        {
            k=i;
            tempw=tempv=0;
            for(j=0;j<n;j++)                 //n位二进制数
            {
        if(k%2==1)   //如果相应的位等于1,则表示放入;如果等于0,则表示没放
                {
                tempw+=w[j];
                tempv+=v[j];
                }
            k=k/2;                           //十进制与二进制转换规则
            }
        if(tempw<=c)                         //判断是否超出背包的容量
            if(tempv>maxv)                   //判断当前解是否比最优解好
            {
            maxv=tempv;
            }
        }
    return maxv;
}
int main()
{
  int n=4,W=8;
  intw[]={5,4,3,1};
  intv[]={4,4,2,1};
  printf("最大价值:%d\n",bag(w,v,n,W));
  return 0;
}
```

**本程序的输出如下。**

最大价值:7

本题利用蛮力法生成物品可能组成的全部子集,而后判断每个子集的总重量是否小于或等于 $W$(约束条件),接着计算每个子集的总价值,最后求出最优解。$n$ 元集合的子集数(幂集)$=2^n$,故该算法的时间复杂度为 $O(2^n)$,因此蛮力法并不适用于解决问题规模较大的背包问题。

因此本题可以利用例 3.18 增量蛮力法求幂集的方案用幂集算法 PSet(int n)进一步求解本题。对于 $n$ 件物品、容量为 $W$ 的背包问题可以采用前面求幂集的方法求出所有的物品组合,对于每一种组合,计算其总重量 sumw 和总价值 sumv,当 sumw 小于等于 $W$ 时,该组合是一种解,通过比较将最优方案保存到 maxsumw 和 maxsumv 中,最后输出

所有解和最优解。

**求所有解和最优解的算法如下。**

```
void Knap(int w[],int v[],int W)//求所有解和最优解
{  int count＝0;      //方案编号
   int sumw,sumv;        //当前方案的总重量和总价值
   int maxi,maxsumw＝0,maxsumv＝0;       //最佳方案的编号、总重量和总价值
   vector＜vector＜int＞＞::iterator it;      //幂集迭代器
}
   vector＜int＞::iterator sit;            //幂集集合元素迭代器
   printf(" 序号\t选中物品\t总重量\t总价值\t能否装入\n");      //打印表头
   for (it＝ps.begin();it!＝ps.end();＋＋it)      //扫描 ps 中每一个集合元素
   {printf("%4d\t",count＋1);
       sumw＝sumv＝0;
       printf("{");
       for (sit＝(＊it).begin();sit!＝(＊it).end();＋＋sit)
       {  printf("%d ",＊sit);
          sumw＋＝w[＊sit−1];            //w 数组下标从 0 开始
          sumv＋＝v[＊sit−1];            //v 数组下标从 0 开始
       }
       if((＊it).size()＜3)printf("}\t\t%d\t%d  \t",sumw,sumv);
          elseprintf("}\t%d\t%d  \t",sumw,sumv);
       if (sumw＜＝W)
       {  printf("能\n");
       if (sumv＞maxsumv)               //比较求最优解
       {  maxsumw＝sumw;
          maxsumv＝sumv;
          maxi＝count;
       }
       }
       else printf("否\n");
       count＋＋;                        //方案编号增 1
   }
   printf("最佳方案为:");
   printf("选中物品");
   printf("{ ");
   for (sit＝ps[maxi].begin();sit!＝ps[maxi].end();＋＋sit)
       printf("%d ",＊sit);
   printf("},");
   printf("总重量:%d,总价值:%d\n",maxsumw,maxsumv);
}
```

本程序的执行结果如图 3.8 所示。

```
0/1背包的求解方案
序号    选中物品        总重量      总价值     能否装入
  1     {}                0          0         能
  2     {1 }              5          4         能
  3     {2 }              3          4         能
  4     {1 2 }            8          8         否
  5     {3 }              2          2         能
  6     {1 3 }            7          6         否
  7     {2 3 }            5          6         能
  8     {1 2 3 }         10         10         否
  9     {4 }              1          1         能
 10     {1 4 }            6          5         能
 11     {2 4 }            4          5         能
 12     {1 2 4 }          9          9         否
 13     {3 4 }            3          3         能
 14     {1 3 4 }          8          7         否
 15     {2 3 4 }          6          7         能
 16     {1 2 3 4 }       11         11         否
最佳方案为：选中物品{ 2 3 4 }，总重量：6，总价值：7
```

图 3.8　应用幂集求解 0/1 背包执行结果

【算法效率分析】对于 $n$ 件物品，该算法最主要的时间花费在求幂集上，所以算法的时间复杂度为 $O(2^n)$。

说明：上述求幂集和 0/1 背包问题本质上都是给定一个元素集合 $a=\{a_1, a_2, \cdots, a_n\}$，求解其子集，每个元素要么被选中，要么不被选中。这一类问题统称为**子集问题**。

### 3.2.7　求解最大连续子序列和问题

【例 3.20】给定一个有 $n(n\geqslant1)$ 个整数的序列，求出其中最大连续子序列的和。例如，序列 $(-1, 9, -5, 12, -4, 2)$ 的最大子序列和为 16，序列 $(1, 2, 4, -8, 5, 3, 6, -4, 6, -2, 10, -3)$ 的最大子序列和为 24。规定一个序列的最大连续子序列和至少是 0，如果小于 0，其结果为 0。

【解题思路】设含有 $n$ 个整数的序列为 $a[0..n-1]$，其连续子序列为 $a[i..j]$（$i\leqslant j$，$0\leqslant i\leqslant n-1$，$i\leqslant j\leqslant n-1$），求出它的所有元素之和 thisSum。通过比较将最大值存放在 maxSum 中，最后返回 maxSum。这种解法是通过穷举所有连续子序列（一个连续子序列由起始下标和终止下标确定）来得到，是典型的蛮力法思想。

【算法设计】用蛮力法求解最大连续子序列和问题，设计算法 maxSubSum1(int a[], int n)，$n$ 为序列中元素的个数，两重循环穷举所有的连续子序列，通过比较求最大连续子序列之和并输出。

**maxSubSum1()算法如下。**

```
int maxSubSum1(int a[],int n)          //求 a 的最大连续子序列和——解法 1
{  int i,j,k;
   int maxSum=0,thisSum;
   for (i=0;i<n;i++)                   //两重循环穷举所有的连续子序列
```

```
    {  for (j=i;j<n;j++)
       {  thisSum=0;
          for (k=i;k<=j;k++)
             thisSum+=a[k];
          if (thisSum>maxSum)               //通过比较求最大连续子序列之和
             maxSum=thisSum;
       }
    }
    return maxSum;
}
```

【算法效率分析】算法 maxSubSum1(a，n)中用了三重循环，所以有 $T(n) = \sum\limits_{i=0}^{n-1} \sum\limits_{j=i}^{n-1} \sum\limits_{k=i}^{j} 1 = \sum\limits_{i=0}^{n-1} \sum\limits_{j=i}^{n-1} (j-i+1) = \dfrac{1}{2} \sum\limits_{i=0}^{n-1} (n-i)(n-i+1) = O(n^3)$。

改进上面的解法 1：可以发现在求两个相邻子序列和时，它们之间是关联的。例如，$a[0..3]$子序列和$=a[0]+a[1]+a[2]+a[3]$，$a[0..4]$子序列和$=a[0]+a[1]+a[2]+a[3]+a[4]$，在求出前者之后，求后者时只需在前者的基础上加 $a[4]$，没有必要每次都重复计算，从而提高了算法效率。即求 $\text{Sum}(a[i\cdots j])$ 的递推关系如下。

$$\begin{cases} \text{Sum}(a[i\cdots j])=0, & a[i\cdots j]没有元素时 \\ \text{Sum}(a[i\cdots j])=\text{Sum}(a[i\cdots j-1])+a[j], & a[i\cdots j]存在元素时 \end{cases}$$

注意求 $\text{Sum}(a[i\cdots j])$ 和 $\text{Sum}(a[i\cdots j-1])$ 时对应的子序列都是从 $a[i]$ 开始的。

**本题改进后的 maxSubSum2( )算法如下。**

```
int maxSubSum2(int a[],int n)              //求 a 的最大连续子序列和——解法 2
{   int i,j;
    int maxSum=0,thisSum;
    for (i=0;i<n;i++)
    {  thisSum=0;
       for (j=i;j<n;j++)
       {  thisSum+=a[j];
          if (thisSum>maxSum)
             maxSum=thisSum;
       }
    }
    return maxSum;
}
```

【改进后的算法效率分析】算法 maxSubSum2(a，n)中只有两重循环，容易求出 $T(n)=O(n^2)$。可知改进后降低了算法的时间复杂度。

进一步改进解法 2，从头开始扫描序列 $a$，用 thisSum(初值为 0)记录当前子序列之和，用 maxSum(初值为 0)记录最大连续子序列和。如果在扫描中遇到负数，当前子序列和 thisSum 将会减小，若 thisSum 为负数，表明前面已经扫描的那个子序列可以抛弃了，放弃这个子序列，重新开始下一个子序列的分析，并置 thisSum 为 0。若这个子序列和 thisSum 不断增加，那么最大子序列和 maxSum 也不断增加。

**本题进一步改进后的 maxSubSum3()算法如下。**

```
# include <stdio.h>
int maxSubSum3(int a[],int n)        //求 a 的最大连续子序列和——解法 3
{   int i,maxSum=0,thisSum=0;
    for (i=0;i<n;i++)
    {   thisSum+=a[i];
        if (thisSum<0)               //若当前子序列和为负数,则重新开始下一个子序列
            thisSum=0;
        if (maxSum<thisSum)          //比较求最大连续子序列和
            maxSum=thisSum;
    }
    return maxSum;
}
```

【**进一步改进后的算法效率分析**】显然在该算法中仅扫描 $a$ 序列一次，其时间复杂度为 $O(n)$。从中可以看出，尽管采用蛮力法设计的算法效率一般不高，但通过精心设计，仍可以设计出高效的算法。

# 3.3   本章小结

蛮力法所能解决的问题跨越的领域非常广。实际上，它可能是唯一的什么问题都能解决的一般性方法。

(1)蛮力法的基本思想是直接基于问题的描述和定义，逐一尝试该问题所有可能的解。

(2)蛮力法的算法设计步骤通常包括列举解的范围和写出约束条件。

(3)蛮力法是一种几乎可以解决"所有问题"的算法，但计算效果不是很理想，主要是效率比较低。

(4)对于一些重要的问题(如排序、查找、矩阵乘法和字符串匹配等)来说，运用蛮力法可以设计出具备一定实用价值的算法，并且不用限制实例的规模。

(5)当要解决的问题实例不多，且可以接受蛮力法的运算速度时，蛮力法的设计代价通常较为低廉。

(6)蛮力法可以作为衡量其他算法的准绳，服务于研究或教学。

# 3.4 习题

1. 简述蛮力法的特点。
2. 简述蛮力法的基本思想。
3. 采用直接穷举法的基本解题格式。
4. 设计算法，从 1～100 中找出能被 2 或 5 整除的数。
5. 设计算法，输出由 1、3、5、7、9 五个数字组成的所有可能的两位数。
6. 对于给定的正整数 $n(n>1)$，采用蛮力法求 1! +2! +…+$n$!，并改进该算法以提高效率。
7. 有一群鸡和一群兔，它们的只数相同，它们的脚数都是 3 位数，且这两个 3 位数的各位数字只能是 0、1、2、3、4、5。设计一个算法用蛮力法求鸡和兔各有多少只，它们的脚各有多少只。
8. 给定 $n$ 个不同的整数，问这些数中有多少对整数的值正好相差 1？
9. 给定 $n$ 个数，请找出其中相差(差的绝对值)最小的两个数，输出它们的差值的绝对值。
10. 给定一个整数数列，数列中连续相同的最长整数序列算成一段，问数列中共有多少段？

# 3.5 实验题

**实验一：解数字谜**

【问题描述】找出一个满足下列竖式的 5 位数，输出该 5 位数及相应的 6 位数结果。

$$
\begin{array}{r}
ABCAB \\
\times \qquad A \\
\hline
DDDDD
\end{array}
$$

【问题解析】由题意可知，A、B、C 和 D 是 0～9 的任意整数，可以采用两种蛮力法策略来解决这个问题。

**算法一：**

(1)列举解的范围：由题意可知，A、B 和 C 是 0～9 的任意整数，可以看出其中 A 的取值范围是可以缩小的，原因是当 A 等于 1 或 2 时，乘积达不到 6 位，所以可以先排除这两种情况，A 的取值就变成了 3～9。

(2)写出约束条件：首先求出 5 位数 ABCAB 与 A 的乘积，再判断所得 6 位的各个位数是否相等，如果相等就是问题的解。

此时，解决问题的关键在于如何测试乘积的各个位数是否相等。由于取个位数字相对容易一些，因此这里采取的方法是先从个位开始，除以 10 取余数，得到个位数字，然后整除以 10……这样原来的高位数字就不断变成个位数字，便于提取并逐一进行比较。

**算法二：**

将乘法式变换为除法式：DDDDDD/A＝ABCAB。

（1）列举解的范围：由除法式可知，此时只需要考虑 A 和 D 的取值范围，其中 A 的取值范围是 3～9，D 的取值范围是 1～9。

（2）写出约束条件：首先求出 6 位数 DDDDDD 与 A 的商，再判断所得 5 位数的万位数、十位数与除数是否相等，千位数和个位数是否相等，都相等时就是问题的解。此时，解决问题的关键在于如何获取万位数、十位数、千位数和个位数。

**实验二：字符串匹配**

**【问题描述】**对于字符串 s 和 t，若 t 是 s 的子串，则返回 t 在 s 中的位置（t 的首字符在 s 中对应的下标），否则返回 −1。

**【问题解析】**采用蛮力法求解，称为 BF 算法。该算法从字符串 s 的每一个字符开始查找，看 t 是否会出现。例如，s="aababcde"，t="abcd"。

**实验三：求解一元三次方程问题**

**【问题描述】**有一个一元三次方程 $ax^3+bx^2+cx+d=0$，给出所有的系数，并规定该方程存在 3 个不同的实根（根取值 −100～100），且根与根之差的绝对值 >1。要求从小到大依次在同一行输出这 3 个根，并精确到小数点后两位。

**【问题解析】**查找范围 $i$ 为 −100～100，步长为 0.01。为了方便整数运算，将 $i$ 扩大 100 倍，即 $i$ 为 −10000～10000，步长为 1，$x=i/100.0$，求出 $fx=ax^3+bx^2+cx+d$，若 $|fx|<\varepsilon$（这里取值为 0.0001），对应的 $x$ 为一个解。

**实验四：求解好多鱼问题**

**【问题描述】**

牛牛有一个鱼缸，鱼缸里面已经有 $n$ 条鱼，每条鱼的大小为 fishSize[$i$]（$1\leqslant i\leqslant n$，均为正整数），牛牛现在想把新捕捉的鱼放入鱼缸。鱼缸里存在着大鱼吃小鱼的定律，经过观察，牛牛发现一条鱼 A 的大小为另外一条鱼 B 的 2～10 倍（包括 2 倍大小和 10 倍大小）时，鱼 A 会吃掉鱼 B。考虑到这个情况，要放入鱼缸的鱼需要保证以下几点。

（1）放入的鱼是安全的，不会被其他鱼吃掉。

（2）这条鱼放入鱼缸后也不能吃掉其他鱼。

（3）鱼缸里面存在的鱼已经相处了很久，不考虑它们互相捕食。现在知道新放入鱼的大小范围为[minSize, maxSize]（考虑鱼的大小都是用整数表示），牛牛想知道有多少种大小的鱼可以放入这个鱼缸。

**【问题解析】**直接采用蛮力法。设有 ans 种大小的鱼可以放入这个鱼缸（初始为 0），从 minSize 到 maxSize 循环枚举，如果 $i$ 满足题目要求，则 ans＋＋，最后输出 ans。输入数据包括 3 行，第 1 行为新放入鱼的大小范围[minSize, maxSize]（$1\leqslant$minSize, maxSize$\leqslant$ 1000），以空格分隔；第 2 行为鱼缸里面已有鱼的数量 $n$（$1\leqslant n<50$）；第 3 行为已有鱼的大小 fishSize[$i$]（$1\leqslant$fishSize[$i$]$\leqslant$1000），以空格分隔。

**实验五：求解推箱子游戏问题**

**【问题描述】**推箱子游戏的具体规则是在一个 $N\times M$ 的地图上有一个玩家、一个箱子、一个目的地，以及若干个障碍，其余是空地。玩家可以往上、下、左、右 4 个方向移动，但是不能移出地图或者移到障碍中。如果往某个方向移动推到了箱子，箱子也会按该方向移动一格，当然，箱子也不能被推出地图或推到障碍中。当箱子被推到目的地时游戏目标达成。现在告诉你游戏开始是初始的地图布局，请求出玩家最少需要移动多少步才能够达成游戏目标。

【问题解析】本题实际上就是查找从'X'到'@'经过'*'的最小步数的路径，类似求解迷宫最短路径问题。采用广度优先遍历策略，设计一个队列来求解该问题。每个测试输入包含一个测试用例，第 1 行输入两个正整数 $N$、$M$ 表示地图的大小，其中 $0 < N$、$M \leq 8$。接下来有 $N$ 行，每行含 $M$ 个字符表示该行地图，其中'.'表示空地、'X'表示玩家、'*'表示箱子、'♯'表示障碍、'@'表示目的地。每张地图必定包含一个玩家、一个箱子、一个目的地。以 $N = 0$ 表示结束。输出一个数字表示玩家最少需要移动多少步才能达成游戏目标。当无论如何也无法达成游戏目标时，输出 $-1$。

# 第4章 递归与分治法

🔑 学习目标

(1)掌握递归的概念。

(2)掌握运用递归策略解决典型应用问题的设计思想。

(3)理解分治法的基本思想。

(4)理解运用分治策略解决典型应用问题的设计思想。

(5)掌握分治法的算法分析与设计步骤。

🔑 内容导读

递归算法是一种通过直接调用自身或间接调用自身来达到问题解决的算法。递归的基本思想是把一个要求解的问题划分为一个或多个规模更小的子问题,这些规模更小的子问题应该与原问题保持同一类型,然后用同样的方法求解规模更小的子问题。

分治法是一种面向递归式问题的解决方法。分治策略是把一个复杂的问题分解为多个相同或相似的子问题,这就为使用递归算法提供了方便。分治法与递归算法相辅相成,可联合应用于算法设计中。

## 4.1 递归算法的思想

引入:假设现在有一个大盒子,里面有一颗珍贵的宝石,但是这个大盒子里面还有很多大小不一的小盒子,小盒子里还有盒子,宝石到底在哪个盒子里是未知的,你会采用什么方法去找到宝石?有两个人 A 和 B,他们分别采用不同的方法去寻找宝石。

A 采用的方法如下。

步骤 1:创建一个待查找的盒子堆。

步骤 2:从盒子堆中取出一个盒子。

步骤 3:打开盒子检查里面的物品。

步骤 4:如果找到的是宝石,那么结束查找,否则执行步骤 5。

步骤 5:如果找到的是盒子,那么就放入盒子堆。

步骤 6:转到步骤 2。

B 采用的方法如下。

步骤 1：打开盒子，检查盒子里的每样东西。

步骤 2：如果找到的是宝石，那么结束查找，否则执行步骤 3。

步骤 3：如果找到的是盒子，那么转到步骤 1。

这两种方法哪一种更好呢？第一种方法可使用循环来完成，只要盒子堆不空，就从中取一个盒子，并在其中仔细查找。第二种方法使用的是递归的思想。其实这两种方法的作用相同，第二种方法看起来更容易理解，不过递归只是让解决方案更清晰，并不是说一定占据性能优势，在有些情况下循环的性能可能会更好。

在数学与计算机科学中，递归是指在函数的定义中又调用函数自身的方法。若 $p$ 函数定义中调用 $p$ 函数，则称为**直接递归**；若 $p$ 函数定义中调用 $q$ 函数，而 $q$ 函数定义中又调用 $p$ 函数，则称为**间接递归**。任何间接递归都可以等价地转化为直接递归，所以本章的递归主要讨论的是直接递归。如果一个递归过程或递归函数中的递归调用语句是最后一条执行语句，则称这种递归调用为**尾递归**。

递归既是一种奇妙的现象，又是一种思考问题的方法，通过递归可简化问题的定义和求解过程。在计算机算法设计与分析中，递归技术十分有用。使用递归技术往往可以使函数的定义和算法的描述简洁且易于理解。有些数据结构，如二叉树等，其本身固有的递归特性特别适合用递归的形式来描述。有些问题，虽然其本身并没有明显的递归结构，但用递归技术来求解，可使设计出的算法简洁易懂且易于分析。

## 4.1.1 递归算法的特性

可以利用递归算法解决的问题通常具有如下 3 个特性。

(1)求解规模为 $n$ 的问题可以转化为一个或多个结构相同、规模较小的问题，然后利用这些小问题的解构造出大问题的解。相邻两次重复之间有紧密的联系，前一次要为后一次做准备(通常前一次的输出就作为后一次的输入)。

(2)递归调用的次数必须是有限的，每次递归调用后必须越来越接近某种限制条件。

(3)必须有结束递归的条件(边界条件)来终止递归。当递归函数符合这个限制条件时，它便不再调用自身，即当规模 $n=1$ 时，能直接得到问题的解。

【例 4.1】求阶乘问题：设计求 $n!$ ($n$ 为正整数)的递归算法解对应的递归函数如下。

```
int fun(int n)
{
    if(n==1)                        //语句 1
        return(1);                  //语句 2
    else                            //语句 3
        return(fun(n-1) * n)        //语句 4
}
```

要求解 $n!$，可以先将这个问题转化成求解 $n \times (n-1)!$，而要求 $(n-1)!$，又可以转化成求解 $(n-1) \times (n-2)!$，有规律地递减，直到 $1!$ 结束。当得到 $n=1$ 的解之后，再返回去，不断地对得到的解进行运算或处理，直到得到规模为 $n$ 的问题的解为止。这就是基于归纳的递归算法的思想。在函数 fun($n$) 的求解过程中直接调用 fun($n-1$)(语句 4)，所以它是一个直接递归函数；又因为递归调用是最后一条语句，所以它又属于尾递归。

递归思想就是用与自身问题相似但规模较小的问题来描述自己。递归算法的执行过程分为递推和回归两个阶段。在递推阶段，把规模为 $n$ 的问题的求解推到比原问题的规模较小的问题求解，且必须有终止递归的条件。在回归阶段，当获得最简单情况的解后，逐级返回，依次得到规模较大问题的解。递归算法通常把一个大的复杂问题层层转化为一个或多个与原问题相似的规模较小的问题来求解，递归策略只需少量的代码就可以描述出解题过程所需的重复计算，大大减少了算法的代码量。

## 4.1.2 递归算法的执行过程

适合递归描述的问题很多，代表性的问题有阶乘、全排列、组合、深度优先搜索等。在数据结构中，树、二叉树和链表常采用递归方式来定义。需要注意的是，用递归描述问题并不表示程序也一定要用递归来实现。

在非递归函数调用过程中，在调用被调用函数时，需要保存两类信息：调用函数的返回地址和局部变量值。当被调用函数执行完毕后，系统会恢复调用函数的局部变量值，而后根据返回地址返回到调用函数的调用处，继续执行后续语句。递归函数调用是函数嵌套调用的一种特殊情况，系统所做的工作和非递归函数被调用过程中系统所要做的工作在形式上类似，但保存信息的方式有所不同。

递归算法由于不断地进行函数调用，需要保存中间结果，以及进行参数的传递，执行效率较低，无论花费的计算时间还是占用的存储空间（频繁地进行函数调用和参数传递）都比非递归算法要多。在这种情况下，若采用循环或递归算法的非递归实现，将会大大提高算法的执行效率。

递归模型是递归算法的抽象，反映一个递归问题的递归结构。例如，例4.1求阶乘问题的递归算法对应的递归模型如下。

$$\begin{cases} f(n)=1, & n=1 \\ f(n)=nf(n-1), & n>1 \end{cases}$$

其中，第一个公式给出了递归的终止条件，称为递归出口；第二个公式给出了 $f(n)$ 的值与 $f(n-1)$ 的值之间的关系，称为递归体。一个递归模型由递归出口和递归体两部分组成，前者确定递归到何时结束，即指出明确的递归结束条件；后者确定递归求解时的递推关系。

【例 4.2】求 $f(n)=2^n$。

当 $n=1$ 时，$f(1)=2^1=2$ 可以作为递归出口。当 $n>1$ 时，原问题 $f(n)$ 可以分解为 $f(n)=2^n=2\times 2^{n-1}=2\times f(n-1)$，因此原问题 $f(n)$ 的求解可以转化为求解规模更小的子问题 $f(n-1)$，而 $f(n-1)$ 和 $f(n)$ 问题类型相同，只是规模更小。因此，这个问题可以用如下递归模型来表示。

$$\begin{cases} f(n)=2, & n=1 \\ f(n)=2\times f(n-1), & n>1 \end{cases}$$

例如，$f(4)$ 的递归执行过程如图 4.1 所示。可以发现，沿着箭头方向，需要求解的问题规模越来越小，这样当 $n=1$ 时，只需要计算 $f(1)$，就到了递归出口，递归调用结束。接着就是逐步把计算出来的子问题的解传递回去，从而得到原问题的解。

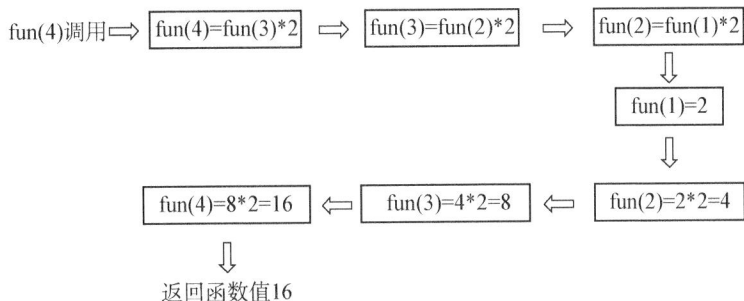

图 4.1　例 4.2 中 $f(4)$ 的递归执行过程

令 $T(n)$ 表示递归算法求解例 4.2 所需的计算时间，则有

$$T(n)\begin{cases}\Theta(1), & n=1 \\ T(n-1), & n>1\end{cases}$$

容易求得其解为 $T(n)=O(n)$。如果采用迭代规则，其计算过程为 $f(1)=2$，$f(2)=2\times f(1)=4$，$f(3)=2\times f(2)=8$，$f(4)=2\times f(3)=16$。其时间复杂度也是 $O(n)$。

从上面的例子可以看出，递归算法的计算过程是由复杂到简单再到复杂，而迭代算法的计算过程是由简单到复杂，因而迭代算法的效率更高，在实际的求解过程中更常用。因此，能够避免使用递归算法的时候，尽量避免使用，或者使用相应的迭代算法来实现。递归算法容易用数学归纳法证明算法的正确性，因此为设计算法、调试程序带来了很大的方便。

递归函数在执行时会直接调用自身，但如果仅有这种操作，将会出现由于无休止地调用自身而陷入死循环。因此，一个正确的递归函数虽然每次调用的是相同的代码，但它的参数、输入数据等均有变化，并且在正常情况下，随着调用的不断深入必定会出现调用到某一层的函数时，不再执行递归调用而终止函数的执行，即遇到递归出口。

递归函数可以看作一种特殊的函数，递归函数调用是函数调用的一种特殊情况，即它调用的是自身代码，因此也可以把每一次递归调用理解为调用自身代码的一个复制件。因为每次调用时它的参数和局部变量值均不相同，所以保证了各个复制件执行时的独立性。

但递归调用在内部实现时并不是每次调用真的复制一个函数复制件存放到内存中，而是采用代码共享的方式，也就是它们调用的是同一个函数的代码。为此系统设置了一个系统栈，为每一次调用开辟一组存储单元，用来存放本次调用的返回地址及被中断的函数参数值（即一个栈帧，可以理解为一个栈元素），然后将其压入系统栈（栈元素入栈），再执行被调用函数代码。当被调用函数执行完毕后，对应的栈帧被弹出（栈元素出栈），返回计算后的函数值，控制转到相应的返回地址继续执行。显然，当前正在执行的调用函数的栈帧总是处于系统栈的最顶端。

因此，一个函数调用过程就是将数据（包括参数和返回值）和控制信息（返回地址等）从一个函数传递到另一个函数。另外，执行被调函数的过程中还要为被调函数的局部变量分配存储空间，并在函数返回时释放这些存储空间，这些工作都是由系统栈来完成的。分析递归算法的执行过程、观察变量的取值变化，可以清晰地认识到递归算法的运行机制。对于例 4.1 阶乘函数的递归算法，求 5！[即执行 $fun(5)$]时系统的变化和求解过程如图 4.2 所示，这里主要关注递归函数的函数值的变化。

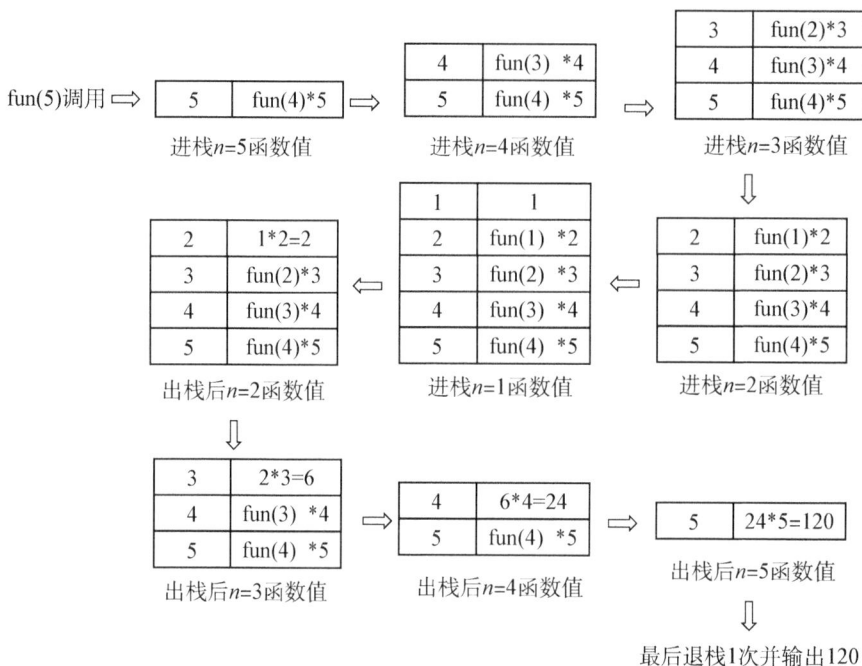

图 4.2　例 4.1 递归求 5! 时系统栈的变化和求解过程

从以上过程可以得出以下结论。

(1)递归执行是通过系统栈实现的。

(2)每递归调用一次就需将参数、局部变量和返回地址等作为一个栈元素入栈一次，最多的入栈元素个数称为递归深度，$n$ 越大，递归深度越深。

(3)每当遇到递归出口或本次递归调用执行完毕时需出栈一次，并恢复参数值等，当全部执行完毕时栈应该为空。

归纳起来，递归调用的实现是分两步进行的，第一步是分解过程，即用递归体将"大问题"分解为"小问题"，直到遇到递归出口为止，然后进行第二步的求值过程，即已知"小问题"，计算"大问题"。

## 4.1.3　递归适用场合

递归适用于以下 3 种情况。

### 1. 定义是递归的

有许多数学公式、数列和概念的定义是递归的，如求 $n!$ 和斐波那契(Fibonacci)数列等。对于这些问题的求解过程，可以将其递归定义直接转化为对应的递归算法。斐波那契数列算法分析将在 4.2.3 节中重点讲解。

### 2. 问题的求解方法是递归的

有些问题的求解方法是递归的，典型的有汉诺塔(也称梵塔、Hanoi 塔)问题的求解。

该问题的描述是设有 3 个分别命名为 $x$、$y$ 和 $z$ 的塔座，在塔座 $x$ 上有 $n$ 个直径各不相同、从小到大依次编号为 $1 \sim n$ 的盘片，现要求将 $x$ 塔座上的 $n$ 个盘片移到塔座 $z$ 上并仍按同样的顺序叠放。在盘片移动时必须遵守以下规则。

(1)每次只能移动一个盘片。

(2)盘片可以插在 $x$、$y$ 和 $z$ 中的任一塔座上。

(3)任何时候都不能将一个较大的盘片放在较小的盘片上。

汉诺塔问题是一个典型的递归问题，算法分析将在 4.2.5 节进行重点讲解。

### 3. 数据结构是递归的

算法是用于数据处理的，有些存储数据的数据结构是递归的，对于递归数据结构，采用递归的方法设计算法既方便又有效。

例如，单链表就是一种递归数据结构，其结点类型声明如下。

```
typedef struct LNode
{  ElemType data;
    struct LNode * next;
}LinkList;
```

结构体 LNode 的定义中用到了它自身，即指针域 next 是一种指向自身类型的指针，所以它是一种递归数据结构。如图 4.3 所示，是一个不带头结点的单链表 L 的一般结构，L 表示整个单链表，而 L—>next 表示除了结点 L 以外其他结点构成的单链表，两种结构是相同的，所以它是一种递归数据结构。

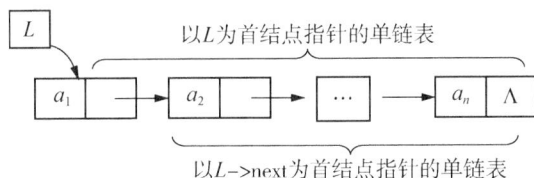

图 4.3  不带头结点的单链表 L 的一般结构

对于这样的递归数据结构，采用递归方法求解问题十分方便。

【例 4.3】求一个不带头结点的单链表 L 的所有 data 域(假设 ElemType 为 int 型)之和。

**解**：本题的递归算法如下。

```
int Sum(LinkNode * L)
{  if (L==NULL)
        return 0;
    else
        return (L—>data+Sum(L—>next));
}
```

【例 4.4】分析二叉树的二叉链存储结构的递归性，设计求非空二叉链 bt 中所有结点值之和的递归算法，假设二叉链的 data 域为 int 型。

**解**：二叉树采用二叉链存储结构，其结点类型定义如下。

```
typedef struct BNode
{  int data;
    struct BNode * lchild, * rchild;
}BTNode;                //二叉链结点类型
```

图 4.4 所示为一棵普通二叉树的二叉链存储结构，bt 指向根结点，用于表示整棵树；bt－＞lchild 和 bt－＞rchild 分别指向左、右孩子结点，用于表示左、右子树，而左、右子树本身也都是二叉树，它是一种递归数据结构。

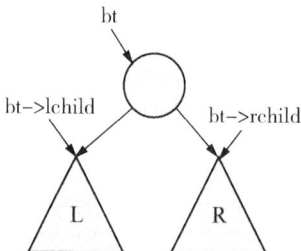

图 4.4  普通二叉树的二叉链存储结构

求非空二叉链 bt 中所有结点值之和的递归算法如下。

```
int Sumbt(BTNode * bt)              //求二叉树 bt 中所有结点值之和
{if (bt==NULL) return 0;
if (bt－＞lchild==NULL && bt－＞rchild==NULL)
     return bt－＞data;            //只有一个结点时返回该结点值
  else                            //否则返回左、右子树结点值之和加上根结点值
     return (Sumbt(bt－＞lchild)＋ Sumbt(bt－＞rchild)＋bt－＞data);
}
```

【例 4.5】对于含 $n(n>0)$ 个结点的二叉树，所有结点值为 int 类型，设计一个算法由其先序序列 $a$ 和中序序列 $b$ 创建对应的二叉链存储结构。

**解**：设计算法函数 CreateBTree($a$，$b$，$k$)，设 $f(a$，$b$，$n)$ 的功能是返回由先序序列 $a$ 和中序序列 $b$ 创建含 $n$ 个结点的二叉链的根结点。先创建根结点 bt，其结点值为 root($a$[0])。在 $b$ 序列中找到根结点值 $b[k]$，再递归调用 CreateBTree($a+1$，$b$，$k$) 创建 bt 的左子树，递归调用 CreateBTree($a+k+1$，$b+k+1$，$n-k-1$) 创建 bt 的右子树。创建整个二叉链是"大问题"，创建左、右子树的二叉链是"小问题"，递归出口对应 $n<0$ 的情况。本题对应的递归算法如下。

```
BTNode * CreateBTree(ElemType a[],ElemType b[],int n)
//由先序序列 a[0..n－1]和中序序列 b[0..n－1]建立二叉链存储结构 bt
{    int k;
     if (n<=0) return NULL;
     ElemType root＝a[0];                        //根结点值
```

```
    BTNode * bt = (BTNode *)malloc(sizeof(BTNode));
    bt->data = root;
    for (k = 0; k < n; k++)                            //在 b 中查找 b[k]=root 的根结点
        if (b[k] == root)
            break;
    bt->lchild = CreateBTree(a+1, b, k);              //递归创建左子树
    bt->rchild = CreateBTree(a+k+1, b+k+1, n-k-1);
                                                      //递归创建右子树
    return bt;
}
```

**【例 4.6】** 对于含 $n(n>0)$ 个结点的二叉树，所有结点值为 int 类型，设计一个算法采用括号表示输出二叉链 bt。

**解：** 设计算法函数 DispBTree(BTNode * bt)，依然采用递归思想，对应的递归算法如下。

```
void DispBTree(BTNode * bt)                          //采用括号表示输出二叉链 bt
{
    if (bt != NULL)
    { printf("%d", bt->data);
        if (bt->lchild != NULL || bt->rchild != NULL)
        { printf("("); //有孩子结点时才输出(
            DispBTree(bt->lchild); //递归处理左子树
            if (bt->rchild != NULL) printf(",");      //有右孩子结点时才输出,
            DispBTree(bt->rchild);                    //递归处理右子树
            printf(")");                              //有孩子结点时才输出)
        }
    }
}
```

**【例 4.7】** 对于含 $n(n>0)$ 个结点的二叉树，所有结点值为 int 类型，设计一个递归算法释放二叉树 bt 中的所有结点。

**解：** 设 $f(bt)$ 的功能是释放二叉树 bt 的所有结点，则 $f(bt->lchild)$ 的功能是释放二叉树 bt 的左子树的所有结点，$f(bt->rchild)$ 的功能是释放二叉树 bt 的右子树的所有结点。$f(bt)$ 是"大问题"，$f(bt->lchild)$ 和 $f(bt->rchild)$ 是两个"小问题"，假设"小问题"是可实现的，则 $f(bt)$ 的功能是先调用 $f(bt->lchild)$ 和 $f(bt->rchild)$，然后释放 bt 所指的结点。对应的递归模型如下。

$$\begin{cases} f(bt) \rightarrow \text{不做任何事情,} & bt = NULL \\ f(bt) \rightarrow f(bt->lchild); f(bt->rchild); \text{释放 bt 所指的结点,} & \text{其他情况} \end{cases}$$

本题对应的递归算法如下。

```
void DestroyBTree(BTNode * &bt)              //释放二叉树 bt 中的所有结点
//释放以 bt 为根结点的二叉树
{ if (bt!=NULL)
   { DestroyBTree(bt->lchild);
     DestroyBTree(bt->rchild);
     free(bt);
   }
}
```

【例 4.8】编程实现：假设二叉树采用二叉链存储结构存放，结点值为 int 类型，设计一个递归算法求二叉树 bt 中所有叶子结点值之和。

**解**：设 $f(bt)$ 返回二叉树 bt 中所有叶子结点值之和，其递归模型如下。

$$
\begin{cases}
f(bt)=0, & bt=NULL \\
f(bt)=bt\text{->data}, & bt\neq NULL \text{ 且 bt 结点为叶子结点} \\
f(bt)=f(bt\text{->lchild})+f(bt\text{->rchild}), & \text{其他情况}
\end{cases}
$$

**本题对应的求和 LeafSum( )算法如下。**

```
int LeafSum(BTNode * bt)                    //二叉树 bt 中所有叶子结点值之和
{ if (bt==NULL) return 0;
  if (bt->lchild==NULL && bt->rchild==NULL)
  return bt->data;
  int lsum=LeafSum(bt->lchild);
  int rsum=LeafSum(bt->rchild);
return lsum+rsum;
}
```

本程序构造的二叉树如图 4.5 所示。

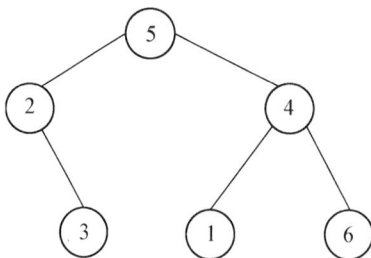

图 4.5　例 4.8 构造的二叉树

# 4.2 递归设计实例

## 4.2.1 几个简单的递归程序

【例 4.9】设计一个输出如下形式数值的递归算法。

$$
\begin{array}{cccc}
n & \cdots & n & n & \cdots & n \\
\vdots & & \vdots & \vdots & & \vdots \\
3 & \cdots & 3 & 3 \\
2 & \cdots & 2 \\
1
\end{array}
$$

【解题思路】首先分解这个问题，它可以分解为两个子问题：一是输出一行值为 $n$ 的数值，二是打印 $n-1$ 行数值。前者是"大问题"，后者是"小问题"。当参数 $n \leqslant 0$ 时递归结束。设计算法 void Display(int n)，确定 $n$ 的值，在屏幕上输出 $n$ 行数值。

**算法设计如下。**

```
void Display(int n)
{
  int i;
  for(i=1;i<=n;i++)
    printf("%d ",n);
  printf("\n");
  if (n>0)
        Display(n-1);          //递归调用
  //n≤0 为递归出口,递归出口为空语句
}
```

【例 4.10】设计一个递归算法，输出一个大于 0 的十进制数 $n$ 的各位数字，正序、逆序和求和。如 $n=123$，正序输出各位数字为 123，逆序输出各位数字为 321，各位数字求和为 6。

【解题思路】设 $n$ 为 $m$ 位十进制数 $a_{m-1}a_{m-2}\cdots a_1 a_0 (m>0)$，则有 $n\%10=a_0$，$n/10=a_{m-1}\cdots a_1$。设 $f(n)$ 的功能是输出十进制数 $n$ 的各位数字，则 $f(n/10)$ 的功能是输出除 $a_0$（即 $n\%10$）外的各位数字，前者是"大问题"，后者是"小问题"。

该方法称为**辗转相除法**，对应的递归算法如下。

```
void digits1(int n) //正序输出各位数字
{  if (n!=0)
      {digits1(n/10);
       printf("%d",n%10);
      }
}
```

以上算法是递归正序输出各位数字。可以改进算法逆序输出各位数字，只需要交换 $n/10$ 和 $n\%10$ 的顺序，对应的递归算法如下。

```
void digits2(int n)  //逆序输出各位数字
{  if (n!=0)
      {printf("%d",n%10);
       digits2(n/10);
      }
}
```

如果要输出各位数字之和将如何改进算法呢？$n=0$ 的时候各位数字求和为 0，到达递归出口，$n>0$ 时可以继续使用辗转相除法求和，对应的递归算法如下。

```
//输出各位数字之和
int  digitsSum(int n)
{if(n==0)
     return 0;
 else
  {
     return  n%10+ digitsSum (n/10)%10;
  }
}
```

【例 4.11】判断回文：对于一个字符串 str，设计一个递归算法判断 str 是否为回文。

【解题思路】设 $f(str, n)$ 返回含 $n$ 个字符的字符串 str 是否为回文，当 $n=0$ 或者 $n=1$ 时函数返回 true，当 $str[0]\neq str[n-1]$ 时，函数返回 false，二者为递归出口；其他情况下，可以递归调用函数，$f(str, n)=f(str+1, n-2)$。

利用 C 语言设计算法 bool isPal(char * str，int n)，返回 bool 类型值判断是否为回文。

**算法设计如下。**

```
bool isPal(char * str,int n)     //str 回文判断算法
   { if (n==0 || n==1)
       return true;
   if (str[0]!=str[n-1])
       return false;
   return isPal(str+1,n-2);
}
```

【例 4.12】排队买票问题：有一场电影在售票，一张电影票的价格是 50 元，现在有 $m+n$ 个人在排队等待购票，其中 $m$ 个人拿的是面额 50 元的钞票，另有 $n$ 个人拿的是面额 100 元的钞票。设计算法求出 $m+n$ 个人排队购票，售票处不会出现找不开钱的局面的不同排队种数。假设初始状态下售票时售票处没有零钱，拿同样面值钞票的人对换位置视为同一种排队。

【解题思路】定义 tickets($m$, $n$)为有 $m$ 个人拿的是面额 50 元的钞票，$n$ 个人拿的是面额 100 元的钞票时，售票处不会出现找不开钱的局面的不同排队种数。首先考虑两类特殊情况：一是当 $n=0$ 时，此时排队购票的所有人手中拿的都是面额 50 元的钞票，售票处不会出现找不开钱的局面，根据题意，拿同样面值钞票的人对换位置为同一种排队，因此 tickets($m$, 0)=1；二是当 $m<n$ 时，购票人中手持面额 50 元钞票的人数小于手持面额 100 元钞票的人数，不管怎么样排队，即便把 $m$ 张 50 元的钞票都用上，也仍然会出现找不开钱的局面，因此 tickets($m$, $n$)=0，$m<n$。接下来将问题也分解为两种情况。

(1)假设第($m+n$)个人手持面额 100 元的钞票，在他之前的 $m+n-1$ 个人中有 $m$ 个人手持面额 50 元的钞票，有 $n-1$ 个人手持 100 元的钞票，此种情况共有 tickets($m$, $n-1$)种排队。

(2)假设第($m+n$)个人手持面额 50 元的钞票，在他之前的 $m+n-1$ 个人中有 $m-1$ 个人手持面额 50 元的钞票，有 $n$ 个人手持面额 100 元的钞票，此种情况共有 tickets($m-1$, $n$)种排队。由此得出如下递推模型。

$$\text{tickets}(m, n)=\begin{cases} 1, & n=0 \\ 0, & m<n \\ \text{tickets}(m, n-1)+\text{tickets}(m-1, n), & \text{其他} \end{cases}$$

设计算法 long tickets(int m, int n)实现 $m+n$ 个人排队买票问题。已知 $m$ 和 $n$ 的值，在屏幕上输出排队种数。

**算法设计如下。**

```
long tickets(int m, int n)
{
    long y;
    if(n==0)                              //递归出口
        y=1;
    else if(m<n)                          //递归出口
        y=0;
    else
        y=tickets(m,n-1)+ tickets(m-1,n); //递归调用
    return(y);
}
```

## 4.2.2 排序问题

### 1. 简单选择排序

【例 4.13】用递归算法实现例 3.15：给定 1 个含有 $n$ 个元素的无序整型数组 $a$，初始数据为{16，7，2，9，58，69，-3}，利用简单选择排序算法对数组进行升序排序。

【解题思路】简单选择排序基本思想是将待排序的数据 $a[0..n-1]$ 序列分为有序区 $a[0..i-1]$ 和无序区 $a[i..n-1]$ 两部分，其中有序区中的数据都不大于无序区中的数据，

初始时有序区为空（即 $i=0$）。经过 $n-1$ 趟排序（$i=1\sim n-2$），每趟排序采用不同方式将无序区中的最小元素移动到无序区的开头，即 $a[i]$ 处。

设 $f(a, n, i)$ 用于在无序区 $a[i..n-1]$（共 $n-i$ 个元素）中选择最小元素并放到 $a[i]$ 处，是"大问题"，则 $f(a, n, i+1)$ 用于在无序区 $a[i+1..n-1]$（共 $n-i-1$ 个元素）中选择最小元素放到 $a[i+1]$ 处，是"小问题"。当 $i=n-1$ 时所有元素有序（此时无序区为 $a[n-1..n-1]$，即无序区中只有一个元素，而一个元素可以看成有序的），算法结束。对应的递归模型如下。

$$\begin{cases} f(a, n, i) \rightarrow 不做任何事情，算法结束， & i=n-1 \\ f(a, n, i) \rightarrow 通过简单比较挑选 a[i..n-1] 中的最小元素； \\ \quad 否则 a[k] 放到 a[i] 处；f(a, n, i+1)， & 其他情况 \end{cases}$$

本题利用递归算法实现简单选择排序对应的算法如下。

```
void SelectSort(int a[],int n,int i)      //简单选择排序递归算法
{    int j,k;
     if (i==n-1) return;                  //满足递归出口条件
     else
     {    k=i;                            //k记录a[i..n-1]中最小元素的下标
          for (j=i+1;j<n;j++)             //在a[i..n-1]中找最小元素
          if (a[j]<a[k])
               k=j;
          if (k!=i)                       //若最小元素不是a[i]
               swap(a[i],a[k]);           //a[i]和a[k]交换
          SelectSort(a,n,i+1);            //递归调用

     }
}
```

### 2. 冒泡排序

【例 4.14】用递归算法实现例 3.16：给定 1 个含有 $n$ 个元素的无序整型数组 $a$，初始数据为 $\{16, 7, 2, 9, 58, 69, -3\}$，利用冒泡排序算法对数组进行升序排序。

【解题思路】冒泡排序基本思想是将待排序的数据序列分为无序区和有序区两部分，其中有序区的数据都大于无序区的数据。通过交换数据元素的位置进行排序。

设 $f(a, n, i)$ 用于对 $a[i..n-1]$ 元素序列（共 $n-i$ 个元素）进行冒泡排序，是"大问题"，则 $f(a, n-1, i)$ 用于对 $a[i..n-2]$ 元素序列（共 $n-i-1$ 个元素）进行冒泡排序，是"小问题"。当 $i=n-1$ 时所有元素有序，算法结束。对应的递归模型如下。

$$\begin{cases} f(a, n, i) \rightarrow 不做任何事情，算法结束， & 其他情况 \\ f(a, n, i) \rightarrow 对 a[i..n-1] 元素序列，从 a[i] 开始执行 f(a, n-1, i)； & 否则 \end{cases}$$

本题利用递归算法实现冒泡排序对应的算法如下。

```
void BubbleSort(int a[],int n,int i)          //冒泡排序递归算法
    { int  j;
    if (i==n-1) return;                        //满足递归出口条件
    else
    {
        for (j=i;j<n-1;j++)
            if (a[j]>a[j+1])                   //两两比较,大的排后
                swap(a[j],a[j+1]);
        BubbleSort(a,n-1,i);                   //递归调用
    }
}
```

### 4.2.3 斐波那契数列问题

【例 4.15】斐波那契数列问题。

【问题描述】斐波那契数列源自意大利著名数学家斐波那契在《算盘全书》中提出的一个有趣的兔子繁殖问题:假设一对初生兔子要一个月才到成熟期,而一对成熟期的兔子每个月会生一对小兔子,那么从一对初生兔子开始,假设所有的兔子都不死,请计算出 $n$ 个月后兔子的对数。

根据题意,计算第 1~10 个月的兔子对数,如表 4.1 所示。

表 4.1 斐波那契数列

| 时间(月份) | 初生兔子对数 | 成熟兔子对数 | 总对数 |
|---|---|---|---|
| 1 | 1 | 0 | 1 |
| 2 | 0 | 1 | 1 |
| 3 | 1 | 1 | 2 |
| 4 | 1 | 2 | 3 |
| 5 | 2 | 3 | 5 |
| 6 | 3 | 5 | 8 |
| 7 | 5 | 8 | 13 |
| 8 | 8 | 13 | 21 |
| 9 | 13 | 21 | 34 |
| 10 | 21 | 34 | 55 |

由表 4.1 可知,第 1 个月和第 2 个月的兔子对数是 1,从第 3 个月开始当月的兔子对数等于前两个月的兔子对数之和。由此得出著名的斐波那契数列可以定义为

$$\mathrm{Fib}(n)=\begin{cases}1, & n=1 \\ 2, & n=2 \\ \mathrm{Fib}(n-1)+\mathrm{Fib}(n-2), & n>2\end{cases}$$

**【解题思路】**根据这个定义可以得到无穷数列：1，1，2，3，5，8，13，21，34，55，……显然，要求解第 $n$ 个斐波那契数，必须先计算 $Fib(n-1)$ 和 $Fib(n-2)$，而要计算 $Fib(n-1)$ 和 $Fib(n-2)$，又必须先计算 $Fib(n-3)$ 和 $Fib(n-4)$，以此类推，直至计算 $Fib(0)$ 和 $Fib(1)$，而 $Fib(0)$ 和 $Fib(1)$ 是可以立即求得的，因此该问题可以利用递归算法求解。

本题对应的递归算法如下。

```
int Fib(int n)                    //斐波那契数递归算法
{  if (n==1||n==2)
        return 1;                 //递归出口
   else
        return Fib(n-1)+Fib(n-2); //递归函数调用
}
```

**【算法效率分析】**该算法的执行效率不高，每次包含两个递归调用，而这两个调用的规模仅比 $n$ 略小。求 $Fib(5)$ 的递归树如图 4.6 所示。

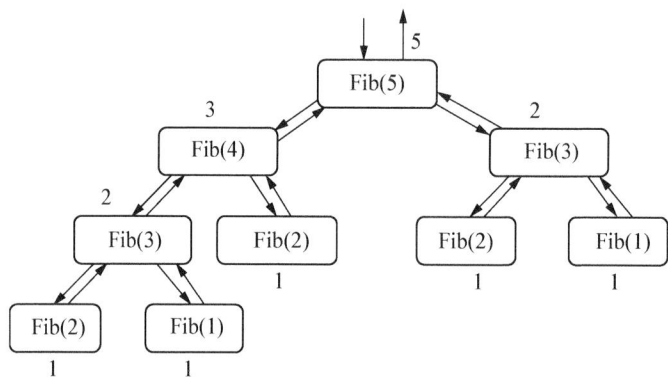

图 4.6  求斐波那契数列 $Fib(5)$ 的递归树

从上面求 $Fib(5)$ 的过程可以看到，对于复杂的递归调用，分解和求值可能交替进行、循环反复，直到求出最终值。

$T(n)$ 为斐波那契数列的程序运行时间，当 $n \geqslant 2$ 时，分析可知 $T(n)=T(n-1)T(n-2)+2$，由数学归纳法证明可得 $T(n)=O(2^n)$，说明运行时间是以指数阶增长的，基本上是最坏的情形。

斐波那契数列的非递归算法如下。

```
int Fib(int n)
{  int f1=1,f2=1, i;
    for( i=1; i<=n; i++)
       {
       printf("%-5d%-5d", f1, f2);
       if(i%2==0)  printf("\n");
```

```
        f1 += f2;
        f2 += f1;
            }
}
```

斐波那契数列的非递归算法的时间复杂度为 $O(n)$。对比递归算法和非递归算法，发现非递归算法在计算第 $n$ 项的值时使用的是之前已经计算得到并保存下来的第 $(n-1)$ 项和第 $(n-2)$ 项的值，时间复杂度为 $O(n)$；而递归算法在计算第 $n$ 项的值时，必须先计算第 $(n-1)$ 项和第 $(n-2)$ 项的值，而之前计算得到的 $\text{Fib}(n-1)$ 和 $\text{Fib}(n-2)$ 的值并没有保存，因此存在很多重复计算，导致时间复杂度增加，变为 $O(2^n)$。

使用递归策略能够使算法的结构清晰，易于理解，缺点是运行效率较低，通常情况下递归算法的时间复杂度要比非递归算法高。

## 4.2.4 $n$ 皇后问题

**【例 4.16】** 在一个 $n \times n$ 的国际象棋棋盘中摆放 $n$ 个皇后，使这 $n$ 个皇后不能互相被对方吃掉。

**【问题描述】** $n$ 皇后问题是由 8 皇后问题推广而来的。8 皇后问题是一个古老而著名的问题，它由数学家高斯于 1850 年提出的，问题的主要思想是在 $8 \times 8$ 格的国际象棋棋盘上放置 8 个皇后，使得任意两个皇后不能互相攻击，即任何行、列或对角线上不得有两个或两个以上的皇后。这样的一个格局被称为问题的一个解。

**【解题思路】** 对于 8 皇后问题，很难找出合适的方法来快速地得到问题的解，一个容易想到的方法是蛮力法，然而在 $8 \times 8$ 格的棋盘上放置 8 个棋子的方案共有 $C_{64}^{8}$ 种，而这个数字非常庞大，所以直接使用蛮力法不可行。

使用递归策略求解 $n$ 皇后问题的思路如下：图 4.7 所示为 6 皇后的一个解，采用整型数组 $q[N]$ 存放 $n$ 皇后问题的求解结果，因为每行只能摆放一个皇后，故以 $q[i]$ $(1 \leqslant i \leqslant n)$ 表示第 $i$ 个皇后所在的列号，即该皇后放

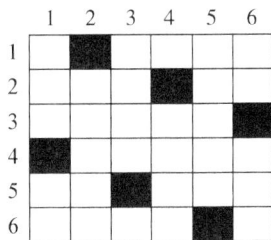

图 4.7 6 皇后问题的一个解

在 $(i, q[i])$ 的位置上。对于图 4.7 的解，$q[1..6] = \{2, 4, 6, 1, 3, 5\}$（为了简便，这里不使用 $q[0]$ 元素）。

那么 $(i, j)$ 位置上的皇后，是否与已摆放好的皇后 $(k, q[k])$ $(1 \leqslant k \leqslant i-1)$ 有冲突？显然它们不同列，若同列则有 $q[k] == j$；对角线有两条（见图 4.8），若它们在任一条对角线上，则构成一个等边直角三角形，即 $|q[k]-j| == |i-k|$。所以，只要两者满足以下条件就认为存在冲突，否则不存在冲突：

$$(q[k] == j) \| (\text{abs}(q[k]-j) == \text{abs}(i-k))$$

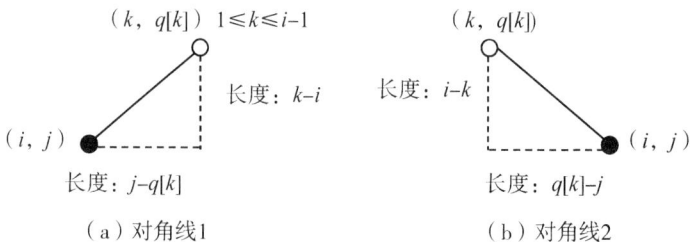

图 4.8　两个皇后构成对角线的情况

**【算法设计】**设 queen($i$, $n$)表示在 1～$i$－1 列上已经摆放好了 $i$－1 个皇后，用于在 $i$～$n$ 行摆放剩下的 $n$－$i$＋1 个皇后，则 queen($i$＋1，$n$)表示在 1～$i$ 行上已经摆放好了 $i$ 个皇后，用于在 $i$＋1～$n$ 行摆放 $n$－$i$ 个皇后。显然 queen($i$＋1，$n$)比 queen($i$，$n$)少摆放一个皇后。所以 queen($i$＋1，$n$)是"小问题"，queen($i$，$n$)是"大问题"。则求解 $n$ 皇后问题所有解的递归模型如下。

$$\begin{cases} \text{queen}(i，n) \rightarrow n \text{ 个皇后放置完毕，输出一个解，} & i > n \\ \text{queen}(i，n) \rightarrow \text{在第 } i \text{ 行的合适位置}(i，j)\text{上摆放一个皇后；} \\ \quad \text{求解 queen}(i＋1，n) & \text{其他情况} \end{cases}$$

**本题对应的输出 $n$ 皇后问题所有解的算法设计如下。**

```
bool place(int i,int j)              //测试(i,j)位置能否摆放皇后
{    if (i==1) return true;          //第一个皇后总是可以摆放
     int k=1;
     while (k<i)                     //k=1～i−1是已摆放了皇后的行
     {    if ((q[k]==j) || (abs(q[k]−j)==abs(i−k)))
          return false;
     k++;
     }
     return true;
}
void queen(int i,int n)              //摆放1～i的皇后
{    if (i>n)
     dispasolution(n);              //所有皇后摆放完毕
     else
     {    for (int j=1;j<=n;j++)     //在第 i 行上试探每一个列 j
          if (place(i,j))           //在第 i 行上找到一个合适位置(i,j)
          {    q[i]=j;
               queen(i+1,n);        //递归调用
          }
     }
}
```

### 4.2.5 汉诺塔问题

【例4.17】汉诺塔问题。

【问题描述】汉诺塔(Tower of Hanoi)问题是心理学实验研究常用的任务之一。该问题的主要材料包括三根高度相同的柱子和一些大小及颜色不同的圆盘,三根柱子分别为起始柱A、辅助柱B及目标柱C,汉诺塔示意图如图4.0所示。按照以下规则把圆盘按大小顺序重新摆放在另一根柱子上。

(1)在三根柱子之间一次只能移动一个圆盘。

(2)移动的时候始终只能小圆盘压着大圆盘。

(3)圆盘只能在三根柱子上摆放。

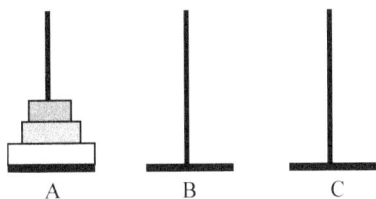

图4.9 汉诺塔示意图

【解题思路】假设有$n$个圆盘,三根相邻的柱子分别标记为A、B、C,并且A柱上的圆盘由小到大依次编号为1,2,…,$n$。现要把按金字塔状叠放着的$n$个不同大小的圆盘,一个一个移动到C柱上。当只有一个圆盘即$n=1$时,只需经过一次移动就可以将圆盘从A柱移动到C柱上;当$n>1$时,可以把最上面$n-1$个圆盘看作一个整体。这样$n$个圆盘就分成了两部分:上面$n-1$个圆盘和最下面的1个圆盘。移动圆盘的问题就转换为以下过程。

(1)借助C柱,将$n-1$个圆盘从A柱上移动到B柱上。

(2)将编号为$n$的圆盘直接从A柱移动到C柱上。

(3)借助A柱,将$n=1$个圆盘从B柱移动到C柱上。

其中步骤(2)只移动了一个圆盘,步骤(1)和步骤(3)虽然不能直接解决问题,但把移动$n$个圆盘的问题变成了移动$n-1$个圆盘的问题,使问题的规模变小了。如果再把步骤(1)和步骤(3)分别分成类似的三个子问题,移动$n-1$个圆盘的问题就可以转换为移动$n-2$个圆盘的问题,以此类推,从而整个问题得以解决。因此,汉诺塔问题是一个典型的递归问题。

【算法设计】设计移动函数move()表示移动操作,输入为圆盘总数即问题规模$n$,输出为每一步移动方案。算法描述如下。

(1)如果问题规模$n=1$,将圆盘从A柱直接移动到C柱上,算法结束。

(2)如果问题规模$n>1$,需先将A柱上的$n$个圆盘移动到C柱上。

设计递归函数Hanoi(),输入为圆盘总数即问题规模n,输出为移动的次数。算法描述如下。

(1)如果问题规模$n=1$,将圆盘从A柱直接移动到C柱上,算法结束。

(2)如果问题规模$n>1$，需先将 A 柱上的 $n-1$ 个圆盘移动到 B 柱上，再将 A 柱上的第 $n$ 个圆盘移动到 C 柱上，最后将 B 柱上的 $n-1$ 个圆盘移动到 C 柱上，完成圆盘从 A 柱到 C 柱的移动。

**算法设计如下。**

```
# include<stdio.h>
void move(int n,char x,char y)
{
    printf("把%d号从%c挪动到%c\n",n,x,y);
}
void Hannoi(int n,char A,char B,char C)    //将 n 个圆盘从 A 柱移动到 C 柱上
{
    if(n==1)                               //递归终止条件
        move(1,A,C);
    else
        {Hannoi(n-1,A,C,B);                //递归调用
         move(n,A,C);
         Hannoi(n-1,B,A,C);                //递归调用
        }
}
```

接下来讲解移动次数的求解。

当 $n=1$ 时，只有一个圆盘，故移动一次即完成；当 $n=2$ 时，由于条件是一次只移动一个盘子，且不允许大盘放在小盘上面，这样就需要先把小盘从 A 柱移动到 B 柱上，再把大盘从 A 柱移动到 C 柱上，最后把小盘从 B 柱移动到 C 柱上，共移动 3 次。假设移动 $n$ 个圆盘的汉诺塔问题完成求解需要的移动次数为 $count(n)$，则具体求解过程如下。

(1)将第 $n$ 个圆盘上面的 $n-1$ 个圆盘从 A 柱移动到 B 柱上，需要 $count(n-1)$ 次。

(2)将 A 柱上第 $n$ 个圆盘移动到 C 柱上，需要移动 1 次。

(3)将 B 柱上的 $n-1$ 个圆盘移动到 C 柱上，需要移动 $count(n-1)$ 次。

因而存在以下递推关系：

$$count(n)=\begin{cases}1, & n=1 \\ 2count(n-1)+1, & n>1\end{cases}$$

**本题求次数的递归算法 Val( )如下。**

```
# include<stdio.h>
int val(int n)
{
    int c;
    if(n==1) c=1;
    else c=2 * val(n-1)+1;
    return c;
}
```

在本书第 1 章例 1.20 中，研究过汉诺塔问题，分析算法的时间复杂度为 $O(2^n)$，可见随着 $n$ 值的增大，移动次数趋于一个天文数字，如果每秒移动一次，可能需要百亿年以上，人们即便是耗尽毕生精力也不可能完成所有圆盘的移动，所以说指数时间算法仅对规模很小的问题有意义。

# 4.3 分治法的思想——化整为零

## 1. 分治思想

前面深入介绍了递归技术及其应用，接下来将使用学到的新技能来解决问题，探索分而治之（Divide and Conquer，D&C）方法，这是一种实用的递归式问题解决方法，简称**分治法**。

顾名思义，"分治"的名称本身就已经给出了一种强有力的算法设计技术，它可以用来解决各类问题。对于一个规模为 $n$ 的问题，若该问题可以容易地解决（如规模 $n$ 较小）则直接解决，否则将其分解为 $k$ 个规模较小的子问题，这些子问题互相独立且与原问题形式相同，递归地解决这些子问题，然后将各个子问题的解合并得到原问题的解，这种算法设计策略称为**分治策略**。

如果原问题可分解为 $k(1<k<n)$ 个子问题，且这些子问题都可解并可利用这些子问题的解求出原问题的解，那么这种分治法就是可行的。由分治法产生的子问题往往是原问题的较小模式，这就为使用递归技术提供了方便。在这种情况下，反复应用分治法可以使子问题与原问题类型一致而其规模却不断缩小，最终使子问题缩小到很容易直接求出其解，这自然导致递归过程的产生。分治与递归像一对孪生兄弟，经常同时应用在算法设计之中，并由此产生许多高效算法。

分治法所能解决的问题一般具有以下特征。

(1)该问题的规模缩小到一定的程度就可以容易地解决。

(2)该问题可以分解为若干个规模较小的相似问题。

(3)利用该问题分解出的子问题的解可以合并得到该问题的解。

(4)该问题所分解出的各个子问题是相互独立的，即子问题之间不包含公共的子问题。

上述特征(1)是绝大多数问题都可以满足的，因为问题的计算复杂度一般是随着问题规模的增加而增加；特征(2)是应用分治法的前提，也是大多数问题都可以满足的，此特征反映了递归思想的应用；特征(3)是关键，能否利用分治法完全取决于问题是否具有该特征，如果具备特征(1)和(2)，而不具备特征(3)，则可以考虑用贪心法或动态规划法求解；特征(4)涉及分治法的执行效率，如果各子问题是不独立的，则分治法要做许多不必要的工作，重复地解公共的子问题，此时虽然可以用分治法，但一般用动态规划法较好。

因此，分治是一种有效的解题策略，它的基本思想是"如果整个问题比较复杂，可以将问题分化，各个击破"。分治包含"分"和"治"两层含义，"如何分，分后如何治"成为解决问题的关键所在。不是所有的问题都可以采用分治策略，只有那些能将问题分解为与原问题类似的子问题，并且归并后符合原问题的性质的问题才能进行分治。分治可进行二分、三分等，具体怎么分，需看问题的性质和分治后的效果。只有深刻地领会分治的思想，认真分析分治后可能产生的预期效率，才能灵活地运用分治策略解决实际问题。

**2. 分治法的求解过程**

递归特别适合解决结构自相似的问题。所谓结构自相似，是指构成原问题的子问题与原问题在结构上相似，可以采用类似的方法解决。所以分治法通常采用递归算法设计技术，在每一层递归上都有 3 个步骤。

(1)将问题**分解为若干个子问题**：将原问题分解为若干个规模较小、相互独立、与原问题形式相同的子问题。

(2)**求解子问题**：若子问题规模较小，容易被解决，则直接求解，否则递归地求解各个子问题。

(3)**合并子问题的解**：将各个子问题的解合并为原问题的解。

分治法的一般算法设计框架如下。

```
divide-and-conquer(P)
{  if  |P|≤n₀  return adhoc(P);
   将 P 分解为较小的子问题 P₁,P₂,…,Pₖ;
   for(i=1;i<=k;i++)                       //循环处理 k 次
       yᵢ=divide-and-conquer(Pᵢ);          //递归解决 Pᵢ
   return merge(y₁,y₂,…,yₖ);               //合并子问题的解
}
```

其中，$|P|$ 表示问题 $P$ 的规模；$n_0$ 为一阈值，表示当问题 $P$ 的规模不超过 $n_0$ 时(即 $P$ 问题规模足够小时)容易直接解出，不必再继续分解。adhoc($P$)是该分治法中的基本子算法，用于直接求解小规模的问题 $P$。算法 return merge($y_1$，$y_2$，…，$y_k$)是该分治法中的合并子算法，用于将 $P$ 的子问题 $P_1$，$P_2$，…，$P_k$ 的相应解 $y_1$，$y_2$，…，$y_k$ 合并为 $P$ 的解。

根据分治法的分割原则，原问题应该分为多少个子问题才较适宜？各个子问题的规模应该怎样才为适当？

这些问题很难予以肯定的回答。但人们从大量实践中发现，在用分治法设计算法时，最好使子问题的规模大致相同。换句话说，将一个问题分解为大小相等的 $k$ 个子问题的处理方法是行之有效的。

当 $k=1$ 时，分治法又称为**减治法**。

许多问题可以取 $k=2$，称为二分法，如图 4.10 所示。这种使子问题规模大致相等的做法是出自一种平衡子问题的思想，它比子问题规模不等的做法要好。

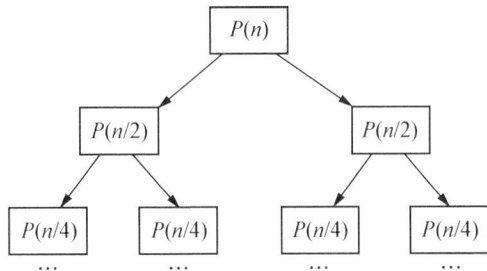

图 4.10 二分法的基本策略

分治法的合并步骤是算法的关键所在。有些问题的合并方案比较明显，有些问题的合并方案不明显，有些问题的合并方案比较复杂，或者存在多种合并方案。究竟应该怎样合并没有统一的模式，需要具体问题具体分析。

尽管许多分治法算法都是采用递归实现的，但要注意分治法和递归是有区别的，分治法是一种求解问题的策略，而递归是一种实现求解算法的技术。分治法算法也可以采用非递归方法实现，如二分查找算法，作为一种典型的分治法算法，既可以采用递归实现，也可以采用非递归实现。

# 4.4 分治法的应用

## 4.4.1 二分查找算法

**二分查找**(Binary Search)又称为**折半查找**，是分治算法的一个典型实例。二分查找算法充分利用了元素间的次序关系，采用分治法，在最坏情况下用 $O(\log_2 n)$ 时间完成查找任务。

**【例 4.18】**设有 $n$ 个元素的集合 $\{a[0]$，$a[1]$，$\cdots$，$a[n-1]\}$ 是从小到大有序的，设计算法从这 $n$ 个元素中找出值为 $x$ 的特定元素。

**【解题思路】**二分查找的基本思路：设 $a[\text{low}..\text{high}]$ 是当前的查找区间，首先确定该区间的中点位置 $\text{mid} = \lfloor (\text{low}+\text{high})/2 \rfloor$，然后将待查的 $k$ 值与 $a[\text{mid}]$ 进行比较。

(1)若 $k == a[\text{mid}]$，则查找成功并返回该元素的位置下标。

(2)若 $k < a[\text{mid}]$，则由表的有序性可知 $a[\text{mid}..\text{high}]$ 均大于 $k$，因此若表中存在关键字等于 $k$ 的元素，则该元素必定位于左子表 $a[\text{low}..\text{mid}-1]$ 中，故新的查找区间是左子表 $a[\text{low}..\text{mid}-1]$。

(3)若 $k > a[\text{mid}]$，则要查找的 $k$ 必在位于右子表 $a[\text{mid}+1..\text{high}]$ 中，即新的查找区间是右子表 $a[\text{mid}+1..\text{high}]$。

下一次查找是针对新的查找区间进行的。

因此可以从初始的查找区间 $a[0..n-1]$ 开始，每经过一次与当前查找区间中点位置上的关键字比较就可确定查找是否成功，不成功则当前的查找区间缩小一半。重复这一过程，直到找到关键字为 $k$ 的元素，或者当前的查找区间为空(即查找失败)为止。

本题二分查找递归算法如下。

```
int BinSearch(int a[],int low,int high,int k)        //二分查找递归算法
{    int mid;
     if (low<=high)                                   //当前区间存在元素时
     {    mid=(low+high)/2;                            //求查找区间的中间位置
          if (a[mid]==k)                               //找到后返回其位置下标mid
               return mid;
          if (a[mid]>k)                    //当a[mid]>k时,在a[low..mid-1]中递归查找
               return BinSearch(a,low,mid-1,k);
            else                           //当a[mid]<k时,在a[mid+1..high]中递归查找
               return BinSearch(a,mid+1,high,k);
     }
     else return -1;                                   //若当前查找区间没有元素,返回-1
}
```

**二分查找的非递归算法如下。**

```
int BinSearch1(int a[],int n,int k)    //二分查找非递归算法
{    int low=0,high=n-1,mid;
     while (low<=high)                  //当前区间存在元素时循环
     {    mid=(low+high)/2;             //求查找区间的中间位置
          if (a[mid]==k)               //找到后返回其位置下标mid
               return mid;
          if (a[mid]>k)               //继续在a[low..mid-1]中查找
               high=mid-1;
          else                        //a[mid]<k
               low=mid+1;             //继续在a[mid+1..high]中查找
     }
     return -1;                       //若当前查找区间没有元素,返回-1
}
```

【算法效率分析】在以上二分查找算法中使用了两种算法,两种算法最好的情况都是第一次就找到了元素 $x$,时间复杂度为 $O(1)$,这是该算法的时间复杂度的下界。但是,当 $n$ 足够大时,如 $n=10000$,假设每个给定的值被查到的机会均等,那么它大约是 $1/5000$ 的概率,这是一个小概率事件,用它作为衡量算法效率的标准无法反映算法的本质特征。故而,我们用最坏情况下的时间复杂度来衡量算法效率。

二分查找算法的时间主要花费在元素比较上,对于含有 $n$ 个元素的有序表,采用二分查找算法时,最坏情况下的元素比较次数为 $C(n)$,则有

$$\begin{cases} C(n)=1, & n=1 \\ C(n) \leqslant 1+C(\lfloor n/2 \rfloor), & n \geqslant 2 \end{cases}$$

由此得到 $C(n) \leqslant [\log_2 n]+1$。

二分查找算法的时间主要花在元素比较上,因此其时间复杂度为 $O(\log_2 n)$。由算法

分析可知，两种算法的时间复杂度相同。

通过比较不难看出，函数 BinSearch() 中套用了分治算法设计模式，表达形式相当简洁。但在这个算法实现中，运用了递归调用，使用系统栈保存调用现场及中间结果变量，消耗了大量的时间和存储空间，简单的外表下掩盖了其计算的复杂度。因此，函数 BinSearch1() 中将递归调用转换为非递归形式，在时间复杂度未改变的情况下，既节省了存储空间，又提高了运算速度。

二分查找的思路很容易推广到三分查找，显然可推出三分查找，其时间复杂度为 $O(\log_3 n)$，由于 $\log_3 n = \log_2 n / \log_2 3$，所以三分查找和二分查找所耗费的时间是同一个数量级的。

## 4.4.2 归并排序算法

【例 4.19】给定 1 个含有 $n$ 个元素的无序整型数组 $a$，初始数据为 $\{2，5，1，7，10，6，9，4，3，8\}$，利用归并排序算法对数组进行升序排序。

【解题思路】归并排序的基本思想：首先将 $a[0..n-1]$ 看作 $n$ 个长度为 1 的有序表，将相邻的 $k(k \geqslant 2)$ 个有序子表成对归并，得到 $n/k$ 个长度为 $k$ 的有序子表；然后再将这些有序子表继续归并，得到 $n/k^2$ 个长度为 $k^2$ 的有序子表，如此反复进行下去，最后得到一个长度为 $n$ 的有序表。因为整个排序结果放在一个数组中，所以不需要特别地进行合并操作。

若 $k=2$，即归并是在相邻的两个有序子表中进行的，称为**二路归并排序**。若 $k>2$，即归并操作在相邻的多个有序子表中进行，则称为**多路归并排序**。这里仅讨论二路归并排序算法，二路归并排序算法主要有两种，下面将一一讨论。

### 1. 自底向上的二路归并排序算法

自底向上的二路归并排序算法采用归并排序的基本原理，第 1 趟归并排序时将待排序的表 $a[0..n-1]$ 看作 $n$ 个长度为 1 的有序子表，将这些子表两两归并，若 $n$ 为偶数，则得到 $\lceil n/2 \rceil$ 个长度为 2 的有序子表；若 $n$ 为奇数，则最后一个子表轮空（不参与归并），故本趟归并完成后，前 $\lceil n/2 \rceil - 1$ 个有序子表长度为 2，但最后一个子表长度仍为 1；第 2 趟归并则是将第 1 趟归并所得到的 $\lceil n/2 \rceil$ 个有序子表两两归并，如此反复，直到最后得到一个长度为 $n$ 的有序表为止。

第一步，设计算法 Merge() 用于将两个有序子表归并为一个有序子表。设两个有序子表存放在同一个表中相邻的位置上，即 $a[low..mid]$（有 $mid-low+1$ 个元素）、$a[mid+1..high]$（有 $high-mid$ 个元素），先将它们合并到一个临时表 tmpa$[0..high-low]$ 中，在合并完成后将 tmpa 复制到数组 $a$ 中。其归并过程是循环从两个子表中顺序取出一个元素进行比较，并将较小者放到 tmpa 中，当一个子表元素取完时将另一个子表中余下的部分直接复制到 tmpa 中。这样 tmpa 就变成一个有序表，再将其复制到数组 $a$ 中。

第二步，设计算法 MergePass() 通过调用 Merge() 算法解决一趟归并问题。在某趟归并中，设备子表长度为 length（最后一个子表的长度可能小于 length），则归并前 $a[0..n-1]$ 中共 $\lceil n/\text{length} \rceil$ 个有序子表，即 $a[0..\text{length}-1]$、$a[\text{length}..2\text{length}-1]$、……、

$a[(n/length)length..n-1]$。调用 Merge() 一次将相邻的一对子表进行归并。另外，还需要考虑表的个数是奇数及最后一个子表的长度小于 length 这两种特殊情况：若子表的个数为奇数，则最后一个子表无须和其他子表归并（即本趟轮空）；若子表的个数为偶数，则要注意最后一对子表中后一个子表的区间上界是 $n-1$。

第三步，对于含有 $n$ 个元素的序列 $a$，设计算法 MergeSort() 调用 MergePass() 算法 $\lceil \log_2 n \rceil$ 次实现二路归并排序。

二路归并排序的分治策略如下。

循环 $\lceil \log_2 n \rceil$ 次，length 依次取 1，2，…，$\lceil \log_2 n \rceil$，每次执行以下步骤。

(1) **分解**：将原序列分解成 length 长度的若干个子序列。

(2) **求解子问题**：对相邻的两个子序列调用 Merge() 算法合并为一个有序子序列。

(3) **合并**：由于整个序列存放在数组 $a$ 中，排序过程是就地进行的，合并步骤不需要执行任何操作。

例如，对于{2，5，1，7，10，6，9，4，3，8}序列，其排序过程如图 4.11 所示。

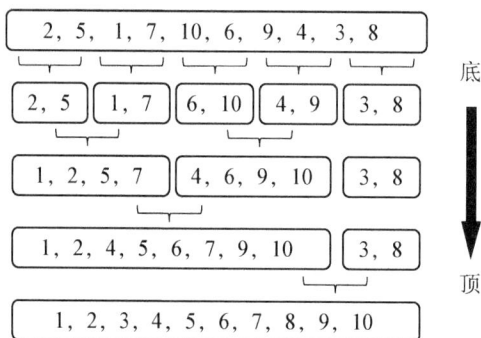

图 4.11　自底向上的二路归并排序过程

**本题自底向上的二路归并排序对应的算法如下。**

```
void MergePass(int a[],int length,int n)        //一趟二路归并排序
{  int i;
   for (i=0;i+2*length-1<n;i=i+2*length)//归并 length 长的两个相邻子表
      Merge(a,i,i+length-1,i+2*length-1);
   if (i+length-1<n)                            //余下两个子表,后者长度小于 length
      Merge(a,i,i+length-1,n-1);                //归并这两个子表
}
void MergeSort(int a[],int n)                   //二路归并排序算法
{  int length;
   int count=0;
   for (length=1;length<n;length=2*length)
      {
         count++;
         MergePass(a,length,n);
         printf("第%2d 趟排序:",count);
```

```
            disp(a,n);
        }
    }
```

【算法效率分析】对于上述自底向上的二路归并排序算法,当有 $n$ 个元素时,需要 $\lceil \log_2 n \rceil$ 趟归并,每一趟归并,其元素比较次数不超过 $n-1$,元素移动次数都是 $n$,因此二路归并排序的时间复杂度为 $O(n \log_2 n)$。

### 2. 自顶向下的二路归并排序算法

上述自底向上的二路归并排序算法虽然效率较高,但可读性较差。另一种是采用自顶向下的策略,算法更为简洁,属于典型的二分法算法。

设归并排序的当前区间是 $a[\text{low}..\text{high}]$,则采用自顶向下策略的递归归并步骤如下。

(1)**分解**:将当前序列 $a[\text{low}..\text{high}]$ 一分为二,即求 $\text{mid}=(\text{low}+\text{high})/2$,分解为两个子序列 $a[\text{low}..\text{mid}]$ 和 $a[\text{mid}+1..\text{high}]$。

(2)**求解子问题**:递归地对两个子表 $a[\text{low}..\text{mid}]$ 和 $a[\text{mid}+1..\text{high}]$ 二路归并排序,其终结条件是子表的长度为 1 或者 0(因为只有 1 个元素的子表或者空表可以看作有序表)。

(3)**合并**:与分解过程相反,将已排序的两个子表 $a[\text{low}..\text{mid}]$ 和 $a[\text{mid}+1..\text{high}]$ 归并为一个有序序列 $a[\text{low}..\text{high}]$。

例如,对于{2,5,1,7,10,6,9,4,3,8}序列,其自顶向下的二路归并排序过程如图 4.12 所示。

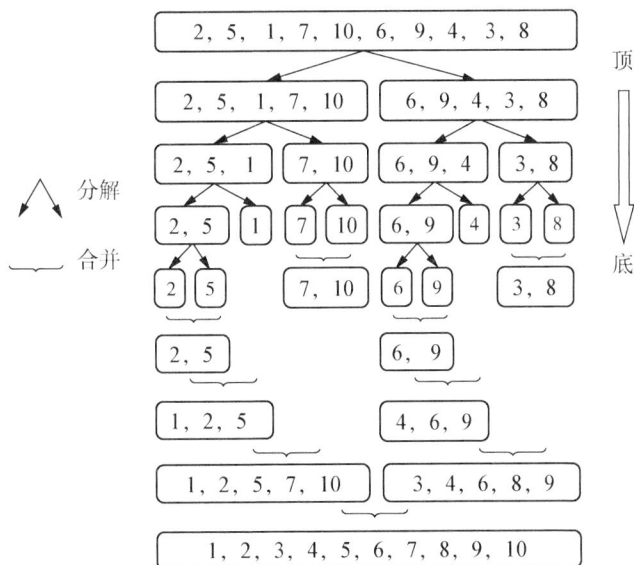

图 4.12 自顶向下的二路归并排序过程

将前面自底向上的二路归并排序算法对应程序中的 MergeSort()函数修改如下,即变为自顶向下的二路归并排序算法。

```
void MergeSort(int a[],int low,int high)
//自顶向下二路归并排序算法
{   int mid;
    if (low<high)                        //子表中有两个或两个以上元素
    {   mid=(low+high)/2;                //取中间位置
        MergeSort(a,low,mid);            //对 a[low..mid]子表进行排序
        MergeSort(a,mid+1,high);         //对 a[mid+1..high]子表进行排序
        Merge(a,low,mid,high);           //将两子表合并,见前面的算法
    }
    //递归出口为子表长度为 1 或者 0
}
```

**【算法效率分析】** 设 MergeSort$(a,0,n-1)$ 函数的运行时间为 $T(n)$,显然 Merge$(a,0,n/2,n-1)$ 合并操作的运行时间为 $O(n)$,所以得到以下递推式:

$$\begin{cases} T(n)=1, & n=1 \\ T(n)=2T(n/2)+O(n), & n>1 \end{cases}$$

容易推出, $T(n)=O(n\log_2 n)$。

### 4.4.3  快速排序算法

**快速排序**(Quick Sort)又称为**划分交换排序**,是冒泡排序的一种改进。著名的计算机科学家托尼·霍尔(Tony Hoare)给出的快速分类算法也是根据分治策略设计的一种高效率的分类算法。在快速排序中记录的比较和交换是从两端向中间进行的,关键字值较大的记录一次就能交换到后面单元,关键字值较小的记录一次就能交换到前面单元,记录每次移动的距离较大,因而总的比较和移动次数较少。

**【例 4.20】** 给定 1 个含有 $n$ 个元素的无序整型数组 $a$,初始数据为{2,5,1,7,10,6,9,4,3,8},利用快速排序算法对数组进行升序排序。

**【解题思路】快速排序的基本思想**:在待排序的 $n$ 个元素中任取一个元素(通常取第 1 个元素)作为基准,把该元素放入最终位置后,整个数据序列被基准分割成两个子序列,所有小于基准的元素放置在前子序列中,所有大于基准的元素放置在后子序列中,并把基准排在这两个子序列的中间,这个过程称为划分。然后对两个子序列分别重复上述过程,直到每个子序列内只有一个元素或为空序列为止。

这是一种二分法思想,每次将整个无序序列一分为二,归位 1 个元素,对两个子序列采用同样的方式进行排序,直到子序列的长度为 1 或 0 为止。快速排序的分治策略如下。

(1)**分解**:将原序列 $a[s..t]$ 分解为两个子序列 $a[s..i-1]$ 和 $[i+1..t]$,其中 $i$ 为划分的基准位置,即将整个问题分解为两个子问题。

(2)**求解子问题**:若子序列的长度为 0 或 1,则它是有序的,直接返回;否则递归地求解各个子问题。

(3)**合并**:由于整个序列存放在数组 $a$ 中,排序过程是就地进行的,合并步骤不需要执行任何操作。

例如，对于{2，5，1，7，10，6，9，4，3，8}序列，其快速排序过程如图4.13所示。

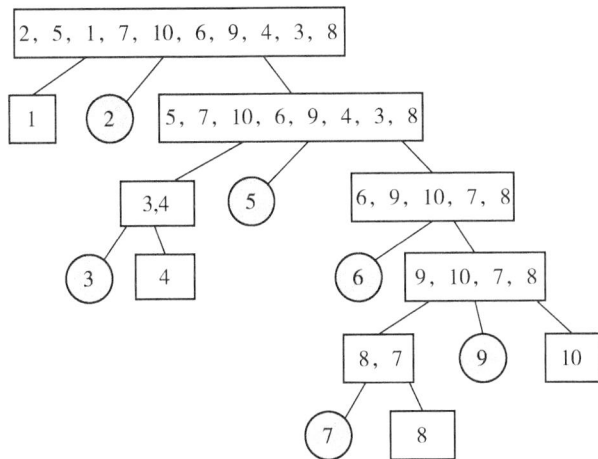

图4.13 例4.20快速排序过程

**算法设计如下。**

```
int Partition(int a[],int s,int t)        //划分算法
{  int i=s,j=t;
   int tmp=a[s];                          //用序列的第1个记录作为基准
   while (i!=j)                           //从序列两端交替向中间扫描,直到 i=j 为止
   {  while (j>i && a[j]>=tmp)            //从右向左扫描,找第1个关键字小于 tmp 的 a[j]
          j--;
      a[i]=a[j];                          //将 a[j]前移到 a[i]的位置
      while (i<j && a[i]<=tmp)            //从左向右扫描,找第1个关键字大于 tmp 的 a[i]
          i++;
      a[j]=a[i];                          //将 a[i]后移到 a[j]的位置
   }
   a[i]=tmp;
   return i;
}
void QuickSort(int a[],int s,int t)       //对 a[s..t]序列进行递增排序
{  int i;
   if (s<t)                               //序列内至少存在2个元素的情况
   {  i=Partition(a,s,t);
      QuickSort(a,s,i-1);                 //对左子序列递归排序
      QuickSort(a,i+1,t);                 //对右子序列递归排序
   }
}
```

**【算法效率分析】**快速排序算法的时间主要耗费在划分操作上，对长度为 $n$ 的区间进行划分，共需 $n-1$ 次关键字的比较，其时间复杂度为 $O(n)$。

对 $n$ 个元素进行快速排序的过程构成一棵递归树，在这样的递归树中，每一层最多对 $n$ 个元素进行划分，所花费的时间为 $O(n)$。当初始排序数据正序或反序时，递归树高度为 $n$，快速排序算法呈现最坏情况，即最坏情况下的时间复杂度为 $O(n^2)$；当初始排序数据随机分布，使每次分成的两个子序列中的元素个数大致相等时，递归树高度为 $\log_2 n$，快速排序算法呈现最好情况，即最好情况下的时间复杂度为 $O(n\log_2 n)$。快速排序算法的平均时间复杂度也是 $O(n\log_2 n)$。

因此快速排序算法是一种高效的算法，**STL 中的 sort( )算法**就是采用快速排序策略实现的。

## 4.4.4 堆排序算法

利用**最大堆的特性——根结点为最大值**，可以将根结点与数组末端元素进行交换，并对剩余元素进行调整，依次取出剩余元素最大值，从而完成对整个数组的排序。类似于冒泡排序。堆排序算法的思路如下。

(1)先根据数组创建一个最大堆。

(2)将根结点元素与数组最后一个元素进行交换，此时已经固定最大值的位置，类似于冒泡排序。

(3)将数组长度减1，且此时根结点的左、右孩子结点均满足堆特性，加入交换后的根结点需要进行调整，使整棵树满足堆特性[此时步骤(2)中获得的最大值，不参与堆的构成]。

(4)循环处理步骤(2)和(3)，直到数组元素为1。

**【例 4.21】**给定1个含有 $n$ 个元素的无序整型数组 $a$，初始数据为{4,1,3,2,16,9,10,14,8,7}，利用堆排序算法对数组进行升序排序。

**【解题思路】**堆排序的实现需要设计堆的创建函数 buildHeap( )及父结点(也称双亲结点)调整函数 heapify( )，假设在数组 $A$ 中，元素 $A[i]$ 为完全二叉树的左、右子树都已构成堆，但 $A[i]$ 与两个孩子间不符合堆的性质，需要进行调整，使之满足堆的性质。

数组 $A[1\cdots n]$ 预期存储一个完全二叉树，其中以 $A[i]$ 为父结点的左、右子树已经构成最大堆，进行调整，使 $A[i]$ 为根结点的二叉树满足最大堆的性质。

第一步，将 $A[i]$ 与左、右叶子结点进行比较，无非两种情况：与左叶子结点交换，或者与右叶子结点交换。

第二步，交换后，被交换的叶子结点可能不满足堆的性质，需要继续进行调整。

第三步，问题分解：以被交换的叶子结点为根结点，继续判断调整，将原问题转化成小规模的问题(减少了二叉树的一层)。

第四步，使用递归处理。

创建好堆之后，设计函数 heapSort( )实现堆排序程序，由于目标是开发一个能对给定序列进行双向排序的通用程序，因此除了要向程序传递序列 $a$ 以外，还需要传递比较序列 $a$ 中元素大小的规则 comp。由于排序结果保存在序列 $a$ 的存储空间中，无须任何返回值。因此程序中需设置一个整型的循环控制变量 $i$。此外还需要有一个表示堆的长度属性 heapSize 的整型变量。函数 heapSort( )的参数包含序列 $a$ 和比较 $a$ 中元素大小的规则 comp，当然还包括序列 $a$ 中的元素个数 $n$。由于需要对任何类型的数组排序，因此

$a$ 是 void * 类型的。为了让程序过程能正确访问其中的元素，还需要传递说明 $a$ 中元素存储长度的变量 size。声明整型变量 heapSize，表示堆的长度属性初始化为 $a$ 的长度。图 4.14 展示了对数组 $A = \{4，1，3，2，1，9，10，14，8，7\}$ 执行堆排序的过程。

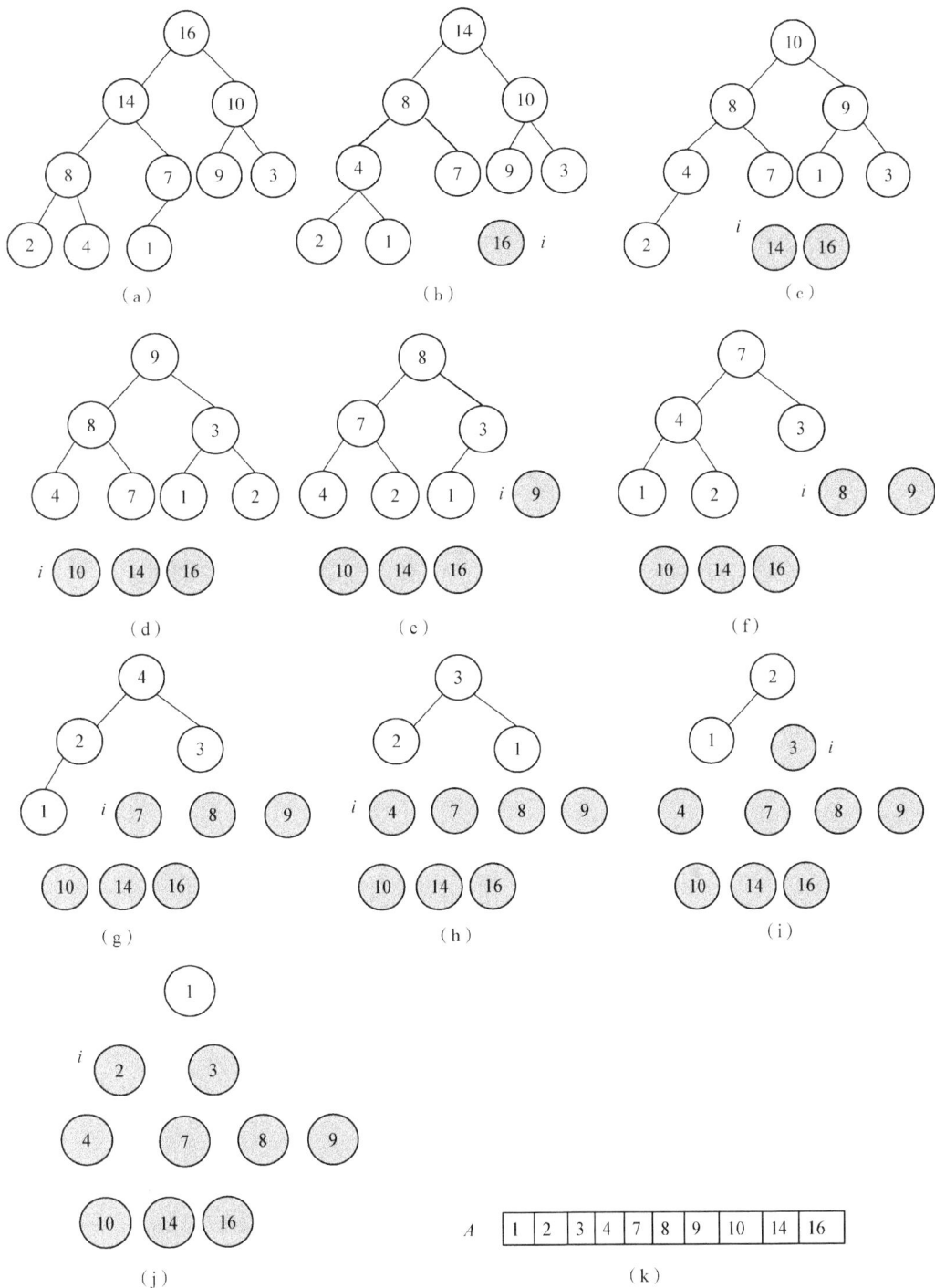

图 4.14 例 4.21 执行堆排序的过程

**调整算法 heopify( )如下。**

/＊在左、右子树满足堆特性的前提下(最简单情形为左、右子树均为单个元素),判断父结点加入后,是否满足堆特性并进行调整＊/

```
void heapify(void * a, int size, int parent, int heapSize, int(* comp)(void *,
void *))
{
// 根据父结点索引 i,得到左、右叶子结点的索引,根结点的索引从 0 开始
    int left＝2 * parent ＋ 1;
    int right＝2 * parent ＋ 2;
    int most;
    //比较左叶子结点和父结点大小,most＝max(left, parent)
    if (left ＜heapSize && comp(a ＋ left * size, a ＋ parent * size)＞0) {
        most＝left;
    } else {
        most＝parent;
    }
    //比较右叶子结点和 most 结点, most＝max(right, most)
    if (right ＜heapSize && comp(a ＋ right * size, a ＋ most * size)＞0) {
        most＝right;
    }
    /＊此时 most＝max(parent, left, right);若不满足堆特性,将 most 与父结点交换,并对
交换后的叶子结点继续进行判断＊/
    if (most !＝parent) {
        swap(a ＋ parent * size, a ＋ most * size, size);
        heapify(a, size, most, heapSize, comp);
    }
}
```

**创建堆的算法 buildHeap( )如下。**

```
//因为最后一层无叶子结点,故从倒数第二层开始,从底向上依次判断
//当判断某个父结点时,可以保证其左、右子树均满足堆特性
void buildHeap(void * a, int size, int length, int(* comp)(void * , void *))
{
    for (int i＝(length / 2)－1; i＞＝0; i－－) {
        //单次判断过程,直到根结点为止,使整棵树满足堆特性
        heapify(a, size, i, length, comp);
        printf("i＝%d ", i);
        printfList("构建堆:", (int *)a, length);
    }
}
```

堆排序算法 **heapSort( )** 如下。

```
void heapSort(void * a, int size, int heapSize, int( * comp)(void *, void *))
{
    int heapSizeTemp＝heapSize;
    //根据原始数组创建堆
    buildHeap(a, size, heapSize, intGreater);
    printfList("\n 创建堆:", (int *)a, heapSize);
    for (int i＝heapSize-1; i>0; i--)
    {
        printf("\ni＝%d ", i);
        //将堆顶元素与数组最后一个元素交换,确定此轮的最大值
        swap(a + i * size, a, size);
        printfList("swap:", (int *)a, heapSize);
        /* 因为此轮的最大值已经确定,将堆的规模递减,并进行调整,获取剩余元素中的最大
值(根结点) */
heapSizeTemp--;
        //堆顶元素与数组末端元素交换后,对当前堆进行调整
        heapify(a, size, 0, heapSizeTemp, intGreater);
        printfList("调整堆:", (int *)a, heapSize);
    }
}
```

【算法效率分析】在堆排序过程中第 1 行调用 buildHeap()函数耗时 $O(n)$，第 2～5 行的 for 循环重复 $n-1$ 次，每次重复均调用大堆 $heapify(A, 1)$，耗时 $O(\log_2 n)$。所以，for 循环共耗时 $O(n\log_2 n)$，堆排序过程总耗时 $O(n\log_2 n)$。实际上，利用堆排序算法 heapSort()在理论上是最优的。

## 4.4.5 棋盘覆盖问题

【例 4.22】棋盘覆盖问题。

【问题描述】棋盘覆盖问题也称为**残缺棋盘问题**，指一个有 $2^k \times 2^k (k \geqslant 1)$ 个方格的棋盘，其中恰有一个方格残缺，称之为特殊方格。图 4.15 给出了 $k=1$ 时各种可能的残缺棋盘，其中残缺的方格用阴影表示。图 4.15 中的残缺棋盘称为 L 形骨牌，这样的棋盘称为"三格板"，它有 4 种状态。用 L 形骨牌去覆盖更大的棋盘，有以下两点要求。

(1)任意两个 L 形骨牌不能重叠。

(2)L 形骨牌不能覆盖残缺方格，但必须覆盖其他所有的方格。

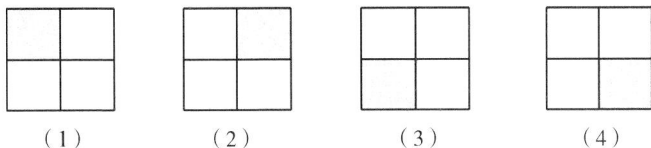

（1）　　　　（2）　　　　（3）　　　　（4）

图 4.15　2×2 的残缺棋盘

**【解题思路】**我们仍然用特殊实例来进行设计思想的展示。设 $k=2$，使用二分法对棋盘进行分割，得到如图 4.16 所示的残缺棋盘。当对其进行边长二分后，原棋盘被分割为 4 块，如图 4.16(a)所示，但是这 4 块棋盘的情况并不相同。只有一个子棋盘有残格，而其他子棋盘没有。这不符合分治法中子集合的特性。为了能让子棋盘与原棋盘有相似的特性，可以使用 L 形骨牌来构造伪残格，以确保每个子棋盘都有且只有一个残格。要达到这一目的，需要根据真实残格所在的位置来构造。如图 4.16(a)所示，它分为以下 4 种情况。

(1)若残格在左上角，则把图 4.15 中(1)号 L 形骨牌放置在二分后的中间位置，如图 4.16(b)所示。

(2)若残格在右上角，则把图 4.15 中(2)号 L 形骨牌放置在二分后的中间位置，如图 4.16(c)所示。

(3)若残格在左下角，则把图 4.15 中(3)号 L 形骨牌放置在二分后的中间位置，如图 4.16(d)所示。

(4)若残格在右下角，则把图 4.15 中(4)号 L 形骨牌放置在二分后的中间位置，如图 4.16(e)所示。

（a）原棋盘　（b）残格在左上角　（c）残格在右上角　（d）残格在左下角　（e）残格在右下角

图 4.16　$k=2$ 的残缺棋盘及其求解过程

通过上述构造，可以确保每个子棋盘都有一个残格，这种方法也适用于更大的棋盘。但是，我们必须看到所构建出来的子棋盘残格的位置并不完全相同，以图 4.16(b)为例，1 号子棋盘的残格在左下角，2 号子棋盘的残格在左下角，3 号子棋盘的残格在右上角，4 号子棋盘的残格在左上角。因此，在子棋盘的覆盖中，仍然考虑上述 4 种情况。这样在 $k>2$ 时，将 4 种情况融进算法中，就可以使用分治策略设计算法了。

**【算法设计】**

(1)棋盘：用二维数组 Board[$n$][$n$]存储，下标表示格子的坐标，值表示 L 形骨牌的编号。用 size 表示棋盘的边长，则整个棋盘所需的 L 形骨牌的数量为( $\text{size}^2-1$)/3，所以 L 形骨牌的编号取值[1,( $\text{size}^2-1$)/3]。

(2)棋盘识别：子棋盘由其最左上角的格子坐标(tr, tc)来表示，残格/伪残格的坐标为(dr, dc)。

(3)计算覆盖位置：从坐标上识别子棋盘的范围、残格及伪残格的坐标。设 $s=\text{size}/2$，进入二分治算法，则有如下情况。

①当 size<2 时，覆盖结束。

②当 dr<tr+$s$ 且 dc<tc+$s$ 时，残格在左上子棋盘中，用(1)号 L 形骨牌构造伪残格，摆放位置为第二个子棋盘的左下角(tr+$s$−1, tc+$s$)，第三个子棋盘的右上角(tr+

$s$，$tc+ts-1$)，第四个子棋盘的左上角($tr+s$，$tc+s$)。

③当 $dr<tr+s$ 且 $dc\geqslant tc+s$ 时，残格在右上子棋盘中，用(2)号L形骨牌构造伪残格，摆放位置为第一个子棋盘的右下角($tr+s-1$，$tc+s-1$)，第三个子棋盘的右上角($tr+s$，$tc+s-1$)，第四个子棋盘的左上角($tr+s$，$tc+s$)。

④当 $dr\geqslant tr+s$ 且 $dc<tc+s$ 时，残格在左下子棋盘中，用(3)号L形骨牌构造伪残格，摆放位置为第一个子棋盘的右下角($tr+s-1$，$tc+s-1$)，第二个子棋盘的左下角($tr+s-1$，$tc+s$)，第四个子棋盘的左上角($tr+s$，$tc+s$)。

⑤当 $dr\geqslant tr+s$ 且 $dc\geqslant tc+s$ 时，残格在右下子棋盘中，用(4)号L形骨牌构造伪残格，摆放位置为第一个子棋盘的右下角($tr+s-1$，$tc+s-1$)，第二个子棋盘的左下角($tr+s-1$，$tc+s$)，第三个子棋盘的右上角($tr+s$，$tc+s-1$)。

这样每个象限和包含残格的象限类似，都需要少覆盖一个方格，也与整个问题类似，所以采用分治法求解，将原问题分解为4个子问题。

设计算法 ChessBoard()，用($tr$, $tc$)表示一个象限左上角方格的坐标，($dr$, $dc$)是特殊方格所在的坐标，size 是棋盘的行数和列数。用二维数组 board 存放覆盖方案，用全局变量 tile 表示L形骨牌的编号(从整数1开始)，board 中3个相同的整数表示一个L形骨牌。

**算法设计如下。**

```
void ChessBoard(int tr,int tc,int dr,int dc,int size)
{
    if(size==1) return;                    //递归出口
    int t=tile++;                          //取一个L形骨牌,其牌号为 tile
    int s=size/2;                          //分割棋盘
    //考虑左上角象限
    if(dr<tr+s && dc<tc+s)                 //特殊方格在此象限中
        ChessBoard(tr,tc,dr,dc,s);
    else                                   //此象限中无特殊方格
    {
        board[tr+s-1][tc+s-1]=t;           //用 t 号L形骨牌覆盖右下角
        ChessBoard(tr,tc,tr+s-1,tc+s-1,s);
                                           //将右下角作为特殊方格继续处理该象限
    }
    //考虑右上角象限
    if(dr<tr+s && dc>=tc+s)
        ChessBoard(tr,tc+s,dr,dc,s);       //特殊方格在此象限中
    else                                   //此象限中无特殊方格
    {
        board[tr+s-1][tc+s]=t;             //用 t 号L形骨牌覆盖左下角
        ChessBoard(tr,tc+s,tr+s-1,tc+s,s);
                                           //将左下角作为特殊方格继续处理该象限
    }
```

```
//处理左下角象限
if(dr>=tr+s && dc<tc+s)          //特殊方格在此象限中
    ChessBoard(tr+s,tc,dr,dc,s);
else                             //此象限中无特殊方格
{
    board[tr+s][tc+s-1]=t;       //用 t 号 L 形骨牌覆盖右上角
    ChessBoard(tr+s,tc,tr+s,tc+s-1,s);
                                 //将右上角作为特殊方格继续处理该象限
}
//处理右下角象限
if(dr>=tr+s && dc>=tc+s)         //特殊方格在此象限中
    ChessBoard(tr+s,tc+s,dr,dc,s);
else                             //此象限中无特殊方格
{
    board[tr+s][tc+s]=t;         //用 t 号 L 形骨牌覆盖左上角
    ChessBoard(tr+s,tc+s,tr+s,tc+s,s);
                                 //将左上角作为特殊方格继续处理该象限
}
}
```

【算法效率分析】用 $T(k)$ 表示 $2^k \times 2^k (k \geqslant 0)$ 的棋盘问题的求解时间，则有

$$\begin{cases} T(k)=1, & k=0 \\ T(k)=4T(k-1), & k>0 \end{cases}$$

求出 $T(k)=O(4^k)$。

### 4.4.6 最大子段和问题

【例 4.23】最大子段和问题。

【问题描述】给定一个有 $n(n \geqslant 1)$ 个整数的序列，求出其中最大连续子序列的和。例如，序列 $(-1, 9, -5, 12, -4, 2)$ 的最大子序列和为 16，序列 $(1, 2, 4, -8, 5, 3, 6, -4, 6, -2, 10, -3)$ 的最大子序列和为 24。规定一个序列的最大连续子序列和至少是 0，如果小于 0，其结果为 0。

【解题思路】最大子段和问题也称为最大连续子序列的和问题。

在本书第 3 章例 3.20 中采用蛮力法求解时，最初的时间复杂度是 $O(n^3)$，经过改进最终是 $O(n)$，本节我们讨论采用分治策略来求解的算法。

对于含有 $n$ 个整数的序列 $a[0..n-1]$，若 $n=1$，表示该序列仅含 1 个元素，如果该元素大于 0，则返回该元素，否则返回 0。若 $n>1$，采用分治法求解最大连续子序列和时，取其中间位置 $mid=\lfloor(n-1)/2\rfloor$，该子序列只可能出现 3 个地方。各种情况及求解方法如图 4.17 所示。

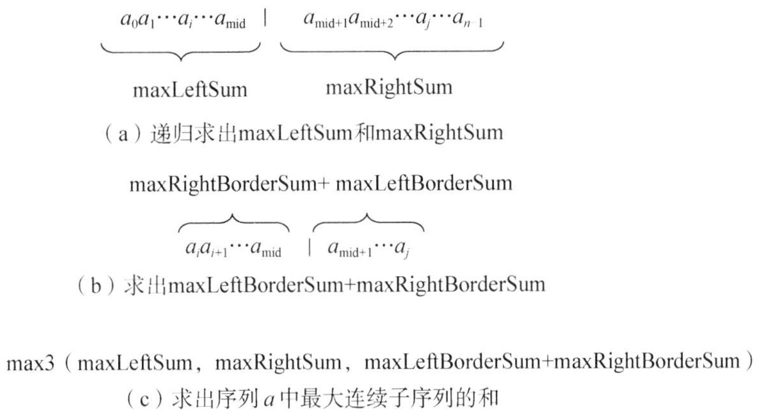

$$\underbrace{a_0 a_1 \cdots a_i \cdots a_{\mathrm{mid}}}_{\text{maxLeftSum}} \mid \underbrace{a_{\mathrm{mid}+1} a_{\mathrm{mid}+2} \cdots a_j \cdots a_{n-1}}_{\text{maxRightSum}}$$

（a）递归求出maxLeftSum和maxRightSum

maxRightBorderSum+ maxLeftBorderSum

$$\underbrace{a_i a_{i+1} \cdots a_{\mathrm{mid}}}_{} \mid \underbrace{a_{\mathrm{mid}+1} \cdots a_j}_{}$$

（b）求出maxLeftBorderSum+maxRightBorderSum

max3（maxLeftSum，maxRightSum，maxLeftBorderSum+maxRightBorderSum）

（c）求出序列 $a$ 中最大连续子序列的和

图 4.17　求解最大连续子序列和的过程

（1）该子序列完全落在左半部，即 $a[0..\mathrm{mid}]$ 中。采用递归策略求出其最大连续子序列和 maxLeftSum，如图 4.17(a)所示。

（2）该子序列完全落在右半部，即 $a[\mathrm{mid}+1..n-1]$ 中，采用递归策略求出其最大连续子序列和 maxRightSum，如图 4.17(a)所示。

（3）该子序列跨越序列 $a$ 的中部而占据左、右两部分。也就是说，这种情况下最大和的连续子序列含有 $a_{\mathrm{mid}}$，则从左半部（含 $a_{\mathrm{mid}}$ 元素）求出 $\mathrm{maxLeftBorderSum} = \max \sum_{k=i}^{\mathrm{mid}} a_k$ $\{0 \leqslant i \leqslant \mathrm{mid}\}$，从右半部（不含 $a_{\mathrm{mid}}$ 元素）求出 $\mathrm{maxRightBorderSum} = \max \sum_{k=\mathrm{mid}+1}^{j} a_k \{\mathrm{mid}+1 \leqslant j \leqslant n-1\}$，这种情况下的最大连续子序列和 $\mathrm{maxMidSum} = \mathrm{maxLeftBorderSum} + \mathrm{maxRightBorderSum}$，如图 4.17(b)所示。

最后整个序列 $a$ 中最大连续子序列的和为 maxLeftSum、maxRightSum 和 maxMidSum 中的最大值，如图 4.17(c)所示。

例如，$a[0..5] = \{-2, 11, -4, 13, -5, -2\}$，$n=6$，$\mathrm{mid} = (0+5)/2 = 2$，划分为 $a[0..2]$ 和 $a[3..5]$ 左、右两个部分。递归求出左部分 $(-2, 11, -4)$ 的最大连续子序列和为 11，递归求出右部分 $(13, -5, -2)$ 的最大连续子序列和为 13，再求出以 $a[\mathrm{mid}] = -4$ 为中心的最大连续子序列和为 20（对应序列为 $11, -4, 13$），最终结果为 $\max\{11, 13, 20\} = 20$。

**算法设计如下。**

```
long maxSubSum(int a[],int left,int right)//求 a[left..high]序列中最大连续子序列和
{    int i,j;
    long maxLeftSum,maxRightSum;
    long maxLeftBorderSum,leftBorderSum;
    long maxRightBorderSum,rightBorderSum;
    if (left==right)                      //子序列只有 1 个元素时
```

```
{  if (a[left]>0)                           //该元素大于 0 时,返回它
      return a[left];
   else                                     //该元素小于或等于 0 时返回 0
      return 0;
}
int mid=(left+right)/2;                     //求中间位置
maxLeftSum=maxSubSum(a,left,mid);          //求左部分的最大连续子序列之和
maxRightSum=maxSubSum(a,mid+1,right);     //求右部分的最大连续子序列之和
maxLeftBorderSum=0,leftBorderSum=0;
for (i=mid;i>=left;i--)            //求出以左部分加上 a[mid]元素构成的序列的最大和
{  leftBorderSum+=a[i];
   if (leftBorderSum>maxLeftBorderSum)
      maxLeftBorderSum=leftBorderSum;
}
maxRightBorderSum=0,rightBorderSum=0;
for (j=mid+1;j<=right;j++)//求出以右部分加上 a[mid]元素构成的序列的最大和
{  rightBorderSum+=a[j];
   if (rightBorderSum>maxRightBorderSum)
      maxRightBorderSum=rightBorderSum;
}
return max3(maxLeftSum,maxRightSum,maxLeftBorderSum+maxRightBorderSum);
}
```

**【算法效率分析】**设求解序列 $a[0..n-1]$ 最大连续子序列和的运行时间为 $T(n)$，(1)(2)两种情况的运行时间为 $T(n/2)$，情况(3)的运行时间为 $O(n)$，得到以下递推式：

$$\begin{cases} T(n)=1, & n=1 \\ T(n)=2T(n/2)+n, & n>1 \end{cases}$$

容易推出，$T(n)=O(n\log_2 n)$。

# 4.5　本章小结

(1)递归的基本思想：函数直接或间接地调用自身，这类函数被称为递归函数，求解递归函数的关键是找出递推式和递归出口。

(2)递归的实质就是实现函数自身调用或者相互调用的过程，递归和归纳关联密切，归纳法是证明递归算法正确性和进行算法分析的强有力工具。本章介绍了常用的递归算法，并使用递归法对汉诺塔、斐波那契数列及 $n$ 皇后问题进行了求解。

(3)递归的运算方法，决定了它的效率较低，一是数据要不断进出，二是存在大量的重复计算。这样就使得应用递归时，输入的 $n$ 值越大，程序的求解就越困难，所以在有些情况下，递归算法可以转化为效率较高的非递归算法。

(4)分治法的基本思想：把一个复杂的问题分解为多个相同或相似的子问题，这些子

问题互相独立且与原问题形式相同；如无直接解，继续把子问题分解为更小的子问题……直到最后得到的子问题可以简单地直接求解为止；原问题的解来源于子问题解的合并。

(5)分治与递归相辅相成，可联合应用在算法设计中。

# 4.6 习题

1. 在冒泡排序、插入排序和快速排序算法中，_____算法是分治算法。

2. 消除递归一般要用_____实现。

3. 分治法的设计思想是将一个难以直接解决的大问题分解为若干个规模较小的子问题，分别解决子问题，最后将子问题的解合并就形成原问题的解。这要求原问题和子问题( )。

A. 问题规模相同，问题性质相同　　　B. 问题规模相同，问题性质不同

C. 问题规模不同，问题性质相同　　　D. 问题规模不同，问题性质不同

4. 什么是直接递归和间接递归？

5. 分析求解斐波那契数列 $f(n)$ 的时间复杂度。

6. 快速排序算法是根据分治策略来设计的，简述其基本思想。

7. 对于一个采用字符数组存放的字符串 str，设计一个递归算法求其字符个数(字符串长度)。

8. 设计一个算法，采用分治法求一个整数序列中的最大和最小元素。

9. 跳马问题。在半张中国象棋的棋盘上，一匹马从左下角跳到右上角，只允许往右跳，不允许往左跳，问有多少种方案。

10. 卖桃子问题。某人摘下一些桃子，第一天卖掉一半，又吃了一个，第二天卖掉剩下的一半，又吃了一个，以后天天都是如此处理，到第 $n$ 天发现只剩下一个桃子，问一共摘了多少桃子？编写递归函数求解该问题，其中 $n$ 是参数，返回值是一共摘的桃子数。

11. 已知由 $n(n \geqslant 2)$ 个正整数构成的集合 $A = \{a_k\}(0 \leqslant k < n)$，将其划分为两个不相交的子集 $A_1$ 和 $A_2$，元素个数分别是 $n_1$ 和 $n_2$，$A_1$ 和 $A_2$ 中元素之和分别为 $S_1$ 和 $S_2$。设计一个尽可能高效地划分算法，满足 $|n_1 - n_2|$ 最小且 $|S_1 - S_2|$ 最大。要求：

(1)给出算法的基本设计思想；

(2)根据设计思想，采用 C/C++描述算法，关键之处给出注释；

(3)说明你所设计算法的时间复杂度和空间复杂度。

# 4.7 实验题

**实验一：求解逆序数问题**

【问题描述】给定一个整数数组 $A = (a_0, a_1, \cdots, a_{n-1})$，若 $i < j$ 且 $a_i > a_j$，则

$<a_i, a_j>$为一个逆序对。例如，数组(3，1，4，5，2)的逆序对有$<3，1>$、$<3，2>$、$<4，2>$、$<5，2>$。编写一个实验程序采用分治策略求 A 中逆序对的个数，即逆序数。

**【问题解析】**二路归并排序是一种典型的分治算法，它将序列 a[low..high]分成两部分，即 a[low..mid]和 a[mid+1..high]，再对这两部分分别进行二路归并排序，最后将两者合并起来。在合并的过程中(设 low≤i≤mid，mid+1≤j≤high)，当 a[i]≤a[j]时并不产生逆序对；但当 a[i]>a[j]时，在前半部分中比 a[i]大的元素都比 a[j]大，对应的逆序数为 mid−i+1，即逆序对为(a[i]，a[j])，…，(a[mid]，a[j])。

因此，可以在二路归并排序的合并过程中计算逆序数，这是一种较为高效的算法，算法的时间复杂度为 $O(n\log_2 n)$。

**实验二：查找最大和次大元素**

**【问题描述】**对于给定的含有 n 个元素的无序序列，求这个序列中最大和次大的两个不同的元素。例如，序列(2，5，1，4，6，3)，最大元素为 6，次大元素为 5。

**【问题解析】**对于无序序列 a[low..high]，采用分治策略求最大元素 max1 和次大元素 max2 的过程解析如下。

(1)a[low..high]中只有一个元素，则 max1=a[low]，max2=−INF(−∞)(要求它们是不同的元素)。

(2)a[low..high]中只有两个元素，则 max1=MAX{a[low]，a[high]}，max2=MIN{a[low]，a[high]}。

(3)a[low..high]中有两个以上元素，按中间位置 mid=(low+high)/2 划分为 a[low..mid]和 a[mid+1..high]左右两个区间(注意左区间包含 a[mid]元素)。

求出左区间最大元素 lmax1 和次大元素 lmax2，求出右区间最大元素 rmax1 和次大元素 rmax2。

合并：若 lmax1>rmax1，则 max1=lmax1，max2=MAX{lmax2，rmax1}；否则 max1=rmax1，max2=MAX{lmax1，rmax2}。

**实验三：元素对个数问题**

**【问题描述】**给定 N 个整数 $A_i$ 及一个正整数 C，问其中有多少对 i，j 满足 $A_i-A_j=C$，第 1 行输入两个空格隔开的整数 N 和 C，第 2～N+1 行每行包含一个整数 $A_i$。

**【问题解析】**采用二分查找算法求解。先对数组 a 递增排序，用 j 扫描数组 a，对于元素 a[j]，在 a[j+1..n−1]中采用二分法求元素 a[j]+C 出现的次数 count(不存在时 count=0)，累计所有的 count 得到 ans 即为所求。其中在有序序列中查找 a[j]+C 元素出现次数的二分法就是采用的分治法思想。

**实验四：划分子集**

**【问题描述】**已知由 n(n≥2)个正整数构成的集合 A={$a_k$}(0≤k<n)，将其划分为两个不相交的子集 $A_1$ 和 $A_2$，元素个数分别是 $n_1$ 和 $n_2$，$A_1$ 和 $A_2$ 中元素之和分别为 $S_1$ 和 $S_2$。设计一个尽可能高效地划分算法，满足 $|n_1-n_2|$ 最小且 $|S_1-S_2|$ 最大。

**【问题解析】**由题意可知，将最小的 n/2 个元素放在 $A_1$ 中，其余的元素放在 $A_2$ 中，分组结果即可满足题目要求。仿照快速排序的思想，将 n 个整数划分为两个子集。根据划分后的位置下标 i 分别进行处理。

①若 $i=n/2$，则分组完成，算法结束。

②若 $i<n/2$，则 $i$ 及之前的所有元素均属于 $A_1$，继续对 $i$ 之后的元素进行划分。

③若 $i>n/2$，则 $i$ 及之后的所有元素均属于 $A_2$，继续对 $i$ 之前的元素进行划分。

**实验五：求解按"最多排序"到"最少排序"的顺序排列问题**

【问题描述】一个序列中的"未排序"的度量是相对于彼此顺序不一致的条目对的数量，例如，在字母序列"DAABEC"中该度量为 5，因为 D 大于其右边的 4 个字母，E 大于其右边的 1 个字母。该度量称为该序列的逆序数。序列"AACEDGG"只有一个逆序对（E 和 D），它几乎被排好序了，而序列"ZWQM"有 6 个逆序对，它是未排序的，恰好是反序。

需要对若干个 DNA 序列（仅包含 4 个字母 A、C、G 和 T 的字符串）分类，注意是分类而不是按字母顺序排列，是按照"最多排序"到"最小排序"的顺序排列，所有 DNA 序列的长度都相同。

**输入描述**：第 1 行包含两个整数，$n(0<n\leqslant50)$ 表示字符长度，$m(0<m\leqslant100)$ 表示字符串个数；后面是 $m$ 行，每行包含一个长度为 $n$ 的字符串。

**输出描述**：按"最多排序"到"最小排序"的顺序输出所有字符串。若两个字符串的逆序对个数相同，按原始顺序输出它们。

【问题解析】本题实际上是求 $n$ 个字符串的逆序数，按逆序数递增顺序输出原来的所有字符串。所以本题的关键是求一个长度为 $n$ 的字符串 $a$ 的逆序数算法，同前面的实验一，这里也采用二路归并的分治法，它将序列 $a[low..high]$ 分成两部分，即 $a[low..mid]$ 和 $a[mid+1..high]$，再对这两部分分别进行二路归并排序，最后将这两者合并起来。在合并的过程中（设 $low\leqslant i\leqslant mid$，$mid+1\leqslant j\leqslant high$），当 $a[i]\leqslant a[j]$ 时并不产生逆序对；但当 $a[i]>a[j]$ 时，在前半部分中比 $a[i]$ 大的元素都比 $a[j]$ 大，对应的逆序数为 $mid-i+1$。整个排序过程中累计逆序数即为该字符串的逆序数。

将所有字符串的逆序数存放在数组 $b$ 中，采用稳定的排序算法对逆序数进行递增排序并按排序结果输出原来的所有字符串，即得到最终结果。

# 第 5 章　贪心法

## 学习目标

(1)理解贪心法的基本思想。

(2)理解运用贪心策略解决典型应用问题的思想。

(3)掌握贪心法的算法分析与设计步骤。

## 内容导读

贪心法的基本思想是把复杂问题分解为若干个简单问题,每一步都做出在当前看来是最好的选择,直到获得问题的完整解。由于未考虑整体最优解,因此贪心法并不一定针对所有问题都能获得整体最优解,但是对于范围相当广泛的问题,贪心法能够产生整体最优解或者整体最优解的近似解。

# 5.1　贪心法概述

## 5.1.1　问题的提出

**引入 1**:教室调度问题。现有如表 5.1 所示的课程表,需要安排尽可能多的课程到某间教室。

表 5.1　课程表

| 课程名称 | 开始时间 | 结束时间 |
| --- | --- | --- |
| 高数 | 8:00 | 9:30 |
| 电子商务 | 8:30 | 10:00 |
| 数据结构 | 9:30 | 12:00 |
| 计算机基础 | 10:00 | 11:00 |
| C 语言 | 11:30 | 12:30 |

**思路**:由于有些课程之间有时间冲突,因此没有办法将所有课程都安排在这间教室。根据课程表,画出课程的时间轴,如图 5.1 所示。

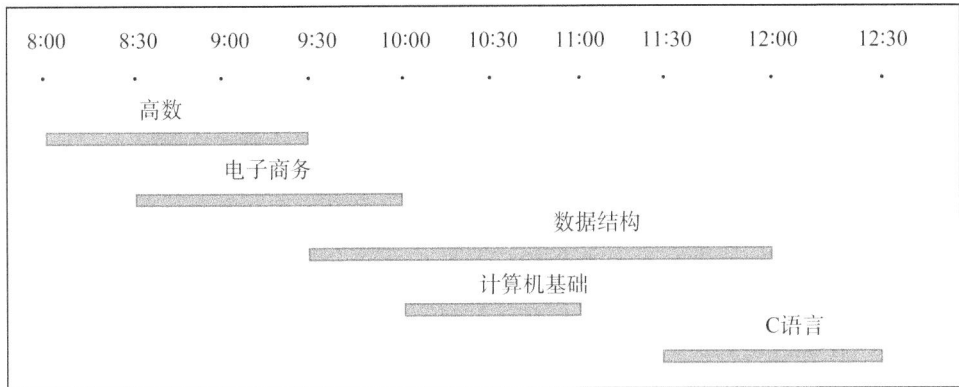

图 5.1　课程时间轴

如何选出尽可能多并且时间又不冲突的课程呢？为了确定策略，可按照一定的顺序来选择不冲突的课程，尽量多安排。这里至少有两种看似合理的策略：一是按照最早开始时间，这样可以提高资源的利用率；二是按照最早结束时间，这样可以使下一课程尽早开始，尽可能多地安排课程。显然，在本题中，第二种策略更合适，因此采用如下方法来选择课程：首先选出结束时间最早的课程，作为这间教室的第一门课程；然后选择第一门课程结束后才开始的课程，选择其中结束最早的课程；如此重复，直到最终得出答案。对于上面这道题，按照规则，选择结束最早的"高数"作为这间教室的第一门课程，结束时间是 9：30；之后开始的课程有"数据结构""计算机基础"和"C语言"三门课程，它们之中结束最早的课程是"计算机基础"，因此选择它作为这间教室的第二门课程，结束时间是 11：00；之后开始的课程就只有"C语言"了，因此选择它作为这间教室的第三门课程，完成课程的安排。本题中采用的策略是贪心法，贪心法的优点是简单易行，每一步都采取最优的做法。在这个例子中，每一次都选择结束最早的课程。也就是说，每一步都选择局部最优解，最终得到全局最优解。对于这个教室安排问题，上述简单算法找到的就是最优解。显然，贪心法并不是在任何情况下都行之有效。

我们再来看一下找零钱问题。假设有面值为 5 元、2 元、1 元、5 角、2 角、1 角的硬币，需要找给顾客 4 元 6 角现金，怎样找零钱使找出的硬币的数量最少呢？

对于该问题，可以将找零钱的过程分为若干步，每一步只给出一枚硬币，这样每一步就是一个子问题。接下来就是依次对每个子问题进行求解了。要想找出的硬币总数最少，对每个子问题最好的选择应该是找出不超过该子问题所需找零总数的面值最大的硬币。对于找零 4 元 6 角的情况，第 1 步和第 2 步都应找出 1 个 2 元的硬币，对于第 3 步，当前所需找零总数为 6 角，面值不超过 6 角的硬币有 5 角、2 角和 1 角，因此应该找出 1个 5 角的硬币。如此继续直到找完零钱，最后得到的找零方案为找出 2 个 2 元的硬币、1 个 5 角的硬币和 1 个 1 角的硬币，总共找出 4 枚硬币，用这样的方法得到该问题的最优解。

倘若将问题修改为需要找零 1 角 1 分，现在只有面值为 7 分、5 分和 1 分的硬币。那么使用以上的方法得到的方案是找给顾客 1 个 7 分的硬币和 4 个 1 分的硬币。而问题的最优解却是找出 2 个 5 分的硬币和 1 个 1 分的硬币。可见在某些问题上，该方法并不能保证得到问题的最优解。这是由找零钱问题本身的固有特性所决定的。

这种简单地从具有最大面值的币种开始，按递减的顺序考虑各种币种的方法称为**贪心法**(Greedy Algorithm)。

## 5.1.2 贪心法设计思想

**最优化问题**(Optimization Problem)是指在算法分析中有这样一类问题：它有 $n$ 个输入，而其解由这 $n$ 个输入满足某些事先给定的约束条件的某个子集所组成。我们把满足约束条件的子集称为该问题的可行解。显然，可行解一般来说是不唯一的，为了衡量可行解的优劣，可以事先给出一定的标准，这些标准一般以函数形式给出——这些函数称为目标函数。那些使目标函数取极值(极大或极小)的可行解，称为**最优解**。

假定所有的可行解都属于一个候选解集，若该候选解集是有限集，从理论上讲可以使用穷举算法，逐个考察候选解集中的每一个候选解是否满足约束条件。若某个候选解能够满足约束条件，则它便是一个可行解。此外，还可以同时用目标函数衡量每个可行解，从中找出最优解。显然，当候选解集十分庞大时，这种方法是不可行的，既费时又不经济。如果候选解集是无限集，则无法用穷举法求解。在这种情况下，贪心法可以用来求解问题的最优解。

贪心策略是指从问题的初始状态出发，通过若干次的贪心选择而得出最优值(或较优解)的一种解题方法。其实，从"贪心策略"一词便可以看出，贪心策略总是做出在当前看来是最优的选择，也就是说，贪心策略并不是从整体上加以考虑，它所做出的选择只是在某种意义上的局部最优解，而许多问题自身的特性决定了该问题运用贪心策略可以得到最优解或较优解。

贪心法通过分步决策，每步都形成局部解，利用这些局部解来构成问题的最终解；如果要求最终解是最优解，则每步的解也必须是当前步骤的最优解。所谓"用局部解构造全局解"即从问题的某一个初始解来逐步逼近给定的目标，以尽可能快地求得最优解。

在找零钱问题每一步的贪心选择中，在不超过应找零金额的条件下，只选择面值最大的硬币而不去考虑在后面看来这种选择是否合理，而且它还不会改变决定：一旦选出了一枚硬币，就永远选定。找零钱问题的贪心策略是尽可能使找出的硬币最快地满足找零要求，其目的是使找出的硬币总数最慢地增加，这正体现了贪心法的设计思想。

## 5.1.3 贪心法的基本要素

对于什么样的问题，贪心法才能保证得到问题的最优解呢？只有当要求解的问题同时具有最优量度标准和最优子结构性质时，算法才能保证总能找到该问题的最优解。因此，如果需要确保算法的正确性，就应该证明要求解的问题满足这两个性质。

### 1. 最优量度标准

所谓**贪心法的最优量度标准**，是指可以根据该量度标准，实行多步决策进行求解，虽然在该量度意义下所做的这些选择是局部最优的，但最终得到的解却是全局最优的。选择最优量度标准是使用贪心法求解问题的核心问题。

**最优量度标准**也称为**贪心选择性质**。值得注意的是，贪心法每一步做出的选择可以依赖于以前做出的选择，但决不依赖于将来的选择，也不依赖于子问题的解。虽然贪心法的每次选择也将问题简化为一个规模更小的子问题，但贪心法某一步做出的选择并不依赖于子问题的解，每一步选择可只按最优量度标准进行。所以，对于一个贪心法，必须证明它所采用的量度标准能够得到一个整体最优解。

贪心法的当前选择可能依赖于已经做出的选择，但不依赖于尚未做出的选择和子问题，因此它的特征是自顶向下，一步一步地做出贪心选择。从全局来看，运用贪心策略解决的问题在程序的运行过程中无回溯过程。

### 2. 最优子结构性质

所谓最优子结构性质是关于问题最优解的特性。当一个问题的最优解中包含子问题的最优解时，则称该问题具有**最优子结构性质**（Optimal Substructure）。

一般来说，如果一个最优化问题的解结构具有元组形式，并具有最优子结构性质，我们就可以尝试选择量度标准。如果经证明（一般用归纳法），确认该量度标准能导致最优解，便可以按算法框架设计出求解该问题的具体的贪心法。

然而，并非所有具有最优子结构性质的最优化问题都能够幸运地找到最优量度标准，此时可考虑使用第 6 章介绍的动态规划法求解。问题的最优子结构性质是该问题可用贪心法求解的关键特征。

## 5.1.4 贪心法的求解过程

用贪心法求解问题应该考虑如下几个方面。

（1）**候选解集 C**：为了构造问题的解决方案，必须有一个候选解集 C 作为问题的可能解，即问题的最终解均取自候选解集 C。例如，在付款问题中，各种面值的货币构成候选解集。

（2）**解集 S**：随着贪心选择的进行，解集 S 不断扩展，直到构成一个满足问题的完整解。例如，在找零钱问题中，已找出的硬币构成解集。

（3）**解决函数 solution( )**：检查解集 S 是否构成问题的完整解。例如，在找零钱问题中，解决函数是已找出的硬币金额恰好等于应找零金额。

（4）**选择函数 select( )**：即贪心策略，这是贪心法的关键，它指出哪个候选对象最有希望构成问题的解。选择函数通常和目标函数有关。例如，在找零钱问题中，贪心策略就是在候选解集中选择面值最大的硬币。

（5）**可行函数 feasible( )**：检查解集中加入一个候选对象是否可行，即解集扩展后是否满足约束条件。例如，在找零钱问题中，可行函数是每一步选择的硬币和已找出的硬币相加不超过应找零金额。

利用贪心法求解问题的过程通常包括如下 3 个步骤。

（1）**分解**：将原问题分解为若干个相互独立的阶段。

（2）**求解**：对于每个阶段求局部最优解，即进行贪心选择。在每个阶段，选择一旦做出就不可更改。做出贪心选择的依据称为贪心准则。贪心准则的制定是用贪心法解决最优化问题的关键，关系到问题能否得到成功解决及解决质量的高低。

（3）**合并**：将各个阶段的解合并为原问题的一个可行解。贪心法的设计模式可以做以下描述。

```
Greedy(A,n)
{
  A[0:n−1]包含 n 个输入;
  将解向量 solution 初始化为空;
  for(i=0;i<n;i++)
  {
  x=select(A);              //从问题的某一初始解出发
  if(feasiable(solution,x))
  solution=union(solution,x);     //部分解空间进行合并
  return(解向量 solution):
  }
  }
```

函数 select()按照某种量度标准从数组 $A$ 中选择一个输入，把它的值赋给变量 $x$ 并将其从数组 $A$ 中删除。如果可以包含在解向量中，union()函数将变量 $x$ 与部分解向量合并，并修改目标函数。

贪心法的优点是求解速度快，时间复杂度较低；缺点是需要证明要求解的问题的解是最优解。

# 5.2 贪心法的应用

## 5.2.1 活动安排问题

【**例 5.1**】活动安排问题。

【**问题描述**】现有 $n$ 个活动 $E=\{1, 2, \cdots, n\}$，它们都要求使用同一公共资源（如场地），约束条件是在同一时间里只有一个活动可以使用该资源。

（1）对于每一个活动，已知使用该资源的起始时间 $s_i$ 和结束时间 $f_i$，其中 $s_i<f_i$。

（2）活动 $i$ 和活动 $j$ 相容的约束条件是 $s_i\geq f_j$ 或 $s_j\geq f_i$。

活动安排问题其实是求解给定活动集合中最大的相容活动子集合，是这类问题的总称，前面所举的教室调度问题本质上也属于活动安排问题。

【**解题思路**】解决活动安排问题的关键是选择贪心策略，以下是两种贪心策略。

（1）最早开始时间：这样可以尽可能提高教室利用率。

（2）最早结束时间：这样可以使下一个活动尽早开始，使得剩余的时间最大化。

由于活动安排问题主要关注的是如何容纳更多的活动，因此选择后一种贪心策略更为合适。首先把这 $n$ 个活动按结束时间递增排列，以方便做每一次的贪心选择。每次总

是选择具有最早结束时间的相容活动加入，使剩余的可安排时间最长，以安排尽可能多的相容活动。假设现有 8 个待安排的活动，按结束时间递增排列的结果如表 5.2 所示。

表 5.2　按结束时间递增排列活动

| 活动 | 开始时间 | 结束时间 |
| --- | --- | --- |
| 1 | 1 点 | 3 点 |
| 2 | 1 点 | 4 点 |
| 3 | 0 点 | 4 点 |
| 4 | 2 点 | 5 点 |
| 5 | 4 点 | 6 点 |
| 6 | 4 点 | 7 点 |
| 7 | 5 点 | 7 点 |
| 8 | 7 点 | 8 点 |

接下来，使用贪心策略进行活动安排，如图 5.2 所示。第一次贪心选择选出结束时间最早的活动：活动 1，结束时间是 3 点；接下来可供选择的活动必须是 3 点以后开始的活动，有活动 5、活动 6、活动 7 和活动 8。第二次贪心选择选出其中结束时间最早的活动：活动 5，结束时间是 6 点；接下来可供选择的活动就只有活动 8 了，它与之前选出的两个活动是相容的。因此，第三次贪心选择选出活动 8，完成活动的安排。

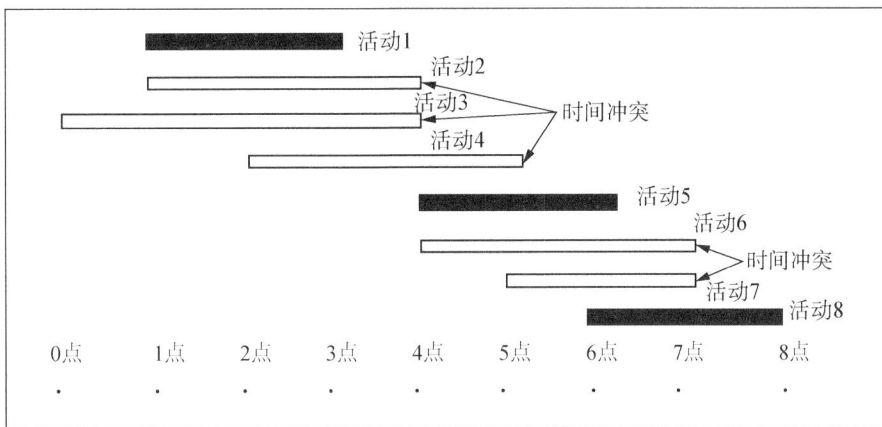

图 5.2　活动安排问题的求解过程

**【算法设计】**设计算法 int ActiveArrange(int n，int s[]，int f[]，bool t[])，用数组 $s[n]$ 存放活动的开始时间，$f[n]$ 存放活动的结束时间，bool 类型数组 $t[n]$ 存放求解结果表示，为方便计算，这里不使用数组的下标 0。

**贪心算法 ActiveArrange( ) 如下。**

```
int ActiveArrange(int n,int s[],int f[],bool t[])
{
```

```
        t[1]=true;
        int j=1;
        int count=0;
        for (int i=2;i<=n; i++)
//活动 i 与活动是相容的
        {if (s[i]>=f[j])//将活动 i 加入集合
        {
            t[i]=true;
            j=i;
            count++;
          }
        //将活动数加 1
        else t[i]=false;
          }
        return count;
        //返回加入集合的活动数


      }
```

算法的另一种设计思路：假设活动时间的参考原点为 0。一个活动 $i(1 \leqslant i \leqslant n)$ 用一个半闭区间 $[b_i, e_i)$ 表示，当活动按结束时间（右端点）递增排序后，两个活动 $[b_i, e_i)$ 和 $[b_j, e_j)$ 相容（满足 $b_i \geqslant e_j$ 或 $b_j \geqslant e_i$），实际上就是指它们不相交。

用数组 $A$ 存放所有的活动，$A[i].b(1 \leqslant i \leqslant n)$ 存放活动起始时间，$A[i].e$ 存放活动结束时间。采用贪心法的策略就是每一步总是选择这样一个活动来占用资源：它能够使得余下的未调度的时间最大化，使得相容的活动尽可能多。为此先将所有活动按活动结束时间递增排序，再从头开始依次选择相容活动（用集合 $B$ 表示），从而得到最大相容活动子集（包含相容活动个数最多的子集）。由于活动按结束时间递增排序，每次总是选择最早结束的相容活动加入集合 $B$ 中，因此为未安排的活动留下了尽可能多的时间，即使剩余的可安排时间段极大化，以便安排尽可能多的相容活动。

例如，对于表 5.2 所示的 $n=8$ 个活动（已按活动结束时间递增排序）$A$，$A=\{$ [1, 3)，[1, 4)，[0, 4)，[2, 5)，[4, 6)，[4, 7)，[5, 7)，[7, 8)$\}$。设前一个相容活动的结束时间为 preend（初始时为参考原点 0），求最大相容活动 $B$ 的过程如下。

$i=1$：preend=0，活动 1[1, 4) 的开始时间大于 0，选择它，preend=活动 1 的结束时间=4，$B=\{$ [1, 4) $\}$。

$i=2$：活动 2[1, 4) 的开始时间小于 preend，不选择。

$i=3$：活动 3[0, 4) 的开始时间小于 preend，不选择。

$i=4$：活动 4[2, 5) 的开始时间小于 preend，不选择。

$i=5$：活动 5[4, 6) 的开始时间不小于 preend，选择它。preend=6，$B=\{$ [1, 4)，[4, 6) $\}$。

$i=6$：活动 6[4, 7) 的开始时间小于 preend，不选择。

$i=7$：活动 7[5，7)的开始时间小于 preend，不选择。

$i=8$：活动 8[7，8)的开始时间大于 preend，选择它。preend$=8$，$B=\{[1，4)，[4，6)，[7，8)\}$。

所以最后选择的最大相容活动子集为 $B=\{1，5，8\}$。

**本题对应的完整 C++程序如下。**

```cpp
# include <stdio.h>
# include <string.h>
# include <algorithm>
using namespace std;
# define MAX 51
//问题表示
struct Action
{  int b;                                    //活动开始时间
   int e;                                    //活动结束时间
   bool operator<(const Action &s) const     //重载<关系函数
   {
       return e<=s.e;                        //用于按活动结束时间递增排序
   }
};
int n=8;
Action A[]={{0},{1,3},{1,4},{0,4},{2,5},{4,6},{4,7},{5,7},{7,8}};    //下标 0
不用
//求解结果表示
bool flag[MAX];                              //标记选择的活动
int Count=0;                                 //选取的相容活动个数
void solve()//求解最大相容活动子集
{
    memset(flag,0,sizeof(flag));             //初始化为 false
    sort(A+1,A+n+1);                         //A[1..n]按活动结束时间递增排序
    int preend=0;                            //前一个相容活动的结束时间
    for (int i=1;i<=n;i++)
    {   if (A[i].b>=preend)
        {   flag[i]=true;                    //选择 A[i]活动
            preend=A[i].e;
        }
    }
}
int main()
{
    solve();
    printf("求解结果\n");
```

```
        printf("  选取的活动:");
        for (int i=1;i<=n;i++)
            if (flag[i])
            {
                printf("活动%d:[%d,%d] ",i,A[i].b,A[i].e);
                Count++;
            }
        printf("\n  共%d个活动\n",Count);
        return 0;
    }
```

**本程序的输出如下。**

求解结果
    选取的活动:活动 1:[1,3] 活动 5:[4,6] 活动 8:[7,8]
    共 3 个活动

【**算法效率分析**】本题算法的时间主要花费在排序上，排序时间为 $O(n\log_2 n)$，所以整个算法的时间复杂度为 $O(n\log_2 n)$。

【**算法证明**】通常，证明一个贪心选择得出的解是最优解的一般方法是构造一个初始最优解，然后对该解进行修正，使其第一步为一个贪心选择，证明总是存在一个以贪心选择开始的求解方案。

对于本问题，所有活动按活动结束时间递增排序，就是要证明：若 $X$ 是活动安排问题 $A$ 的最优解，$X=X'\cup\{1\}$，则 $X'$ 是 $A'=(i\in A: e_i\geq b_1)$ 的活动安排问题的最优解。

首先证明总是存在一个以活动 1 开始的最优解。如果第 1 个选中的活动为 $k(k\neq 1)$，可以构造另一个最优解 $Y$，$Y$ 中的活动是相容的，$Y$ 与 $X$ 的活动数相同。那么用活动 1 取代活动 $k$ 得到 $Y'$，因为 $e_1\leq e_k$，所以 $Y'$ 中的活动是相容的，即 $Y'$ 也是最优的，这就说明总存在一个以活动 1 开始的最优解。

做出了对活动 1 的贪心选择后，原问题就变成了在活动 2……活动 $n$ 中找与活动 1 相容的那些活动的子问题。即如果 $X$ 为原问题的一个最优解，则 $X'=X-\{1\}$ 也是活动选择问题 $A'=\{i\in A\,|\,b_i\geq e_1\}$ 的一个最优解。

采用反证法，如果能找到一个 $A'$ 的含有比 $X'$ 更多活动的解 $Y'$，则将活动 1 加入 $Y'$ 后就得到 $A$ 的一个包含比 $X$ 更多活动的解 $Y$，这与 $X$ 是最优解的假设相矛盾。因此，在每一次贪心选择后留下的是一个与原问题具有相同形式的最优化问题，即最优子结构性质。

【**例 5.2**】求解畜栏保留问题。

【**问题描述**】农场有 $n$ 头牛，每头牛会有一个特定的时间区间 $[b,e]$ 在畜栏里挤奶，并且一个畜栏里在任何时刻只能有一头牛挤奶。现在农场主希望知道最少多少畜栏能够满足上述要求，并给出每头牛被安排的方案。对于多种可行方案，输出一种即可。

【**解题思路**】牛的编号为 $1\sim n$，每头牛的挤奶时间相当于一个活动，与前面的活动安排问题不同，这里的活动时间是闭区间，例如，$[2，4]$ 与 $[4，7]$ 是交叉的，它们不是相容活动。

采用与求解活动安排问题类似的贪心思路将所有活动这样排序：若挤奶结束时间相同则按挤奶开始时间递增排序，否则按挤奶结束时间递增排序。求出一个最大相容活动子集，将它们安排在一个畜栏中(畜栏编号为1)；如果没有安排完，在剩余的活动中求下一个最大相容活动子集，将它们安排在另一个畜栏中(畜栏编号为2)，以此类推。也就是说，最大相容活动子集的个数就是最少畜栏个数。

如表5.3所示各个活动按挤奶结束时间进行递增排序，由一个活动集合产生3个最大相容活动子集，如表5.4～表5.6所示。表5.3中的活动集合是排序后的结果。

表5.3 按挤奶结束时间进行递增排序

| 活动 $i$ | 1 | 2 | 3 | 4 | 5 | 6 | 7 |
|---|---|---|---|---|---|---|---|
| $b$ | 1 | 2 | 5 | 8 | 4 | 12 | 11 |
| $e$ | 4 | 5 | 7 | 9 | 10 | 13 | 15 |

表5.4 最大相容活动子集1

| 活动 $i$ | 1 | 3 | 4 | 6 |
|---|---|---|---|---|
| $b$ | 1 | 5 | 8 | 12 |
| $e$ | 4 | 7 | 9 | 13 |

表5.5 最大相容活动子集2

| 活动 $i$ | 2 | 7 |
|---|---|---|
| $b$ | 2 | 11 |
| $e$ | 5 | 15 |

表5.6 最大相容活动子集3

| 活动 $i$ | 5 |
|---|---|
| $b$ | 4 |
| $e$ | 10 |

【算法设计】建立一个活动标记数组 ans，ans[$i$]表示编号为 $A[i]$.no 的牛安排挤奶的畜栏编号，ans[$i$]为0表示该牛尚未安排畜栏，将所有元素设置为0，置当前选取的畜栏编号 num=1；从第一个活动开始寻找最大相容活动子集1，将其中所有活动编号对应的 ans[$i$]设置为 num(1)；num=2，在所有 ans[$i$]=0 的活动集合中寻找最大相容活动子集2，将其中所有活动编号 $i$ 对应的 ans[$i$]设置为 num(2)；以此类推，最后找出最大相容活动子集个数为3。

用数组 $A$ 存放所有活动，用数组 ans 表示活动对应的畜栏编号(从1开始)。

**算法设计如下。**

```
void solve()                        //求解最大相容活动子集
{   sort(A+1,A+n+1);                //A[1..n]按指定方式排序
    memset(ans,0,sizeof(ans));      //初始化为 0
    int num=1;                      //畜栏编号
    for (int i=1;i<=n;i++)          //i、j均为排序后的下标
      { if (ans[i]==0)              //第 i 头牛还没有安排畜栏
        { ans[i]=num;               //第 i 头牛安排畜栏 num
          int preend=A[i].e;        //前一个相容活动的结束时间
          for (int j=i+1;j<=n;j++)  //查找一个最大相容活动子集
          { if (A[j].b>preend && ans[j]==0)
            { ans[j]=num;           //将相容活动子集中的活动安排在 num 畜栏中
              preend=A[j].e;        //更新挤奶结束时间
            }
          }
          num++;                    //查找下一个最大相容活动子集,num 增 1
        }
      }
}
```

【例 5.3】求解区间相交问题。

【问题描述】给定 $x$ 轴上的 $n$ 个闭区间,去掉尽可能少的闭区间,使剩下的闭区间都不相交。对于每组输入数据,输入数据的第 1 行是正整数 $n(1 \leqslant n \leqslant 40000)$,表示闭区间数;在接下来的 $n$ 行中,每行有两个整数,分别表示闭区间的两个端点。输出计算出的去掉的最少闭区间数。

【解题思路】采用贪心策略求出最大兼容活动子集,所有兼容活动子集中的闭区间是不相交的。设其中的闭区间个数为 ans,则删除 $n-$ans 个闭区间得到不相交闭区间。

**算法设计如下。**

```
void solve()
{   int t,i;
    for (i=0; i<n; i++)
        if (A[i].b>A[i].e)      //交换首、尾部,使首部小于尾部
        { t=A[i].b;
          A[i].b=A[i].e;
          A[i].e=t;
        }
    sort(A,A+n);                //排序
    int preend=A[0].e;
    ans=1;
    for(i=1; i<n; i++)
```

```
{  if (A[i].b>preend)      //A[j]与前一个求解不相交
   {  ans++;
      preend=A[i].e;
   }
 }
 ans=n-ans;
}
```

## 5.2.2 币种统计问题

【例5.4】币种统计问题。

【问题描述】某公司给职工发工资(单位:元)。为了确保工资正常发放,无须临时兑换零钱同时要求取款的张数最少,需要在去银行取钱之前统计出本次发放工资所需各种币值(共5种币值:100元、50元、10元、5元和1元)的张数,请设计算法以完成这项工作。公司工资表如表5.7所示。

表5.7  某公司工资表

| 姓名 | 工资总额(元) | 100元张数 | 50元张数 | 10元张数 | 5元张数 | 1元张数 |
|------|--------------|-----------|----------|----------|---------|---------|
| 王红 | 2135 | 21 | 0 | 3 | 1 | 0 |
| 李言 | 1862 | 18 | 1 | 1 | 0 | 2 |
| 赵林 | 2639 | 26 | 0 | 3 | 1 | 4 |
| 张军 | 2581 | 25 | 1 | 3 | 0 | 1 |

【解题思路】采用贪心策略,针对每个人的工资,先尽量多地拿大币值的币种,依次由大币值币种到小币值币种逐步统计。

【算法设计】

(1)将5种币值存储在数组 $y$ 中。这样,5种币值就可表示为 $y[i]$, $i=1,2,3,4,5$。为了方便实现算法,按照币值从大到小依次存储。

(2)定义数组 $C$,用来记录每种币值所需的数量。

**本题对应的完整C程序如下。**

```c
# include <stdio.h>
int main()
{
    int i,j,n,gz,t;
    int y[6]={0,100,50,10,5,1};
    printf("输入总人数:");
    scanf("%d",&n);
    int c[6]={0,0,0,0,0,0};                  //初始化计数器
    for (i=1;i<=n;i++)
```

```
    {
        printf("输入第%d人的工资:",i);
        scanf("%d",&gz);
        for (j=1;j<=5;j++)                //依次计算 5 种币值所需张数
        {
            c[j]=0;
            t=gz/y[j];
            c[j]=c[j]+t;
            gz=gz-t*y[j];
        }
        for (int i=1;i<=5;i++)
            printf("%d 元的张数是:%d  ",y[i],c[i]);
        printf("\n");
    }
    return 0;
}
```

**本程序的输出如下。**

```
输入总人数:4
输入第 1 人的工资:2135
100 元的张数是:21  50 元的张数是:0  10 元的张数是:3  5 元的张数是:1  1 元的张数是:0
输入第 2 人的工资:1862
100 元的张数是:18  50 元的张数是:1  10 元的张数是:1  5 元的张数是:0  1 元的张数是:2
输入第 3 人的工资:2639
100 元的张数是:26  50 元的张数是:0  10 元的张数是:3  5 元的张数是:1  1 元的张数是:4
输入第 4 人的工资:2581
100 元的张数是:25  50 元的张数是:1  10 元的张数是:3  5 元的张数是:0  1 元的张数是:1
```

## 5.2.3  背包问题

**【例 5.5】** 背包问题。

**【问题描述】** 设有编号为 1、2、…、$n$ 的 $n$ 件物品，它们的重量分别为 $w_1$、$w_2$、…、$w_n$，价值分别为 $v_1$、$v_2$、…、$v_n$，其中 $w_i$、$v_i$ $(1 \leqslant i \leqslant n)$ 均为正数。一个背包可以携带的最大重量不超过 $W$。求解目标是在不超过背包负重的前提下使背包装入的总价值最大（即效益最大化）。与 0/1 背包问题的区别是，这里的每件物品可以取一部分装入背包。

**【解题思路】** 这里采用贪心策略求解。设 $x_i$ 表示物品 $i$ 装入背包的情况，$0 \leqslant x_i \leqslant 1$。根据问题的要求，有如下约束条件和目标函数：

$$\sum_{i=1}^{n} w_i x_i \leqslant W,\ 0 \leqslant x_i \leqslant 1 (1 \leqslant i \leqslant n)$$

$$\mathrm{MAX}\left\{\sum_{i=1}^{n} w_i x_i\right\}$$

于是问题归结为寻找一个满足上述约束条件，并使目标函数达到最大的解向量 $X = (x_1, x_2, \cdots, x_n)$。

例如，$n = 3$，$W = 20$，$(w_1, w_2, w_3) = (18, 15, 10)$，$(v_1, v_2, v_3) = (25, 24, 15)$，其中的 4 个可行解如表 5.8 所示。

表 5.8　背包问题的 4 个可行解

| 解编号 | $(x_1, x_2, x_3)$ | $\sum\limits_{i=1}^{n} w_i x_i$ | $\sum\limits_{i=1}^{n} v_i x_i$ |
|---|---|---|---|
| 1 | (1/2, 1/3, 1/4) | 16.5 | 24.25 |
| 2 | (1, 2/15, 0) | 20 | 28.2 |
| 3 | (0, 2/3, 1) | 20 | 31 |
| 4 | (0, 1, 1/2) | 20 | 31.5 |

在这 4 个可行解中，第 4 个解的效益最大，可以求出它是这个背包问题的最优解。

用贪心法求解的关键是选择贪心策略，使得可以按照一定的顺序选择每个物品，并尽可能装入背包，直到背包装满。至少有以下 3 种看似合理的贪心策略。

(1)选择价值最大的物品，因为这可以尽可能快地增加背包的总价值。但是，虽然每一步选择获得了背包价值的极大增长，但背包容量却可能消耗得太快，使得装入背包的物品个数减少，从而不能保证目标函数达到最大。

(2)选择重量最轻的物品，因为这可以装入尽可能多的物品，从而增加背包的总价值。但是，虽然每一步选择使背包的容量消耗得慢了，但背包的价值却无法保证迅速增长，从而也不能保证目标函数达到最大。

(3)选择单位重量下价值最大的物品，在背包价值增长和背包容量消耗之间寻找平衡。

应用贪心策略(3)，每次从物品集合中选择单位重量下价值最大的物品，如果其重量小于背包容量，就可以把它装入，并将背包容量减去该物品的重量，然后会面临一个最优子问题——它同样是背包问题，只不过背包容量减少了，物品集合减少了。因此背包问题具有最优子结构性质。

【算法设计】对于表 5.9 所示的一个背包问题，$n = 5$，设背包容量 $W = 100$。

表 5.9　一个背包问题

| $i$ | 1 | 2 | 3 | 4 | 5 |
|---|---|---|---|---|---|
| $w_i$ | 10 | 20 | 30 | 40 | 50 |
| $v_i$ | 20 | 30 | 66 | 40 | 60 |
| $v_i / w_i$ | 2.0 | 1.5 | 2.2 | 1.0 | 1.2 |

其求解过程如下。

(1)将价值(即 $v/w$)递减排序，其结果为(66/30, 20/10, 30/20, 60/50, 40/40)，物品重新按 1～5 编号。

（2）设背包余下装入的重量为 weight，其初值为 $W$。

（3）从 $i=1$ 开始，$w[1]<$weight 成立，表明物品 1 能够装入，将其装入背包中，置 $x[1]=1$，weight＝weight－$w[1]=70$，增 1，即 $i=2$。

$w[2]<$weight 成立，表明物品 2 能够装入，将其装入背包中，置 $x[2]=1$，weight ＝weight－$w[2]=60$，增 1，即 $i=3$。

$w[3]<$weight 成立，表明物品 3 能够装入，将其装入背包中，置 $x[3]=1$，weight ＝weight－$w[3]=50$，增 1，即 $i=4$。

$w[4]<$weight 不成立，且 weight>0，表明只能将物品 4 的一部分装入，装入比例＝weight/$w[4]=50/60=80\%$，置 $x[4]=0.8$，算法结束，得到 $X=(1，1，1，0.8，0)$。

**说明：**由于每件物品可以只取一部分，因此一定可以让总重量恰好为 $W$。当物品按价值递减排序后，除最后一件所取的物品可能只取其一部分外，其他物品要么不拿，要么全拿。

**算法设计如下。**

```
void Knap()                      //求解背包问题并返回总价值
{
    V=0;                         //v 初始化为 0
    double weight=W;             //背包中能装入的余下重量
    memset(x,0,sizeof(x));       //初始化 x 向量
    int i=1;
    while (A[i].w<weight)         //物品 i 能够全部装入时循环
    {  x[i]=1;                    //装入物品 i
       weight-=A[i].w;           //减少背包中能装入的余下重量
       v+=A[i].v;                //累计总价值
       i++;                      //继续循环
    }
    if (weight>0)                 //当余下重量大于 0 时
    {  x[i]=weight/A[i].w;        //将物品 i 的一部分装入
       v+=x[i]*A[i].v;           //累计总价值
    }
}
```

**【算法证明】**假设对于 $n$ 件物品，按 $v_i/w_i(1\leqslant i\leqslant n)$ 值递减排序得到 1，2，$\cdots$，$n$ 的序列，即 $v_1/w_1\geqslant v_2/w_2\geqslant\cdots\geqslant v_n/w_n$。设 $X=\{x_1，x_2，\cdots，x_n\}$ 时本算法找到解。如果所有的 $x_i$ 都等于 1，这个解明显是最优解。否则，设 minj 是满足 $x$minj$<1$ 的最小下标。考虑算法的工作方式，很明显，当 $i<$minj 时，$x_i=1$；当 $i>$minj 时，$x_i=0$，并且 $\sum_{i=1}^{n}w_ix_i=W$。设 $X$ 的价值为 $V(X)=\sum_{i=1}^{n}w_ix_i$。

设 $Y=(y_1，y_2，\cdots，y_n)$ 是该背包问题的一个最优可行解，因此有 $\sum_{i=1}^{n}w_iy_i\leqslant W$，从而有 $\sum_{i=1}^{n}w_i(x_i-y_i)=\sum_{i=1}^{n}w_ix_i-\sum_{i=1}^{n}w_iy_i\geqslant 0$，这个解的价值为 $V(Y)=\sum_{i=1}^{n}v_iy_i$。则

$$V(X) - V(Y) = \sum_{i=1}^{n} v_i (x_i - y_i) = \sum_{i=1}^{n} w_i \frac{v_i}{w_i}(x_i - y_i)$$

当 $i <$ minj 时，$x_i = 1$，所以 $x_i - y_i \geqslant 0$，且 $v_i / w \geqslant$ vminj/wminj。

当 $i >$ minj 时，$x_i = 0$，所以 $x_i - y_i \leqslant 0$，且 $v_i / w \leqslant$ vminj/wminj。

当 $i =$ minj 时，$v_i / w =$ vminj/wminj。

则

$$
\begin{aligned}
V(X) - V(Y) &= \sum_{i=1}^{n} w_i \frac{v_i}{w_i}(x_i - y_i) \\
&= \sum_{i=1}^{\text{minj}-1} w_i \frac{v_i}{w_i}(x_i - y_i) + \sum_{i=\text{minj}}^{\text{minj}} w_i \frac{v_i}{w_i}(x_i - y_i) + \sum_{i=\text{minj}+1}^{n} w_i \frac{v_i}{w_i}(x_i - y_i) \\
&\geqslant \sum_{i=1}^{\text{minj}-1} w_i \frac{v_{i\,\text{minj}}}{w_{\text{minj}}}(x_i - y_i) + \sum_{i=\text{minj}}^{\text{minj}} w_i \frac{v_{i\,\text{minj}}}{w_{\text{minj}}}(x_i - y_i) + \\
&\quad \sum_{i=\text{minj}+1}^{n} w_i \frac{v_{i\,\text{minj}}}{w_{\text{minj}}}(x_i - y_i) \\
&= \frac{v_{i\,\text{minj}}}{w_{\text{minj}}} \sum_{i=1}^{n} w_i (x_i - y_i) \geqslant 0
\end{aligned}
$$

这样与 $Y$ 是最优解的假设矛盾，也就是说没有哪个可行解的价值会大于 $V(X)$，因此解 $X$ 是最优解。

**【算法效率分析】** 排序算法 sort() 的时间复杂度为 $O(n\log_2 n)$，循环的时间为 $O(n)$，所以本算法的时间复杂度为 $O(n\log_2 n)$。

说明：背包问题和 0/1 背包问题类似，不同之处在于选择物品装入背包时可以选择物品的一部分，而不一定是全部。这两类问题都具有最优子结构性质，但背包问题可以用贪心法求解，而 0/1 背包问题却不能用贪心法求解，因为用贪心法求解 0/1 背包问题可能得不到最优解。以表 5.9 所示的背包问题为例，如果作为 0/1 背包问题，因为重量为 60 的物品放不下(此时背包中只余下 50 重量的物品可放)，所以只能舍弃它，选择重量为 40 的物品，这是一个可行解，但显然不是最优解。

## 5.2.4 多机调度问题

**【例 5.6】** 多机调度问题。

**【问题描述】** 设有 $n$ 项独立的作业 $\{1, 2, \cdots, n\}$，由 $m$ 台相同的机器 $\{1, 2, \cdots, m\}$ 进行加工处理，作业所需的处理时间为 $t_i (1 \leqslant i \leqslant n)$，每项作业均可在任何一台机器上加工处理，但未完工前不允许中断，任何作业也不能分解为更小的子作业。多机调度问题要求给出一种作业调度方案，使所给的 $n$ 项作业在尽可能短的时间内由 $m$ 台机器加工处理完成。

**【解题思路】** 采用贪心策略，让最长处理时间的作业优先处理，即把处理时间最长的作业分配给最先空闲的机器，这样可以保证处理时间长的作业优先处理，从而在整体上获得尽可能短的处理时间。

按照最长处理时间的作业优先的贪心策略，当 $m \geqslant n$ 时，只要将机器的 $i$ 的 $[0, t_i]$

时间区间分配给作业 $i$ 即可；当 $m < n$ 时，首先将 $n$ 项作业依其所需的处理时间从大到小进行排序，然后依此顺序将作业分配给空闲的机器进行处理。

例如，有 7 项独立的作业 $\{1, 2, 3, 4, 5, 6, 7\}$，由 3 台机器 $\{1, 2, 3\}$ 加工处理，各项作业所需的处理时间如表 5.10 所示。这里 $n=7$，$m=3$，采用贪心策略求解的过程如下。

(1) 7 项作业按处理时间递减排序，其结果如表 5.11 所示。

(2) 将排序后的前 3 项作业分配给 3 台机器，此时机器的分配情况为 $(\{4\}, \{2\}, \{5\})$，对应的总处理时间为 $(16, 14, 6)$。

(3) 分配余下的作业。

分配作业 6：3 台机器中机器 3 在时间 6 后最先空闲，将作业 6 分配给它，此时机器的分配情况为 $(\{4\}, \{2\}, \{5, 6\})$，对应的总处理时间为 $(16, 14, 6+5=11)$。

分配作业 3：3 台机器中机器 3 在时间 11 后最先空闲，将作业 3 分配给它，$(\{4\}, \{2\}, \{5, 6, 3\})$，对应的总处理时间为 $(16, 14, 11+4=15)$。

分配作业 7：3 台机器中机器 2 在时间 14 后最先空闲，将作业 7 分配给它，此时机器的分配情况为 $(\{4\}, \{2, 7\}, \{5, 6, 3\})$，对应的总处理时间为 $(16, 14+3=17, 15)$。

分配作业 1：3 台机器中机器 3 在时间 15 后最先空闲，将作业 1 分配给它，此时机器的分配情况为 $(\{4\}, \{2, 7\}, \{5, 6, 3, 1\})$，对应的总处理时间为 $(16, 17, 15+2=17)$。由于每次需要求出最先空闲的机器，即求出正在执行作业的 $t$ 最小的机器，因此采用一个小根堆，堆中的作业是正在执行的作业，最多 $m$ 项作业。当某个机器执行的作业的 $t$ 最小时，它最先出队，加上当前安排的作业 $j$ 的处理时间，然后继续入队执行。

**表 5.10　7 项作业的处理时间**

| 作业编号 | 1 | 2 | 3 | 4 | 5 | 6 | 7 |
|---|---|---|---|---|---|---|---|
| 作业的处理时间 | 2 | 14 | 4 | 16 | 6 | 5 | 3 |

**表 5.11　7 项作业按处理时间递减排序后的结果**

| 作业编号 | 4 | 2 | 5 | 6 | 3 | 7 | 1 |
|---|---|---|---|---|---|---|---|
| 作业的处理时间 | 16 | 14 | 6 | 5 | 4 | 3 | 2 |

**算法设计如下。**

```
void solve()                    //求解多机调度问题
{
    NodeType e;
    if (n<=m)
    {   printf("为每一项作业分配一台机器\n");
        return;
    }
    sort(A,A+n);
```

```
priority_queue<NodeType>qu;                        //小根堆
for (int i=0;i<m;i++)
{
    A[i].mno=i+1;
    printf("   给机器%d分配作业%d,执行时间为%2d,占用时间段:[%d,%d]\n",
            A[i].mno,A[i].no,A[i].t,0,A[i].t);
    qu.push(A[i]);
}
for (int j=m;j<n;j++)
{
    e=qu.top(); qu.pop();                          //出队 e
    printf("   给机器%d分配作业%d,执行时间为%2d,占用时间段:[%d,%d]\n",
    e.mno,A[j].no,A[j].t,e.t,e.t+A[j].t);
    e.t+=A[j].t;
    qu.push(e);                                    //e 入队
}
}
```

多机调度问题是 NP 类问题,到目前为止还没有有效的解法,上述算法是采用贪心策略求得的一个较好的近似解。

可以通过一个反例说明上述算法得到的不一定是最优解。例如,$n=7$, $m=3$,作业的处理时间=(16,14,12,11,10,9,8)。按照该算法得到的结果是 31,对应的方案是机器 1 执行时间长度为 16 和 9 的作业(总时间为 25),机器 2 执行时间长度为 14 和 10 的作业(总时间为 24),机器 3 执行时间长度为 12、11 和 8 的作业(总时间为 31)。而一个最优解是 27,对应的方案如下:机器 1 执行时间长度为 16 和 11 的作业(总时间为 27),机器 2 执行时间长度为 14 和 12 的作业(总时间为 26),机器 3 执行时间长度为 10、9 和 8 的作业(总时间为 27)。

【算法效率分析】sort() 的时间复杂度为 $O(n\log_2 n)$,两次 for 循环的时间合起来为 $O(n)$,所以本算法的时间复杂度为 $O(n\log_2 n)$。

## 5.2.5  哈夫曼编码

【例 5.7】哈夫曼编码问题。

【问题描述】设需要编码的字符集为$\{d_1, d_2, \cdots, d_n\}$,它们出现的频率为$\{w_1, w_2, \cdots, w_n\}$,应用哈夫曼树构造最优的不等长的由 0、1 构成的编码方案。

【解题思路】先构建以 $n$ 个结点为叶子结点的哈夫曼树,然后由哈夫曼树产生各叶子结点对应字符的哈夫曼编码。

哈夫曼树(Huffman Tree)的定义:设二叉树具有 $n$ 个带权值的叶子结点,从根结点到每个叶子结点都有一个路径长度。从根结点到各个叶子结点的路径长度与相应结点权值的乘积的和,称为该二叉树的带权路径长度(Weighted Path Length,WPL),记作

$$WPL = \sum_{i=1}^{n} w_i \times l_i$$

其中，$w_i$ 为第 $i$ 个叶子结点的权值，$l_i$ 为第 $i$ 个叶子结点的路径长度。

由 $n$ 个叶子结点可以构造出多种二叉树，其中具有最小带权路径长度的二叉树，称为**哈夫曼树(也称最优树)**。

根据哈夫曼树的定义，一棵二叉树要使其 WPL 值最小，必须使权值越大的叶子结点越靠近根结点，使权值越小的叶子结点越远离根结点。那么如何构造一棵哈夫曼树呢？其一般步骤如下。

(1)由给定的 $n$ 个权值 $\{w_1, w_2, \cdots, w_n\}$ 构造 $n$ 棵只有一个叶子结点的二叉树，从而得到一个二叉树的集合 $F = \{T_1, T_2, \cdots, T_n\}$。

(2)在 $F$ 中选取根结点的权值最小和次小的两棵二叉树作为左、右子树构造一棵新的二叉树，这棵新的二叉树的根结点的权值为其左、右子树根结点的权值之和，即合并两棵二叉树为一棵二叉树。

(3)重复步骤(2)，当 $F$ 中只剩下一棵二叉树时，这棵二叉树便是所要建立的哈夫曼树。

例如，给定 a～e 5 个字符，它们的权值集合 $W = \{4, 2, 1, 7, 3\}$，构造哈夫曼树的过程如图 5.3 所示(图中带阴影的结点表示所属二叉树的根结点)。

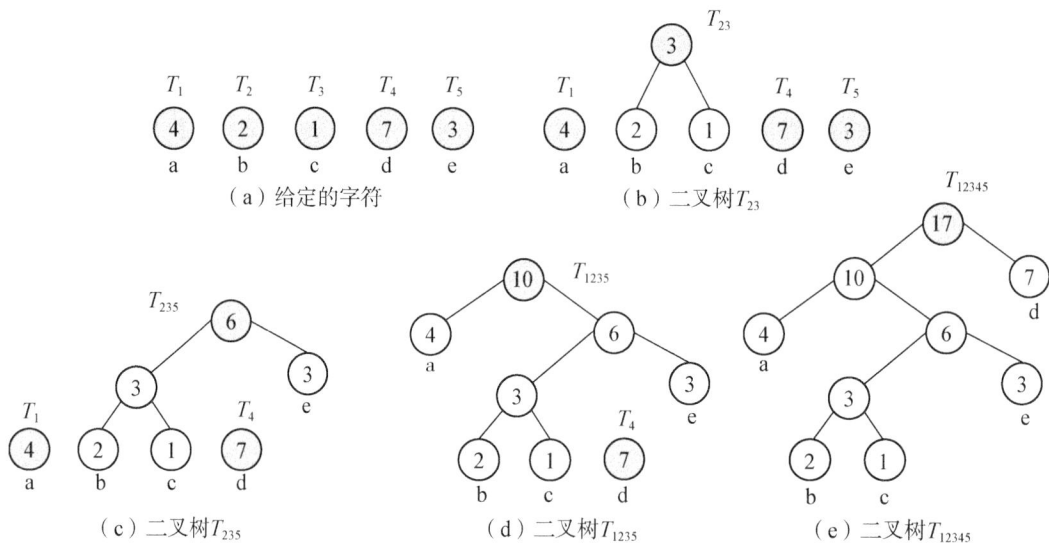

图 5.3  构造哈夫曼树过程

利用哈夫曼树构造的用于通信的二进制编码称为哈夫曼编码。在哈夫曼树中从根到每个叶子结点都有一条路径，对路径上的各分支约定指向左子树根的分支表示"0"码，指向右子树的分支表示"1"码，取每条路径上的"0"或"1"的序列作为和各个叶子对应的字符的编码，这就是**哈夫曼编码**。例 5.7 产生的哈夫曼编码如图 5.4 所示。

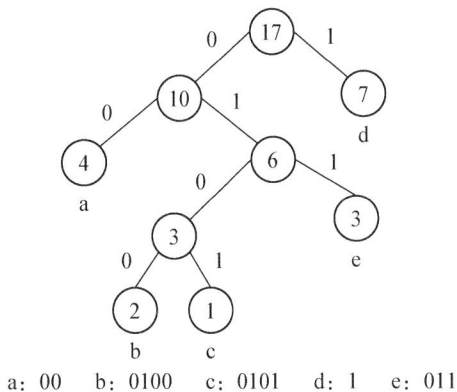

a: 00    b: 0100    c: 0101    d: 1    e: 011

图 5.4　例 5.7 产生的哈夫曼编码

每个字符编码由 0、1 构成，并且没有一个字符编码是另一个字符编码的前缀，这种编码称为前缀码，哈夫曼编码是一种最优前缀码。前缀码可以使译码过程变得十分简单，由于任一字符的编码都不是其他字符的前缀，从编码文件中不断取出代表某一字符的前缀码转换为原字符，即可逐个译出文件中的所有字符。

在哈夫曼树的构造过程中，每次都合并两棵根结点权值最小的二叉树，这体现了贪心法的思想。那么是否可以像前面介绍的算法一样，先按权值递增排序，然后依次构造哈夫曼树呢？由于每次合并两棵二叉树时都要找出权值最小和次小的根结点，而且新构造的二叉树也参与这一过程，如果每次都排序，花费的时间就更多了，所以一般不这样做，而是在已构造的二叉树中直接通过比较来找出权值最小和次小的根结点。

【算法设计】由 $n$ 个权值构造的哈夫曼树的总结点个数为 $2n-1$，每个结点的二进制编码长度不会超过树高，可以推出这样的哈夫曼树的高度最多为 $n$。所以用一个数组 ht[$0..2n-2$]存放哈夫曼树，其中 ht[$0..n-1$]存放叶子结点，ht[$n..n-2$]存放其他需要构造的结点，ht[$i$]. parent 为该结点的双亲在 ht 数组中的下标，ht[$i$]. parent＝－1 表示它为根结点，ht[$i$]. lchild 和 ht[$i$]. rchild 分别为该结点的左、右孩子在 ht 数组中的下标。

用 map<char, string>容器 htcode 存放所有叶子结点的哈夫曼编码，如 htcode['a']＝"10"表示'a'的哈夫曼编码为 10。

由于需要多次选择两棵根结点权值最小和次小的子树合并，因此设计一个小根堆来查找这样的子树。

**本题对应的完整 C/C＋＋程序如下。**

```
# include <iostream>
# include <queue>
# include <vector>
# include <string>
# include <map>
using namespace std;
# define MAX 101
```

```
int n;
struct HTreeNode                              //哈夫曼树结点类型
{
    char data;                                //字符
    int weight;                               //权值
    int parent;                               //父结点的位置
    int lchild;                               //左孩子结点的位置
    int rchild;                               //右孩子结点的位置
};
HTreeNode ht[MAX];                            //哈夫曼树
map<char,string>htcode;                       //哈夫曼编码

struct NodeType                               //优先队列结点类型
{
    int no;                                   //对应哈夫曼树 ht 中的位置
    char data;                                //字符
    int  weight;                              //权值
    bool operator<(const NodeType &s) const
    {                                         //用于创建小根堆
        return s.weight<weight;
    }
};
void CreateHTree()                            //构造哈夫曼树
{
    NodeType e,e1,e2;
    priority_queue<NodeType>qu;
    for (int k=0;k<2*n-1;k++)                 //设置所有结点的指针域
        ht[k].lchild=ht[k].rchild=ht[k].parent=-1;
    for (int i=0;i<n;i++)                     //将 n 个结点入队 qu
    {
        e.no=i;
        e.data=ht[i].data;
        e.weight=ht[i].weight;
        qu.push(e);
    }
    for (int j=n;j<2*n-1;j++)                 //构造哈夫曼树的 n-1 个非叶子结点
    {
        e1=qu.top();   qu.pop();              //出队权值最小的结点 e1
        e2=qu.top();   qu.pop();              //出队权值次小的结点 e2
        ht[j].weight=e1.weight+e2.weight;     //构造哈夫曼树的非叶子结点 j
        ht[j].lchild=e1.no;
        ht[j].rchild=e2.no;
```

```
        ht[e1.no].parent=j;              //修改 e1.no 的双亲为结点 j
        ht[e2.no].parent=j;              //修改 e2.no 的双亲为结点 j
        e.no=j;                          //构造队列结点 e
        e.weight=e1.weight+e2.weight;
        qu.push(e);
    }
}
void CreateHCode()                       //构造哈夫曼编码
{
    string code;
    code.reserve(MAX);
    for (int i=0;i<n;i++)                //构造叶子结点 i 的哈夫曼编码
    {
        code="";
        int curno=i;
        int f=ht[curno].parent;
        while (f!=-1)                    //循环到根结点
        {
            if (ht[f].lchild==curno)     //curno 为双亲 f 的左孩子
                code='0'+code;
            else                         //curno 为双亲 f 的右孩子
                code='1'+code;
            curno=f; f=ht[curno].parent;
        }
        htcode[ht[i].data]=code;         //得到 ht[i].data 字符的哈夫曼编码
    }
}
void DispHCode()                         //输出哈夫曼编码
{
    map<char,string>::iterator it;
    for (it=htcode.begin();it!=htcode.end();++it)
        cout << "    " << it->first << ":" << it->second <<endl;
}
void DispHTree()                         //输出哈夫曼树
{
    for (int i=0;i<2*n-1;i++)
    {
        printf("  data=%c, weight=%d, lchild=%d, rchild=%d, parent=%d\n",
            ht[i].data,ht[i].weight,ht[i].lchild,ht[i].rchild,ht[i].parent);
    }
}
int WPL()                                //求 WPL
```

```
{
    int wps=0;
    for (int i=0;i<n;i++)
        wps+=ht[i].weight * htcode[ht[i].data].size();
    return wps;
}
int main()
{
    n=5;
    ht[0].data='a'; ht[0].weight=4;              //置初值,即 n 个叶子结点
    ht[1].data='b'; ht[1].weight=2;
    ht[2].data='c'; ht[2].weight=1;
    ht[3].data='d'; ht[3].weight=7;
    ht[4].data='e'; ht[4].weight=3;
    CreateHTree();                               //构造哈夫曼树
    printf("构造的哈夫曼树:\n");
    DispHTree();
    CreateHCode();                               //求哈夫曼编码
    printf("产生的哈夫曼编码如下:\n");
    DispHCode();                                 //输出哈夫曼编码
    printf("WPL=%d\n",WPL());
    return 0;
}
```

**本程序的输出如下。**

构造的哈夫曼树:
```
    data=a, weight=4,lchild=-1, rchild=-1, parent=7
    data=b, weight=2,lchild=-1, rchild=-1, parent=5
    data=c, weight=1,lchild=-1, rchild=-1, parent=5
    data=d, weight=7,lchild=-1, rchild=-1, parent=8
    data=e, weight=3,lchild=-1, rchild=-1, parent=6
    data=, weight=3, lchild=2, rchild=1, parent=6
    data=, weight=6, lchild=4, rchild=5, parent=7
    data=, weight=10, lchild=0, rchild=6, parent=8
    data=, weight=17, lchild=3, rchild=7, parent=-1
```
产生的哈夫曼编码如下。
```
    a:10
    b:1111
    c:1110
    d:0
    e:110
WPL=36
```

说明：在哈夫曼树的构造中，当合并两棵二叉树时，将两个权值最小和次小的根结点作为左孩子或右孩子均可以，这样构造出的哈夫曼树可能不唯一，因此产生的哈夫曼编码也不唯一，但它们的 WPL 一定是唯一的。例如，上述程序的输出和图 5.4 所示的哈夫曼编码不同，但都是正确的哈夫曼编码，WPL 均为 36。

【算法证明】先讨论两个命题及其证明过程。

命题 1：两个最小权值字符对应的结点 $x$ 和 $y$ 必须是哈夫曼树中最深的两个结点且它们互为兄弟。

证明：假设 $x$ 结点在哈夫曼树（最优树）中不是最深的，那么存在一个结点 $z$，满足 $w_z > w_x$，但它比 $x$ 深，即 $l_z > l_x$，此时结点 $x$ 和 $z$ 的带权和为 $w_x \cdot l_x + w_z \cdot l_z$。

如果交换 $x$ 和 $z$ 结点的位置，其他不变，如图 5.5 所示，则交换后的带权和为 $w_x \cdot l_z + w_z \cdot l_x$，则有 $w_x \cdot l_z + w_z \cdot l_x < w_x \cdot l_x + w_z \cdot l_z$。

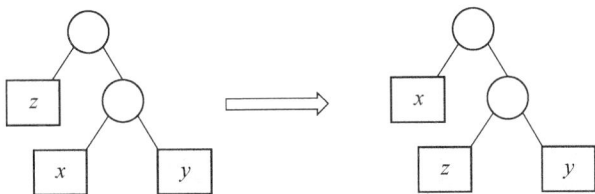

图 5.5 交换 $x$、$z$ 结点

这是因为 $w_x \cdot l_z + w_z \cdot l_x - (w_x \cdot l_x + w_z \cdot l_z) = w_x(l_z - l_x) - w_z(l_z - l_x) = (w_x - w_z)(l_z - l_x) < 0$（由前面所设有 $w_z > w_x$ 和 $l_z > l_x$）。这就与交换前的树是最优树的假设矛盾，所以以上述命题成立。

命题 2：设 $T$ 是字符集 $C$ 对应的一棵哈夫曼树，结点 $x$ 和 $y$ 是兄弟，它们的双亲为结点 $z$，如图 5.6 所示，显然有 $w_z = w_x + w_y$，现删除结点 $x$ 和 $y$，让 $z$ 变为叶子结点，那么这棵新树 $T_1$ 一定是字符集 $C_1 = C - \{x, y\} \cup \{z\}$ 的最优树。

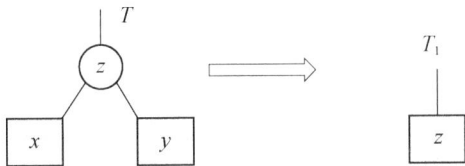

图 5.6 由 $T$ 删除结点 $x$ 和 $y$ 得到 $T_1$

证明：设 $T$ 和 $T_1$ 的带权路径长度分别为 $\mathrm{WPL}(T)$ 和 $\mathrm{WPL}(T_1)$，则有 $\mathrm{WPL}(T) = \mathrm{WPL}(T_1) + w_x + w_y$。

这是因为 $\mathrm{WPL}(T_1)$ 含有 $T$ 中除 $x$、$y$ 以外的所有叶子结点的带权路径长度和，另外加上 $z$ 的带权路径长度。

假设 $T_1$ 不是最优的，则存在另一棵树 $T_2$，有 $\mathrm{WPL}(T_2) < \mathrm{WPL}(T_1)$。

由于结点 $z \in C_1$，则 $z$ 在 $T_2$ 中一定是一个叶子结点。若将 $x$ 和 $y$ 加入 $T_2$ 中作为结点 $z$ 的左、右孩子，则得到表示字符集 $C$ 的前缀树 $T_3$，如图 5.7 所示，则有 $\mathrm{WPL}(T_3) = \mathrm{WPL}(T_2) + w_x + w_y$。

由前面的几个式子看到 $\mathrm{WPL}(T_3) = \mathrm{WPL}(T_2) + w_x + w_y < WPL(T_1) + w_x + w_y$。

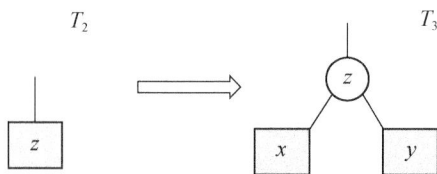

图 5.7 由 $T_2$ 添加结点 $x$ 和 $y$ 得到 $T_3$

这与 $T$ 为 $C$ 的哈夫曼树的假设矛盾。本命题即得证。

命题1说明该算法满足贪心选择性质，即通过合并来构造一棵哈夫曼树的过程可以从合并两个权值最小的字符开始。命题2说明该算法满足最优子结构性质，即该问题的最优解包含其子问题的最优解。所以采用哈夫曼树算法产生的树一定是一棵最优树。

**【算法效率分析】** 由于采用小根堆，从堆中删除两个结点（权值最小的两个二叉树根结点）和加入一个新结点的时间复杂度都是 $O(\log_2 n)$，所以构造哈夫曼树算法的时间复杂度为 $O(n\log_2 n)$。生成哈夫曼编码的算法循环 $n$ 次，每次查找路径恰好是根结点到一个叶子结点的路径，平均高度为 $O(\log_2 n)$，所以由哈夫曼树生成哈夫曼编码的算法的时间复杂度也为 $O(n\log_2 n)$。

## 5.2.6 最小生成树

设 $G=(V, E)$ 是无向连通带权图，即一个网络。$E$ 中每条边 $(v, w)$ 的权为 $c[v][w]$。如果 $G$ 的一个子图 $G'$ 是一棵包含 $G$ 的所有顶点的树，则称 $G'$ 为 $G$ 的生成树。生成树上各边权的总和称为该生成树的耗费。在 $G$ 的所有生成树中，耗费最小的生成树称为 **$G$ 的最小生成树**。

网络的最小生成树在实际中有广泛应用。例如，在设计通信网络时，用图的顶点表示城市，用边 $(v, w)$ 的权 $c[v][w]$ 表示建立城市 $v$ 和城市 $w$ 之间的通信线路所需的费用，则最小生成树就给出了建立通信网络最经济的方案，从而实现高效的数据传输。另外，在电路板布线中，最小生成树算法可以用于确定电路板上元器件之间的连接方式，从而实现最短路径和最小代价的连接。此外，在交通规划中，最小生成树算法可以用于确定城市间道路的布局方式，从而实现高效的交通运输。

采用贪心策略可以设计出构造最小生成树的有效算法。本节介绍的构造最小生成树的普里姆（Prim）算法和克鲁斯卡尔（Kruskal）算法都可以看作贪心策略的应用例子。尽管这 2 个算法做贪心选择的方式不同，但它们都利用了下面的最小生成树性质。

设 $G=(V, E)$ 是连通带权图，$U$ 是 $V$ 的真子集。如果 $(u, v) \in E$，$u \in U$，$v \in V-U$，且在所有这样的边中，$(u, v)$ 的权 $c[u][v]$ 最小，那么一定存在 $G$ 的一棵最小生成树，它以 $(u, v)$ 为其中一条边。这个性质有时也称为 **MST 性质**。

假设 $G$ 的任何一棵最小生成树都不含边 $(u, v)$。将边 $(u, v)$ 添加到 $G$ 的一棵最小生成树 $T$ 上，将产生含有边 $(u, v)$ 的圈，并且在这个圈上有一条不同于 $(u, v)$ 的边 $(u', v')$，使得 $u' \in U$，$v' \in V-U$，如图 5.8 所示。将边 $(u', v')$ 删除，得到 $G$ 的另一棵生成树 $T'$。由于 $c[u][v] \leqslant c[u'][v']$，所以 $T'$ 的耗费 $\leqslant T$ 的耗费。于是 $T'$ 是一棵含有边 $(u, v)$ 的最小生成树，这与假设矛盾。

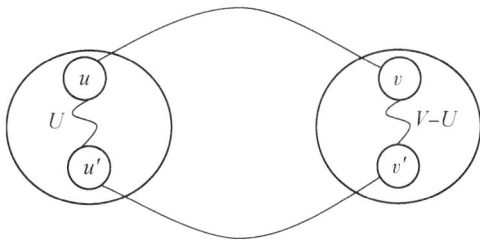

图 5.8 含有 $(u,v)$ 的圈

**【例 5.8】** Prim 算法。

**【问题描述】** 如图 5.9 所示，无向连通带权图 $G1$ 中有 $A$、$B$、$C$、$D$、$E$、$F$、$G$ 共 7 个顶点。利用 Prim 算法设计 $G1$ 的最小生成树。

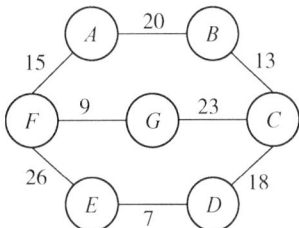

图 5.9 无向连通带权图 $G1$

**【解题思路】Prim 算法的基本思想**：任选图中的一个顶点作为起始点，每一步的贪心选择是把不在当前生成树中的最近顶点添加到生成树中，直到所有顶点都添加进来为止。

运用 Prim 算法思想构造最小生成树的过程如图 5.10 所示。

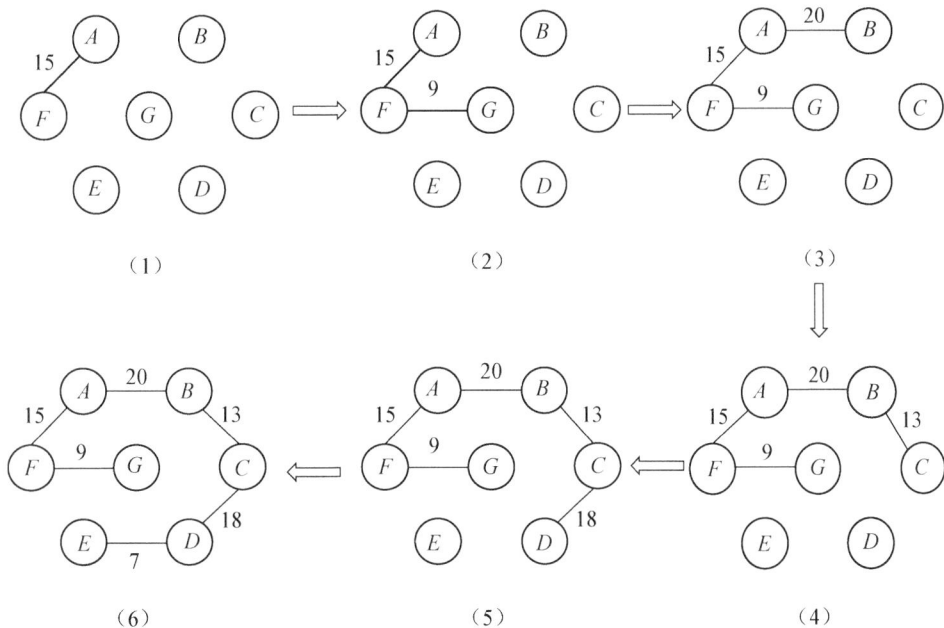

图 5.10 运用 Prim 算法构造最小生成树的过程

**【算法设计】**Prim 算法设计步骤如下。

(1)设置两个新的集合 $W$ 和 $D$，其中 $W$ 用于存放 $G$ 的最小生成树顶点的集合，$D$ 用于存放 $G$ 的最小生成树权值的集合。

(2)令集合 $W$ 的初值为 $W = \{w_0\}$（从顶点 $w_0$ 开始构造），集合 $D$ 的初值为 $D = \{\}$。从顶点 $w \in W$ 与顶点 $v \in V-W$ 组成的所有带权边中选出最小权值的边 $(w, v)$，将顶点 $v$ 添加到集合 $W$ 中，将边 $(w, v)$ 添加到集合 $D$ 中。如此不断重复，当所有顶点都加入 $W$ 时结束。集合 $W$ 中存放着最小生成树顶点的集合，集合 $D$ 中存放着最小生成树边的权值集合。

**普里姆(Prim)算法如下。**

```
void prim(int c[][MAX], int n)
{
    int minDist[MAX];
    //minDist[i]:表示以 i 为终点的边的最小权值,当 minDist[i]==0 表示 i 点加入了 S
    int parent[MAX];                    //表示对应 minDist[i]的起点
    int i, j, min, minid, sum=0;
    for (i=2; i<=n; i++)
    {
        minDist[i]=c[1][i];             //lowcost 存放顶点 1 可达点的路径长度
        parent[i]=1;                    //初始化以 1 为起始点
    }
    parent[1]=0;
    minDist[1]=0;
    printf("最小生成树为:\n");
    for (i=2; i <=n; i++)
    {
        min=MAXCOST;
        minid=0;
        for (j=2; j<=n;j++)
        {
            if (minDist[j] < min && minDist[j] !=0)
            {
                min=minDist[j];         //找出权值最短的路径长度
                minid=j;                //找出最小的 ID
            }
        }
        printf("V%d———V%d 权值:%d\n",parent[minid],minid,min);
        sum +=min;                      //求和
        minDist[minid]=0;               //该处最短路径置为 0,加入 MST
        for (j=2; j<=n;j++)
        {
            if (c[minid][j] < minDist[j])   //对这一点直达的顶点进行路径更新
```

```
        {
            minDist[j]=c[minid][j];
            parent[j]=minid;
        }
    }
}
printf("最小权值之和=%d\n",sum);
}
```

【算法效率分析】不难分析，Prim 算法的时间复杂度为 $O(n^2)$，其中 $n$ 为结点的数量。

【例 5.9】Kruskal 算法

【问题描述】利用 Kruskal 算法设计图 5.9 所示 G1 的最小生成树。

【解题思路】**Kruskal 算法**采用的是最短边策略，每一次贪心选择都是从剩下的边中选择一条不会产生环路的具有最小代价的边添加到已选择边的集合中，直到所有顶点都添加为止。如下 Kruskal 算法应用了这种贪心策略。

(1) 计算最小生成树的初始状态：只有 $n$ 个顶点且无边的非连通图 $H=(W,\{\})$，图中的每个顶点自成一个连通分量。

(2) 在 $E$ 中选择具有最小代价的边，如果这条边依附的顶点落在 $H$ 中不同的连通分量上，就将该边添加到 $T$ 中，否则舍去，继续选择下一条代价最小的边，重复此过程，直到 $T$ 中的所有顶点都在同一连通分量上为止。运用 Kruskal 算法构造图 5.9 中最小生成树的过程如图 5.11 所示。

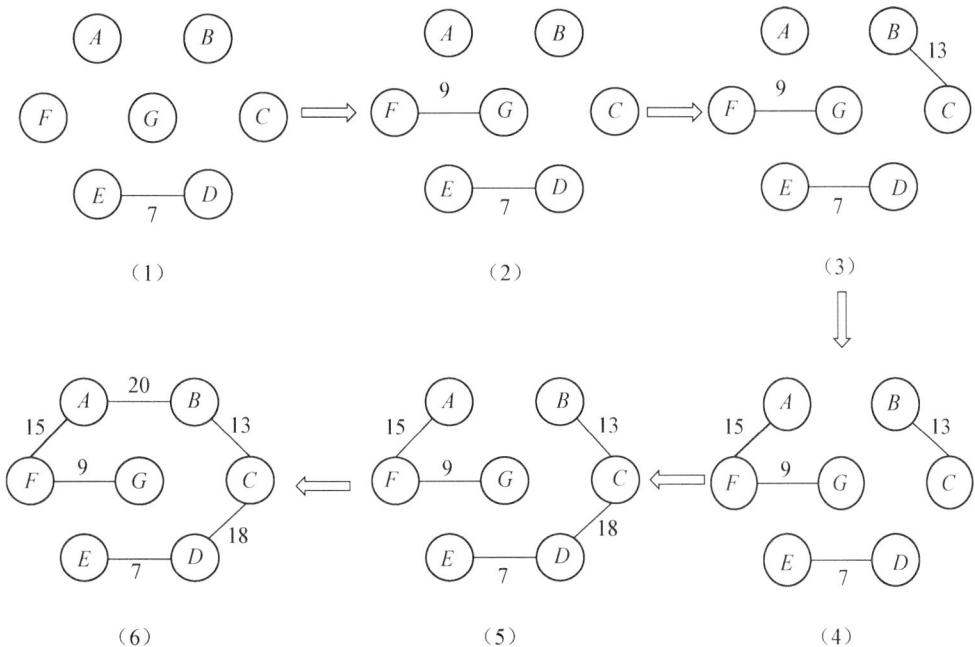

图 5.11  运用 Kruskal 算法构造最小生成树的过程

【算法设计】算法思想 1：应用结构体定义边集数组元素 Edge，v1，v2 存放顶点，weight 存放权重；定义图的结构 ALGraph，peak 存放顶点的数量，edge 存放边的数量；设计函数 CreatALGraph()创建图，设计函数 find()通过 parent[]找到可连接的边，设计函数 Finish()判断生成树是否完成，设计函数 MinTree_Kruskal()创建最小生成树。

**本思想创建最小生成树的克鲁斯卡尔(Kruskal)算法如下。**

```
void MinTree_Kruskal(ALGraph * G)
{
    int i,a,b,W=0;
    int parent[G->peak];
    for(i=0;i<G->peak;i++)          //初始化 parent[]
    {
        parent[i]=0;
    }
    printf("最小生成树为:\n");
    for(i=0;i<G->edge;i++)
    {
        a=Find(parent,FindPeak(G,G->p[i].v1));
        b=Find(parent,FindPeak(G,G->p[i].v2));
        if(a!=b)                    //如果 a==b 则表示 a 和 b 在同一棵生成树上
                                    //如果 a 和 b 连接则为生成环,不符合生成树
        {
            parent[a]=b;
            printf("%d->%d  %d\n",G->p[i].v1,G->p[i].v2,G->p[i].weight);
            W=W+G->p[i].weight;
        }
        if(Finish(G,parent))        //完成后返回
        {
            printf("总权值=%d\n",W);
            return;
        }
    }
}
```

算法思想 2：定义数组 $s[i]=1$ 表示顶点 $i$ 的双亲是结点 1，即 $i$ 与 1 在一个集合中；定义 edge 结构，包含顶点 $u$ 到顶点 $v$ 的权重是 $w$(无向图)；设计算法 Merge(int x, int y)把 $y$ 合并到 $x$ 中去，就是把 $y$ 的双亲设为结点 $x$；利用 sort()函数将权值排序；设计函数 Kruskal()创建最小生成树。

**算法思想 2 的 Kruskal( )算法如下。**

```
void Kruskal(){
    int x,y,W=0;
    for(int i=0;i<m;i++){
```

```
        x=g[i].u;
        y=g[i].v;
        if(Find(x)!=Find(y)){
            cout<<x<<"→"<<y<<"权值="<<g[i].w<<endl;
            W=W+g[i].w;
            Merge(x,y);
        }
    }
    cout<<"总权值="<<W;
}
```

**算法思想3**：关于集合的一些基本运算可用于实现 Kruskal 算法。Kruskal 算法中按权的递增顺序查看的边的序列可以看作一个优先队列，它的优先级为边权。顺序查看等价于对优先队列执行 removeMin 运算。可以用堆实现这个优先队列。

另外，在 Kruskal 算法中，还要对一个由连通分支组成的集合不断进行修改。需要用到集合中的基本运算。利用优先队列和并查集这两个抽象数据类型可实现 Kruskal 算法。

**算法思想 3 的 Kruskal( )算法如下。**

```
void kruskal(int v,int e)
{
    int n=1;
    priority_queue<Edge>Q;
    for(int i=1;i<=e;i++)
        Q.push(Edge(edge[i].x,edge[i].y,edge[i].weight));
    while(!Q.empty() && n < v)
    {
        Edge e=Q.top();
Q.pop();
if(uf_union(e.x, e.y)
        {
            sum=sum+e.weight;
            cout << e.x << "→" << e.y << "权值=" << e.weight << endl;
            n++;
        }
    }
}
```

【**算法效率分析**】设输入的连通带权图有 $E$ 条边，则将这些边依其权组成优先队列需要 $O(e)$ 时间。在上述算法的 while 循环中，需要 $O(\log_2 E)$ 时间，因此关于优先队列所做运算的时间为 $O(E\log_2 E)$，所以，Kruskal 算法的时间复杂度为 $O(E\log_2 E)$，其中 $E$ 为边的数量。

### 5.2.7　求解流水作业调度问题

在工厂生产调度或者多道程序处理中，常常要涉及组织流水作业的问题。通常一项大型作业由一系列不同类型的任务（工序）组成。例如，多道程序运行环境下的一组程序，总是先进行输入，再执行，在执行过程中经常要输出一些信息和打印最后的结果等，这就是一种流水作业方式。

假设一条流水线上有 $n$ 项作业 $J = \{J_0, J_1, \cdots, J_{n-1}\}$ 和 $m$ 台设备 $P = \{P_1, P_2, \cdots, P_m\}$，每项作业需依次执行 $m$ 项任务，每一类任务只能在某一台设备上执行，其中第 $j(1 \leqslant j \leqslant m)$ 项任务只能在第 $j$ 台设备执行。所谓依次执行，是指对任一作业，在第 $(j-1)$ 项任务完成前，第 $j$ 项任务不能开始执行，且每台设备任何时刻只能执行一项任务。设执行第 $i$ 项作业的第 $j$ 项任务 $T_{ji}$ 所需时间为 $t_{ji}(1 \leqslant j \leqslant m, 0 \leqslant i < n)$。如何将这 $n \times m$ 项任务分配给 $m$ 台设备，使得这 $n$ 项作业都能顺利完成，就是**流水作业调度问题**。要求确定这 $n$ 项作业的最优加工顺序，使得从第一项作业在机器 $m_1$ 上开始加工，到最后一项作业在机器 $M$ 上加工完成所需的时间最少。

设在 3 台设备上调度 2 项作业，每项作业包含 3 项任务。完成这些任务所需要的时间由矩阵 $M$ 给定，这两项作业的两种可能的调度方案如图 5.12 所示。

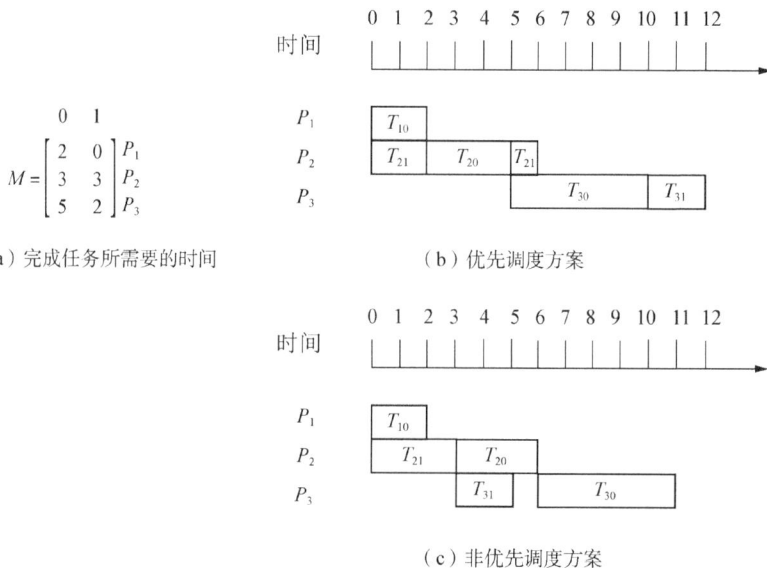

$$M = \begin{bmatrix} 0 & 1 \\ 2 & 0 \\ 3 & 3 \\ 5 & 2 \end{bmatrix} \begin{matrix} \\ P_1 \\ P_2 \\ P_3 \end{matrix}$$

（a）完成任务所需要的时间　　　　（b）优先调度方案

（c）非优先调度方案

图 5.12　流水作业调度问题的调度方案

【解题思路】流水线上的作业调度方式分为**优先调度**（Preemptive）和**非优先调度**（Non-Preemptive）两种类型。优先调度是指允许暂时中断当前任务，转而先处理其他任务，随后再接着处理被暂时中断的任务。非优先调度是指在一台设备上处理一项任务时，必须等到该任务处理完毕才能处理另一项任务，即在这项任务没有完成时不允许中断该任务而把处理机分配给别的作业。图 5.12(b)是一个优先调度方案，任务 $J_0$ 优先于任务 $J_1$，总完成时间为 12 个单位时间；而图 5.12(c)是一个非优先调度方案，总完成时间为 11 个单位时间。这个例子中非优先调度方案优于优先调度方案。图 5.13 中的例子则是优先调度方案优于非优先调度方案(优先调度方案的总完成时间是 15 个单位时间,非优先调度方案的总完成时间是 16 个单位时间)。

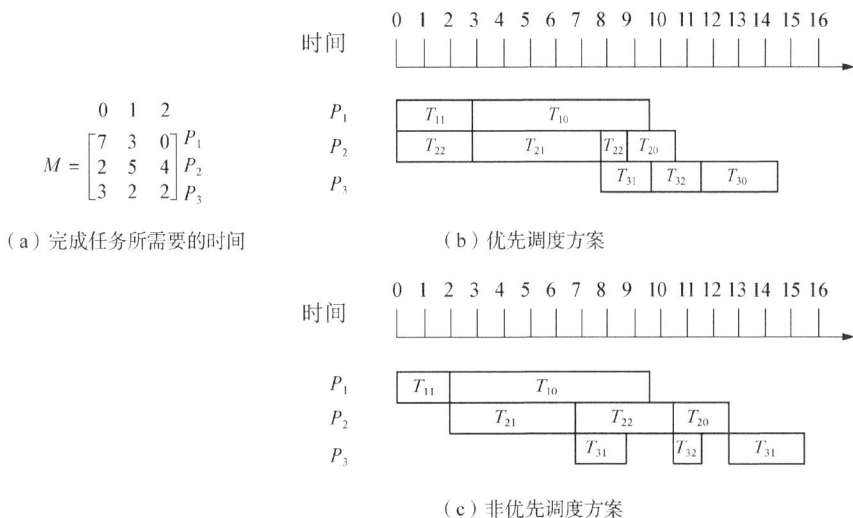

$$M = \begin{bmatrix} 7 & 3 & 0 \\ 2 & 5 & 4 \\ 3 & 2 & 2 \end{bmatrix} \begin{matrix} P_1 \\ P_2 \\ P_3 \end{matrix}$$

(a) 完成任务所需要的时间　　　(b) 优先调度方案

(c) 非优先调度方案

图 5.13　3 项作业 3 台处理机的两种调度方案

从以上两个例子中可以看出,对于流水作业调度问题,到底哪一种调度方案更好,要根据具体的情况及问题的要求而定。实际上,非优先调度可以看作各作业的优先级相等的一种特殊的优先调度。

设作业 $i$ 在调度方案 $S$ 下,该作业的所有任务都已完成的时间记为 $f_i(S)$。如本例中 $f_0(S)=10$,$f_1(S)=12$。一种调度方案 $S$ 的所有作业都完成的时间 $F(S)$ 定义为

$$F(S) = \max_{0 \le i \le n} \{ f_i(S) \}$$

平均完成时间 $\mathrm{MFT}(S) = \dfrac{1}{n} \sum_{i=0}^{n-1} f_i(S)$。

对于一组给定的作业,其最优完成时间是 $F(S)$ 的最小值。用 OFT 表示非优先调度最优完成时间,POFT 表示优先调度最优完成时间,OMFT 表示非优先调度最优平均完成时间,POMFT 表示优先调度最优平均完成时间。

当 $m>2$ 时,流水线上的作业调度属于难于计算的问题,本节只讨论当 $m=2$ 时的非优先调度这种特殊情况的算法(双机流水作业调度问题)。为了方便起见,用 $a_i$ 表示 $t_{1i}$,$b_i$ 表示 $t_{2i}$,两者分别为作业 $i$ 在第一台设备和第二台设备上的处理时间。

【例 5.10】双机流水作业调度问题。

【问题描述】设有 $n$ 项作业集合 $\{1, \cdots, n\}$,每项作业都有两项任务要求在两台设备 $M_1$ 和 $M_2$ 组成的流水线上完成加工。每项作业加工的顺序是先在 $M_1$ 上加工,然后在 $M_2$ 上加工。$M_1$ 和 $M_2$ 加工作业 $i$ 所需的时间分别为 $a_i$ 和 $b_i (1 \le i \le n)$。流水作业调度问题要求确定这 $n$ 项作业的最优加工顺序,使得从第一项作业在设备 $M_1$ 上开始加工,到最后一项作业在设备 $M_2$ 上加工完成所需的时间最少,即求使 $F(S)$ 有最小值的调度方案 $S$。

【解题思路】采用归纳策略。当只有一项作业 $(a_1,b_1)$ 时，显然最少时间 $T_{min}=a_1+b_1$。

当有两项作业 $(a_1,b_1)$ 和 $(a_2,b_2)$ 时，有以下 2 种情况。

若 $(a_1,b_1)$ 在前 $(a_2,b_2)$ 在后执行，有图 5.14 所示的两种情况，图 5.14(a) 求出最少时间 $T_{min}=a_1+b_1+a_2+b_2-b_1(b_1<a_2)$，图 5.14(b) 求出最少时间 $T_{min}=a_1+b_1+a_2+b_2-a_2(a_2<b_1)$，合并起来 $T_{min}=a_1+b_1+a_2+b_2-\min(a_2,b_1)$。

若 $(a_2,b_2)$ 在前 $(a_1,b_1)$ 在后执行，可以求出最少时间 $T_{min}=a_2+b_2+a_1+b_1-\min(b_2,a_1)$。

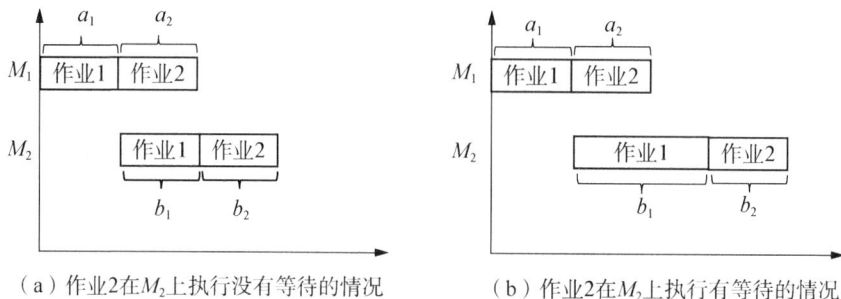

(a) 作业2在 $M_2$ 上执行没有等待的情况　　　(b) 作业2在 $M_2$ 上执行有等待的情况

图 5.14　$(a_1,b_1)$ 在前 $(a_2,b_2)$ 在后执行，两项作业执行的两种情况

将两种执行顺序合并起来，则有

$$T_{min}=a_1+b_1+a_2+b_2-\max(\min(a_2,b_1),\min(a_1,b_2))$$

归纳起来，对于两项作业 $(a_1,b_1)$ 和 $(a_2,b_2)$，若 $\min(a_1,b_2)\leqslant\min(a_2,b_1)$，则 $(a_1,b_1)$ 放在 $(a_2,b_2)$ 前面执行；反之，若 $\min(a_2,b_1)\leqslant\min(a_1,b_2)$，则 $(a_2,b_2)$ 放在 $(a_1,b_1)$ 前面执行。

由此可以得到一个贪心选择的性质：对于给定的作业 $(a,b)$，当 $a\leqslant b$ 时，让 $a$ 比较小的作业尽可能先执行；当 $a>b$ 时，让 $b$ 比较小的作业尽可能后执行。

【算法设计】采用贪心策略。本题算法设计步骤如下。

(1) 把所有作业按 $M_1$、$M_2$ 的时间分为两组，$a[i]\leqslant b[i]$ 对应第 1 组 $N_1$，$a[i]>b[i]$ 对应第 0 组 $N_2$。

(2) 将 $N_1$ 的作业按 $a[i]$ 递增排序，$N_2$ 的作业按 $b[i]$ 递减排序。

(3) 按顺序先执行 $N_1$ 的作业，再执行 $N_2$ 的作业，得到的就是耗时最少的最优调度方案。

其实现采用如下结构体数组 c：

```
struct NodeType
{
    int no;                      //作业号
    bool group;                  //1代表第一组N1,0代表第二组N2
    int time;                    //a,b的最小时间
    bool operator<(const NodeType &s) const
```

```
    {
        return time<s.time;              //按 time 递增排序
    }
};
```

扫描数组 $a$ 和 $b$ 得到数组 $c$，对数组 $c$ 按 time 递增排序。用一维数组 best 存放最优调度序列，即将 $N_1$ 的作业号按顺序存放在 best 的前面部分，将 $N_2$ 的作业号按反序存放在 best 的后面部分。因为 $N_2$ 组中时间为 $b$ 值，按时间递增排序后对应按 $b$ 递增排序的结果，按反序存放到 best 中达到按 $b$ 递减选取作业的目的。

例如，$n=4$，作业的 $M_1$ 时间 $a[]=\{5，12，4，8\}$，作业的 $M_2$ 时间 $b[]=\{6，2，14，7\}$。生成的数组 $c$ 如表 5.12 所示，按 time 排序后的结果如表 5.13 所示。

再依次扫描数组 $c$ 的所有元素，将第 1 组元素按 time 递增排列放在 best 的前面部分，将第 0 组元素按 time 递减排列放到 best 的后面部分，得到的结果如表 5.14 所示。此时 best 中的作业顺序即为最优调度方案，即 3、1、4、2。

表 5.12　排序前的 $c$ 数组元素

| 作业号 | 1 | 2 | 3 | 4 |
|---|---|---|---|---|
| $M_1$ 时间 | 5 | 12 | 4 | 8 |
| $M_2$ 时间 | 6 | 2 | 14 | 7 |
| 组号 | 1 | 0 | 1 | 0 |
| 时间 | 5 | 2 | 4 | 7 |

表 5.13　排序后的 $c$ 数组元素

| 作业号 | 2 | 3 | 1 | 4 |
|---|---|---|---|---|
| $M_1$ 时间 | 12 | 4 | 5 | 8 |
| $M_2$ 时间 | 2 | 14 | 6 | 7 |
| 组号 | 0 | 1 | 1 | 0 |
| 时间 | 2 | 4 | 5 | 7 |

表 5.14　best 的结果

| best 的结果序号 | 2 | 0 | 3 | 1 |
|---|---|---|---|---|
| 作业号 | 3 | 1 | 4 | 2 |
| 组号 | 1 | 1 | 0 | 0 |
| 时间 | 4 | 5 | 7 | 2 |

现在求最优调度下的总时间，用 $f_1$ 累计 $M_1$ 上的执行时间(初始时 $f_1=0$)，用 $f_2$ 累计 $M_2$ 上的执行时间(初始时 $f_2=0$)，最终 $f_2$ 即为最优调度下的消耗总时间。对于最优

调度方案 best，用 $i$ 扫描 best 的元素，$f_1$ 和 $f_2$ 的计算如下。

$$f_1 = f_1 + a[\text{best}[i]]$$
$$f_2 = \max\{f_2, f_1\} + b[\text{best}[i]]$$

**求解流水作业调度问题的 solve( )算法如下。**

```
int solve()                         //求解流水作业调度问题
{
    int i,j,k;
    NodeType c[N];
    for(i=0;i<n;i++)                //在 n 项作业中,求出每项作业的最小加工时间
    {
        c[i].no=i;
        c[i].group=(a[i]<=b[i]);
                                    //a[i]<=b[i]对应第 1 组 N1,a[i]>b[i]对应第 0 组 N2
        c[i].time=a[i]<=b[i]? a[i]:b[i];   //第 1 组存放 a[i],第 0 组存放 b[i]
    }
    printf("排序前的 c 数组元素\n"); display(c);
    sort(c,c+n);                    //c 数组元素按 time 递增排序
    printf("排序后的 c 数组元素\n"); display(c);
    j=0; k=n-1;
    for(i=0;i<n;i++)                //扫描 c 数组所有元素,产生最优调度方案
    {
        if(c[i].group==1)           //第 1 组,按 time 递增排列放在 best 的前面部分
            best[j++]=c[i].no;
        else                        //第 0 组,按 time 递减排列放到 best 的后面部分
            best[k--]=c[i].no;
    }
    int f1=0;                       //累计 M1 上的执行时间
    int f2=0;                       //最优调度下的消耗总时间
    for(i=0;i<n;i++)
    {
        f1+=a[best[i]];
        f2=max(f2,f1)+b[best[i]];
    }
    return f2;
}
```

【算法效率分析】本题算法的时间主要花费在排序上，所以其时间复杂度为 $O(n\log_2 n)$，比采用第 7 章的回溯法和分支限界法求解更高效。

## 5.2.8  求解田忌赛马问题

【例 5.11】求解田忌赛马问题。

【问题描述】大多数人在小时候可能都听过田忌赛马的故事。在两千多年前的战国时

期，齐威王与大将田忌赛马。双方约定每人各出 300 匹马，并且在上、中、下 3 个等级中各选一匹进行比赛，由于齐威王每个等级的马都比田忌的马略强，比赛的结果可想而知。现在双方各 $n$ 匹马，依次派出一匹马进行比赛，每一轮获胜的一方将从输的一方得到 200 银币，平局则不用出钱，田忌已知所有马的速度值并可以安排出场顺序，问他如何安排比赛获得的银币最多？

【解题思路】田忌的马的速度用数组 $a$ 表示，齐威王的马的速度用数组 $b$ 表示，将 $a$、$b$ 数组递增排序。采用常识性的贪心策略，分为以下几种情况。

（1）田忌最快的马比齐威王最快的马快，即 $a[righta] > b[rightb]$，则两者比赛（两个最快的马比赛），田忌赢。因为此时田忌最快的马一定赢，而选择与齐威王最快的马比赛对于田忌来说是最优的，如图 5.15(a) 所示，图中黑色正方形代表已经比赛的马，白色正方形代表尚未比赛的马，箭头指向的马速度更快。

（2）田忌最快的马比齐威王最快的马慢，即 $a[righta] < b[rightb]$，则选择田忌最慢的马与齐威王最快的马比赛，田忌输。因为齐威王最快的马一定赢，而选择与田忌最慢的马比赛对于田忌来说是最优的，如图 5.15(b) 所示。

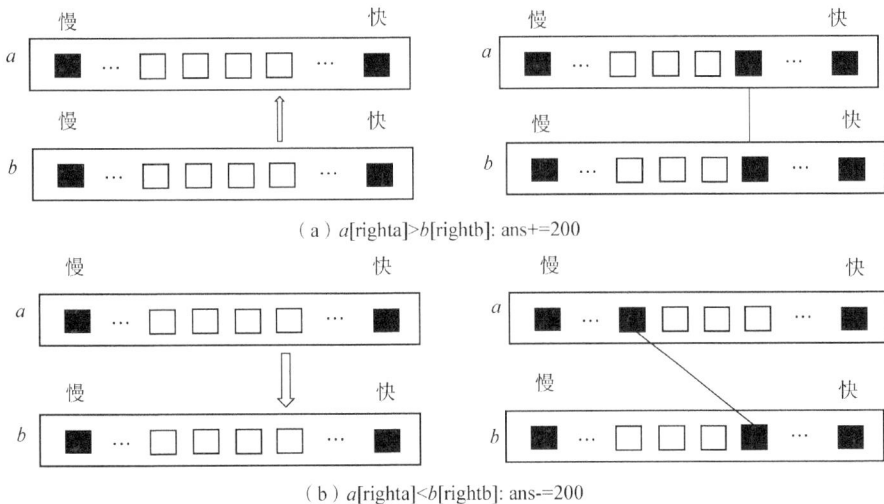

（a）$a[righta] > b[rightb]$: ans+=200

（b）$a[righta] < b[rightb]$: ans-=200

图 5.15　两者最快的马的速度不相同

（3）若田忌最快的马与齐威王最快的马的速度相同，即 $a[righta] = b[rightb]$，又分为以下 3 种情况。

①田忌最慢的马比齐威王最慢的马快，即 $a[lefta] > b[leftb]$，则两者比赛（两个最慢的马比赛），田忌赢。因为此时齐威王最慢的马一定输，而选择与田忌最慢的马比赛对于田忌来说是最优的，如图 5.16(a) 所示。

②田忌最慢的马比齐威王最慢的马慢，并且田忌最慢的马比齐威王最快的马慢，即 $a[lefta] < b[leftb]$ 且 $a[lefta] < b[rightb]$，则选择田忌最慢的马与齐威王最快的马比赛，田忌输。因为此时田忌最慢的马一定输，而选择与齐威王最快的马比赛对于田忌来说是最优的，如图 5.16(b) 所示。

（a）$a[lefta]>b[leftb]$: ans+=200

（b）$a[lefta] \geqslant a[leftb]$且$a[lefta]<a[rightb]$:ans-=200

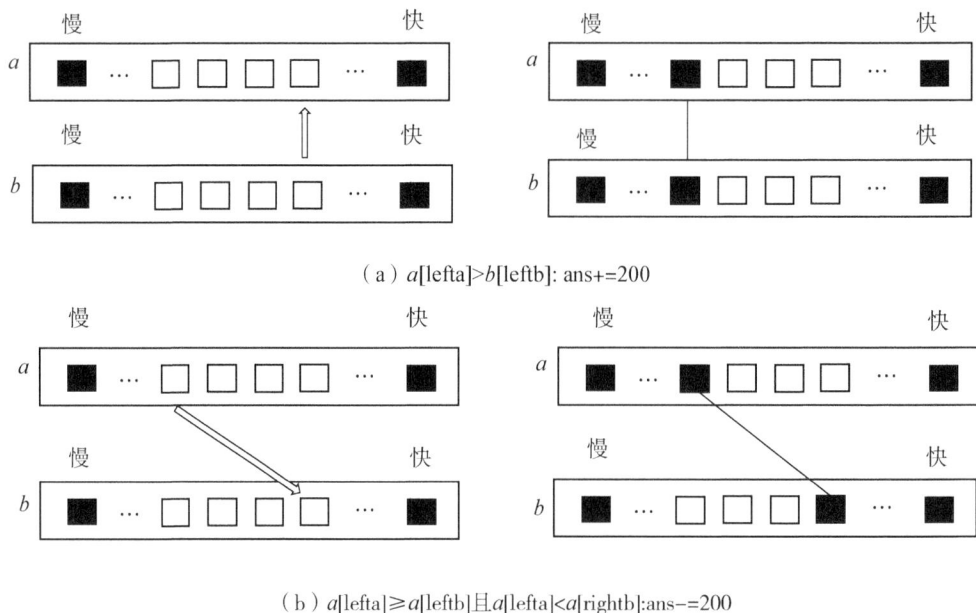

图 5.16　两者最快的马的速度相同

③其他情况，即 $a[righta]=b[rightb]$ 且 $a[lefta] \leqslant b[leftb]$ 且 $a[lefta] \geqslant b[rightb]$，则 $a[lefta] \geqslant b[rightb]=a[righta]$，即 $a[lefta]=a[righta]$，$b[leftb] \geqslant a[lefta]=b[rightb]$，即 $b[leftb]=b[rightb]$，说明比赛区间的所有马的速度全部相同，任何两匹马比赛都没有输赢。

从上述过程看出每种情况对于田忌来说都是最优的，因此最终获得的比赛方案也一定是最优的。

**【算法设计】**

**输入描述**：输入包含多个测试用例，每个测试用例的第 1 行是正整数 $n(n \leqslant 1000)$，表示马的数量；后两行分别是 $n$ 个正整数，表示田忌和齐威王的马的速度值。

**输出描述**：每个测试用例输出一行，表示田忌获得的最多银币数。

**solve( )算法如下。**

```
void solve()                        //求解算法
{
    sort(a,a+n);                    //对数组 a 递增排序
    sort(b,b+n);                    //对数组 b 递增排序
    ans=0;
    int lefta=0,leftb=0;
    int righta=n-1,rightb=n-1;
    while (lefta<=righta)            //比赛直到结束
    {
        if (a[righta]>b[rightb])     //田忌最快的马比齐威王最快的马快,两者比赛
```

```
    {
        ans+=200;
        righta--;
        rightb--;
    }
    else if (a[righta]<b[rightb])
//田忌最快的马比齐威王最快的马慢,选择田忌最慢的马与比齐威王最快的马比赛
    {
        ans-=200;
        lefta++;
        rightb--;
    }
    else                          //田忌最快的马与齐威王最快的马的速度相同
    {
        if (a[lefta]>b[leftb])     //田忌最慢的马比齐威王最慢的马快,两者比赛
        {
            ans+=200;
            lefta++;
            leftb++;
        }
        else
        {
            if (a[lefta]<b[rightb])
//否则,用田忌最慢的马与齐威王最快的马比赛
                ans-=200;
            lefta++;
            rightb--;
        }
    }
}
}
```

【算法效率分析】本题算法的时间主要花费在排序上,因此其时间复杂度为 $O(n\log_2 n)$。

# 5.3  本章小结

在本章中,我们学习了一种很有趣而且很重要的算法——贪心法。贪心法是求解最优化问题的常用算法技术,能够快速有效地求解问题。

(1)贪心法的基本思想:把一个复杂的问题分解为一系列较为简单的问题,每一步只根据当前已有的信息做出当前看来是最好的选择,直到获得问题的完整解。

(2)贪心法在解题时不从整体最优解加以考虑，它所做出的仅仅是某种意义上的局部最优解，因此使用贪心法并不能对所有问题都得到整体最优解，但对于范围相当广泛的问题，能够产生整体最优解或整体最优解的近似解。

# 5.4 习题

1. 能够使用贪心法求解的问题一般具有两个性质：_____性质和_____性质。

2. 哈夫曼编码的采用的是_____算法策略，它的时间复杂度是_____。

3. 最小生成树问题的求解的两种算法是_____算法和_____算法。

4. 下列问题中，不能使用贪心法解决的是（　　）。

A. 单源最短路径问题　　　　　　　　B. $n$ 皇后问题

C. 最小花费生成树问题　　　　　　　D. 背包问题

5. 下列选项中，属于贪心法基本要素的是（　　）。

A. 重叠子问题　　　　　　　　　　　B. 构造最优解

C. 贪心选择性质　　　　　　　　　　D. 定义最优解

6. 关于 0/1 背包问题的下列描述中，正确的是（　　）。

A. 可以使用贪心法找到最优解

B. 能找到多项式时间的有效算法

C. 使用贪心法可求解任意 0/1 背包问题

D. 对于同一背包与相同的物品，做背包问题取得的总价值一定大于等于做 0/1 背包问题

7. 一棵哈夫曼树共有 215 个结点，对其进行哈夫曼编码，共能得到的不同码字数为（　　）。

A. 107　　　　　　　B. 108　　　　　　　C. 214　　　　　　　D. 215

8. 简述贪心法的一般设计步骤。

9. 什么是最优子结构性质？

10. 求解哈夫曼编码中如何体现贪心思路？

11. 求解硬币问题。有 1 分、2 分、5 分、10 分、50 分和 100 分的硬币各若干枚，现在要用这些硬币来支付 $W$ 元，最少需要多少枚硬币？

12. 求解会议安排问题。有一组会议 $A$ 和一组会议室 $B$，$A[i]$ 表示第 $i$ 场会议的参加人数，$B[j]$ 表示第 $j$ 个会议室最多可以容纳的人数。当且仅当 $A[i] \leqslant B[j]$ 时，第 $j$ 个会议室可以用于举办第 $i$ 场会议。给定数组 $A$ 和数组 $B$，试问最多可以同时举办多少场会议。例如，$A[]=\{1, 2, 3\}$，$B[]=\{3, 2, 4\}$，结果为 3；若 $A[]=\{3, 4, 3, 1\}$，$B[]=\{1, 2, 2, 6\}$，结果为 2。

13. 给定 $n$ 个正整数，编写一个实验程序找出它们中出现次数最多的数。如果这样的数有多个，请输出其中最小的一个。输入的第 1 行只有一个正整数 $n(1 \leqslant n \leqslant 1000)$，表示数字的个数，输入的第 2 行有 $n$ 个整数 $s_1$、$s_2$、$\cdots$、$s_n(1 \leqslant s_1 \leqslant 10000, 1 \leqslant i \leqslant n)$。相邻

的数用空格分隔。输出这 $n$ 个数中出现次数最多的数。如果这样的数有多个，输出其中最小的一个。

14. 编写一个实验程序求解删数问题。给定共有 $n$ 位的正整数 $d$，去掉其中任意 $n$ 个数字后剩下的数字按原次序排列组成一个新的正整数。对于给定的 $n$ 位正整数 $d$ 和正整数 $k$，找出剩下数字组成的新数最小的删数方案。

15. 求解乘船问题。有 $n$ 个人，第 $i$ 个人体重为 $w_i$（$0 \leqslant i \leqslant n$）。每艘船的最大载重量均为 $C$，且最多只能乘坐两个人。用最少的船装载所有人。

16. 已知一辆汽车加满油后可行驶 $d$（如 $d = 7$）km，而旅途中有若干个加油站。编写一个程序指出应在哪些加油站停靠加油，使加油次数最少。用 $a$ 数组存放各加油站之间的距离，例如，$a[] = \{2, 7, 3, 6\}$，表示共有 $n = 4$ 个加油站（加油站编号是 $0 \sim n-1$），从起点到 0 号加油站的距离为 2 km，从 0 号加油站到 1 号加油站的距离为 7 km，以此类推。

# 5.5　实验题

### 实验一：求解最优装载问题

【问题描述】

有 $n$ 个集装箱要装上一艘载重量为 $W$ 的轮船，其中集装箱 $i$（$1 \leqslant i \leqslant n$）的重量为 $w_i$。不考虑集装箱的体积限制，现要选出尽可能多的集装箱装上轮船，使它们的重量之和不超过 $W$。编写程序实现上述功能。

【问题解析】

采用贪心法求解，这里的最优解是选出尽可能多的集装箱个数。

当重量限制为 $W$ 时，$w_i$ 越小可装载的集装箱个数越多，所以采用优先选取重量轻的集装箱装船的贪心思路。对 $w_i$ 从小到大排序得到（$w_1, w_2, \cdots, w_n$），设最优解向量 $x = (x_1, x_2, \cdots, x_n)$，显然 $x_1 = 1$，则 $x' = (x_2, \cdots, x_n)$ 是装载问题 $w' = (w_1, w_2, \cdots, w_n)$ 的最优解，满足贪心最优子结构性质。

### 实验二：统计字符出现的次数

【问题描述】

有一个英文句子 str = "The following code computes the intersection of twoarrays."，统计其中各个字符出现的次数，以其为频度构造对应的哈夫曼编码，将该英文句子进行编码得到 enstr，然后将 enstr 解码为 destr。编写程序实现上述功能。

【问题解析】

首先统计 str 中各个字符出现的次数，用 map<char, int> 容器 mp 存放。采用哈夫曼树编码原理构造哈夫曼树 ht，继而产生对应的哈夫曼编码 htcode。扫描 str，将字符 str[$i$] 用 htcode[str[$i$]] 替换得到编码 enstr。在对 enstr 解码时扫描 enstr 的 0/1 字符串，从哈夫曼树的根结点开始匹配，当找到叶子结点时，用该叶子结点的字符替代匹配的 0/1 字符串，即可得到解码字符串 destr。

实验三：求解最大乘积问题

【问题描述】

给定一个无序数组，包含正数、负数和0，要求从中找出3个数的乘积，使得乘积最大，并且时间复杂度为 $O(n)$，空间复杂度为 $O(1)$。输出满足条件的最大乘积。编写程序实现上述功能。

【问题解析】

题目要求时间复杂度为 $O(n)$，空间复杂度为 $O(1)$。采用贪心思路，先对 $a$ 递增排序[这里将调用 STL 的 sort()算法看作时间为 $O(1)$，在面试笔试中经常出现这种情况]。可以证明 $a[n-1]*a[0]*a[1]$ 和 $a[n-1]*a[n-2]*a[n-3]$ 中的最大值即为所求。

实验四：求解 Wooden Sticks(POJ 1230)问题

【问题描述】

有 $n$ 个需要加工的木棍，每个木棍有长度 $L$ 和重量 $W$ 两个参数，机器处理第一个木棍用时 1 分钟，如果当前处理的木棍为 $L$ 和 $W$，之后处理的木棍 $L'$ 和 $W'$，若满足 $L<L'$ 并且 $W<W'$，则不需要额外的时间，否则需要加时 1 分钟。需要求出给定木棍的最少加工时间。例如，5 个木棍的长度和重量分别是(9，4)、(2，5)、(1，2)(5，3)(4，1)，则最少加工时间为 2 分钟，加工顺序是(4，1)、(5，3)、(9，4)、(1，2)、(2，5)。编写程序实现上述功能。

**输入描述**：输入第 1 行为整数 $t$，表示测试用例个数。每个测试用例的第 1 行为 $n$ $(1\leq n\leq10000)$，表示木棍数，第 2 行是 $2n$ 个整数 $l_1$、$w_1$、$l_2$、$w_2$、…、$l_n$、$w_n$，每个整数最大为 10000。

**输出描述**：每个测试用例对应一行，即加工需要的最少分钟数。

【问题解析】

本题目与本章中的例 5.2 相同，需要求最大相容活动子集的个数。将每个木棍看作一个活动，木棍重量看作活动结束时间，将木棍重量和长度按递增排序，通过枚举每个木棍的重量判断 $W$ 有多少个上升的序列。

实验五：求解赶作业问题

【问题描述】

小丽上学，老师布置了 $n$ 项作业，每项作业恰好需要一天做完，每项作业都有最后提交时间及其逾期的扣分。请给出小丽做作业的顺序，以便扣最少的分数。编写程序实现上述功能。

**输入描述**：输入包含多个测试用例。每个测试用例的第 1 行为整数 $n(1\leq n\leq100)$，表示作业数，第 2 行包括 $n$ 个整数表示每项作业最后提交的时间(天)，第 3 行包括 $n$ 个整数表示每项作业逾期的扣分。以输入 $n=0$ 结束。

**输出描述**：每个测试用例对应两行输出，第 1 行为做作业的顺序(作业编号之间用空格分隔)，第 2 行为最少的扣分。

【问题解析】

假设作业的编号按输入顺序依次是 $1\sim n$，用数组 $A$ 存放 $n$ 项作业的编号、最后提交时间和逾期扣分。采用贪心策略，尽可能先做扣分最多的作业，为此先将作业按逾期扣分递减排序(扣分相同的按提交时间递增排序),用 sum 累计已做作业的时间(初始为 0),然后查找时间相容作业(该作业的提交时间 $A[i].\text{deadline}$ 大于已做作业的累计时间 sum)来完成,一旦选择一项作业,sum 增加 1。

**实验六:求解奖学金问题**

**【问题描述】**

小丽今年有 $n$ 门课(课程编号为 $0 \sim n-1$),每门课程都有考试,为了拿到奖学金,小丽必须让自己所有课程的平均成绩至少为 avg。每门课的成绩由平时成绩和考试成绩相加得到,满分为 $r$。现在她知道每门课的平时成绩为 $a_i(0 \leqslant i \leqslant n-1)$,若想让这门课的考试成绩多拿 1 分,小丽要花 $b_i$ 的时间复习,如果不复习,当然就是 0 分。显然可以发现复习得再多也不会拿到超过满分的分数。为了拿到奖学金,小丽至少要花多少时间复习。编写程序实现上述功能。

**输入描述**:输入包含多个测试用例。每个测试用例的第 1 行为整数 $n(1 \leqslant n \leqslant 200)$,表示课程数;接下来的 $n$ 行,每行两个整数,分别表示一门课的平时成绩和 $b_i$,最后一行输入满分 $r$ 和希望达到的平均成绩 avg。以输入 $n=0$ 结束。

**输出描述**:每个测试用例输出一行,表示小丽要花的最少复习时间。

**【问题解析】**

用结构体数组 $A$ 存放小丽所有课程的数据,$A[i].a$ 表示课程 $i$ 的平时成绩,$A[i].b$ 表示课程 $i$ 得到 1 分所需要的单位复习时间。

采用贪心策略,每次选择复习代价最小的课程进行复习,并拿到满分,直到分数达到平均分。其过程是先将 $A$ 数组按单位复习时间 $b$ 递增排序,再从 $A[0]$ 到 $A[n-1]$ 累计达到要求所需的最少复习时间。用 Sums 表示小丽达到条件的总分,用 sum 表示小丽已经得到的分数,则课程 $j$ 达到要求的分数是 $\min(\text{Sums}-\text{sum}, r-A[j].a)$,因为在课程 $j$ 上花费再多的时间也不可能超过满分 $r$。

# 第 6 章　动态规划法

(1)理解动态规划法的基本思想。

(2)掌握最优决策表的构造方法。

(3)掌握动态规划法的算法分析与设计步骤。

动态规划法是一种解决多阶段决策最优化问题的方法,其基本思想是将待求解的问题按阶段分解为若干个子问题,其中各个子问题的解都是当前状态下所得到的最优解,而整个问题的最优解就是由各个子问题的最优解组成的。

# 6.1　动态规划法概述

现实中的许多问题,只有在把各种情况都考虑和分析后,才能判定并得到问题的最优解。这种枚举求解问题的方式,对计算复杂度很高、计算量很大的问题来讲,无论是所需的时间还是存储空间,实际上都是不可能的。但在对这类问题的分析中,发现它们的活动过程可以分解为若干个阶段,而且在任一阶段的行为都依赖于该阶段的状态,而与该阶段之前的过程及如何达到这种状态的方式无关。当各个阶段的决策确定后,就得到了整个过程的实现途径,即组成了一个决策序列。这种把一个问题看作一个前后关联的具有链状结构的多阶段过程称为多阶段决策过程。

在 20 世纪 50 年代,美国数学家理查德·贝尔曼(Richard Bellman)在其著作《动态规划》中根据这类优化问题的多阶段决策的特性,提出了**"最优性原理"**,把多阶段决策过程转化为一系列单阶段问题逐个求解,从而创建了最优化问题的一种新的算法设计方法——**动态规划法**。动态规划(Dynamic Programming,DP)技术广泛应用于组合优化问题的算法设计中,如矩阵连乘问题、最大效益投资问题、背包问题、最长公共子序列问题、图像压缩问题,以及最大子段和问题等。

## 6.1.1　动态规划法的基本思想

**动态规划法**处理的对象是多阶段复杂决策问题(另一种求解最优化问题)。动态规划法与分治法类似，其基本思想也是将待求解问题分解为若干个子问题（阶段），然后分别求解各个子问题（阶段），最后将子问题的解组合起来得到原问题的解。不同之处在于，经动态规划法分解得到的子问题往往不是互相独立的，而是相互联系又相互区别的。

动态规划法的高明之处在于它不会重复求解某些被重复计算了许多次的子问题，即重叠子问题，而是用表格将已经计算出来的结果存起来，避免了重复计算从而降低了时间复杂度。动态规划法被提出的主要目的是优化，即不单要解决问题，还要以最优的方式解决问题，或者针对特定问题寻求最优解。

例如，前面提到的斐波那契数列［如求 Fib(6)］的计算过程如图 6.1 所示。

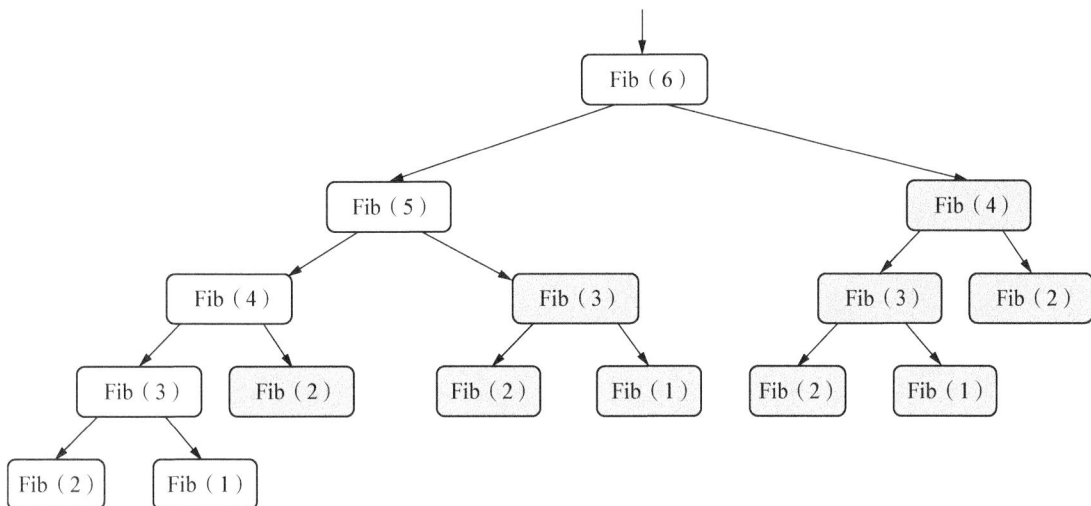

图 6.1 斐波那契数列 Fib(6)的计算过程

图中带阴影的方框表示该子问题被重复计算了，如 Fib(3)被多计算了 2 次，Fib(4)被多计算了 1 次，而 Fib(1)和 Fib(2)虽然是递归出口，但是也进行了重复递归，如Fib(1)需要多递归计算 2 次，Fib(2)需要递归计算 4 次，算法求解时具有指数级别的时间复杂度。斐波那契数列在计算 Fib($i$)时，是以计算它的两个重叠子问题 Fib($i-1$)和Fib($i-2$)的形式来表达的，所以可以设计一个表记录 $i+1$ 个 Fib($i$)的值，这样在以后遇到相同子问题的时候，通过简单的查表获得子问题的最优解，从而避免了大量的重复计算，提高了计算的效率。如计算 Fib(6)，其表为

| 1 | 2 | 3 | 4 | 5 | 6 |
|---|---|---|---|---|---|
| 1 | 1 | 2 | 3 | 5 | 8 |

这样在计算 Fib($i$)时，只需要查表查看 Fib($i-1$)和 Fib($i-2$)。从简单问题入手，以递归出口 Fib(1)=0 和 Fib(2)=1 为计算的起点，先计算 Fib(3)，再计算 Fib(4)，以此类推，便可得到斐波那契数列。这是最简单的动态规划法，其时间复杂度仅为 $O(n)$，比前面递归算法的指数级时间复杂度更有效。

动态规划法也称为记录结果再利用的方法，其基本求解过程如图 6.2 所示。

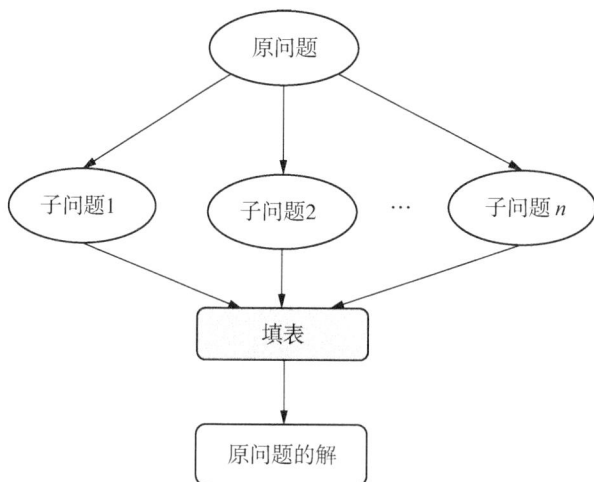

图 6.2　动态规划法的基本求解过程

## 6.1.2　动态规划的设计技术

### 1. 动态规划的常用概念

为了便于读者更好地理解动态规划，下面介绍一些动态规划的常用概念。

（1）阶段。动态规划法把一个复杂决策问题按时间或空间特征分解为若干个相互联系的阶段（Stage），以便按顺序求解。阶段变量描述的是当前所处阶段的位置，可用下标 $k$ 表示。

（2）状态。对于一个问题，所有可能到达的情况（包括初始情况和目标情况）都称为这个问题的一个状态（State）。每个阶段都有若干个状态，用于表示某一阶段决策所面临的条件或所处位置及运动特征的量。反映状态变化的量称为状态变量，$k$ 阶段的状态特征可用状态变量 $s_k$ 描述。

（3）决策。决策（Decision）是关于状态的选择，对于每一个状态来说，都可以选择某一种路线或方法，从而到达下一个状态。在状态 $s_k$ 下的决策变量 $d_k$ 的值表示当前情况下对状态 $s_k$ 做出的决策。

（4）策略。策略（Policy）是一个决策的集合。在解决问题的时候，将一系列决策记录下来，就是一个策略，其中满足某些最优条件的策略被称为最优策略。

（5）状态转移方程。状态转移方程是确定过程由一个状态 $k$ 到下一个状态 $k+1$ 的演变过程，描述了状态转移的规律。状态转移方程一般可描述为

$$s_{k+1} = T(s_k, x_k)$$

（6）指标函数。用来衡量策略或子策略或决策的效果的计算方法称为指标函数。它是定义在全过程或各子过程或各阶段上的确定数量函数。针对不同问题，指标函数可以是关于费用、成本、产值、利润、产量、耗量、距离、时间、效用等属性方面的运算。

（7）最优解。最优解是指在不牺牲任何总目标和各分目标的条件下，技术上能够达到

的最好的解。这里可以理解为使指标函数取得的极值(最大值或最小值)。

**2. 适合用动态规划法求解的问题的特点**

动态规划法在求解问题的过程中,通过处理位于当前位置和所达目标之间的中间点来找到整个问题的解。适合用动态规划求解的标准问题具有以下特点。

(1)整个问题的求解过程可以划分为若干个阶段的一系列决策过程。

(2)每个阶段有若干个可能状态。

(3)一个决策将一个阶段的一种状态带到下一个阶段的某种状态。

(4)在任意一个阶段,最佳的决策序列和该阶段以后的决策无关。

(5)各阶段状态之间的转换有明确定义的成本。

**3. 动态规划法的基本性质**

(1)子问题重叠性

子问题重叠性,指问题本身是可分解的,而且分解出来的子问题之间并不是相互独立的,而是存在重叠的部分。这个性质表现在以下两个方面。

①一个子问题的解可能与另一个子问题的解存在重叠的部分。

②多个子问题的解在下一阶段决策中,可能被多个延续子问题多次使用,如图6.3所示。

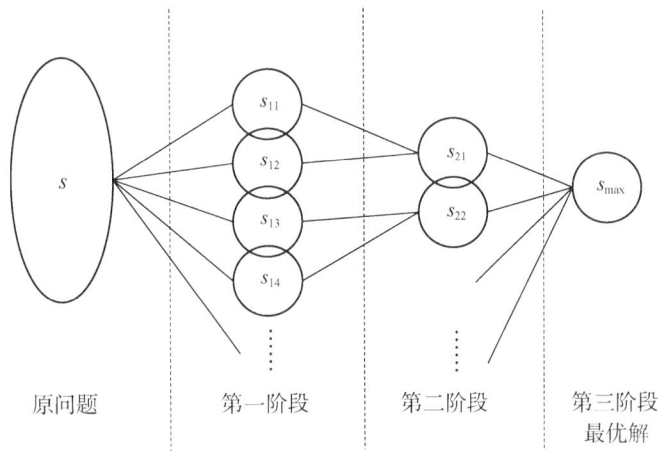

图6.3 重叠子问题及阶段划分

动态规划法的基本思想与分治法类似,也是将待求解的问题分解为若干个子问题(阶段),按顺序求解子问题,前一子问题的解为后一子问题的求解提供了有用的信息。但分治法中各个子问题是独立的(不重叠),动态规划法适用于子问题重叠的情况,也就是各子问题包含公共的子问题。

(2)最优子结构(最优性原理)

当一个问题的最优解包含着它的子问题的最优解时,称此问题具有最优子结构性质,也称最优性原理。问题所具有的这个性质是该问题可用动态规划法或贪心法求解的一个关键特征。

尽管能用动态规划法与贪心法求解的问题都具有最优子结构，但是在用贪心法求解时，只考虑能使当前子问题达到最优解的前一个子问题或只考虑当前最优解，这样可能会丢失全局最优解。动态规划法与之不同，它是从整体考虑所有可能导致最优解的子集，决策是全面的，而在贪心法中每做出一次贪心选择便做出一个不可回溯的决策。

（3）无后效性

某阶段的状态一旦确定，就不受这个状态以后决策的影响。也就是说，某状态以后的过程不会影响以前的状态，只与当前状态有关。

### 4. 动态规划法的设计步骤

动态规划法的设计都有着一定的模式，一般要经历以下几个步骤。

（1）**划分阶段**：按照问题的时间或空间特征把问题分解为若干个阶段。在划分阶段时，要注意划分后的阶段一定是有序的或者是可排序的，否则问题无法求解。

（2）**确定状态和状态变量**：将问题发展到各个阶段时所处的各种客观情况用不同的状态表示出来。当然，状态的选择要满足无后效性。

（3）**确定决策并写出状态转移方程**：因为决策和状态转移有着天然的联系，状态转移就是根据上一阶段的状态和决策来导出本阶段的状态。所以如果确定了决策，状态转移方程也就可以写出。但事实上常常是反过来的，根据相邻两个阶段的状态之间的关系来确定决策方法和状态转移方程。

（4）**寻找边界条件**：给出的状态转移方程是一个递推式，需要一个递推的终止条件或边界条件。一般情况下，只要解决问题的阶段、状态和状态转移决策确定了，就可以写出状态转移方程（包括边界条件）。

在实际应用中可以按以下简化步骤进行设计。

（1）分析最优解的性质，并刻画其结构特征

如果所求解的问题满足最优子结构，则说明用动态规划法有可能解决该问题。在分析问题的最优子结构性质时，所用的方法具有普遍性：首先假设由问题的最优解导出的子问题的解不是最优的，然后设法说明在这个假设下可构造出比原问题最优解更好的解，从而导致矛盾。注意，同一个问题可以有多种方法刻画它的最优子结构，有些表示方法的求解速度更快（空间占用小，问题的维度低）。

（2）递归地定义最优解

动态规划法每一步决策依赖于子问题的解，然而刻画问题的最优子结构并不是一个显而易见的过程，尤其对一些复杂问题，往往需要通过转化和变换才能定义出具有最优子结构性质的解的形式。

动态规划法求解最优化问题的步骤：首先，找出最优解的结构，具体来说就是查看这个问题是否满足最优子结构特性；其次，递归定义一个最优解的值，即构造原问题和子问题之间的递归方程，原问题的最优解可以通过子问题的最优解获得。

（3）以自底向上的方式计算出最优值

以自底向上的方式（从最简单问题入手）计算出最优解的值（最优解的目标函数的值）。

对于子问题的分解是在原问题的分解的基础之上进行的，而且这些子问题的分解过程是相互独立的。因而在对原问题进行分解的时候，会碰到大量共享的重叠子问题。为了避免大量重叠子问题的重复计算，一般动态规划法实施自底向上的计算，对每一个子问题只求解一次，并且保存已经求解的子问题的最优解值，当再次需要求解该子问题时，只是简单地用常数时间查看一下结果，而非分治法那样的递归。通常不同的子问题的重叠子问题的个数，随问题规模的增长呈多项式增长。因此，提高了动态规划法的效率。

（4）根据计算最优值时得到的信息构造问题的最优解

根据计算最优解值的信息，构造一个最优解。构造最优解就是求出具体的最优决策序列。通常在计算最优解值时，根据问题的实际记录的必要信息，构造出问题的最优解。

在实际生活中，按照多步决策方法，一个问题的活动过程可以分解为若干个阶段（子问题），每个阶段可以包含一个或多个状态。按顺序求解各个子问题时，列出在每一种情况下各种可能的局部解，然后根据问题的约束条件，从局部解中挑选出那些有可能产生最优结果的解，去除其余解。那么前面问题的解为后一问题的求解提供了有用的信息，从而大大减少了计算量。最后一个子问题（阶段）的解（决策）就是初始问题的解。也就是说，一个活动过程进展到一定阶段时，其行为依赖于该阶段的其中一个状态，与该阶段之前的过程如何达到这种状态的方式无关，采取的决策影响以后的发展。多步决策求解方案的决策序列就是在变化的状态中产生的，故有"动态"的含义。

需要强调的是，动态规划是一种求解策略，注重决策过程，不同的问题得到的模型可能有所不同，关键是掌握其原理，利用递推关系求最优解。

# 6.2　最优决策表

问题求解的目标是获取导致问题最优解的最优决策序列（最优策略）。对于一个决策序列，可以用一个数值函数（目标函数）度量该策略的优劣。前边提到的最优子结构定义为"一个最优决策序列具有这样的性质，不论初始状态和第一步决策如何，对前面的决策所形成的状态而言，其余的决策必须按照前一次决策所产生的新状态构成一个最优决策序列"。最优子结构用数学语言描述：假设为了解决某一多阶段决策过程的优化问题，需要依次做出 $n$ 个决策 $D_1$，$D_2$，$\cdots$，$D_n$，如果这个决策序列是最优的，对于任何一个整数 $k$，$1 < k < n$，不论前面 $k$ 个决策 $D_1$，$D_2$，$\cdots$，$D_k$ 是怎样的，以后的最优决策只取决于由前面决策所确定的当前状态，即以后的决策序列 $D_{k+1}$，$D_{k+2}$，$\cdots$，$D_n$ 也是最优的。

动态规划法的求解过程可以用最优决策表来描述。最优决策表是一个二维表，表中的行代表决策的阶段，列代表问题的状态；表中的数据需要填写，通常情况下对应问题在某个阶段的最优解。填表的过程其实就是根据递推关系，从第 1 行第 1 列开始，以行优先的顺序依次填写表格。最后根据整个表格的数据获得问题的最优解。

### 6.2.1 0/1背包问题

**【例 6.1】**用动态规划法来讨论 0/1 背包问题。

**【问题描述】**假设你有一个承重为 4 kg 的背包，可以装入背包的物品清单如表 6.1 所示，已知每件物品对应的重量和价格。请运用最优决策表确定装入哪些物品能够使得背包价值最大。

表 6.1　物品清单

| 物品编号 | 物品名称 | 重量(kg) | 价值(元) |
|---|---|---|---|
| 1 | 相机 | 1 | 1600 |
| 2 | 扫描仪 | 4 | 3500 |
| 3 | 平板电脑 | 3 | 2700 |

**【解题思路】**首先绘制问题的最优决策表，表中的各行表示各阶段决策时可选择的物品，各列为不同容量(1～4 kg)的背包。最优决策表的初始状态如表 6.2 所示。

表 6.2　最优决策表的初始状态

| 物品编号 | 物品 | 1 kg | 2 kg | 3 kg | 4 kg |
|---|---|---|---|---|---|
| 1 | 相机 | | | | |
| 2 | 扫描仪 | | | | |
| 3 | 平板电脑 | | | | |

第一阶段：第 1 行表示在本阶段能装入背包的物品只有相机。对于每个单元格来说，都需要做如下简单的决定：装还是不装相机？请牢记，我们的目标是找到价值最高的商品集合。第 1 个单元格表示背包的容量为 1 kg，相机的重量是 1 kg，因此相机能装入背包，此时 1 kg 背包的最大价值为 1600 元。再来看第 2 个单元格，这个单元格表示背包的承重为 2 kg，能够装下相机，第 3 个和第 4 个单元格也一样。因为这是第 1 行，只有相机可供选择，无法选择其他两件物品。该行的最后一个单元格表示的是当前的最大价值，表示在当前阶段，承重为 4 kg 的背包能装入物品的最大价值为 1600 元。最优决策表的第一阶段数据如表 6.3 所示。

表 6.3　最优决策表的第一阶段数据

| 物品编号 | 物品 | 1 kg | 2 kg | 3 kg | 4 kg |
|---|---|---|---|---|---|
| 1 | 相机 | 1600 元 | 1600 元 | 1600 元 | 1600 元 |
| 2 | 扫描仪 | | | | |
| 3 | 平板电脑 | | | | |

第二阶段：现在处于第2行，可装入背包的物品有相机和扫描仪。在每一行，可装入的物品都为当前行的物品，以及之前各行的物品。因此，当前还不能装入平板电脑，而只能装入相机和扫描仪。第2行的第一个单元格表示背包的承重为1 kg，在此之前，可装入1 kg背包的物品的最大价值为1600元，能装入扫描仪吗？不能，因为扫描仪的重量是4 kg，装不下，此时背包的最大价值还是1600元。第2行的第2个单元格表示背包的承重为2 kg，扫描仪还是无法装入，背包的最大价值还是1600元。第2行的第3个单元格表示背包的承重为3 kg，扫描仪仍然无法装入，背包的最大价值还是1600元。第2行的第4个单元格表示背包的承重为4 kg，终于能够装下扫描仪了！原来的最大价值是1600元，但如果在背包中装入扫描仪，最大价值将变为3500元，因此选择装入扫描仪。本阶段更新了上一阶段的最大价值，最大价值由1600元变为3500元。在表格中，最大价值是逐步更新的。最优决策表的第二阶段数据如表6.4所示。

表6.4　最优决策表第二阶段填充的数据

| 物品编号 | 物品 | 1 kg | 2 kg | 3 kg | 4 kg | |
|---|---|---|---|---|---|---|
| 1 | 相机 | 1600元 | 1600元 | 1600元 | 1600元 | ←上一阶段的最大价值 |
| 2 | 扫描仪 | 1600元 | 1600元 | 1600元 | 3500元 | ←最新的最大价值 |
| 3 | 平板电脑 | | | | | |

第三阶段：现在处于第3行，可装入的物品有相机、扫描仪和平板电脑。第3行的第1个单元格表示背包的承重为1 kg，在此之前，可装入1 kg背包的物品的最大价值是1600元，那么能装入扫描仪和平板电脑吗？不能，两者都装不下，此时背包的最大价值还是1600元。第3行的第2个单元格表示背包的承重为2 kg，扫描仪和平板电脑还是无法装入，背包的最大价值还是1600元。第3行的第3个单元格表示背包的承重为3 kg，终于能够装下平板电脑了，原来的最大价值是1600元，但如果在背包中装入平板电脑，价值将变为2700元，因此选择装入平板电脑。最优决策表的第三阶段数据如表6.5所示。

表6.5　最优决策表的第三阶段数据

| 物品编号 | 物品 | 1 kg | 2 kg | 3 kg | 4 kg |
|---|---|---|---|---|---|
| 1 | 相机 | 1600元 | 1600元 | 1600元 | 1600元 |
| 2 | 扫描仪 | 1600元 | 1600元 | 1600元 | 3500元 |
| 3 | 平板电脑 | 1600元 | 1600元 | 2700元 | |

第3行的第4个单元格表示背包的承重为4 kg，情况比较特殊，需要做进一步分析。当前的最大价值是3500元，可以不装入扫描仪，而装入平板电脑，但它只值2700元，价值没有原来的价值高，但是在装入平板电脑的情况下背包还有1 kg的剩余容量没有使用。1 kg的容量能够装入的物品的最大价值是多少？这个问题刚才已经计算过了。查询最优决策表，答案就是上一阶段所得的结果：在第二行的第一个单元格中，1 kg背包中可装入的最大价值是1600元。需要比较3500元与(2700+1600)元的大小，这也就是为什么要在前面计算小背包可装入物品的最大价值的原因。当背包有剩余容量时，可根据这些子

问题的答案来确定剩余容量可装入的物品。此时相机和平板电脑的总价值为 4300 元，因此装入它们是更好的选择。这也是问题的最优解。最优决策表的最终解如表 6.6 所示。

表 6.6　最优决策表的最终解

| 物品编号 | 物品 | 1 kg | 2 kg | 3 kg | 4 kg |
| --- | --- | --- | --- | --- | --- |
| 1 | 相机 | 1600 元 | 1600 元 | 1600 元 | 1600 元 |
| 2 | 扫描仪 | 1600 元 | 1600 元 | 1600 元 | 3500 元 |
| 3 | 平板电脑 | 1600 元 | 1600 元 | 2700 元 | 4300 元 |

【算法设计】对于可行的背包装载方案，背包中物品的总重量不能超过背包的容量。即 $\sum_{i=1}^{n} v_i x_i$（其中 $x_i$ 取 0 或 1，取 1 表示选取物品）取得最大值。这里仅求装入背包物品的总重量恰好为 W 并且总价值最高的最优方案。

在该问题中需要确定 $x_1$，$x_2$，…，$x_n$ 的值。假设按 $i=1$，2，…，$n$ 的次序来确定 $x_i$ 的值，对应 $n$ 次决策即 $n$ 个阶段。

如果置 $x_1=0$，则问题转变为相对于其余物品（即物品 2，3，…，$n$），背包容量仍为 W 的背包问题。若置 $x_1=1$，问题就变为关于最大背包容量为 $W-w_1$ 的问题。

在决策 $x_i$ 时，问题处于以下两种状态。

(1)背包中不装入物品 $i$，则 $x_i=0$，背包不增加重量和价值，背包余下容量 $r$ 不变。

(2)背包中装入物品 $i$，则 $x_i=1$，背包中增加重量 $w_i$ 和价值 $v_i$，背包余下容量 $r=r-w_i$。

在这两种情况下背包价值的最大者应该是对 $x_i$ 决策后的背包价值。显然，如果子问题的结果（$x_1$，$x_2$，…，$x_i$）不是一个最优解，则（$x_1$，$x_2$，…，$x_n$）也不会是总体的最优解。在此问题中，最优决策序列由最优决策子序列组成。

设置二维动态规划数组 dp，dp[$i$][$r$] 表示背包剩余容量为 $r$($1 \leqslant r \leqslant W$)，已考虑物品 1，2，…，$i$($1 \leqslant i \leqslant n$)时背包装入物品的最优价值。显然对应的状态转移方程如下。

dp[$i$][0]=0(背包不能装入任何物品,总价值为 0)　　边界条件 dp[$i$][0]=0($1 \leqslant i \leqslant n$)
dp[0][$r$]=0(没有任何物品可装入,总价值为 0)　　边界条件 dp[0][$r$]=0($1 \leqslant r \leqslant W$)
dp[$i$][$r$]=dp[$i-1$][$r$]　　　　　　　　　　　　当 $r<w[i]$ 时,物品 $i$ 放不下
dp[$i$][$r$]=MAX{dp[$i-1$][$r$],dp[$i-1$][$r-w[i]$]+$v[i]$}否则在不放入和放入物品 $i$ 之间选最优解

这样，dp[$n$][$W$] 便是 0/1 背包问题的最优解。当 dp 数组计算出来后，推导出解向量 $x$ 的过程十分简单，从 dp[$n$][$W$] 开始：

(1)若 dp[$i$][$r$]≠dp[$i-1$][$r$]，状态转移方程中的第 3 个条件不成立，并且只满足第 4 个条件中放入物品的情况，即 dp[$i$][$r$]=dp[$i-1$][$r-w[i]$]+$v[i]$，置 $x[i]=1$，累计总价值 maxv+=$v[i]$，递减剩余重量 $r=r-w[i]$。

(2)若 dp[$i$][$r$]=dp[$i-1$][$r$]，表示物品 $i$ 放不下或者不放入物品 $i$，置 $x[i]=0$。

**动态规划法求 0/1 背包问题的动态规划数组 dp 的算法如下。**

```
void Knap()                      //动态规划法求 0/1 背包问题
{
    int i,r;
    for (i=0;i<=n;i++)   //置边界条件 dp[i][0]=0
        dp[i][0]=0;
    for (r=0;r<=W;r++)   //置边界条件 dp[0][r]=0
        dp[0][r]=0;
    for (i=1;i<=n;i++)
    {
        for (r=1;r<=W;r++)
        {
            if (r<w[i])
            {
                dp[i][r]=dp[i-1][r];
                printf ("(%d)求出 dp[%d][%d]=dp[%d][%d]=%d\n",Count++,i,r,
                    i-1,r,dp[i][r]);
            }
            else
            {
                dp[i][r]=max(dp[i-1][r],dp[i-1][r-w[i]]+v[i]);
                printf("(%d)求出 dp[%d][%d]=",Count++,i,r);
                printf("max(dp[%d][%d](%d),dp[%d][%d](%d))+%d=%d\n",i-1,r,
                    dp[i-1][r],i-1,r-w[i],dp[i-1][r-w[i]],v[i],dp[i][r]);
            }
        }
    }
}
```

**回推求最优解算法如下。**

```
void Buildx()                        //回推求最优解
{
    int i=n,r=W;
    maxv=0;
    printf("dp[%d][%d]=%d\n",n,r,dp[i][r]);
    while (i>=0)                      //判断每件物品
    {
        if (dp[i][r]!=dp[i-1][r])
        {
            printf("dp[%d][%d](%d)≠dp[%d][%d](%d)\n",i,r,dp[i][r],i-1,r,
dp[i-1][r]);
```

```
            printf("    x[%d]=1\n",i);
            x[i]=1;            //选取物品 i
            maxv+=v[i];        //累计总价值
            r=r-w[i];
        }
        else
        {
            printf("dp[%d][%d](%d)=dp[%d][%d](%d)\n",i,r,dp[i][r],i-1,r,
    dp[i-1][r]);
            printf("    x[%d]=0\n",i);
            x[i]=0;                //不选取物品 i
        }
        i--;
    }
}
```

【算法效率分析】本题算法中含有两重 for 循环，所以其时间复杂度和空间复杂度均为 $O(nw)$。

## 6.2.2 0/1 背包的相关问题

【例 6.2】点菜问题。

【问题描述】某实验室经常有活动需要点外卖，但是每次点外卖的报销总额最大为 $C$ 元，有 $N$ 种菜可供选择，经过长时间的点菜，实验室对于每种菜都有一个量化的评价分数（表示这个菜的可口程度），用 $V_i$ 表示，每种菜的价格用 $P_i$ 表示，问如何选择各种菜，才能在报销额度范围内使点到的菜的总评价分数最大。注意，由于需要营养多样化，每种菜只能点一次。

输入描述：输入的第 1 行有两个整数 $C(1 \leqslant C \leqslant 1000)$ 和 $N(1 \leqslant N \leqslant 100)$，$C$ 代表报销总额，$N$ 代表能点菜的数目；接下来的 $N$ 行，每行包含两个 $1 \sim 100$（包括 1 和 100）的整数，分别表示菜的价格和菜的评价分数。

输出描述：输出只包括一行，这一行只包含一个整数，表示在报销额度范围内所点的菜得到的最大评价分数。

【解题思路】本例类似 0/1 背包问题（每种菜只有选择和不选择两种情况），求总价格为 $C$ 的最大评价分数。

【算法设计】

设置一个一维动态规划数组 dp，dp[$j$] 表示总价格为 $j$ 的最大评价分数。首先初始化 dp 的所有元素为 0，对于第 $i$ 种菜，不选择时 dp[$j$] 没有变化；若选择，dp[$j$]＝dp[$j$－$P[i]$]＋$V[i]$，所以有 dp[$j$]＝$MAX$(dp[$j$]，dp[$j$－$P[i]$]＋$V[i]$)。最终 dp[$C$] 即为所求。

算法设计如下。

```
void solve()
{
    for (int i=1; i<=N; i++)
        for(int j=C; j>=P[i]; j--)
            dp[j]=max(dp[j],dp[j-P[i]]+v[i]);
}
```

【算法效率分析】solve()算法有双重循环，所以算法的时间复杂度为$O(NC)$。

【例6.3】求解完全背包问题。

【问题描述】有 $n$ 种重量和价值分别为 $w_i$、$v_i$（$0 \leq i \leq n$）的物品，从这些物品中挑选总重量不超过 $W$ 的物品，求出挑选物品价值总和最大的方案，这里每种物品可以挑选任意多件。

【解题思路】采用动态规划法求解该问题。设置动态规划二维数组 dp，dp$[i][j]$表示从前 $i$ 种物品中选出重量不超过 $j$ 的物品的最大总价值，显然有 dp$[i][0]=0$（背包不能装入任何物品时总价值为0），dp$[0][j]=0$（没有任何物品可装入时总价值为0），将它们作为边界条件[采用 memset()函数一次性初始化为0]。另外设置二维数组 fk，其中 fk$[i][j]$存放 dp$[i][j]$得到最大值时物品 $i$ 挑选的件数。

对应的状态转移方程如下。

$$dp[i][j] = MAX\{dp[i-1][j-k*w[i]]+k*v[i]\}$$
当 dp$[i][j]<$dp$[i-1][j-k*w[i]]+k*v[i]$（$k*w[j] \leq j$）时
fk$[i][j]=k$;　　　　　　物品 $i$ 取 $k$ 件

这样，dp$[n][W]$便是背包容量为 $W$、考虑 $n$ 种物品（同一物品允许多次选择）时得到的背包最大总价值，即问题的最优结果。例如，$n=3$，$W=7$，$w=(3,4,2)$，$v=(4,5,3)$，其求解结果如表6.7所示。表中元素为 dp$[i][j]$和 fk$[i][j]$，其中 $f(n,W)$为最终结果，即最大价值总和为10。回推最优方案的过程是找到 dp$[3][7]=10$，fk$[3][7]=2$，物品3挑选两件，fk$[2][W-2\times2]=$fk$[2][3]=0$，物品2挑选0件，fk$[1][3]=1$，物品1挑选1件。

表 6.7　多重背包问题的求解结果

| $i$ | $j$ | | | | | | | |
|---|---|---|---|---|---|---|---|---|
| | 0 | 1 | 2 | 3 | 4 | 5 | 6 | 7 |
| 0 | 0[0] | 0[0] | 0[0] | 0[0] | 0[0] | 0[0] | 0[0] | 0[0] |
| 1 | 0[0] | 0[0] | 0[0] | 4[1] | 4[1] | 4[1] | 8[2] | 8[2] |
| 2 | 0[0] | 0[0] | 0[0] | 4[0] | 5[1] | 5[1] | 8[0] | 9[1] |
| 3 | 0[0] | 0[0] | 3[1] | 4[0] | 6[1] | 7[1] | 9[3] | 10[2] |

回推过程：

(1)$i=3$；$dp[3][7]=10$，$fk[3][7]=2$，物品 3 挑选 2 件；

(2)$i=2$；$dp[2][W-2\times2]=dp[2][3]=4$，$fk[2][3]=0$，物品 2 挑选 0 件；

(3)$i=1$；$dp[1][3]=4$，$fk[1][3]=1$，物品 1 挑选 1 件。

**算法设计如下。**

```
int solve()                              //求解多重背包问题
{  int i,j,k;
   for (i=1;i<=n;i++)
   {  for (j=0;j<=w;j++)
      for (k=0;k*w[i]<=j;k++)
      {  if (dp[i][j]<dp[i-1][j-k*w[i]]+k*v[i])
         {  dp[i][j]=dp[i-1][j-k*w[i]]+k*v[i];
            fk[i][j]=k;                   //物品 i 取 k 件
         }
      }
   }
   return dp[n][W];
}
void Traceback()                          //回推求最优解
{  int i=n,j=W;
   while (i>=1)
   {  printf("物品%d共%d件 ",i,fk[i][j]);
      j-=fk[i][j]*w[i];                   //剩余重量
      i--;
   }
   printf("\n");
}
```

【算法效率分析】本题 solve()算法有三重循环，$k$ 的循环最坏可能是 $0\sim W$，所以本题算法的时间复杂度为 $O(nw^2)$。

# 6.3 动态规划法的应用

## 6.3.1 斐波那契数列

【例 6.4】用动态规划法求解斐波那契数列问题。

【算法设计】前边已经分析过利用动态规划法求解斐波那契数列的思想，因此为了避免重复设计，设计一个 dp 数组，$dp[i]$ 存放 Fib($i$)的值，首先设置 $dp[1]$ 和 $dp[2]$ 均为 1，再让 $i$ 从 3 到 $n$ 循环以计算 $dp[3]$ 到 $dp[n]$ 的值，最后返回 $dp[n]$，即 Fib($n$)。

**本题对应的完整 C 程序如下。**

```
# include <stdio.h>
# define MAX 51
int dp[MAX];
int count=1;
int Fib(int n)
{
    dp[1]=dp[2]=1;
    printf("(%d)计算出 Fib(1)=1\n",count++);
    printf("(%d)计算出 Fib(2)=1\n",count++);
    for (int i=3;i<=n;i++)
    {
        dp[i]=dp[i-1]+dp[i-2];
        printf("(%d)计算出 Fib(%d)=%d\n",count++,i,dp[i]);
    }
    return dp[n];
}
int main()
{
    Fib(6);
    return 0;
}
```

**本程序的执行结果如下。**

```
(1)计算出 Fib(1)=1
(2)计算出 Fib(2)=1
(3)计算出 Fib(3)=2
(4)计算出 Fib(4)=3
(5)计算出 Fib(5)=5
(6)计算出 Fib(6)=8
```

【算法效率分析】显然这种方法的执行效率得到了提高，执行过程改变为自底向上，即先求出子问题的解，将计算结果存放在一个表中，而且相同的子问题只计算一次，后面需要时只需要简单查一下表，避免了大量的重复计算。上述求斐波那契数列的算法属于动态规划法，其中数组 dp(表)称为动态规划数组。Fib()算法只有一重循环，所以算法的时间复杂度为 $O(n)$。

## 6.3.2 排队买票问题

【例 6.5】排队买票问题。

【问题描述】本周末有一场电影首映，有 $n$ 个观众在排队买票，一个人买一张票。售票处规定一个人每次最多只能买两张票。假设第 $i$ 个观众买一张票的时间是 $t_i(1 \leqslant i \leqslant n)$，队伍里相邻的两位观众[第 $i$ 个人和第 $(i+1)$ 个人]也可以由其中一个人一次买两张票,这样另一位就不用排队了。此时他们买两张票的合计时间就变成了 $e_i$,如果 $e_i < t_i + t_{i+1}$,就能够缩短后面观众等待的时间,加快售票过程。设计算法,求让每个人都买到票的最短时间。

**【解题思路】**

首先,用 ticket($i$) 表示前 $i$ 个人买票所需最短时间,有以下两种情况。

(1)第 $i$ 个人的票自己买。

(2)第 $i$ 个人的票由第 $(i-1)$ 个人买。

其次,设计状态转移方程如下。

$$\text{ticket}(n) = \begin{cases} 0, & i=0 \\ t_i, & i=1 \\ \min(\text{ticket}(i-1)+t_i, \ \text{ticket}(i-2)+t_{i-1}) & i>1 \end{cases}$$

最后,以自底向上的方法计算最优解即可。

**【算法设计】** 用一维数组 dp[] 来表示从 0 到第 $i$ 人买票花费的总时间的最优解,一维数组 $t[i]$ 表示第 $i$ 个观众买一张票的时间,一维数组 $r[i-1]$ 表示第 $i$ 个和第 $(i-1)$ 个观众买两张票的合计时间。

**算法设计如下。**

```
void ticket()
{
    dp[1]=t[1];
    for(int i=2;i<=n;i++)
        dp[i]=min(dp[i-1]+t[i],dp[i-2]+r[i-1]);        //选择最短时间
}
```

**【算法效率分析】** ticket() 算法中只有 1 重循环,因此算法的时间复杂度和空间复杂度均为 $O(n)$。

## 6.3.3 凑硬币问题

**【例 6.6】** 凑硬币问题。

**【问题描述】** 给定 $n$ 种不同的硬币,币值分别为 $(v_0, v_1, \cdots, v_n)$,给出金额 $y$,设计算法,用最少的硬币凑出 $y$。

**【解题思路】**

现在有币值为 1 元、3 元和 5 元的硬币若干,如何用最少的硬币凑够 9 元?这道题给人的第一感觉是可以使用贪心策略求解。先选币值最大的,最多能够选一枚 5 元的硬币,目前 5 元了,还差 4 元;接下来选币值第 2 大的 3 元硬币,最多能够选一枚,目前 8 元了,还差 1 元;继续选币值第 3 大的硬币,也就是 1 元硬币,选一枚就可以了。因此,我们用 3 枚硬币凑够了 9 元。

如果题目改为现在有币值为 2 元、3 元和 5 元的硬币若干,如何用最少的硬币凑够 9 元?这个问题还能否使用贪心策略来求解呢?先尝试使用一下贪心策略,先选币值最大的,最多能够选一枚 5 元的硬币,目前 5 元了,还差 4 元;接下来选取币值第 2 大的 3 元

硬币，最多能够选一枚，目前8元了，还差1元；继续选币值第3大的硬币，也就是2元硬币，发现不行，这时候用贪心法怎么也凑不出9元。对于这个问题，贪心法失效了，可见对于凑硬币问题，贪心法并不能够保证找出最优解。

接下来用动态规划法来求解这个问题，用 $dp(i)$ 表示为凑够 $i$ 元所需的最少硬币数。

(1)当 $i=0$ 时，显然 $dp(0)=0$，表示凑够0元最少需要0枚硬币。

(2)当 $i=1$ 时，由于硬币的最小币值是2元，显然凑不了，令 $dp(1)=9999(9999$ 表示不能实现的情况)。

(3)当 $i=2$ 时，目前只有币值为2元的硬币可用，直接拿出一枚2元硬币，接下来只需要凑够0元，而这个问题的解是已知的，$dp(0)=0$。因此，$dp(2)=dp(2-2)+1=dp(0)+1=1$。

(4)当 $i=3$ 时，目前有币值为2元和3元的硬币可用，要取的第一枚硬币可以选2元或3元硬币中的任意一种。如果第一枚选的是2元硬币，那么接下来凑1元即可；如果第一枚选的是3元硬币，那么接下来凑0元即可。最优解应当是两者之间所需硬币数较小的方案，也就是求解 $\min\{dp(3-2)+1, dp(3-3)+1\}$，此时 $dp(3-3)+1<dp(3-2)+1$，因此最优解是 $dp(3-3)+1=dp(0)+1=1$。

(5)当 $i=4$ 时，目前有币值为2元和3元的硬币可用，要取的第一枚硬币可以选2元或3元硬币中的任意一种。如果第一枚选的是2元硬币，那么接下来凑2元即可；如果第一枚选的是3元硬币，那么接下来凑1元即可。最优解应当是两者之间所需硬币数较小的方案，也就是求解 $\min\{dp(4-2)+1, dp(4-3)+1\}$，此时 $dp(4-2)+1<dp(4-3)+1$，因此最优解是 $dp(4-2)+1=dp(2)+1=2$。

(6)当 $i=5$ 时，目前有币值为2元、3元和5元的硬币可用，要取的第一枚硬币可以选2元、3元和5元硬币中的任意一种。如果第一枚选的是2元硬币，那么接下来凑3元即可；如果第一枚选的是3元硬币，那么接下来凑2元即可；如果第一枚选的是5元硬币，那么接下来凑0元即可。最优解应当是三者之间所需硬币数最小的方案，也就是求解 $\min\{dp(5-2)+1, dp(5-3)+1, dp(5-5)+1\}$，此时 $dp(5-5)+1$ 最小，因此最优解是 $dp(5-5)+1=dp(0)+1=1$。

(7)当 $i=6$ 时，目前有币值为2元、3元和5元的硬币可用。要取的第一枚硬币可以选2元、3元和5元硬币中的任意一种。如果第一枚选的是2元硬币，那么接下来凑4元即可；如果第一枚选的是3元硬币，那么接下来凑3元即可；如果第一枚选的是5元硬币，那么接下来凑1元即可。最优解应当是三者中所需硬币数最小的方案，也就是求解 $\min\{dp(6-2)+1, dp(6-3)+1, dp(6-5)+1\}$，此时 $dp(6-3)+1$ 最小，因此最优解是 $dp(6-3)+1=dp(3)+1=2$。

(8)当 $i=7$ 时，目前有币值为2元、3元和5元的硬币可用。要取的第一枚硬币可以选2元、3元和5元硬币中的任意一种。如果第一枚选的是2元硬币，那么接下来凑5元即可；如果第一枚选的是3元硬币，那么接下来凑4元即可；如果第一枚选的是5元硬币，那么接下来凑2元即可。最优解应当是三者中所需硬币数最小的方案，也就是求解 $\min\{dp(7-2)+1, dp(7-3)+1, dp(7-5)+1\}$，此时 $dp(7-2)+1$ 和 $dp(7-5)+1$ 都是最小的，因此最优解是 $dp(7-2)+1=dp(5)+1=2$。

(9)当 $i=8$ 时，目前有币值为2元、3元和5元的硬币可用。要取的第一枚硬币可以选 2 元、3 元和 5 元硬币中的任意一种。如果第一枚选的是 2 元硬币，那么接下来凑 6 元即可；如果第一枚选的是 3 元硬币，那么接下来凑 5 元即可；如果第一枚选的是 5 元硬币，那么接下来凑 3 元即可。最优解应当是三者中所需硬币数最小的方案，也就是求解 $\min\{dp(8-2)+1, dp(8-3)+1, dp(8-5)+1\}$，此时 $dp(8-3)+1$ 和 $dp(8-5)+1$ 是最小的，因此最优解是 $dp(8-3)+1=dp(5)+1=2$。

（10）当 $i=9$ 时，目前有币值为 2 元、3 元和 5 元的硬币可用。要取的第一枚硬币可以选 2 元、3 元和 5 元硬币中的任意一种。如果第一枚选的是 2 元硬币，那么接下来凑 7 元即可；如果第一枚选的是 3 元硬币，那么接下来凑 6 元即可；如果第一枚选的是 5 元硬币，那么接下来凑 4 元即可。最优解应当是三者中所需硬币数最小的方案，也就是求解 $\min\{dp(9-2)+1, dp(9-3)+1, dp(9-5)+1\}$，此时 $dp(9-2)+1$ 和 $dp(9-5)+1$ 都是最小的，因此最优解是 $dp(9-5)+1=dp(4)+1=3$。

综上所述，本题的最优解是 3。从问题的求解过程中可以发现，每一步都是从前一步的最优解的集合中选择一个元素，然后再走一步，如表 6.8 所示。

表 6.8　凑硬币问题的求解过程

| $i$ | $dp(i)$ |
|---|---|
| 0 | $dp(0)=0$，表示凑够 0 元最少需要 0 枚硬币 |
| 1 | $dp(1)=9999$(9999 表示不能实现的情况) |
| 2 | $dp(2)=dp(2-2)+1=dp(0)+1=1$ |
| 3 | $dp(3)=\min\{dp(3-2)+1, dp(3-3)+1\}=1$ |
| 4 | $dp(4)=\min\{dp(4-2)+1, dp(4-3)+1\}=2$ |
| 5 | $dp(5)=\min\{dp(5-2)+1, dp(5-3)+1, dp(5-5)+1\}=1$ |
| 6 | $dp(6)=\min\{dp(6-2)+1, dp(6-3)+1, dp(6-5)+1\}=2$ |
| 7 | $dp(7)=\min\{dp(7-2)+1, dp(7-3)+1, dp(7-5)+1\}=2$ |
| 8 | $dp(8)=\min\{dp(8-2)+1, dp(8-3)+1, dp(8-5)+1\}=2$ |
| 9 | $dp(9)=\min\{dp(9-2)+1, dp(9-3)+1, dp(9-5)+1\}=3$ |

【算法设计】由表 6.8 可以得到如下递推状态转移方程。

$$dp(i)=\min\{dp(i-v_i)+1\}, i \geqslant v_i$$

上式中，$dp(i)$ 表示凑够 $i$ 元需要的最少硬币数，将它定义为该问题的"状态"，这个状态是根据子问题定义状态找出的，最终我们要求解的问题，可以用如下状态来表示：$dp(9)$，表示凑够 9 元最少需要多少枚硬币。状态转移方程找出它们是动态规划法解题的关键，在分析问题的过程中，通常情况下没有办法一眼就看出状态转移方程，这需要实践积累，这也是动态规划法的难点所在。

设计算法 int coin(int a[], int n, int m)，一维数组 $a[]$ 存放硬币币值，整数 $n$ 存放要凑的金额，整数 $m$ 存放硬币种数，一维数组 dp[] 存放最少的硬币数。

**算法设计如下。**

```
void coin(int a[], int n,int m)
{
    int i,j,dp[n+1];
     dp[0]=0;                      //dp[0]为0,因为0不需要金币
    for(int i=1;i<=n;i++){
        dp[i]=9999;               //给每一个金币初始的解决方法数量为无穷,以方便比较
        for(int j=0;j<m;j++){
            if(i>=a[j] && dp[i-a[j]] !=9999 && dp[i-a[j]] + 1 <dp[i]){ //解释①
                dp[i]=dp[i-a[j]] + 1;
            }
        }
    }

    for(int i=0;i<=n;i++)
      printf("dp[%d]=%d\n",i,dp[i]);

}
```

【算法效率分析】coin（）算法中有二重循环，因此其时间复杂度和空间复杂度均为 $O(nm)$。

## 6.3.4 数字塔问题

【例 6.7】数字塔问题。

【问题描述】有一个数字塔，如图 6.4 所示。从数字塔的顶端（底端）出发，结点里的数字是其权值，按自顶向下（或自底向上）的方式行走，经过每一个结点时都可以选择向左走或向右走，一直走到最底端（或最顶端）。请找出一条路径，要求该路径上的结点的权值之和最大。

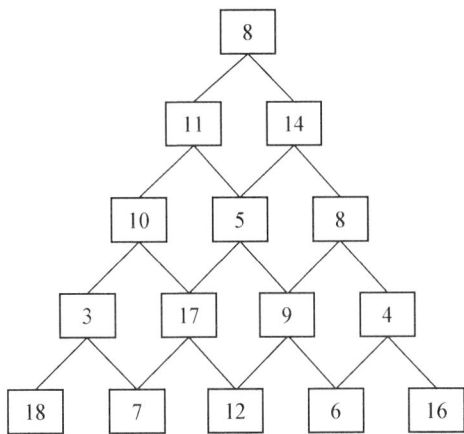

图 6.4 数字塔问题

【**解题思路**】采用贪心策略求解这个问题，自顶向下，每层选择与父结点相关联的、权值最大的结点，得到路径 8→14→8→9→12，如图 6.5(a)所示，该路径上所有结点的权值之和为 51。如图 6.5(b)所示自底向上，从底部选择权值最大(18)的结点，由这一结点出发往上走，每个结点的双亲只有一个，由它们所构成的路径也只有一条，为 18→3→10→11→8，该路径上所有结点的权值之和为 50。然而我们很容易看出，这两个解都不是最优解，该数字塔的最优解路径为 8→11→10→17→12，把该路径上的所有结点的权值相加，得到的最优解为 58。由此可知，采用贪心策略，无论是自顶向下，还是自底向上，都不能求得最大值。因为，它的局部最优并不是针对所有可行路径的，而是与某一结点相关的父子结点，"漏掉"了部分可能达到最优值的选择，因而也"漏掉"了最优解。那么，这个最优路径通过什么样的算法求得呢？

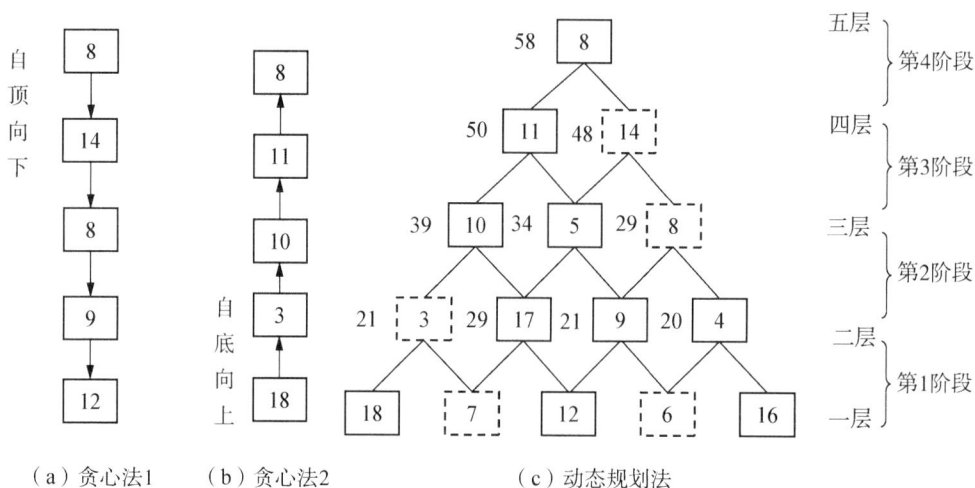

图 6.5　求解数字塔问题

如图 6.5(c)所示，为了确定选择一层中的哪些结点，考察一层与二层各结点权值之和的决策如下。

(1)3+18>3+7，选择与 3 左下相邻的结点 18，获得当前最优值 21。

(2)17+7<17+12，选择与 17 右下相邻的结点 12，获得当前最优值 29。

(3)9+12>9+6，选择与 9 左下相邻的结点 12，获得当前最优值 21。

(4)4+6<4+16，选择与 4 右下相邻的结点 16，获得当前最优值 20。

在这个计算过程中，有一些结点会被重复使用，如 7、12、6，即为了得到二层的最优解，二层所构成的子树集合(3，18，7)、(17，7，12)、(9，12，6)、(4，6，16)存在重叠的部分。这种集合划分与决策方式，显然有别于贪心法。它在充分考虑了一、二层结点之间的关系后，进行了细致的集合划分，在决策时保留了所有可能得到整体最优解的结点。我们将一层到二层的计算与决策过程称为第 1 阶段，下同。

第 2 阶段确定选择二层中的哪些结点时，需要计算三层与二层各结点当前最优值之和的决策如下。

(1)10+21<10+29，选择与 10 右下相邻的结点 17(最优值 29)，获得当前最优

值 39。

(2)5＋29＞5＋21，选择与 5 左下相邻的结点 17(最优值 29)，获得当前最优值 34。

(3)8＋21＞8＋20，选择与 8 左下相邻的结点 9(最优值 21)，获得当前最优值 29。

注意，在第 2 阶段的计算与决策过程中，除了子集合重叠、保留所有最优子集合外，还用到第 1 阶段的最优值，即具有阶段性的子集合之间的依赖关系，这需要保留上一阶段计算结果。

第 3 阶段确定选择三层中的哪些结点时，计算四层与三层各结点当前最优值之和的决策如下。

(1)11＋39＞11＋34，选择与 11 左下相邻的结点 10(最优值 39)，获得当前最优值 50。

(2)14＋34＞14＋29，选择与 14 左下相邻的结点 5(最优值 34)，获得当前最优值 48。

第 4 阶段确定选择四层中的哪些结点时，计算五层与四层各结点当前最优值之和的决策如下。

8＋50＞8＋48，选择与 8 左下相邻的结点 11(最优值 50)，获得当前最优值 58。

根据上述推理与分析，可以还原出最优解所经历的结点：8→11→10→17→12，由这个结果可以直观地看到最优解中包含了每一阶段的最优解(之一)，符合最优子结构性质。不同阶段的计算与决策体现了阶段性集合之间的依赖关系，展示了子问题重叠的第一个方面。而每一阶段决策中的粗体数字体现了子问题重叠的第二个方面：为了减少自底向上的计算过程，同时，不丢失最优解，存储了每一阶段的最优值(状态)。

最优解的路线可以通过计算得到，如 58－8＝50，匹配四层结点 11；50－11＝39，匹配三层结点 10 等。但是这道题有一个更为巧妙的方法，数字塔在计算机中的存储不是等腰三角形，而是下三角矩阵(见图 6.6)，上下两层之间的相邻结点的关系可以表述为在纵向上，上层只与下层的两个结点相邻，要么是垂直方向(左相邻，列坐标相同)，要么是右下结点(右相邻，列坐标相差 1)。

| 8 | | | | |
|----|----|----|----|----|
| 11 | 14 | | | |
| 10 | 5 | 8 | | |
| 3 | 17 | 9 | 4 | |
| 18 | 7 | 12 | 6 | 16 |

图 6.6 数字塔的存储形式

这样在计算与决策的同时，设计一个伴随数组，用于记录当前结点的下一个最优结点的列坐标的相对位移(行坐标不用记录，当前结点的下一结点必然是在当前结点的行数上加 1)。例如，设 path[$n-1$][$n-1$]为伴随数组，则由图 6.5(c)运行后所得 path 的值如表 6.9 所示。

表 6.9　path 值表

| path | | | | | 解释 |
|---|---|---|---|---|---|
| $\diagdown$ $i$ $j$ | 1 | 2 | 3 | 4 | $i$ 表示行，$j$ 表示列 |
| 1 | 0 | | | | $i=1$，$j=1$，结点为 8，下一个最优结点的行 $i=2$，列 $j+\text{path}[1][1]=$ 1，结点值为 11； |
| 2 | 0 | 0 | | | $i=2$，$j=1$，下一个最优结点的行 $i=3$，列 $j+\text{path}[2][1]=1$，结点值 为 10； |
| 3 | 1 | 0 | 0 | | $i=3$，$j=1$，下一个最优结点的行 $i=4$，列 $j+\text{path}[3][1]=2$，结点值 为 17； |
| 4 | 0 | 1 | 0 | 0 | $i=4$，$j=2$，下一个最优结点的行 $i=5$，列 $j+\text{path}[4][2]=3$，结点值 为 12 |

【算法设计】二维数组 data$[n][n]$用于存储原始数据信息，二维数组 $r[n][n]$用于存储每一阶段的路径的计算结果，二维数组 path$[n-1][n-1]$用于存储下一步最优结点列坐标。数组下标表示图中结点的坐标。阶段性最优：

$$r[i][j]=\max\{r[i+1][j],\ r[i+1][j+1]\}+\text{data}[i][j],\ i=n-2,\ n-3,\ \cdots,\ 1;\ j\leqslant i$$

式中，$i$ 是从倒数第二层开始计算的，考察倒数第一层与第二层对应结点的和，如图 6.5(c)所示。通常数组的下标是从 0 开始的，这里从 1 开始使用，所以，$i$ 的起始值为 $n-2$。

下一最优子结点的列坐标相对位移方程如下。

$$\text{path}[i][j]=\begin{cases}0,& r[i+1][j]\geqslant r[i+1][j+1]\ \text{且}\ 0<i<n,0<j\leqslant i\\1,& r[i+1][j]<r[i+1][j+1]\ \text{且}\ 0<i<n,0<j\leqslant i\end{cases}$$

最优解为 data$[1][1]\to$data$[2][j]\to$data$[i+1][j]\to\cdots$其中 $i$，$j$ 的初始值为 1，$j=$ $j+\text{path}$，最优值为 $r[1][1]$。

**算法设计如下。**

```
void datatower(int n)
{
    int i,j;
    for (j=1;j<n; j++)
    {
        r[n][j]=data[n][j];            //最底层的值
    }
    for (i=n-1;i>=1;i--)               //阶段(按层划分)
    {
        for(j=1;j<=i;j++)              //阶段最优值计算
        {
            if (r[i+1][j]>r[i+1][j+1])
```

```
            {
                r[i][j]=r[i + 1][j] +data[i][j];
                path[i][j]=0;
            }
            else
            {
                r[i][j]=r[i + 1][j+1] + data[i][j];
                path[i][j]=1;
            }
        }
    }
}
```

**【算法效率分析】**

(1)问题的输入规模为 $n \times n$ 的矩阵。

(2)初始化伴随矩阵需要循环 $n-1$ 次。

(3)分阶段求解最优值所花费的时间为

$$T(n) = \sum_{i=n-1}^{1} \sum_{j=1}^{i} C = C(n)(n-1)/2$$

(4)输出权值的最大路径需要循环 $n-1$ 次，综上，得 $T(n)=O(n^2)$。

**注意**：在程序实现时，数组是从 1 开始使用的，为了不影响运行，第 0 行 data 应初始化为 0。

## 6.3.5 最长公共子序列问题

**【例 6.8】** 求解最长公共子序列问题。

**【问题描述】** 字符序列的子序列是指从给定字符序列中随意地(不一定连续)去掉若干个字符(可能一个也不去掉)后所形成的字符序列。令给定的字符序列 $X=(x_0, x_1, \cdots, x_{m-1})$，序列 $Y=(y_0, y_1, \cdots, y_{k-1})$ 是 $X$ 的子序列，存在 $X$ 的一个严格递增下标序列 $(i_0, i_1, \cdots, i_{k-1})$，使得对所有的 $j=0, 1, \cdots, k-1$ 有 $x_{i_j}=y_i$。例如，$X=(a, b, c, b, d, a, b)$，$Y=(b, c, d, b)$ 是 $X$ 的一个子序列。

给定两个序列 A 和 B，称序列 Z 是 A 和 B 的公共子序列。是指 Z 同时是 A 和 B 的子序列。该问题是求两序列 A 和 B 的**最长公共子序列**(Longest Common Subsequence，LCS)。

**【解题思路】** 若采用蛮力法列举 A 的所有子序列，一一检查其是否也是 B 的子序列，并随时记录所发现的子序列，最终求出最长公共子序列，这种方法耗时太长，不可取。这里采用动态规划法求解。

考虑最长公共子序列问题如何分解为子问题，设 $A=(a_0, a_1, \cdots, a_{m-1})$，$B=(b_0, b_1, \cdots, b_{n-1})$，设 $Z=(z_0, z_1, \cdots, z_{k-1})$ 为它们的最长公共子序列，不难证明有以下性质。

(1)如果 $a_{m-1}=b_{n-1}$，则 $z_{k-1}=a_{m-1}=b_{n-1}$，且 $(z_0, z_1, \cdots, z_{k-2})$ 是 $(a_0, a_1, \cdots,$

$a_{m-2}$)和($b_0$，$b_1$，…，$b_{n-2}$)的一个最长公共子序列。

（2）如果 $a_{m-1} \neq b_{n-1}$ 且 $z_{k-1} \neq a_{m-1}$，则（$z_0$，$z_1$，…，$z_{k-1}$)是（$a_0$，$a_1$，…，$a_{m-2}$)和（$b_0$，$b_1$，…，$b_{n-1}$)的一个最长公共子序列。

（3）如果 $a_{m-1} \neq b_{n-1}$ 且 $z_{k-1} \neq b_{n-1}$，则（$z_0$，$z_1$，…，$z_{k-1}$)是（$a_0$，$a_1$，…，$a_{m-1}$)和（$b_0$，$b_1$，…，$b_{n-2}$)的一个最长公共子序列。

这样，在找 A 和 B 的公共子序列时分为以下两种情况。

（1）$a_{m-1} = b_{n-1}$，则进一步解决一个子问题，找（$a_0$，$a_1$，…，$a_{m-2}$)和（$b_0$，$b_1$，…，$b_{n-2}$)的一个最长公共子序列。

（2）$a_{m-1} \neq b_{n-1}$，则解决两个子问题，找出（$a_0$，$a_1$，…，$a_{m-2}$)和（$b_0$，$b_1$，…，$b_{n-1}$)的一个最长公共子序列，并找出（$a_0$，$a_1$，…，$a_{m-1}$)和（$b_0$，$b_1$，…，$b_{n-2}$)的一个最长公共子序列，再取两者中的较长者作为 A 和 B 的最长公共子序列。

【算法设计】采用动态规划法求解，定义二维动态规划数组 dp，其中 dp[$i$][$j$]为子序列（$a_0$，$a_1$，…，$a_{i-1}$)和（$b_0$，$b_1$，…，$b_{j-1}$)的最长公共子序列的长度。每考虑一个字符 $a[i]$ 或 $b[i]$ 都为动态规划的一个阶段（约经历 $m \times n$ 个阶段）。对应的状态转移方程如下。

$$
\begin{array}{ll}
dp[i][j] = 0, & i = 0 \text{ 或 } j = 0 \text{——边界条件} \\
dp[i][j] = dp[i-1][j-1] + 1, & a[i-1] = b[j-1] \\
dp[i][j] = \mathrm{MAX}(dp[i][j-1], dp[i-1][j]), & a[i-1] \neq b[j-1]
\end{array}
$$

显然 dp[$m$][$n$]为最终结果。

需要注意的是，动态规划数组是设计动态规划法的关键，需要准确地确定其元素的含义。例如，这里 dp[$i$][$j$]表示 $a$、$b$ 中从头开始的长度分别为 $i$ 和 $j$ 的子序列的 LCS 长度，这两个子序列的尾部字符分别是 $a_{i-1}$ 和 $b_{j-1}$。当然，也可以指定 dp[$i$][$j$]是子序列（$a_0$，$a_1$，…，$a_i$)和（$b_0$，$b_1$，…，$b_j$)的 LCS 长度，那么这两个子序列的长度分别是 $i+1$ 和 $j+1$，它们的尾部字符分别是 $a_i$ 和 $b_j$，此时需要判断 $a_i$ 与 $b_j$ 是否相同，求解结果变为 dp[$m-1$][$n-1$]，但边界条要考虑 $a_0$、$b_0$ 是否相同等情况，会更加复杂，所以不如前者高效。后者通常针对 $a$、$b$ 下标从 1 开始的情况。

那么如何由 dp 求出 LCS 呢？例如，$X = (a, b, c, b, d, b)$，$m = 6$；$Y = (a, c, b, b, a, b, d, b, 6)$，$n = 9$，用 vector<char>容器 subs 存放 LCS。求出的 dp 数组如图 6.7 所示，从 dp[6][9]元素开始，求 subs 的过程如下。

（1）元素值等于上方相邻元素值（dp[$i$][$j$] = dp[$i-1$][$j$]）时，$i$ 减 1。

（2）元素值等于左方相邻元素值（dp[$i$][$j$] = dp[$i$][$j-1$]）时，$j$ 减 1。

（3）元素值与上方、左边的元素值均不相等（dp[$i$][$j$] $\neq$ dp[$i-1$][$j$]且 dp[$i$][$j$] $\neq$ dp[$i$][$j-1$]），说明一定有 dp[$i$] = dp[$i-1$][$j-1$] + 1，此时 $a[i-1] = b[j-1]$，将 $a[i-1]$ 添加到 subs 中，并将 $i$、$j$ 均减 1。

| | | Y | | | | | | | | | |
|---|---|---|---|---|---|---|---|---|---|---|---|
| | | *a* | *c* | *b* | *b* | *a* | *b* | *d* | *b* | *b* | |
| | | 0 | 1 | 2 | 3 | 4 | 5 | 6 | 7 | 8 | 9 |
| X: *a* | 0 | 0 | 0 | 0 | 0 | 0 | 0 | 0 | 0 | 0 | 0 |
| *b* | 1 | 0 | 1 | 1 | 1 | 1 | 1 | 1 | 1 | 1 | 1 |
| *c* | 2 | 0 | 1 | 1 | 2 | 2 | 2 | 2 | 2 | 2 | 2 |
| *b* | 3 | 0 | 1 | 2 | 2 | 2 | 2 | 2 | 2 | 2 | 2 |
| *d* | 4 | 0 | 1 | 2 | 3 | 3 | 3 | 3 | 3 | 3 | 3 |
| *b* | 5 | 0 | 1 | 2 | 3 | 3 | 3 | 3 | 4 | 4 | 4 |
| | 6 | 0 | 1 | 2 | 3 | 4 | 4 | 4 | 4 | 5 | 5 |

图 6.7　求出的 dp 数组及求 LCS 的过程

图 6.7 中的阴影部分满足元素值与上方、左边元素值均不相等的情况，将 subs 中的所有元素反序即得到最长公共子序列为($a$，$c$，$b$，$d$，$b$)。

**求动态规划数组 dp 的算法如下。**

```
void LCSlength()                              //求 dp
{
    int i,j;
    for (i=0;i<=m;i++)                        //将 dp[i][0]置为 0,边界条件
        dp[i][0]=0;
    for (j=0;j<=n;j++)                        //将 dp[0][j]置为 0,边界条件
        dp[0][j]=0;
    for (i=1;i<=m;i++)
        for (j=1;j<=n;j++)                    //两重 for 循环处理 a、b 的所有字符
        {   if (a[i-1]==b[j-1])               //情况(1)
                dp[i][j]=dp[i-1][j-1]+1;
            else                              //情况(2)
                dp[i][j]=max(dp[i][j-1],dp[i-1][j]);
        }
}
```

**由 dp 构造 LCS 的算法如下。**

```
void Buildsubs()                              //由 dp 构造 subs
{
    printf("求 LCS\n");
    int k=dp[m][n];                           //k 为 a 和 b 的最长公共子序列长度
    int i=m;
    int j=n;
        while (k>0)                           //在 subs 中放入最长公共子序列(反向)
```

```
        if (dp[i][j]==dp[i-1][j])
            i--;
        else if (dp[i][j]==dp[i][j-1])
            j--;
        else
        {
            printf("i=%d,j=%d,添加元素 a[i-1]=%c\n",i,j,a[i-1]);
            subs.push_back(a[i-1]);     //subs 中添加 a[i-1]
            i--; j--; k--;
        }
    }
}
```

使用 Java 语言算法设计时，在由 dp 求出 LCS 的过程中，我们可以创建一个新的 path[][]数组，记录通过哪个子问题解决的，也就是递推的路径，在遍历过程中直接输出 LCS。

【算法效率分析】上述算法中使用了两重循环，所以对于长度分别为 $m$ 和 $n$ 的序列，求其最长公共子序列的时间复杂度和空间复杂度均为 $O(mn)$。

## 6.3.6  流水作业调度问题

【例 6.9】流水作业调度问题。

【问题描述】设有 $n$ 项作业集合 $\{1，2，\cdots，n-1，n\}$，每项作业都有两项任务要求在两台设备 $P_1$ 和 $P_2$ 组成的流水线上完成加工。每项作业加工的顺序总是先在 $P_1$ 上加工，然后在 $P_2$ 上加工。$P_1$ 和 $P_2$ 加工作业 $i$ 所需的时间分别为 $a_i$ 和 $b_i(1\leqslant i\leqslant n)$。流水作业调度问题要求确定这 $n$ 项作业的最优加工顺序，使得从第一项作业在设备 $P_1$ 上开始加工，到最后一项作业在设备 $P_2$ 上加工完成所需的时间最少，即求使 $F(S)$ 有最小值的调度方案 $S$。

【解题思路】在工厂生产调度或者多道程序处理中，常常要设计组织流水作业的问题。在本书 5.2.7 节中用贪心法求解了流水作业调度问题，在这里我们将使用动态规划算法求解该问题。

在具有两台设备的情况下，容易证明存在一个最优非优先调度方案，使得在 $P_1$ 和 $P_2$ 上的处理的任务完全以相同次序处理，在调度完成时间上比不按同一次序处理多（注意：若 $P>2$ 则不然）。因此，调度方案的好坏完全取决于这些作业在每台设备上被处理的排列次序。直观上，一个最优的调度方案应使机器 $P_1$ 没有空闲时间，且机器 $P_2$ 的空闲时间最少。在一般情况下，机器 $P_2$ 上会有机器空闲和作业积压两种情况。

为简单起见，以下假定所有任务所需时间 $a_i>0(0\leqslant i\leqslant n)$。事实上如果允许处理时间等于 0 的作业，那么可以不考虑该作业，先对其余作业求最优调度的作业排序，然后将任务处理时间为 0 的作业以任意次序加在这一排列的前面。

双机流水作业调度问题的可行解是 $n$ 项作业的所有可能的排列，每一作业排序代表一种调度方案。其目标函数是调度方案 $S$ 的完成时间 $F(S)$，使 $F(S)$ 有最小值的调度方

案 $S$ 或作业排序是问题的最优解。

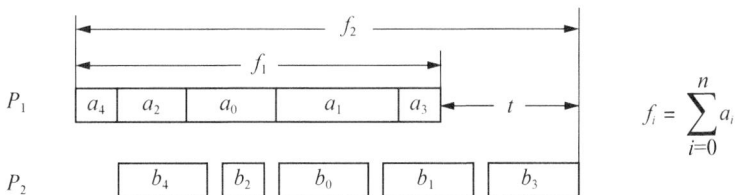

图 6.8 一种调度

设全部作业的集合为 $N=\{0，1，2，\cdots，n-1\}$。不难看出，最优的调度具有这样的性质：在调度中确定第一项作业后，随着第一项作业的完成，剩下的作业的调度一定仍是一个最优调度。令 $\sigma=(\sigma(0)，\sigma(1)，\cdots，\sigma(k-1))$ 是 $k$ 项作业的一种调度方案，$f_1$ 和 $f_2$ 分别是在设备 $P_1$ 和 $P_2$ 上按该调度方案处理 $k$ 项作业的时间。从图 6.8 可以看出，$k$ 项作业按照某一确定顺序执行情况的好坏完全可以用 $t=f_2-f_1$ 来决定。如果还要在 $P_1$、$P_2$ 上处理其他作业，必须在 $P_1$、$P_2$ 上同时处理 $k$ 项作业的不同任务之后，$P_2$ 还要用 $t$ 的时间处理 $k$ 项作业中没有处理完的任务，即在 $t$ 这段时间之前，$P_2$ 不能用来处理别的作业的任务。设 $P_2$ 在时间到来前不能处理的剩余作业集为 $S$，则 $S$ 是 $N$ 的作业子集 $S \subseteq N$。设 $g(S，t)$ 为假定设备 $P_2$ 直到时间 $t$ 后才可以使用的情况下，使用设备 $P_1$ 和 $P_2$ 处理 $S$ 中作业的最优调度方案所需的最少时间。对于作业子集 $N$，显然流水作业调度问题的最优解值为 $g(N，0)$。

流水作业调度问题满足最优性原理，即 $g(N，0)=\min\limits_{0 \leqslant i \leqslant n}\{a_i+g(N-\{i\}，b_i)\}$。

对于任意的 $S$ 和 $t$，一般形式为

$$g(S，t)=\min\limits_{i \in S}\{a_i+g(S-\{i\}，b_i+\max\{t-a_i，0\})\}$$

因为任务 $b_i$ 在 $\max\{a_i，t\}$ 之前不能在设备 $P_2$ 上处理，因此当 $i$ 处理完毕时，有 $f_2-f_1=b_i+\max\{a_i，t\}-a_i=b_i+\max\{t-a_i，0\}$，$b_i+\max\{t-a_i，0\}$ 决定了集合 $S-\{i\}$ 中的作业在 $P_2$ 上可以开始处理的时间。

下面讨论 Johnson 不等式，以便设计求最优调度方案的 Johnson 算法。设 R 是关于作业集 $S$ 的任意调度方案，假定机器 $P_2$ 在 $t$ 时间之后可以用来处理 $S$ 中的作业，令 $i$ 和 $j$ 是在该调度方案 R 下最先处理的两项作业。则由动态规划递归式可得

$$g(S，t)=\min\limits_{i \in S}\{a_i+g(S-\{i\}，b_i+\max\{t-a_i，0\})\}$$
$$=a_i+a_j+g(S-\{i，j\}，b_j+\max\{b_i+\max\{t-a_i，0\}-a_j，0\})$$

令 $t_{ij}=b_j+\max\{b_i+\max\{t-a_i，0\}-a_j，0\}$ 则

$$t_{ij}=b_j+\max\{b_j+\max\{t-a_i，0\}-a_j，0\}$$
$$=b_j+b_i-a_j+\max\{\max\{t-a_i，0\}，a_j-b_i\}$$
$$=b_j+b_i-a_j+\max\{t-a_i，a_j-b_i，0\}$$
$$=b_j+b_i-a_j-a_i+\max\{t，a_i+a_j-b_i，a_i\}$$

如果在调度方案 R 的作业排序中，作业 $i$ 和 $j$ 满足 $\min\{b_i，a_j\} \geqslant \min\{b_j，a_i\}$，则称作业 $i$ 和 $j$ 满足 Johnson 不等式。交换作业 $i$ 和作业 $j$ 的加工顺序，得到作业集 $S$ 的另一调度方案 $R'$，它所需的完成时间为

$$g'(S, t) = a_i + a_j + g(S - \{i, j\}, t_{ji})$$

其中，$t_{ji} = b_j + b_i - a_j - a_i + \max\{t, a_i + a_j - b_j, a_j\}$。

当作业 $i$ 和 $j$ 满足 Johnson 不等式时，有下列不等式：

$$\max\{-b_i, -a_j\} \leqslant \max\{-b_j, -a_i\}$$
$$a_i + a_j + \max\{-b_i, -a_j\} \leqslant a_i + a_j + \max\{-b_j, -a_i\}$$
$$\max\{a_i + a_j - b_i, a_j\} \leqslant \max\{a_i + a_j - b_j, a_j\}$$
$$\max\{t, a_i + a_j - b_i, a_j\} \leqslant \max\{t, a_i + a_j - b_j, a_j\}$$

由此可见当作业 $i$ 和作业 $j$ 不满足 Johnson 不等式时，交换它们的加工顺序使之满足后，不增加完成时间。因此存在一个最优作业调度，使得对于任意相邻的两项作业 $i$ 和作业 $j$，作业 $i$ 先于 $j$ 处理，都有 $\min\{b_i, a_j\} \geqslant \min\{b_j, a_i\}$，进一步可知，如果一个调度方案 $\sigma$ 是最优的当且仅当对于任意 $i < j$，则有

$$\min\{b_{\sigma(i)}, a_{\sigma(j)}\} \geqslant \min\{b_{\sigma(j)}, a_{i\sigma(i)}\}$$

根据上面的讨论，可设计下列作业排列方法来得到最优调度方案。

(1)如果 $\min\{a_0, a_1, \cdots, a_{n-1}, b_0, b_1, \cdots, b_{n-1}\}$ 是 $a_i$，则 $a_i$ 应是最优排列的第一项作业。

(2)如果 $\min\{a_0, a_1, \cdots, a_{n-1}, b_0, b_1, \cdots, b_{n-1}\}$ 是 $b_i$，则 $b_i$ 应是最优排列的最后一项作业。

(3)继续(1)(2)的做法，直到完成所有作业的排列。

【算法设计】输入每项作业在 $P_1$ 和 $P_2$ 上的完成时间，输出最优作业排序。首先，将任务按照处理时间的非减次序排列；其次依次检查序列中的每项任务，如果是 $P_2$ 上完成的作业，将其加在最优作业排列的最后；如果是 $P_1$ 上完成的作业，将其加在最优作业排列的最前；如果作业已经调度，则不再考虑。

**算法设计如下。**

```
void solve()                        //动态规划法求双机流水作业问题
{
    node c[N];
    for(i=0;i<n;i++) {              //把 n 项作业分成两组
        c[i].time=M1[i]>M2[i]? M2[i]:M1[i];
        c[i].index=i;
        c[i].group=M1[i]<=M2[i];
    }
    //验证输出
    printf("排序前:\n");
    dispdisplay(c);
    sort(c,c+n,cmp);                //按照 c[]中作业时间升序排序
    //验证输出
    printf("排序后:\n");
    dispdisplay(c);
```

```
    j=0,k=n-1;
    for(i=0;i<n;i++) {
        if(c[i].group) {                        //M1. 从 i=0 开始放入 best[]中
            best[j++]=c[i].index;
        }
        else {
            best[k--]=c[i].index;               //M2,倒着来
        }
    }
    j=M1[best[0]];                              //初始化,M1 最优调度序列下的作业结束时间
    k=j+M2[best[0]];                            //初始化,M2 最优调度序列下的作业结束时间
    for(i=1;i<n;i++) {
        j+=M1[best[i]];                         //下一项作业在 M1 上的结束时间
        if(j<k)
```
/* 计算下一项作业在 M2 上的结束时间,如果 j<k 表明本作业在 M1 上的结束时间小于上一项作业在 M2 上的结束时间,M2 不空闲,这是好的情况* /
```
        {
            k=k+M2[best[i]];/* 那么本作业在 M2 上的结束时间就是上一项作业在 M2 上的结束时间+ 本作业在 M2 上的运行时间* /
        }else{
            k=j+M2[best[i]];/* 否则,就说明想用 M2 的时候,M2 正好空闲,那就在本作业 M1 上的结束时间上加上本作业 M2 上的运行时间* /
        }
        //  k=j<k? (k+M2[best[i]]):j+M2[best[i]];     //消耗总时间的最大值
    }
}
```

【算法效率分析】算法 solve()的时间主要花费在对作业集的排序上。因此,在最坏情况下算法 solve()所需的时间复杂度为 $O(n\log_2 n)$,所需的空间复杂度显然为 $O(n)$。

## 6.3.7 资源分配问题

【例 6.10】资源分配问题。

【问题描述】资源分配问题是一类如何将数量一定的一种或若干种资源(原材料、资金、设备或劳动力等)合理地分配给若干个使用者,使总收益最大的问题。例如,某公司有 3 个商店 A、B、C,拟将新招聘的 5 名员工分配给这 3 个商店,各商店得到新员工后每年的盈利情况如表 6.10 所示,求分配给各商店各多少名员工才能使公司的盈利最优?

表 6.10 分配员工数和盈利情况(单位: 万元)

| 商店 | 员工数 | | | | | |
|---|---|---|---|---|---|---|
| | 0 人 | 1 人 | 2 人 | 3 人 | 4 人 | 5 人 |
| A | 0 | 3 | 7 | 9 | 12 | 13 |

| 商店 | 员工数 | | | | | |
|---|---|---|---|---|---|---|
| | 0 人 | 1 人 | 2 人 | 3 人 | 4 人 | 5 人 |
| B | 0 | 5 | 10 | 11 | 11 | 11 |
| C | 0 | 4 | 6 | 11 | 12 | 12 |

【解题思路】采用动态规划求解该问题。设置 3 个商店 A、B、C 的编号分别为 1～3，这里总员工数 $n=5$，商店个数 $m=3$。假设从商店 3 开始，设置二维动态规划数组为 dp，其中 $dp[i][s]$ 表示考虑商店 $i$～商店 $m$ 并分配总共 $s$ 个人后的最优盈利，另外设置二维数组 pnum，其中 $pnum[i][s]$ 表示求出 $dp[i][s]$ 时对应商店的分配人数。对应的状态转移方程如下。

$dp[m+1][j]=0,$　　　　边界条件(类似终点的 dp 值为 0)
$dp[i][s]=\max(v[i][j]+dp[i+1][s-j])$
$pnum[i][s]=dp[i][s]$ 取最大值的 $j(0\leqslant j\leqslant n)$

显然，$dp[1][n]$ 就是最优盈利。对于表 6.10 中的示例，首先设置 $dp[4][*]=0$，求解 dp 的过程如下($dp[i][s]$ 的求值是通过 $s$ 取 0～$s$ 值比较取最大值的结果，这里仅仅给出最终结果):

(1)$dp[3][1]=v[3][1]+dp[4][0]=4+0=4$，$pnum[3][1]=1$；
(2)$dp[3][2]=v[3][2]+dp[4][0]=6+0=6$，$pnum[3][2]=2$；
(3)$dp[3][3]=v[3][3]+dp[4][0]=11+0=11$，$pnum[3][3]=3$；
(4)$dp[3][4]=v[3][4]+dp[4][0]=12+0=12$，$pnum[3][4]=4$；
(5)$dp[3][5]=v[3][5]+dp[4][0]=12+0=12$，$pnum[3][5]=5$；
(6)$dp[2][1]=v[2][1]+dp[3][0]=5+0=5$，$pnum[2][1]=1$；
(7)$dp[2][2]=v[2][2]+dp[3][0]=10+0=10$，$pnum[2][2]=2$；
(8)$dp[2][3]=v[2][2]+dp[3][1]=10+4=14$，$pnum[2][3]=2$；
(9)$dp[2][4]=v[2][2]+dp[3][2]=10+6=16$，$pnum[2][4]=2$；
(10)$dp[2][5]=v[2][2]+dp[3][3]=10+11=21$，$pnum[2][5]=2$；
(11)$dp[1][1]=v[1][0]+dp[2][1]=0+5=5$，$pnum[1][1]=0$；
(12)$dp[1][2]=v[1][0]+dp[2][2]=0+10=10$，$pnum[1][2]=0$；
(13)$dp[1][3]=v[1][0]+dp[2][3]=0+14=14$，$pnum[1][3]=0$；
(14)$dp[1][4]=v[1][2]+dp[2][2]=7+10=17$，$pnum[1][4]=2$；
(15)$dp[1][5]=v[1][2]+dp[2][3]=7+14=21$，$pnum[1][5]=2$。
然后通过二维数组 pnum 反推出各个商店的分配人数。
(1)$k=1$，$s=pnum[k][5]=2$，商店 1 分配 2 人，余下的人数 $r=n-s=5-2=3$。
(2)$k=k+1=2$，$s=pnum[k][r]=pnum[2][3]=2$，商店 2 分配 2 人，余下的人数 $r=n-s=3-2=1$。
(3)$k=k+1=3$，$s=pnum[k][r]=pnum[3][1]=1$，商店 3 分配 1 人，余下的人

数 $r=n-s=1-1=0$。

**算法设计如下。**

```
void Plan()                          //求最优方案 dp
{
    int maxf,maxj;
    for (int j=0;j<=n;j++)           //置边界条件
        dp[m+1][j]=0;
    for (int i=m;i>=1;i--)           //i 从商店 3 到 1 进行处理
    {
        for (int s=1;s<=n;s++)       //商店 i～商店 m 共分配 s 个人
        {
            maxf=0;
            maxj=0;
            for (int j=0;j<=s;j++)    //找该商店最优情况 maxf 和分配人数 maxj
            {
                if ((v[i][j]+dp[i+1][s-j])>=maxf)
                {
                    maxf=v[i][j]+dp[i+1][s-j];
                    maxj=j;
                }
            }
            dp[i][s]=maxf;
            pnum[i][s]=maxj;
        }
    }
}
```

【算法效率分析】Plan() 算法的时间复杂度为 $O(mn^2)$。

上述算法采用反向方法求出 dp，当然也可以采用正向方法，此时设置 $dp[i][s]$ 表示考虑商店 1～商店 $i$ 并分配 $s$ 个人后的最优盈利，$pnum[i][s]$ 的含义与前面相同。对应的状态转移方程如下。

```
dp[0][j]=0,                          边界条件(类似终点的 dp 值为 0)
dp[i][s]=max(v[i][j]+dp[i-1][s-j])
pnum[i][s]=dp[i][s]取最大值的 j(0≤j≤n)
```

显然，$dp[m][n]$ 就是最优盈利，从 $pnum[m][n]$ 开始推导出各个商店分配的人数。

**正向方法算法如下。**

```
void Plan()                          //求最优方案 dp
{
    int maxf,maxj;
    for (int j=0;j<=n;j++)           //置边界条件
```

```
            dp[0][j]=0;
        for (int i=1;i<=m;i++)              //从商店3到1进行处理
        {
            for (int s=1;s<=n;s++)          //商店1~商店i共分配s个人
            {
                maxf=0;
                maxj=0;
                for (int j=0;j<=s;j++)      //找该商店最优分配人数j
                {
                    if ((v[i][j]+dp[i-1][s-j])>=maxf)
                    {
                        maxf=v[i][j]+dp[i-1][s-j];
                        maxj=j;
                    }
                }
                dp[i][s]=maxf;              //dp[i][s]表示考虑商店i..m分配总人数s的最优盈利
                pnum[i][s]=maxj;            //pnum[i][s]表示dp[i][s]对应商店i的分配人数
            }
        }
    }
```

### 6.3.8 最短路径问题

【例 6.11】最短路径问题。

【问题描述】如图 6.9 所示，在 $A$ 处有一水库，现需要从 $A$ 点铺设一条管道到 $E$ 点，边上的数字表示与其相连的两个地点之间所需修建的管道长度，用 $c$ 数组表示，如 $c(A, B_1)=2$。现要找出一条从 $A$ 到 $E$ 的修建线路使得所需修建的管道长度最短。

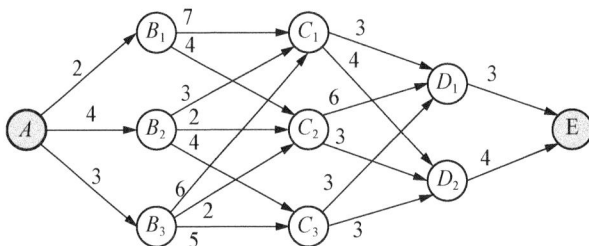

图 6.9  最短路径问题

【解题思路】该图是一个多段图(Multistage Graph)。一个图 $G=(V, E)$ 是多段图，是指其顶点集 $V$ 被划分为 $k$ 个互不相交的子集 $V_i(1 \leqslant i \leqslant k)$，使得 $E$ 中的任何一条边$(u, v)$ 必有 $u$、$v$ 属于两个不同的子集 $V_i$、$V_j$。在该图中 $A$ 是源点，$E$ 是终点。

这类问题适合采用动态规划来求解。将该多段图分成若干个阶段，每个阶段用阶段变量 $k$ 标识。在图 6.9 中，在从 $A$ 到 $E$ 的过程中依据按位置所做的决策的次数及所做决策的先后次序将问题分为 5 个阶段，阶段变量用于表示各阶段，这里阶段变量 $k$ 为 1～5，其中第 5 阶段是虚拟的一个边界，如图 6.10 所示。

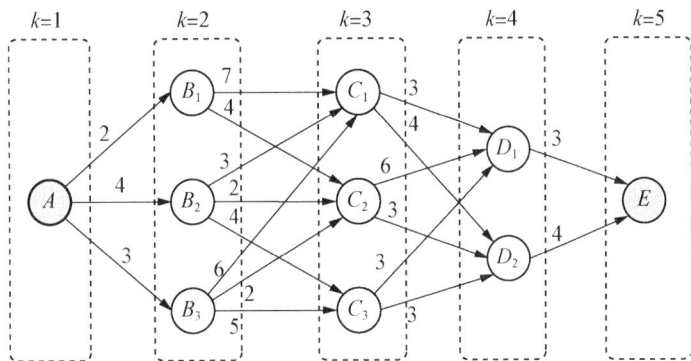

图 6.10　最短路径阶段划分

阶段描述决策过程当前特征的量称为状态，它可以是数量，也可以是字符。每一状态可以取不同的值，状态变量记为 $s_k$，各阶段所有状态组成的集合称为状态集，用 $S_k$ 表示，则有 $s_k \in S_k$。在决策过程中，每一个阶段只选取一个状态，$s_k$ 表示第 $k$ 阶段所取的状态。各阶段的状态为上一阶段的终点，或由该阶段的起点组成的集合。在图 6.10 中，第 1 阶段的状态为 $A$，第 2 阶段的状态有 $B_1$、$B_2$、$B_3$，第 3 阶段的状态有 $C_1$、$C_2$、$C_3$，第 4 阶段的状态有 $D_1$、$D_2$，第 5 阶段的状态为 $E$，所以有 $S_1=\{A\}$，$S_2=\{B_1,\ B_2,\ B_3\}$，$S_3=\{C_1,\ C_2,\ C_3\}$，$S_4=\{D_1,\ D_2\}$，$S_5=\{E\}$。简单来说，若图中的每个顶点唯一，则一个状态就是图中的每个顶点。

决策就是决策者在过程处于某一阶段的某一状态时面对下一阶段的状态做出的选择或决定。在图 6.10 中，若 $s_2=B_2$，如果决策者所做的决策为 $B_2C_1$，则下一阶段的状态为 $C_1$，也可以做 $B_2C_2$、$B_2C_3$ 的决策，用 $D_k(s_k)$ 表示 $k$ 阶段 $s_k$ 状态可以到达的状态集合，如 $D_2(B_2)=\{C_1,\ C_2,\ C_3\}$。

策略就是由第 1 阶段到最后阶段的全过程的决策构成的决策序列。第 $k$ 阶段到最后阶段的决策序列称为子策略。在图 6.10 中，箭头表示的 $A \to B_2 \to C_3 \to D_1 \to E$ 就是从起点状态 $A$ 开始的一个策略，而 $C_2 \to D_1 \to E$ 是从第 3 阶段的 $C_2$ 状态开始的一个子策略。

设最优指标函数 $f(s)$ 表示从状态 $s$ 到终点 $E$ 的最短路径长度，用 $k$ 表示阶段，则对应的状态转移方程如下。

$$f_5(E)=0$$
$$f_k(s_k)=\min_{x_k \in D_k(s_k)} \{c(s_k,\ x_k)+f_{k+1}(s_{k+1})\}$$

或者简写为

$$f(E)=0$$
$$f(s)=\min_{\text{存在}<s,t>\text{的有向边}} \{c(s,\ t)+f(t)\}$$

用 next 表示路径上一个顶点的后继顶点，则其求解 $A$ 到 $E$ 最短路径的过程如下。

(1) 第 5 阶段：

$$f(E)=0$$

（2）第 4 阶段：

$$f(D_1) = \text{MIN}(c(D_1, E) + f(E)) = 3，\text{next}(D_1) = E$$
$$f(D_2) = \text{MIN}(c(D_2, E) + f(E)) = 4，\text{next}(D_2) = E$$

（3）第 3 阶段：

$$f(C_1) = \text{MIN} \begin{pmatrix} c(C_1, D_1) + f(D_1) = 6 \\ c(C_1, D_2) + f(D_2) = 8 \end{pmatrix} = 6，\text{next}(C_1) = D_1$$

$$f(C_2) = \text{MIN} \begin{pmatrix} c(C_2, D_1) + f(D_1) = 9 \\ c(C_2, D_2) + f(D_2) = 7 \end{pmatrix} = 7，\text{next}(C_2) = D_2$$

$$f(C_3) = \text{MIN} \begin{pmatrix} c(C_3, D_1) + f(D_1) = 6 \\ c(C_3, D_2) + f(D_2) = 7 \end{pmatrix} = 6，\text{next}(C_3) = D_1$$

（4）第 2 阶段：

$$f(B_1) = \text{MIN} \begin{pmatrix} c(B_1, C_1) + f(C_1) = 13 \\ c(B_1, C_2) + f(C_2) = 11 \\ c(B_1, C_3) + f(C_3) = \infty \end{pmatrix} = 11，\text{next}(B_1) = C_2$$

$$f(B_2) = \text{MIN} \begin{pmatrix} c(B_2, C_1) + f(C_1) = 9 \\ c(B_2, C_2) + f(C_2) = 9 \\ c(B_2, C_3) + f(C_3) = 10 \end{pmatrix} = 9，\text{next}(B_2) = C_1$$

$$f(B_3) = \text{MIN} \begin{pmatrix} c(B_3, C_1) + f(C_1) = 12 \\ c(B_3, C_2) + f(C_2) = 9 \\ c(B_3, C_3) + f(C_3) = 11 \end{pmatrix} = 9，\text{next}(B_3) = C_2$$

（5）第 1 阶段：

$$f(A) = \text{MIN} \begin{pmatrix} c(A, B_1) + f(B_1) = 13 \\ c(A, B_2) + f(B_2) = 13 \\ c(A, B_3) + f(B_3) = 12 \end{pmatrix} = 12，\text{next}(A) = B_3$$

由 $f(A) = 12$ 求出的最短路径长度为 12，由 $\text{next}(A) = B_3$，$\text{next}(B_3) = C_2$，$\text{next}(C_2) = D_2$，$\text{next}(D_2) = E$，推出最短路径为 $A \rightarrow B_3 \rightarrow C_2 \rightarrow D_2 \rightarrow E$。

【算法设计】上述状态转移方程 $f(s)$ 的递推顺序是从后向前，即 $E \rightarrow A$，该方法称为逆序解法。设计一维数组 dp，dp[s]用于存放 $f(s)$ 的结果。

**采用逆序解法求 $A$ 到 $E$ 的最短路径和最短路径长度的算法如下。**

```
int f(int s)                          //最短路径的逆序解法
{
    if (dp[s]!=-1) return dp[s];
    if (s==end)                       //找到终点
    {
        dp[s]=0;
        printf("  (%d) f(%s)=0\n",Count++,vname[s]);
```

```
        return dp[s];
    }
    else
    {
        int cost,mincost=INF,minj;
        for (int j=0;j<n;j++)                    //查找顶点 s 的后继顶点
        {
            if (c[s][j]!=0 && c[s][j]!=INF)       //顶点 s 到 j 有边
            {
                cost=c[s][j]+f(j);                //先求出后继顶点的 f 值
                if (mincost>cost)
                {
                    mincost=cost;
                    minj=j;
                }
            }
        }
    dp[s]=mincost;
    next[s]=minj;
        printf("  (%d) f(%s)=c(%s,%s)+f(%s)=%d, ",Count++,vname[s],vname[s],
vname[minj],vname[minj],dp[s]);
        printf("next(%s)=%s\n",vname[s],vname[minj]);
        return dp[s];
    }
}
```

**【算法效率分析】**算法中只有一重 for 循环，所以其时间复杂度和空间复杂度均为 $O(n)$。

上述算法采用逆序解法求出 dp，也可以采用顺序（正向）解法。对于图 6.10，顺序解法是从源点 $A$ 出发，求出到达当前状态的最短路径，再考虑下一个阶段，直到终点 $E$。对应的状态转移方程如下。

$$f(A)=0$$
$$f(s)=\min_{\substack{存在<t,s>的有向边}}\{f(t)+c(t,s)\}$$

用 pre 表示路径上一个顶点的前驱顶点，其求解 $A$ 到 $E$ 最短路径的过程如下。

(1)第 1 阶段：
$$f(A)=0$$

(2)第 2 阶段：
$$f(B_1)=\min(f(A)+c(A,B_1))=2，pre(B_1)=A$$
$$f(B_2)=\min(f(A)+c(A,B_2))=4，pre(B_2)=A$$
$$f(B_3)=\min(f(A)+c(A,B_3))=3，pre(B_3)=A$$

（3）第 3 阶段：

$$f(C_1)=\text{MIN}\begin{pmatrix}f(B_1)+c(B_1,\ C_1)=9\\f(B_2)+c(B_2,\ C_1)=7\\f(B_3)+c(B_3,\ C_1)=9\end{pmatrix}=7,\ \text{pre}(C_1)=B_2$$

$$f(C_2)=\text{MIN}\begin{pmatrix}f(B_1)+c(B_1,\ C_2)=6\\f(B_2)+c(B_2,\ C_2)=6\\f(B_3)+c(B_3,\ C_2)=5\end{pmatrix}=5,\ \text{pre}(C_2)=B_3$$

$$f(C_3)=\text{MIN}\begin{pmatrix}f(B_1)+c(B_1,\ C_3)=\infty\\f(B_2)+c(B_2,\ C_3)=8\\f(B_3)+c(B_3,\ C_3)=8\end{pmatrix}=8,\ \text{pre}(C_3)=B_2$$

（4）第 4 阶段：

$$f(D_1)=\text{MIN}\begin{pmatrix}f(C_1)+c(C_1,\ D_1)=10\\f(C_2)+c(C_2,\ D_1)=11\\f(C_3)+c(C_3,\ D_1)=11\end{pmatrix}=10,\ \text{pre}(D_1)=C_1$$

$$f(D_2)=\text{MIN}\begin{pmatrix}f(C_1)+c(C_1,\ D_2)=11\\f(C_2)+c(C_2,\ D_2)=8\\f(C_3)+c(C_3,\ D_2)=11\end{pmatrix}=8,\ \text{pre}(D_2)=C_2$$

（5）第 5 阶段：

$$f(E)=\text{MIN}\begin{pmatrix}f(D_1)+c(D_1,\ E)=13\\f(D_2)+c(D_2,\ E)=12\end{pmatrix}=12,\ \text{pre}(E)=D_2$$

由 $f(E)=12$ 求出的最短路径长度为 12，由 $\text{pre}(E)=D_2$，$\text{pre}(D_2)=C_2$，$\text{pre}(C_2)=B_3$，$\text{pre}(B_3)=A$，推出最短路径为 $A\to B_3\to C_2\to D_2\to E$。

设计一维数组 dp，dp[$s$]用于存放 $f(s)$ 的结果。

**采用顺序解法求 $A$ 到 $E$ 的最短路径和最短路径长度的算法如下。**

```
int f(int s)                        //最短路径问题的顺序解法
{
    if (dp[s]!=-1) return dp[s];
    if (s==start)                   //找到终点
    {
        dp[s]=0;
        printf("  (%d) f(%s)=0\n",Count++,vname[s]);
        return dp[s];
    }
    else
    {
        int cost,mincost=INF,mini;
```

```
        for (int i=0;i<n;i++)                //查找顶点 s 的前驱顶点
        {
            if (c[i][s]!=0 && c[i][s]!=INF)   //顶点 i 到 s 有边
            {
                cost=f(i)+c[i][s];            //先求出前驱顶点的 f 值
                if (mincost>cost)
                {
                    mincost=cost;
                    mini=i;
                }
            }
        }
        dp[s]=mincost;
        pre[s]=mini;
        printf("  (%d) f(%s)=f(%s)+c(%s,%s)=%d, ",Count++,vname[s],
        vname[mini],vname[mini],vname[s],dp[s]);
        printf("pre(%s)=%s\n",vname[s],vname[mini]);
        return dp[s];
    }
}
```

# 6.4  本章小结

(1)动态规划法是基本算法设计技术中较难掌握，但也是极其重要的一种求解最优化问题的方法。动态规划法的基本要素是最优子结构和重叠子问题，这是使用动态规划法求解的基础。动态规划法将待求解的问题分解为若干个相互联系的子问题，然后采用自底向上（或自顶向下）的计算方式推导出原问题的解，在计算过程中共享子问题的解并进行存储，避免了同一子问题的重复计算，从而大大提高了算法的求解效率。

(2)分析和发现待求解的问题的最优子结构性质是一个创造性的过程，也是应用动态规划法的核心步骤。对于一些复杂的优化问题，常常需要对问题进行转化才能得到问题的最优子结构性质。应用动态规划法设计求解最优化问题，当最优值求出后，如何根据具体实例构造最优解，是求解的难点。构造最优解，没有一般性模式可套用，必须结合问题的实际，在递推最优解时有针对性地记录若干必要的信息。

# 6.5  习题

1. 二分查找的实现利用了（    ）。

A. 分治策略        B. 动态规划法        C. 贪心法        D. 回溯法

2. 下列算法中，通常以自底向上的方式求解最优解的是(　　)。

A. 备忘录法　　　B. 动态规划法　　　C. 贪心法　　　D. 回溯法

3. 下列选项中，属于动态规划算法基本要素的是(　　)。

A. 定义最优解　　B. 构造最优解　　　C. 算出最优解　　D. 子问题重叠性质

4. 一个问题可用动态规划法或贪心法求解的关键特征是问题的(　　)。

A. 贪心选择性质　　B. 重叠子问题　　C. 最优子结构性质　D. 定义最优解

5. 最长公共子序列问题利用的算法是(　　)。

A. 分支限界法　　B. 动态规划法　　　C. 贪心法　　　D. 回溯法

6. 贪心法与动态规划法的共同要素是(　　)。

A. 重叠子问题　　B. 构造最优解　　　C. 贪心选择性质　　D. 最优子结构性质

7. 下列选项中，可用于求解矩阵连乘问题的是(　　)。

A. 分支限界法　　B. 动态规划法　　　C. 贪心法　　　　D. 回溯法

8. 问题的_____性质是该问题可用动态规划法或贪心法求解的关键特征。

9. 动态规划法的基本要素是_____性质和_____性质和无后效性。

10. 若序列 $A=\{F, C, E, D, F, C, D\}$、$B=\{E, C, F, E, F, D, C, D\}$，请写出两者的一个最长公共子序列_____。

11. 简述动态规划法的基本思想。

12. 简述动态规划法与贪心法的异同。

13. 简述动态规划法与分治法的异同。

14. 读入一个字符串 str，求出字符串 str 中连续最长的数字串的长度。

15. 一个机器人只能向下和向右移动，每次只能移动一步，设计一个算法求它从$(0, 0)$移动到$(m, n)$有多少条路径。

16. 两种水果杂交出一种新水果，现在给新水果取名，要求该名称中包含以前两种水果名称中的字母，并且这个名称要尽量短。也就是说，以前的一种水果名称 arr1 是新水果名称 arr 的子序列，另一种水果名称 arr2 也是新水果名称 arr 的子序列。设计一个算法求 arr。

例如，输入以下 3 组水果名称：

```
apple peach
ananas banana
pear peach
```

输出的新水果名称如下。

```
appleach
bananas
pearch
```

17. 设计算法求解添加最少括号数问题。括号序列由( )、{ }、[ ]组成，如"(([{}]))()"是合法的，而"( }{ )""({()"和"({}"都是不合法的。如果一个序列不合法，编写一个实验程序求添加的最少括号数，使这个序列变成合法的。例如，"( }( }"最少需要添加 4 个括号才能变成合法的，即变为"(){ }(){ }"。

18. 求解数字和为 sum 的方案数问题。给定一个有 $n$ 个正整数的数组 $a$ 和一个整数 sum，求选择数组 $a$ 中部分数字使其和为 sum 的方案数。若两种选择方案有一个数字的下标不一样，则认为是不同的方案。输入为两行，第 1 行为两个正整数 $n(1{\leqslant}n{\leqslant}1000)$、sum$(1{\leqslant}$sum$\leqslant1000)$，第 2 行为 $n$ 个正整数 $a[i]$，以空格隔开，输出所求的方案数。

# 6.6 实验题

### 实验一：求解整数拆分问题
【问题描述】

求将正整数 $n$ 无序拆分为最大数为 $k$ 的拆分方案个数，要求所有的拆分方案不重复。

【问题解析】

设 $n=5$，$k=5$，则对应的拆分方案如下。

(1) $5=5$；

(2) $5=4+1$；

(3) $5=3+2$；

(4) $5=3+1+1$；

(5) $5=2+2+1$；

(6) $5=2+1+1+1$；

(7) $5=1+1+1+1+1$。

为了防止重复计数，让拆分方案中的各拆分数从大到小排列。这里正整数 5 的拆分方案个数为 7。

采用动态规划法求解整数拆分问题。设 $f(n,k)$ 为将整数 $n$ 无序拆分为最多不超过 $k$ 个数之和(称为 $n$ 的 $k$ 拆分)的方案个数，则有以下几种情况。

(1) 当 $n=1$ 或 $k=1$ 时显然 $f(n,k)=1$。

(2) 当 $n<k$ 时有 $f(n,k)=f(n,n)$。

(3) 当 $n=k$ 时，其拆分方案有将 $n$ 拆分为 1 个 $n$ 的拆分方案，以及 $n$ 的 $n-1$ 拆分方案，前者仅仅一种，所以有 $f(n,n)=f(n,n-1)+1$。

(4) 当 $n>k$ 时根据拆分方案中是否包含 $k$ 可以分为以下两种情况。

① 拆分中包含 $k$ 的情况，即一部分为单个 $k$，另一部分为 $\{x_1,x_2,\cdots,x_i\}$，后者的和为 $n-k$，后者中可能再次出现 $k$，因此是 $(n-k)$ 的 $k$ 拆分，所以这种拆分方案个数为 $f(n-k,k)$。

② 拆分中不包含 $k$ 的情况，则拆分中的所有拆分数都比 $k$ 小，即 $n$ 的 $(k-1)$ 拆分，拆分方案个数为 $f(n,k-1)$。

因此，归纳 $f(n,k)=f(n-k,k)+f(n,k-1)$，有

$$f(n,k)=\begin{cases} 1, & n=1 \text{ 或 } k=1 \\ f(n,n), & n<k \\ f(n,n-1)+1, & n=k \\ f(n-k,k)+f(n,k-1), & \text{其他情况} \end{cases}$$

显然，求 $f(n,k)$ 满足动态规划问题的最优子结构性质、无后效性和有重叠子问题性质，所以特别适合采用动态规划法求解。设置动态规划数组 dp，用 $dp[n][k]$ 存放 $f(n,k)$，实验设计实现的算法。

### 实验二：求解三角形最小路径问题

**【问题描述】**

给定高度为 $n$ 的一个整数三角形，找出从顶部到底部的最小路径和，注意从每个整数出发只能向下移动到相邻的整数。首先输入 $n$，接下来的 $1\sim n$ 行，第 $i$ 行输入 $i$ 个整数；输出分为两行，第 1 行为最小路径，第 2 行为最小路径和。例如，图 6.11 所示为一个 $n=4$ 的三角形，输出的路径是 $2\rightarrow3\rightarrow5\rightarrow3$，最小路径和 13。

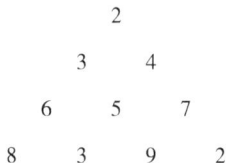

```
         2
      3     4
   6     5     7
8     3     9     2
```

图 6.11　实验二求解三角形最小路径问题

**【问题解析】**

将三角形采用二维数组 $a[0\cdots n-1][0\cdots n-1]$ 存放，图 6.11 所示的三角形对应的二维数组如图 6.12 所示，从顶部到底部查找最小路径，那么结点 $(i,j)$ 的前驱结点只有 $(i-1,j-1)$ 和 $(i-1,j)$ 两个。

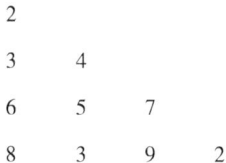

```
2
3     4
6     5     7
8     3     9     2
```

图 6.12　三角形的二维数组表示

用二维数组 dp 作为动态规划数组，$dp[i][j]$ 表示从顶部 $a[0][0]$ 查找到 $(i,j)$ 结点时的最小路径和。显然这里有两个边界，即第 1 列和对角线，达到它们中结点的路径只有一条而不是常规的两条。所以对应的状态转移方程如下。

| | |
|---|---|
| $dp[0]=a[0][0]$, | 顶部边界 |
| $dp[i][0]=dp[i-1][0]+a[i][0]$, | 考虑第 1 列的边界，$1\leqslant i\leqslant n-1$ |
| $dp[i][i]=dp[i-1][i-1]+a[i][i]$, | 考虑对角线的边界，$1\leqslant i\leqslant n-1$ |
| $dp[i][j]=\min(dp[i-1][j-1],dp[i-1][j])+a[i][j]$, | $i>1$ 的其他有两条达到路径的结点，$l\leqslant i\leqslant n-1$ |

最后求出最小路径 ans＝min(dp$[n-1][j]$)，以及对应的列号 $k$。

本题还需要求出最小和路径，为此设计一个二维数组 pre，pre$[i][j]$表示查找到$(i,$ $j)$结点时最小路径上的前驱结点，由于前驱结点只有两个，即$(i-1, j-1)$和$(i-1, j)$，用 pre$[i][j]$记录前驱结点的列号即可。在求出 ans 后，通过 pre$[n-1][k]$反推求出反向路径，最后正向输出该路径。

### 实验三：求解最长递增子序列问题

**【问题描述】**

一个无序的整数序列 $a[0\cdots n-1]$，求其中最长递增子序列的长度。例如，$a[]=\{2,$ $1, 5, 3, 6, 4, 8, 9, 7\}$，$n=9$，其最长递增子序列为$\{1, 3, 4, 8, 9\}$，结果为 5。

**【问题解析】**

设计动态规划数组为一维数组 dp，dp$[i]$表示 $a[0\cdots i]$中以 $a[i]$结尾的最长递增子序列的长度。对应的状态转移方程如下。

$$dp[i]=1, \qquad\qquad 0\leqslant i\leqslant n-1$$
$$dp[i]=max(dp[i],dp[j]+1), \quad a[i]>a[j],0\leqslant i\leqslant n-1,0\leqslant j\leqslant i-1$$

求出数组 dp 后，其中的最大元素即为所求。

其中最大的 dp 数组元素为 5。实验设计实现了完整算法。

### 实验四：求解袋鼠过河问题

**【问题描述】**

一只袋鼠要从河这边跳到河对岸，河很宽，但是河中间打了很多桩子，每隔一米就有一根，每根桩子上有一个弹簧，袋鼠跳到弹簧上就可以跳的更远。每个弹簧力量不同，用一个数字代表它的力量，如果弹簧的力量为 5，就表示袋鼠下一跳最多能够跳 5 米，如果为 0，就表示会陷进去无法继续跳跃。河流一共 $n$ 米宽，袋鼠初始在第一个弹簧上面，若跳到最后一个弹簧就算过了。给定每个弹簧的力量，求袋鼠最少需要跳多少次才能够到达对岸。如果无法到达，输出 $-1$。

**输入描述**：输入分两行，第 1 行为数组长度 $n(1\leqslant n\leqslant 10000)$，第 2 行为每一数组元素的值，用空格分隔。

**输出描述**：输出最少的次数，若无法到达则输出 $-1$。

**【问题解析】**

采用一维数组 $a[0\cdots n-1]$，$a[i]$表示第 $i$ 个弹簧的力量。设置一维动态规划数组 dp，dp$[i]$表示袋鼠跳到第 $i$ 个弹簧时最少的次数。首先设置 dp 的所有元素为∞，dp$[0]=0$。若从前面的第 $j$ 个弹簧弹跳一次到达第 $i$ 个弹簧，则 dp$[i]=$dp$[j]+1$。对应的状态转移方程如下。

$$dp[i]=min(dp[i],dp[j]+1), \quad a[i]+j\geqslant i$$

最后 dp$[n]$就是袋鼠跳过河最少的次数，若 dp$[n]$为∞，表示无法到达第 $n$ 个桩子，输出 $-1$。实验设计实现完整算法。

### 实验五：求解人类基因功能问题

**【问题描述】**

众所周知，人类基因可以被认为是由 4 个核苷酸组成的序列，它们简单地由 4 个字母 A、C、G 和 T 表示。生物学家一直对识别人类基因和确定其功能感兴趣，因为这些可以用于诊断人类疾病和设计新药物。

其实可以通过一系列耗时的生物实验来识别人类基因，在计算机程序的帮助下得到基因序列，下一个工作就是确定其功能。生物学家确定新基因序列功能的方法之一是用新基因作为查询条件搜索数据库，要搜索的数据库中存储了许多基因序列及其功能。许多研究人员已经将其基因和功能提交到数据库，并且数据库可以通过互联网自由访问。数据库搜索将返回数据库中与查询基因相似的基因序列表。

生物学家认为序列相似性往往意味着功能相似性，因此新基因的功能可能是来自列表的基因功能之一，要确定哪一个是正确的，需要另一系列的生物实验。请编写一个比较两个基因并确定它们的相似性的程序。

给定两个基因 AGTGATG 和 GTTAG，它们有多相似？测量两个基因相似性的一种方法称为对齐。在对齐中，如果有需要，可以将空间插入基因的适当位置以使它们等长，并根据评分矩阵评分所得基因。

例如，在 AGTGATG 中插入一个空格得到 AGTGAT－G，并且在 GTTAG 中插入 3 个空格得到－GT－－TAG。空格用减号（－）表示。两个基因现在的长度相等，这两个字符串对齐如下。

AGTGAT－G

－GT－－TAG

在这种对齐中有 4 个字符是匹配的，即第 2 个位置的 G，第 3 个位置的 T，第 6 个位置的 T，第 8 个位置的 G。每对对齐的字符根据表 6.11 所示的评分矩阵分配一个分数，不允许空格之间进行匹配。上述对齐的得分为（－3）＋5＋5＋（－2）＋（－3）＋5＋（－3）＋5＝9。

**表 6.11　评分矩阵**

|   | A | C | G | T | － |
|---|---|---|---|---|---|
| A | 5 | －1 | －2 | －1 | －3 |
| C | －1 | 5 | －3 | －2 | －4 |
| G | －2 | －3 | 5 | －2 | －2 |
| T | －1 | －2 | －2 | 5 | －1 |
| － | －3 | －4 | －2 | －1 | ＊ |

当然，可能还有许多其他的对齐方式（将不同数量的空格插入不同的位置得到不同的对齐方式），例如：

AGTGATG

－GTTA－G

该对齐的得分数是（－3）＋5＋5＋（－2）＋5＋（－1）＋5＝14，所以它比前一个对齐更好。事实上这是一个最佳的对齐方式，因为没有其他对齐可以有更高的分数了。因此，这两个基因的相似性是 14。

**输入描述**：输入由 $T$ 个测试用例组成，$T$ 在第 1 行输入，每个测试用例由两行组成，每行包含一个整数（表示基因的长度）和一个基因序列，每个基因序列的长度至少为 1，不超过 100。

**输出描述**：打印每个测试用例的相似度，每行一个相似度。

【问题解析】

本题与前面求最长公共子序列问题的过程类似，但这里求的是相似度而不是长度。任何两个允许字符 ch1 和 ch2 的分值通过 Value(ch1，ch2) 函数求出。

设置一个动态规划数组 dp，dp[i][j] 表示 $s[0\cdots i-1]$（长度为 $i$）与 $t[0\cdots j-1]$（长度为 $j$）的相似度。对于 $s[0\cdots i-1]$ 与 $t[0\cdots j-1]$ 的尾字符 $s[i-1]$ 和 $t[j-1]$，有以下 3 种决策。

(1) 让 $s[i-1]$ 字符与一个空格匹配（相当于在 $t[j-1]$ 处插入一个空格），则有 dp[i][j]=dp[i-1][j]+Value($s[i-1]$，'')。

(2) 让 $t[j-1]$ 字符与一个空格匹配（相当于在 $s[i-1]$ 处插入一个空格），则有 dp[i][j]=dp[i][j-1]+Value(''，$t[j-1]$)。

(3) 让 $s[i-1]$ 字符与 $t[j-1]$ 字符匹配，则有 dp[i][j]=dp[i-1][j-1]+Value($s[i-1]$，$t[j-1]$)。

所以有

$$dp[i][j]=\max(dp[i-1][j]+Value(s[i-1]，''),$$
$$dp[i][j-1]+Value(''，t[j-1])，dp[i-1][j-1]+Value(s[i-1]，t[j-1]))$$

边界条件如下。

```
dp[0][0]=0,
dp[i][0]=dp[i-1][0]+Value(s[i-1],'')，   考虑第1列，即a[i]与空字符''
dp[0][j]=dp[0][j-1]+Value('',t[j-1])，   考虑第1行,即空字符''与b[j]
```

最后求出的 dp[n][m] 即为所求。实验设计实现完整算法。

**实验六：求解周年庆祝会问题**

【问题描述】

乌拉尔州立大学将举办 80 周年校庆。该大学员工呈现一个层次结构，这意味着构成一棵从校长 V. B. Tretyakov 开始的主管关系树。为了让聚会的每个人都感到愉悦，校长不希望员工及其直属主管同时出席，人事办公室给每名员工评估出了一个愉悦指数。你的任务是求出具有最大愉悦指数和的庆祝会客人列表。

**输入描述**：员工编号从 1 到 $n$，第 1 行输入包含一个整数 $n$（$1 \leqslant n \leqslant 6000$），后面 $n$ 行中的第 $i$ 行给出员工 $i$ 的愉悦指数。愉悦指数的值是从 $-128$ 到 127 的整数。之后的 $n-1$ 行描述了一个主管关系树，每行为 $L\,K$，表示员工 $K$ 是员工 $L$ 的直接主管。整个输入以 0 行结束。

**输出描述**：输出出席庆祝会的所有客人的最大愉悦指数和。

**【问题解析】**

对于编号为 $1 \sim n$ 的员工，用 father$[i]$ 表示员工 $i$ 的直接主管，在这种用双亲指针 father 表示的树中，员工 $i$ 的子树包含他的所有下属员工，其中 root 指向根结点。

设置二维动态规划数组 dp，dp$[i][0]$ 表示考虑员工 $i$ 时该员工不参加庆祝会的最大愉悦指数和，d$[i][1]$ 表示考虑员工 $i$ 时该员工参加庆祝会的最大愉悦指数和。首先初始化数组 dp 的所有元素为 0。对应的状态转移方程如下（$j$ 表示员工 $i$ 的某个直接下属员工，即有 father$[j]=i$）。

dp$[i][1]$+=dp$[j][0]$,　　　　　　　员工 $i$ 参加，下属 $j$ 不参加

dp$[i][0]$+=max (dp$[j][1]$,dp$[j][0]$), 员工 $i$ 不参加，下属 $j$ 参加或者不参加

在树中采用后根遍历方式求解（先求出员工 $i$ 的所有孩子的 dp$[j][*]$，再求 dp$[i][*]$）。这种基于树结果的动态规划称为树形动态规划。最终 max(dp$[root][0]$, dp$[root][1]$)即为所求。为了避免重复考虑员工（每个员工仅仅考虑一次），用 visited 数组表示一个员工是否考虑过，visited$[i]=0$ 表示员工没有考虑，visited$[i]=1$ 表示员工 $i$ 已经考虑，已经考虑的员工 $i$，其 dp$[i][*]$ 已经求出（采用备忘录方法）。

# 第7章 回溯法与分支限界法

## 学习目标

(1)了解问题的解空间的概念。

(2)理解回溯法和分支限界法的基本思想。

(3)掌握回溯法和分支限界法的算法分析与设计步骤。

(4)理解运用回溯法和分支限界法解决典型应用问题的思想。

## 内容导读

回溯法(Back Tracking Algorithm)与分支限界法(Branch and Bound Algorithm)都是基本的算法设计策略,属于树的搜索技术的范畴。在使用这两种算法求解问题前,均需要把解空间规划为一棵解空间树,并且在求解过程中使用剪枝策略来提高搜索效率。

分支限界法和回溯法一样,都是对蛮力法的改进,它们都通过有组织地搜索解空间来获取问题的解。回溯法运用深度优先策略遍历问题的解空间树,应用约束条件和目标函数进行剪枝,避免无效搜索;而分支限界法则运用广度优先策略遍历问题的解空间树,在搜索的过程中,对已经处理的每一个结点根据限界函数估算目标函数的可能取值,然后从中选取能够使目标函数取得最优值的结点优先进行广度优先搜索,如此不断调整搜索方向,提高搜索效率,以求尽快找到问题的解。

# 7.1 回溯法的设计技术

**回溯法**也称**试探法**,可以把它看作一个在约束条件下对解空间树进行深度优先查找,并在查找过程中剪去那些不满足条件的分支的过程。当用回溯法查找到解空间树的某个结点时,如果发现当前路径不满足约束条件或不是历史最优时,就放弃对该结点的子树的查找,并逐层向其祖先结点返回;否则,就进入该结点的子树,继续进行深度优先查找。实质上,这是一个先根遍历解空间树的过程,只是这棵树不是遍历前预先建立的,而是隐含在遍历过程当中的。

回溯法适用于求解搜索问题和组合优化问题,特别是一些组合数相当大的问题。该方法的处理过程是一个逐步建立与修正子集树(或排列树)的过程,用通俗的语言说就是"走不通回头"。使用回溯法时,搜索问题就是在搜索空间中找到一个或全部可行解,如 $n$

皇后问题、图的 $m$ 着色问题和装载问题等。组合优化问题就是找到该问题的一个或全部最优解，如背包问题、子集和数问题及货郎问题等。

目前，有多种方法用于求解组合优化问题，如前面章节学过的贪心法和动态规划法。尽管如此，由于这些方法要求问题的最优解具有最优子结构性质，而且贪心法还要求事先设计好最优量度标准，而这些要求执行起来也并非易事，促使研究者探索使用其他方法来求解组合优化问题。

### 7.1.1　回溯法的算法思想

一个复杂问题的解决方案是由若干个小的决策步骤组成的决策序列，所以一个问题的解可以表示为解向量 $X = (x_1, x_2, \cdots, x_n)$，其中分量 $x_i$ 对应第 $i$ 步的选择，通常可以有两个或者多个取值，表示为 $x_i \in S_i$，$S_i$ 为 $x_i$ 的取值候选集。$X$ 中各个分量 $x_i$ 所有取值的组合构成问题的解向量空间，简称为解空间(Solution Space)或者解空间树(因为解空间一般用树形式来组织)。由于一个解向量往往对应问题的某个状态，所以解空间又称为问题的状态空间树(State Space Tree)。

在状态空间树中求解可以看作从初始状态出发搜索目标状态(解所在的状态)的过程，如图 7.1 所示。搜索的过程可描述为 $S_0 \Rightarrow S_1 \Rightarrow \cdots \Rightarrow S_n$，其中 $S_0$ 为初态，$S_n$ 为终态。

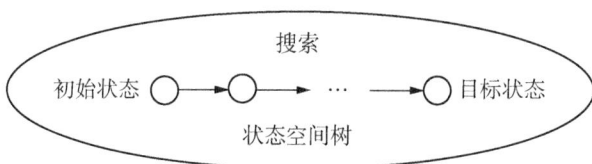

图 7.1　状态空间树中的求解过程

在一般情况下，问题的解仅是问题解空间的一个子集，解空间中满足约束条件的解称为**可行解**。解空间中使目标函数取最大值或者最小值的可行解称为**最优解**。用回溯法求解的问题可以分为两种，一种是求一个(或全部)可行解，另一种是求最优解。

例如，求 $a[]=(a, b, c)$ 的幂集，解向量 $X = (x_1, x_2, x_3)$，$x_i = 1 (1 \leqslant i \leqslant 3)$ 表示选择 $a_i$，$x_i = 0$ 表示不选择 $a_i$。求解过程分为 3 步，分别对 $a$ 的 3 个元素做决策(选择或者不选择)，对应的解空间如图 7.2 所示，其中每个叶子结点都构成一个解，如 $I$ 结点的解向量为 $(1, 1, 0)$，对应的解是 $(a, b)$，图中左分支用 1 标识，表示选择 $a_i$；右分支用 0 标识，表示不选择 $a_i$(实际上也可以用左分支表示不选择 $a_i$，用右分支表示选择 $a_i$)。每个非叶子结点对应一个部分解向量，例如，$E$ 结点对应 $(1, 0)$，它也表示一个解空间树的状态。

根结点为 $A$ 结点[对应的部分解向量为空，即()]，其层次是 1，其子树对应元素 $a_1$ 的选择情况(如果指定 $a$ 数组的第一个元素是 $a_0$，那么对应的根结点的层次应该为 0)。第 2 层的结点有两个，它们的子树对应元素 $a_2$ 的选择情况。第 3 层的结点有 4 个，它们的子树对应元素 $a_3$ 的选择情况，叶子结点对应每一个解，即解空间子集。

从中看出，解空间树是很规范的，数组 $a$ 的元素个数 $n = 3$，对应的解空间树的高度为 $n + 1(4)$。第 $i$ 层是对元素 $a_i$ 的决策。在通常情况下，从根结点到叶子结点(不含搜索失败的结点)的路径构成了解空间的一个可行解。

本问题是求数组 $a$ 的幂集,属于求全部可行解的问题,所以问题的解恰好包含整个解空间。如果问题是求数组 $a$ 的元素和最大的子集,这就是一个求最优解问题,对应图 7.2 中的 $J$ 结点,对应问题的解是解空间的一部分(解空间的子集)。

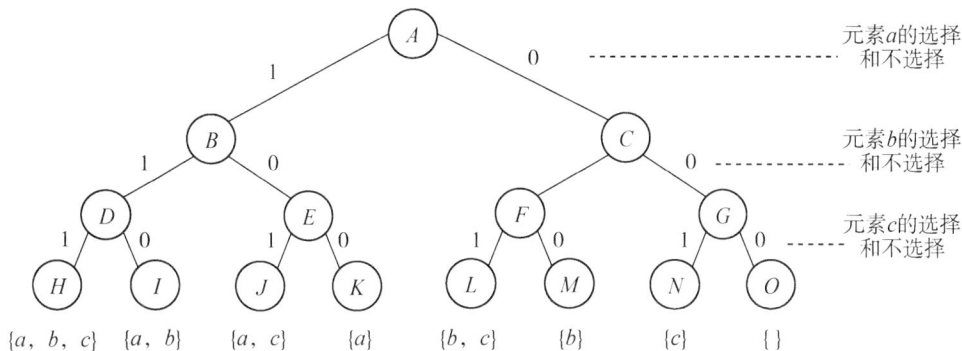

图 7.2　求集合 $\{a, b, c\}$ 的幂集的解空间树

一个问题的求解过程就是在对应的解空间中搜索以寻找满足目标函数的解,所以回溯法算法设计的关键点有 3 个。

(1)结点是如何扩展的,如求幂集问题中,第 $i$ 层结点的扩展方式就是选择 $a_i$ 和不选择 $a_i$ 两种,但在有些问题中结点扩展很复杂。

(2)在解空间树中按什么方式搜索,一种是采用深度优先遍历(Depth First Search,DFS),回溯法就是这种方式;另一种是采用广度优先遍历(Breadth First Search,BFS),分支限界法就是这种方式。

(3)解空间树通常十分庞大,如何高效地找到问题的解。

【例 7.1】一个农夫(人)过河问题,指在河东岸有一个农夫、一只狼、一只鸡和一袋谷子,只有当农夫在现场时狼不会把鸡吃掉,鸡也不会吃谷子,否则会出现吃掉的情况。另有一条小船,该船只能由农夫操作,且最多只能载农夫和另一样东西。设计一种过河方案,将农夫、狼、鸡和谷子借助小船运到河西岸。

**解**:在该问题中用东、西两岸的人或物品构成状态,开始状态为所有人或物品在东岸,西岸是空的,此时人可以带任何一件物品驾船到西岸去,这样引出了 3 个状态,对于每一种状态,又根据题目规则引出了一个或多个状态,所有这些状态及其关系构成了本问题的解空间。该问题的部分搜索空间如图 7.3 所示,图中每个方框表示一种状态,带阴影的框表示终点,带×的框表示有冲突,即出现狼吃鸡或鸡吃谷子的情况,带 * 的框表示与以前的状态重复。

从图 7.3 中看出一种可行的方案如下。

(1)农夫驾船带鸡从河东岸到河西岸。

(2)农夫驾船不带任何东西从河西岸到河东岸。

(3)农夫驾船带狼从河东岸到河西岸。

(4)农夫驾船带鸡从河西岸到河东岸。

(5)农夫驾船带谷子从河东岸到河西岸。

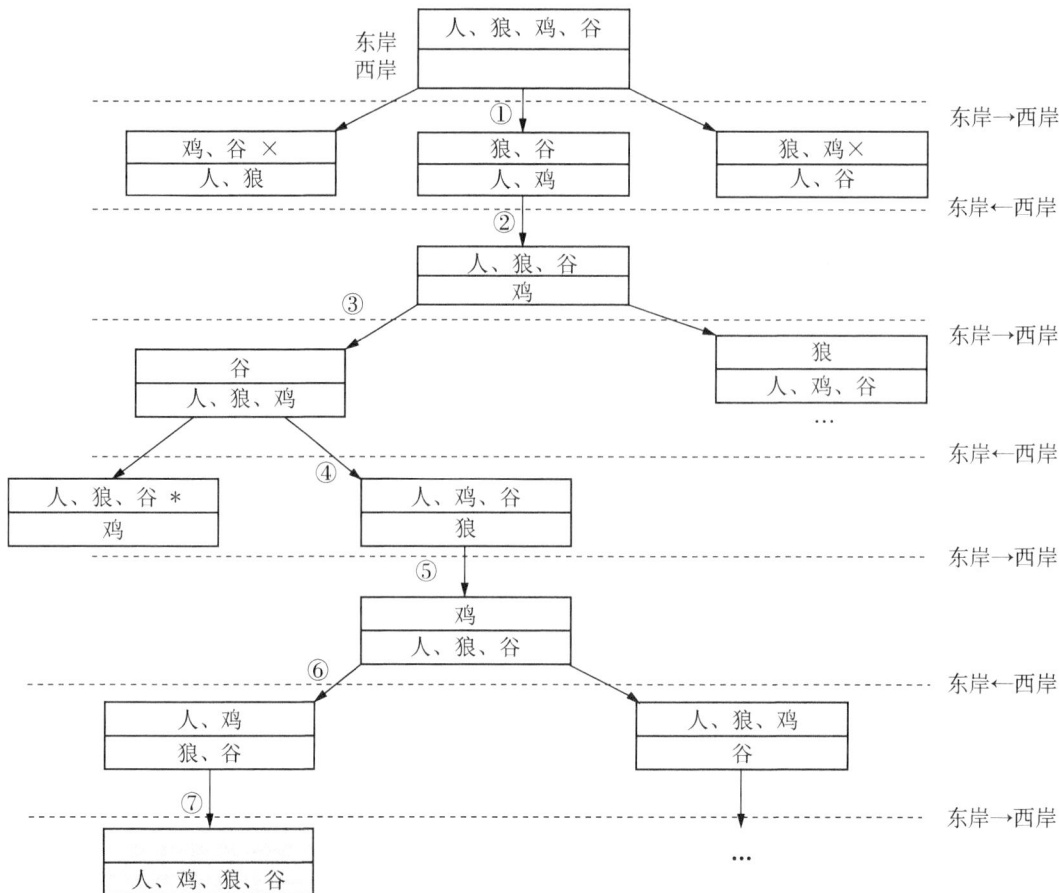

图 7.3　农夫过河的部分搜索空间

（6）农夫驾船不带任何东西从河西岸到河东岸。

（7）农夫驾船带鸡从河东岸到河西岸。

图 7.3 中的一个解向量为（①，②，③，④，⑤，⑥，⑦）。

解空间树通常有两种类型。当所给的问题是从 $n$ 个元素的集合 $S$ 中找出满足某种性质的子集时，相应的解空间树称为**子集树**（Subset Tree），如图 7.2 所示。当所给的问题是确定 $n$ 个元素满足某种性质的排列时，相应的解空间树称为**排列树**（Permutation Tree），求全排列的解空间树就是排列树。

需要注意的是，问题的解空间树是虚拟的，并不需要在算法执行时构造一棵真正的树结构，然后再在该解空间树中搜索问题的解，而是只存储从根结点到当前结点的路径。实际上，有些问题的解空间因过于复杂或状态过多难以画出来。

## 7.1.2　回溯法的算法框架

回溯法中，在包含问题的所有解的解空间树中，按照深度优先搜索的策略，从**根结点**（开始结点）出发搜索解空间树。首先根结点成为**活结点**（Active Node，指自身已生成但其孩子结点没有全部生成的结点），同时也成为当前的**扩展结点**（Expansion Node，指正在产生孩子结点的结点，也称为 E 结点）。

在当前的扩展结点处，搜索向纵深方向移至一个新结点。这个新结点就成为新的活结点，并成为当前扩展结点。如果在当前的扩展结点处不能再向纵深方向移动，则当前扩展结点就成为**死结点**（Dead Node，指其所有子结点均已产生的结点）。此时应往回移动（回溯）至最近的一个活结点处，并使这个活结点成为当前的扩展结点。回溯法以这种方式递归地在解空间中搜索，直到找到所要求的解或解空间中已无活结点为止。

如图 7.4 所示，当从状态 $s_i$ 搜索到状态 $s_{i+1}$ 后，如果 $s_{i+1}$ 变为死结点，则从状态 $s_{i+1}$ 回溯至 $s_i$，再从 $s_i$ 找其他可能的路径，所以回溯法体现出"走不通回头"的思路。

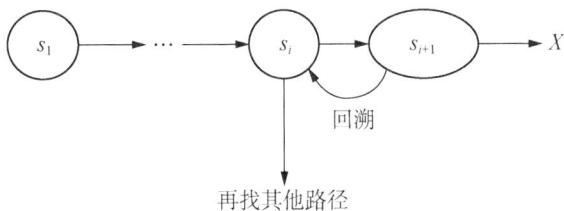

图 7.4 回溯过程

若用回溯法求问题的所有解，需要回溯至根结点，且根结点的所有可行的子树都已被搜索完才结束。若使用回溯法求任意一个解，只要搜索到问题的一个解就可以结束。由于采用回溯法求解时存在回溯至祖先结点的过程，所以需要保存搜索过的结点。通常有两种方法，一是用自定义栈来保存祖先结点；二是采用递归方法，因为递归调用会将祖先结点保存到系统栈中，在递归调用返回时自动回溯至祖先结点。另外，用回溯法搜索解空间时通常采用两种策略避免无效搜索，以提高回溯的搜索效率，一是用**约束函数**在扩展结点处剪去不满足约束条件的路径，二是用**限界函数**剪去得不到问题解或最优解的路径，这两类函数统称为**剪枝函数**。

归纳起来，用回溯法解题的一般步骤如下。

（1）针对给定的问题确定问题的解空间树，问题的解空间树应至少包含问题的一个可行解或者最优解。

（2）确定结点的扩展搜索规则。

（3）深度优先遍历解空间树，在搜索过程中可以采用剪枝函数来避免无效搜索。其中，深度优先遍历可以选择递归回溯或者迭代（非递归）回溯。

回溯法采用从开始结点进行深度优先遍历，并通过剪枝技术提高搜索效率的算法策略。其过程可描述如下。

（1）开始结点是一个活结点，也是一个扩展结点。

（2）如果能从当前的扩展结点移动到一个新的结点，那么这个新结点将变成一个活结点和可扩展结点，旧的扩展结点仍是一个活结点。

（3）如果不能移动到一个新结点（已经找到一个可行解或违反约束的情况），当前的扩展结点就变成了一个死结点，只能返回到最近被考察的活结点（回溯），这个活结点就变成了新的扩展结点。

(4)当找到了最优解或者没有活结点的时候(回溯了所有的活结点)，搜索过程结束。

根据这一描述过程，可以得到回溯法策略的框架如下。设问题的解是一个 $n$ 维向量 $(x_1，\cdots，x_i，\cdots，x_n)$ 的约束条件是 $x_i(i=1，2，3，\cdots，n)$ 之间满足某种条件，记为 $P(x_i)$。

**回溯的递归框架如下。**

```
int x[n], i=1;
search(int i)
{
    if(i>n)
        输出结果;
    else
    { //枚举 xᵢ 所有可能的路径
        for( j=下界; j<=上界; j=j+1)
            {//满足限界函数和约束条件
                if( P(j))
                {
                    x[i]=j;
                    … //其他操作
                    search (i+1);
                    回溯前的清理工作;
                }
            }
    }
}
```

**回溯的非递归框架如下。**

```
int x[n], i=1;
//还未回溯到头,i为真表示有路可走
while (i && (未达到目标))
{
    if(i>n) //搜索到叶子结点
        搜索到一个解,输出;
    else //处理第 i 个元素
    {    x[i]第一个可能的值;
        //x[i]不满足约束条件但在搜索空间内
        while(!P(x[i]) && x[i]在搜索空间内)
            x[i]下一个可能的值;
        if(x[i]在搜索空间内)
            {
                标识占用的资源;
                i=i+1;//扩展下一个结点
            }
            else{
```

```
            清理所占的状态空间；
            i＝i－1;//回溯
        }
    }
}
```

## 7.1.3　回溯法的适用条件

回溯算法的条件是部分向量和整体向量之间的关系，如 $n$ 皇后问题，前面摆放皇后的时候产生了冲突，其实再往后扩张向量是没有意义的，称为**多米诺性质**。也就是说向量已经不满足条件了，以 $n$ 皇后问题理解，就是前面的 $k$ 个皇后已经产生冲突了，下面没有必要继续做了；以背包问题理解，如果前面 $k$ 个物品装入背包已经超过物品的总重量了，那就是打破约束条件不满足了，接下来再往背包里装物品也没有必要了。

**多米诺性质**：设向量 $X_i=<x_1,x_2,\cdots,x_i>$，$X_i\subseteq X$，$X=<x_1,x_2,\cdots,x_i,\cdots,x_n>$，将 $X$ 输入评价函数 $P$，可以得到 $X_i$ 的一组特征值 $P(X_i)$，取 $X_{i+1}=<x_1,x_2,\cdots,x_i,x_{i+1}>$，$X_{i+1}\subseteq X$ 则 $P(X_{i+1})$ 真蕴含 $P(X_i)$，即

$$P(X_{i+1})\rightarrow P(X_i)\quad i\in(0,n)$$

其中，$n$ 代表解向量的维数。

**【例 7.2】** 求满足下列不等式的所有整数解：

$$5x_1+4x_2-x_3\leqslant10,\quad 1\leqslant x_i\leqslant3,\quad i=1,2,3$$

**解**：令 $X_i=<x_1,x_2,\cdots,x_i>$，$P(X_i)$ 为对 $X_i$ 的评估，判断其 $X_i$ 是否满足不等式，即 $P(X_i)\leqslant10$。依据题目可知，本例中向量为一个三元组 $<x_1,x_2,x_3>$，其搜索过程如图 7.5 所示。

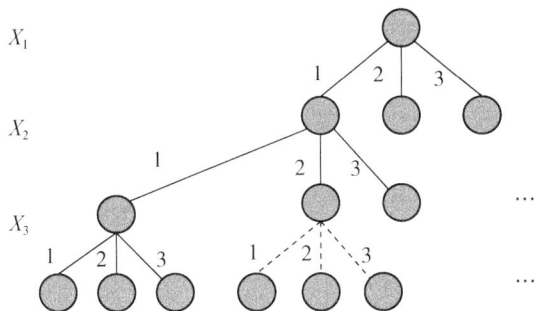

图 7.5　例 7.2 的解空间树

注意图 7.5 的虚线部分，当 $x_1=1$，$x_2=2$ 时，$P(x_1,x_2)=5x_1+4x_2=5\times1+4\times2=13>10$，不满足约束条件，$x_2=2$ 这条分支将被剪去。然而，当 $x_1=1$、$x_2=2$、$x_3=3$ 时，$P(x_1,x_2,x_3)=5x_1+4x_2-x_3=5\times1+4\times2-3=10$，满足约束条件，即 $<1,2,3>$ 是不等式的解，显然此例中 $P(X_3)$ 不真蕴含 $P(X_2)$，违反了多米诺性质，从而丢解了。如果令 $x_3'=4x_1-x_3$，将原不等式变换为

$$x_1+4x_2+x_3'\leqslant10,\quad 1\leqslant x_1,x_3'\leqslant3,\quad i=1,2$$

则该不等式满足多米诺性质，可以使用回溯法，对所得到的解 $x_1$，$x_2$，$x_3'$ 转换成原不等式的解 $x_1$，$x_2$，$x_3$ 即可。

**【例 7.3】**采用回溯法求解例 3.8。在象棋算式中不同的棋子代表不同的数，假设有如图 7.6 所示的算式，设计一个算法求这些棋子各代表哪些数字。

$$\begin{array}{r} 兵\,炮\,马\,卒 \\ +\ 兵\,炮\,车\,卒 \\ \hline 车\,卒\,马\,兵\,卒 \end{array}$$

图 7.6 象棋算式

**解：**这里的解向量为 $(a,b,c,d,e)$ 分别表示兵、炮、马、卒和车的取值。采用多重循环来试探各棋子不同的取值情况，逐一判断它们是否满足例 3.8 中列出的条件；为了避免同一数字被重复使用，可设立布尔型数组 dig，当 $dig[i]$（$0 \leqslant i \leqslant 9$）值为 0 时表示数字 $i$ 没有被使用，为 1 时表示数字已经被使用。例如，对于棋子兵，先试探它取值 $a$，让 dig$[a]=1$ 表示其他棋子不能再取值 $a$，继续其他棋子的试探，当不成功（放弃当前候选解）或输出一个可行解（找到一个可行解）后进行回溯，让 dig$[a]=0$ 表示其他棋子可以取值 $a$，即再试探其他候选解。

**本题对应的完整 C 程序如下。**

```c
# include <stdio.h>
# include <string.h>
void fun()
{ bool dig[10];
  int a,b,c,d,e,m,n,s;
  memset(dig,0,sizeof(dig));;                 //置初值 0 表示所有数字均没有使用
  for (a=1;a<=9;a++)
  { dig[a]=1;                                 //试探兵取值 a
    for (b=0;b<=9;b++)
      if (!dig[b])
      { dig[b]=1;                             //试探炮取值 b
        for (c=0;c<=9;c++)
          if (!dig[c])
          { dig[c]=1;                         //试探马取值 c
            for (d=0;d<=9;d++)
              if (!dig[d])
              { dig[d]=1;                     //试探卒取值 d
                for (e=0;e<=9;e++)
                  if (!dig[e])
                  { dig[e]=1;  //试探车取值 e
                    m=a*1000+b*100+c*10+d;
                    n=a*1000+b*100+e*10+d;
                    s=e*10000+d*1000+c*100+a*10+d;
                    if (m+n==s)
```

```
        printf("兵:%d 炮:%d 马:%d 卒:%d 车:%d\n",a,b,c,d,e);
                  dig[e]=0;              //回溯车的取值
                }
                  dig[d]=0;              //回溯卒的取值
                }
              dig[c]=0;                  //回溯马的取值
            }
          dig[b]=0;                      //回溯炮的取值
        }
      dig[a]=0;                          //回溯兵的取值
    }
}
int main()
{
    fun();
    return 0;
}
```

**本程序的执行结果如下。**

兵:5 炮:2 马:4 卒:0 车:1

【例7.4】设计一个算法在 1、2、…、9(顺序不能变)数字之间插入＋或－或什么都不插入，使得计算结果总是 100 的程序，并输出所有的可能性。例如，1＋2＋34－5＋67－8＋9＝100。

**解：** 用数组 $a$ 存放 1~9 的整数，用字符数组 op 存放插入的运算符，op[$i$]表示在 $a$[$i$]之前插入的运算符。采用回溯法产生和为 100 的表达式，op[$i$]只能取值＋、－或者空格。设计函数 fun(op，sum，prevadd，$a$，$i$)，其中 sum 记录考虑整数 $a$[$i$]时前面表达式计算的整数和(初始值为 $a$[0])，prevadd 记录前面表达式中的一个数值(初始值为 $a$[0])，$i$ 从 1 开始到 8 结束，如果 sum＝100，得到一个可行解。

**本题对应的完整 C 程序如下。**

```
# include <stdio.h>
# define N 9
void fun(char op[],int sum,int prevadd,int a[],int i)
{
    if (i==N)                           //扫描完所有位置
    {
        if (sum==100)                   //找到一个可行解
        {
            printf("%d",a[0]);          //输出可行解
            for (int j=1;j<N;j++)
            {
```

```
                if (op[j]!='')
                    printf("%c",op[j]);
                printf("%d",a[j]);
            }
            printf("=100\n");
        }
        return;
    }
    op[i]='+';                          //位置 i 插入'+'
    sum+=a[i];                          //计算结果
    fun(op,sum,a[i],a,i+1);            //继续处理下一个位置
    sum-=a[i];                          //回溯

    op[i]='-';                          //位置 i 插入'-'
    sum-=a[i];                          //计算结果
    fun(op,sum,-a[i],a,i+1);          //继续处理下一个位置
    sum+=a[i];                          //回溯

    op[i]='';                           //位置 i 插入''
    sum-=prevadd;                       //先减去前面的元素值
    int tmp;                            //计算新元素值
    if (prevadd>0)
        tmp=prevadd*10+a[i];          //如 prevadd=5,a[i]=6,结果为 56
    else
        tmp=prevadd*10-a[i];          //如 prevadd=-5,a[i]=6,结果为-56
    sum+=tmp;                           //计算合并结果
    fun(op,sum,tmp,a,i+1);            //继续处理下一个位置
    sum-=tmp;                           //回溯 sum
    sum+=prevadd;
}
int main()
{
    int a[N];
    char op[N];                         //op[i]表示在位置 i 插入运算符
    for (int i=0;i<N;i++)              //为 a 赋值 1,2,…,9
        a[i]=i+1;
    printf("求解结果\n");
    fun(op,a[0],a[0],a,1);            //插入位置 i 从 1 开始
    return 0;
}
```

**本程序的执行结果如下。**

求解结果
1＋2＋3－4＋5＋6＋78＋9＝100
1＋2＋34－5＋67－8＋9＝100
1＋23－4＋5＋6＋78－9＝100
1＋23－4＋56＋7＋8＋9＝100
12＋3＋4＋5－6－7＋89＝100
12＋3－4＋5＋67＋8＋9＝100
12－3－4＋5－6＋7＋89＝100
123＋4－5＋67－89＝100
123＋45－67＋8－9＝100
123－4－5－6－7＋8－9＝100
123－45－67＋89＝100

# 7.2 回溯法的应用

## 7.2.1 0/1背包问题

**【例7.5】**用回溯法解决0/1背包问题。

**【问题描述】**如表7.1所示，有$n$件重量分别为$\{w_1, w_2, \cdots, w_n\}$的物品(物品编号为$1\sim n$)，它们的价值分别为$\{v_1, v_2, \cdots, v_n\}$，给定一个容量为$W$的背包。设计从这些物品中选取一部分物品放入该背包的方案，每件物品要么选中要么不选中，要求选中的物品不仅能够放入背包中，而且具有最大的价值。

表7.1 4件物品的信息

| 物品编号 | 重量 | 价值 |
| --- | --- | --- |
| 1 | 5 | 4 |
| 2 | 3 | 4 |
| 3 | 2 | 3 |
| 4 | 1 | 1 |

**【解题思路】**为了更清楚地描述算法，将这些给定的算法输入设计为全局变量。

这是一个求最优解问题，显然其解空间是子集树(每件物品要么放入，要么不放入)。每个结点表示背包的一种选择状态，记录当前放入背包的物品总重量和总价值，每个分支结点下面有两条边表示对某物品是否放入背包的两种可能的选择。

第$i$层上的某个分支结点的对应状态为dfs($i$, tw, tv, op)，其中tw表示放入背包中的物品总重量，tv表示背包中物品的总价值，op记录一个解向量。该状态的两种扩展如下。

(1)选择第 $i$ 件物品放入背包：op[$i$]＝1，tw＝tw＋w[$i$]，tv＝tv＋v[$i$]，转向下一个状态 dfs($i$＋1，tw，tv，op)。该决策对应左分支。

(2)不选择第 $i$ 件物品放入背包：op[$i$]＝0，tw 不变，tv 不变，转向下一个状态 dfs($i$＋1，tw，tv，op)。该决策对应右分支。

叶子结点表示已经对 $n$ 件物品做了决策，对应一个可行解。对所有叶子结点进行比较求出满足 tw≤W 的最大 tv(用 maxv 表示)，将对应的最优解 op 存放到 $x$ 中。

【算法设计】对于表 7.1 所示的 4 件物品，在限制背包总重量 $W$＝6 时描述问题求解过程的解空间树如图 7.7 所示，每个结点中的两个数值为(tw，tv)。

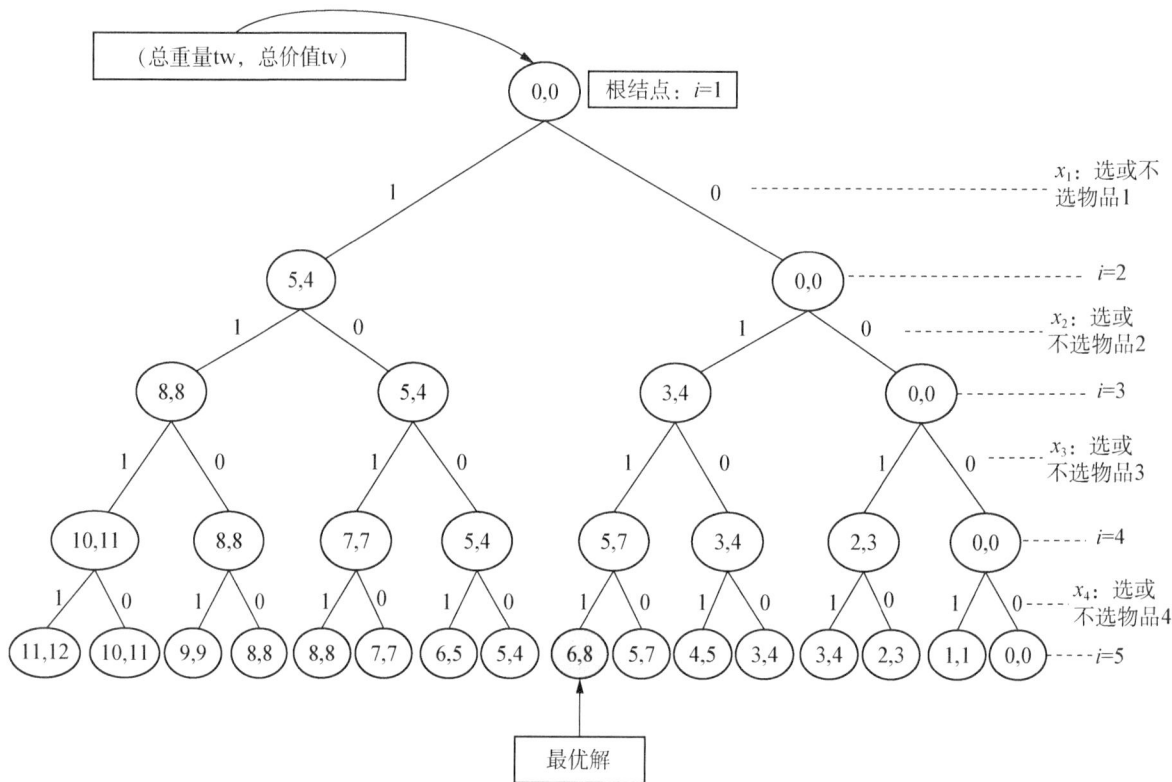

图 7.7　描述 0/1 背包问题求解过程的解空间树($W$＝6)

对于层次为 1 的根结点为(0，0)，考虑物品 1。

(1)选择物品 1：op[1]＝1，tw＝0＋5＝5，tv＝0＋4＝4，产生新结点(5，4)作为其左孩子。

(2)不选择物品 1：op[1]＝0，tw＝0，tv＝0，产生新结点(0，0)作为其右孩子。

对于层次 2 的(5，4)结点，考虑物品 2。

(1)选择物品 2：op[2]＝1，tw＝5＋3＝8，tv＝4＋4＝8，产生新结点(8，8)作为其左孩子。

(2)不选择物品 2：op[2]＝0，tw＝5，tv＝4，产生新结点(5，4)作为其右孩子。

以此类推可以构造出整棵子集树(共 31 个结点)。

采用递归框架设计的 **dfs( )** 算法如下。

```
void dfs(int i,int tw,int tv,int op[])          //考虑第 i 件物品
{
    printf("  i=%d,dfs(%d,%d)\n",i,tw,tv);
    if (i>n)//找到一个叶子结点
    { if (tw==W && tv>maxv)                     //找到一个满足条件的更优解,保存它
      { maxv=tv;
        for (int j=1;j<=n;j++)
            x[j]=op[j];
      }
    }
    else                                        //尚未找完所有物品
    { op[i]=1;                                   //选取第 i 件物品
      dfs(i+1,tw+w[i],tv+v[i],op);
      op[i]=0;                                   //不选取第 i 件物品,回溯
      dfs(i+1,tw,tv,op);
    }
}
```

从图 7.7 中可以看到,对于第 $i$ 层的有些结点,$tw+w[i]$ 已超过了 $W$,显然再选择 $w[i]$ 是不合适的。例如,第 2 层的 $(5,4)$ 结点,$tw=5$,$w[2]=3$,而 $tw+w[2]>W$,选择物品 2 进行扩展是不必要的,可以增加一个限界条件进行剪枝,如果选择物品 $i$ 会导致超重,即 $tw+w[i]>W$,就不再扩展该结点,也就是仅仅扩展 $tw+w[i]\leqslant W$ 的左孩子结点。左孩子结点剪枝后的解空间树如图 7.8 所示(共 21 个结点,不计虚结点)。

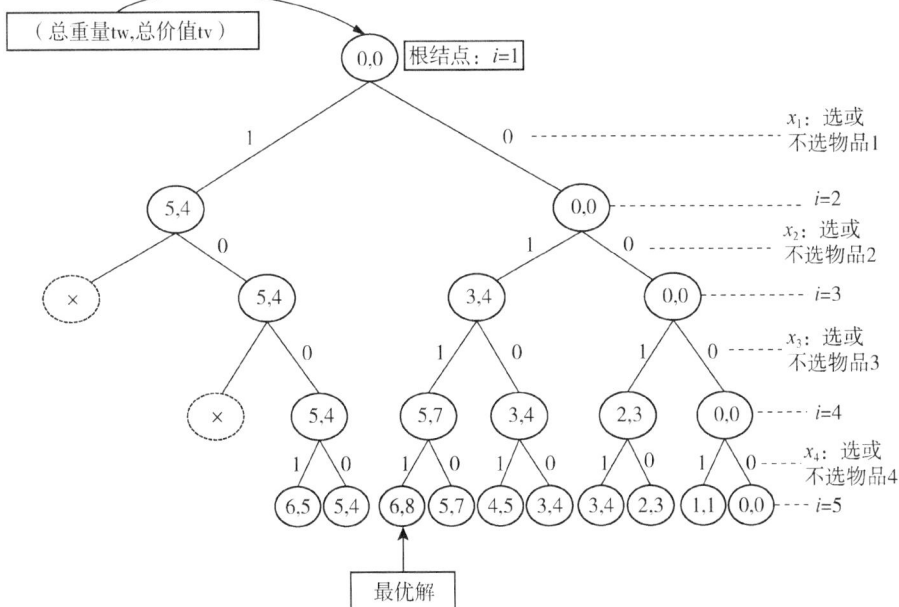

图 7.8　左孩子结点剪枝后的解空间树

本题对应的带左孩子结点剪枝的 **dfs( )** 算法如下。

```
void dfs(int i,int tw,int tv,int op[])    //考虑第 i 件物品
{
    printf("  i=%d,dfs(%d,%d)\n",i,tw,tv);
    if (i>n)                              //找到一个叶子结点
    { if (tw==W && tv>maxv)               //找到一个满足条件的更优解,保存它
        { maxv=tv;
          maxw=tw;                        //maxw:全局变量,存放最优解的总重量
          for (int j=1;j<=n;j++)
              x[j]=op[j];
        }
    }
    else                                  //尚未找完所有物品
    { if (tw+w[i]<=W)                      //左孩子结点剪枝:满足条件时才放入第 i 件物品
      {
          //printf("  选择物品 i=%d,dfs(%d,%d)\n",i,tw+w[i],tv+v[i]);
          op[i]=1;                         //选取第 i 件物品
          dfs(i+1,tw+w[i],tv+v[i],op);
      }
      op[i]=0;                             //不选取第 i 件物品,回溯
      //printf("  不选择物品 i=%d,dfs(%d,%d)\n",i,tw,tv);
      dfs(i+1,tw,tv,op);
    }
}
```

从图 7.8 可以看到，只对左子树进行了剪枝，没有对右子树进行剪枝，实际上也可以对右子树进行剪枝。用 rw 表示考虑第 $i$ 件物品时剩余物品的重量，即 $rw=w[i]+\cdots+w[n]$（初始时 rw 是所有物品的重量和），对于第 $i$ 层上的某个分支结点，将对应的状态改为 dfs($i$, tw, tv, rw, op)，对应的两种扩展如下。

(1)选择第 $i$ 件物品放入背包：op$[i]$=1，如果放入物品 $i$ 不超重，则 tw=tw+$w[i]$，tv=tv+$v[i]$，rw=rw-$w[i]$，转向下一个状态 dfs($i$+1, tw, tv, rw, op)。该决策对应左分支。

(2)不选择第 $i$ 件物品放入背包：op$[i]$=0，tw 不变，tv 不变，rw=rw-$w[i]$（无论是否选择物品 $i$，rw 都是剩余没有考虑的物品的重量和），转向下一个状态 dfs($i$+1, tw, tv, rw, op)。该决策对应右分支。

显然，当不选择物品 $i$ 时，若 tw+rw<W（注意 rw 中包含 $w[i]$），也就是说即使选择后面的所有物品，重量也不会达到 $W$，因此不必再考虑扩展这样的结点，即对于右分支仅仅扩展 tw+rw>W 的结点，从而产生进一步剪枝的解空间树，如图 7.9 所示（共 9 个结点，不计虚结点）。例如，对于图 7.9 中第 2 层的(0, 0)结点，此时 tw=0，rw=6（物品 2、物品 3、物品 4 的重量和），tw+rw=6，不大于 $W$（此时又不选择物品 2），所以不必扩展其右孩子结点。该算法仍能产生最优解，但比图 7.8 中的结点减少一半以上，

因此效率得到了提高。

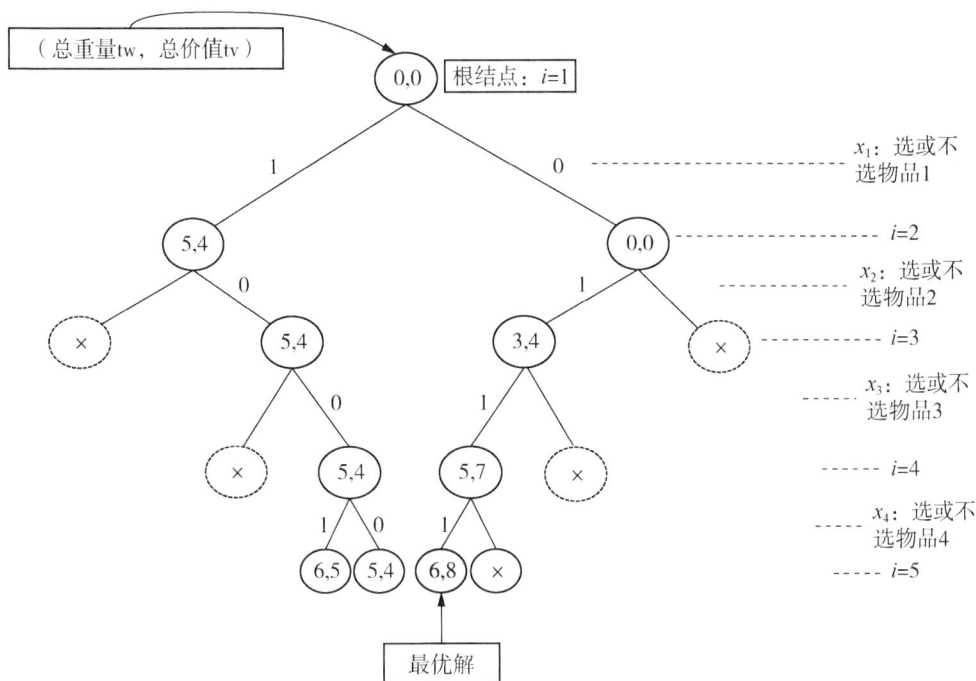

图 7.9　左右孩子结点剪枝后的解空间树

**本题对应的带左、右孩子结点剪枝的 dfs( )算法如下。**

```
void dfs(int i,int tw,int tv,int rw,int op[])    //求解 0/1 背包问题
{
    printf(" i=%d,dfs(%d,%d):rw=%d\n",i,tw,tv,rw);
    int j;
    if (i>n)//找到一个叶子结点
    { if (tw==W && tv>maxv)                      //找到一个满足条件的更优解,保存它
        { maxv=tv;
            for (j=1;j<=n;j++)                   //复制最优解
                x[j]=op[j];
        }
    }
    else                                         //尚未找完所有物品
    { if (tw+w[i]<=W)                            //左孩子结点剪枝:满足条件时才放入第 i 件物品
        {
            //printf("  选择物品 i=%d,dfs(%d,%d)\n",i,tw+w[i],tv+v[i]);
            op[i]=1;                             //选取第 i 件物品
            dfs(i+1,tw+w[i],tv+v[i],rw-w[i],op);
        }
```

```
        op[i]=0;                    //不选取第i件物品,回溯
        if (tw+rw>W)                //右孩子结点剪枝
        {
            printf("  不选择物品 i=%d,dfs(%d,%d)\n",i,tw,tv);
            dfs(i+1,tw,tv,rw-w[i],op);
        }
    }
}
```

从本问题的求解过程可以看到,为了提高算法的效率,选择合理的限界条件是剪枝的关键,分支限界法将进一步介绍这种剪枝技术。

【算法效率分析】该算法不考虑剪枝时解空间树中有 $2^{n+1}-1$ 个结点,对应的算法时间复杂度为 $O(2^n)$。

## 7.2.2  $n$ 皇后问题

【例 7.6】用回溯法求解 $n$ 皇后问题。

【问题描述】在一个 $n \times n$ 的国际象棋棋盘中摆放 $n$ 个皇后,使这 $n$ 个皇后不能互相被对方吃掉。

【解题思路】4.2.4 节介绍过 $n$ 皇后问题,并采用递归技术求解,这里采用回溯法求解。以 4 皇后问题为例,找第一个可行解的过程如图 7.10 所示,其中阴影表示摆放一个皇后,"×"表示试探位置。

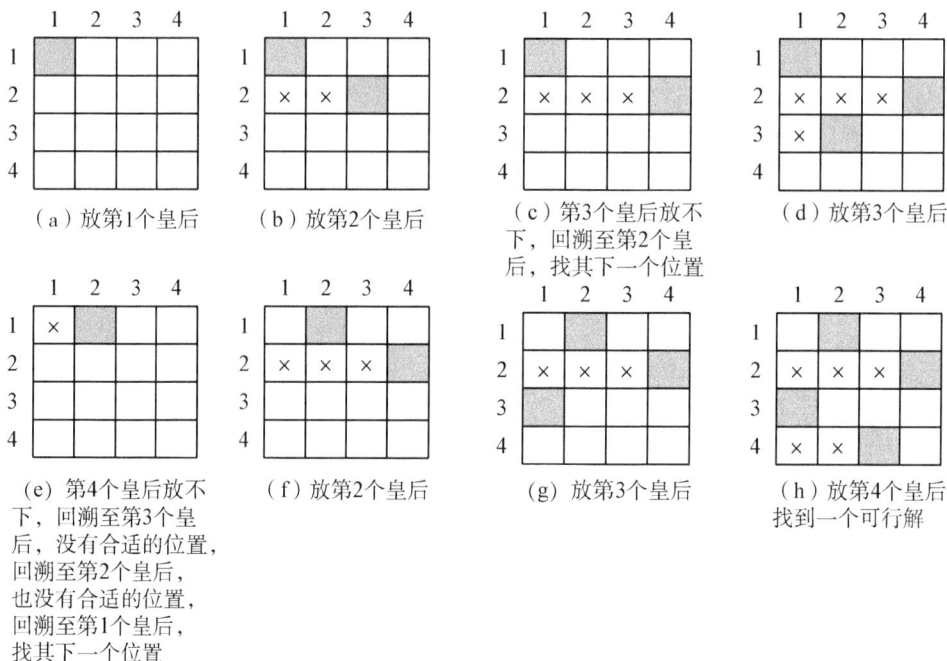

图 7.10  4 皇后问题找一个可行解的过程

从中总结出 $n$ 皇后求解的规则如下。

(1)用数组 $q$ 存放皇后的位置，$(i, q[i])$ 表示第 $i$ 个皇后放置的位置，$n$ 皇后问题的一个解是 $(1, q[1])$，$(2, q[2])$，$\cdots$，$(n, q[n])$，数组的下标为 0 的元素不用。

(2)先放置第 1 个皇后，然后依 2，3，$\cdots$，$n$ 的次序摆放其他皇后，当第 $n$ 个皇后摆放好后产生一个可行解。为了找到所有解，此时算法还不能结束，继续试探第 $n$ 个皇后的下一个位置。

(3)第 $i(i<n)$ 个皇后摆放好后，接着摆放第 $(i+1)$ 个皇后，在试探第 $(i+1)$ 个皇后的位置时都是从第 1 列开始的。

(4)当第 $i$ 个皇后试探了所有列都不能摆放时，则回溯至第 $(i-1)$ 个皇后，此时与第 $(i-1)$ 个皇后的位置 $(i-1, q[i-1])$ 有关，如果第 $(i-1)$ 个皇后的列号小于 $n$，即 $q[i-l]<n$，则将其移到下一列，继续试探；否则回溯至第 $(i-2)$ 个皇后，以此类推。

(5)若第 1 个皇后的所有位置回溯完毕，则算法结束。

(6)放置第 $i$ 个皇后应与前面已经放置的 $i-1$ 个皇后不发生冲突。

**【算法设计】**

本题采用非递归回溯框架设计。

**测试能否摆放皇后的 place( )算法如下。**

```
bool place(int i)              //测试第 i 行的 q[i]列上能否摆放皇后
{
    int j＝1;
    if (i==1) return true;
    while (j<i)                //j=1~i-1 是已摆放了皇后的行
    {   if ((q[j]==q[i]) ‖ (abs(q[j]-q[i])==abs(j-i)))
    //该皇后是否与以前皇后同列,位置(j,q[j])与(i,q[i])是否同对角线
            return false;
        j++;
    }
    return true;
}
```

**求解 $n$ 皇后算法如下。**

```
void Queens(int n)                     //求解 n 皇后问题
{
    int i＝1;                          //i 表示当前行,也表示摆放第 i 个皇后
    q[i]＝0;                           //q[i]是当前列,从 0 列开始试探
    while (i＞=1)                      //重复试探
    {
        q[i]++;
        while (q[i]<=n && !place(i))   //试探一个位置(i,q[i])
            q[i]++;
        if (q[i]<=n)                   //为第 i 个皇后找到了一个合适位置(i,q[i])
```

```
{
    if (i==n)           //若摆放了所有皇后,输出一个可行解
        dispasolution(n);
    else                //皇后没有摆放完
    {
        i++;            //转向下一行,即开始下一个皇后的摆放
        q[i]=0;         //每次摆放一个新皇后,都从该行的列头开始试探
    }
}
else i--;               //若第 i 个皇后找不到合适的位置,则回溯至上一个皇后
}
}
```

【算法效率分析】

上述程序与 4.2.4 节程序的执行结果完全相同。实际上 4.2.4 节的算法是采用解空间为子集树后递归回溯框架实现的。本算法中的每个皇后都要试探 $n$ 列,共 $n$ 个皇后,其解空间是一棵子集树,这里每个结点可能有 $n$ 棵子树。对应的算法时间复杂度为 $O(n^n)$。

## 7.2.3　旅行商问题

【例 7.7】旅行商问题。

【问题描述】旅行商问题(Travelling Salesman Problem,TSP)是 19 世纪初提出的一个数学问题:有若干个城市,任何两个城市之间的距离都是确定的,现要求一旅行商从某城市出发必须经过每一个城市且只能在每个城市逗留一次,最后回到原出发城市,问如何事先确定好一条最短的路线使其旅行的费用最少。

【解题思路】以具体实例来对这一问题进行分析。假设城市数量 $n=4$,$V=\{A,B,C,D\}$,城市间的距离的图结构如图 7.11 所示。设出发城市为 $A$,根据题意,问题的解空间为 $\{A \rightarrow \{B,C,D$ 三者的全排列$\} \rightarrow A\}$,即 $\{A \rightarrow B \rightarrow C \rightarrow D \rightarrow A\}$,$\{A \rightarrow B \rightarrow D \rightarrow C \rightarrow A\}$,$\{A \rightarrow C \rightarrow B \rightarrow D \rightarrow A\}$,$\{A \rightarrow C \rightarrow D \rightarrow B \rightarrow A\}$,$\{A \rightarrow D \rightarrow B \rightarrow C \rightarrow A\}$,$\{A \rightarrow D \rightarrow C \rightarrow B \rightarrow A\}$,解的数量为 6,其解空间树如图 7.12 所示,这棵树有且只有一个叶子结点 $A$。从图 7.12 中很快可以选出一条总距离最短的路线,即问题的解是 $\{A \rightarrow B \rightarrow D \rightarrow C \rightarrow A\}$,最短总距离为 14。

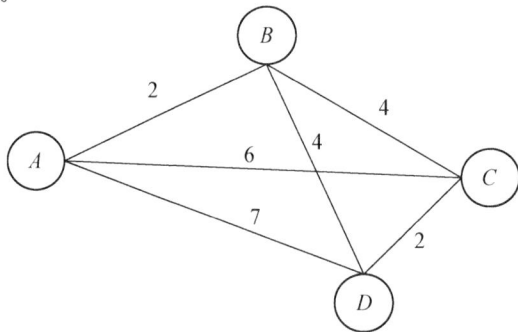

图 7.11　旅行商问题的图

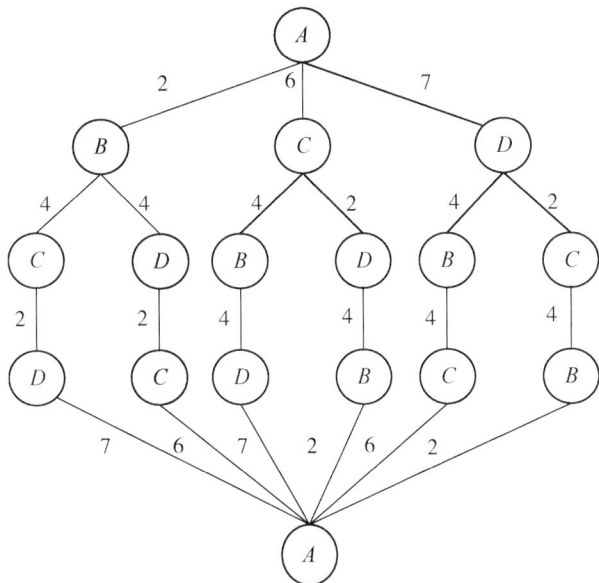

图 7.12 旅行商问题的解空间树

针对图 7.11 所示的 TSP 问题，可进行图 7.12 所示的回溯搜索，其过程如下。

（1）从根结点 $A$ 出发，搜索至 $B$、$C$、$D$、$A$，在叶子结点 $A$ 处记录可行解为 $A{\to}B{\to}C{\to}D{\to}A$，长度为 15。并且记为当前最优路线。

（2）从叶子结点 $A$ 回溯至最近结点 $D$，发现 $D$ 没有可扩展结点（除了 $A$ 结点之外，其余全部用在旅行线路上），又回溯至 $C$ 处，$C$ 依旧没有可扩展结点（除 $A$ 结点之外，只有 $D$ 结点未用，而 $D$ 结点在上次尝试的线路中已被使用，即 $C{\to}D$），继续向上回溯至结点 $B$。结点 $B$ 可扩展结点 $D$（上一次尝试的结点是 $C{\to}D$），$D$ 再到结点 $C$，由 $C$ 到 $A$，得到一个新的可行解 $A{\to}B{\to}D{\to}C{\to}A$，长度为 14。这个路线比当前最优路线小，所以修正当前最优路线。

（3）在（2）的基础上依次回溯至根结点 $A$，$A$ 继续扩展到 $C$，$C$ 扩展到 $B$，$B$ 扩展到 $D$，又由 $D$ 到 $A$，得到可行解 $A{\to}C{\to}B{\to}D{\to}A$，长度为 21。这个路线不比当前最优路线小，所以舍弃。

（4）重复上述回溯过程，又得到另外 3 条可行解 $A{\to}C{\to}D{\to}B{\to}A$，$A{\to}D{\to}B{\to}C{\to}A$，$A{\to}D{\to}C{\to}B{\to}A$，最终回溯至根结点 $A$，$A$ 再无可扩展结点，回溯结束。输出最终的最优路线为 $A{\to}B{\to}D{\to}C{\to}A$，长度为 14。

根据上述分析，假设有 $n$ 个城市，记为 $V=\{v_1, v_2, \cdots, v_n\}$，任意两个城市$(v_i, v_j)\in V$ 之间的距离为 $d_{v_i v_j}$，且 $d_{v_i v_j}=d_{v_j v_i}$，则问题的解是寻找城市的一个访问顺序 $X=\{x_1, x_2, \cdots, x_i, \cdots, x_n, x_1\}$，其中 $x_i\in V$，使在一次性遍历所有结点并回到起点（哈密尔顿环）的环路集中，$X$ 是最短的。

【算法设计】本题可以看作全排列问题，只不过在排列过程中，只对符合条件的数进行排列，那怎么判断要去的下一个城市、下一个数是否满足要求呢？这里采用了剪枝函数，用来减少不必要的循环。

算法设计如下。

```
int  bound( int t)                              //剪枝函数
{
    int min1=max,min2=max,temmin=0;            //初始化 min 与 min2
    for(int i=t; i<=num; i++)
    {
        //这里求 min1
        if( g[x[t-1]][x[i]] !=-1 && g[x[t-1]][x[i]]  < min1)
        {
            min1=g[x[t-1]][x[i]];       //这里求要去的第 t 个城市。选择当前到 t 路径最短的
        }

        //这里求 min2
        for(int j=1; j<=num; j++)//贪心的思想,求剩下的路径的下界
        {
            if( g[x[i]][x[j]]!=-1 &&  g[x[i]][x[j]]!=0  && g[x[i]][x[j]] < min2)
            {
                min2=g[x[i]][x[j]];
            }
        }
        temmin +=min2;                 //这里是剩下点的最短路径的和的累加
    }
    return cl+ min1 +temmin;
}
/* 这里选择城市的方式类似于全排列问题,只不过这里加了一个判断条件就是 t 与之前的城市
t-1 有路径,这里是有选择性地选择点(剪枝)* /
void prim(int t)
{
    /* 如果到叶子结点,则表示所有城市都走过了,这个时候就保存一下最短路径及相应的城市
顺序,当然要满足条件就是比之前的 best 路径要短,每次取最优* /
    if(t>num)
    {
        if(g[x[num]][1]!=-1 &&  cl + g[x[num]][1] <best) /* 记得还要最后回到原
点,这里必须有到原点的一条路径* /
        {
            for(int i=1; i<=num; i++)
            {
                bestx[i]=x[i];           //将走过的顺序放入 best 数组中
            }
            best=cl + g[x[num]][1]; //保存加上回到原点的路径
        }
    }
```

```
    else{
        for(int j=t; j<=num; j++)
        {
            if( g[x[t-1]][x[j]] !=-1 && (bound(t)<best))
        //满足条件的,选择要选的城市的编号
            {
                swap(x[j],x[t]);
                cl +=g[x[t-1]][x[t]]; /* 注意,这里不是 g[x[i]][x[j]],j 改成 t,因为
上面的 j 与 t 的位置的数互换了 */
                prim(t+1);              //回溯,恢复走过的路径
                cl -=g[x[t-1]][x[t]];
                swap(x[j],x[t]);
            }
        }
    }
}
```

【算法效率分析】旅行商问题的解决方法显然与前几道题不同,它所生成的解空间树不是一棵选择树,而是一棵排序树,因此若 $n$ 为城市数量,算法的时间复杂度为 $O((n-1)!)$。

## 7.2.4  图的 $m$ 着色问题

【例 7.8】图的 $m$ 着色问题。

【问题描述】给定无向连通图 $G$ 和 $m$ 种不同的颜色,用这些颜色为图 $G$ 的各顶点着色,每个顶点着一种颜色。如果有一种着色法使 $G$ 中每条边的两个顶点着不同颜色,则称这个图是 $m$ 可着色的。图的 $m$ 着色问题就是对于给定的图 $G$ 和 $m$ 种颜色,找出所有不同的着色方案。

输入描述:第 1 行有 3 个正整数 $n$、$k$ 和 $m$,表示给定的图 $G$ 有 $n$ 个顶点、$k$ 条边、$m$ 种颜色,顶点的编号为 $1,2,\cdots,n$。在接下来的 $k$ 行中每行有两个正整数 $u$、$v$,表示图 $G$ 的一条边 $(u,v)$。

输出描述:程序运行结束时将计算出的不同着色方案数输出。如果不能着色,则程序输出 $-1$。

例如,对应的图 $G$ 如图 7.13 所示,这里 $n=4$,$k=4$,$m=3$,其着色方案有 12 个。

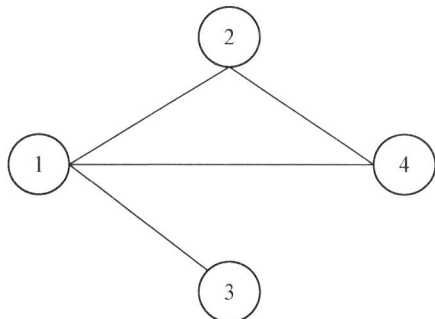

图 7.13  图的 $m$ 着色问题示例

**【解题思路】**对于图 $G$，采用邻接矩阵 $a$ 存储，根据求解问题需要，这里 $a$ 为一个二维数组（下标 0 不用），当顶点 $i$ 与顶点 $j$ 有边时置 $a[i][j]=1$，其他情况置 $a[i][j]=0$。图中的顶点编号为 $1\sim n$，颜色编号为 $1\sim m$。对于图 $G$ 中的每一个顶点，可能的着色为 $1\sim m$，所以对应的解空间是一棵 $m$ 叉树，高度为 $n$，层次从 1 开始。

**【算法设计】**该问题表示如下。

```
int n,k,m;
int a[MAXNT][MAXN];
```

求解结果表示如下。

```
int count=0;            //累计解个数
int x[MAXN];            //x[i]表示顶点 i 的着色
```

为了使算法清晰，将上述数据均设置为全局变量。对于顶点 $i$（对应解空间树第 $i$ 层的结点），其约束条件是不能与任何相邻的顶点的着色相同，采用 Same($i$) 函数来实现，当该顶点的着色 $x[i]$ 与任何相邻顶点 $j$ 的着色 $x[j]$ 相同时返回 false，否则返回 true。

如果要输出所有的着色方案，只需要在找到一个可行解后输出 $x$ 数组中的所有元素。**Same( )** 算法如下。

```
bool Same(inti)         //判断顶点 i 是否与相邻顶点存在相同的着色
{
    for (int j=1;j<=n;j++)
        if (a[i][j]==1 && x[i]==x[j])
            return false;
    return true;
}
```

**图的着色问题回溯算法如下。**

```
void dfs(int i)                     //求解图的 m 着色问题
{
    if (i>n)                        //达到叶子结点
    {
        count++;                    //着色方案数增 1
        dispasolution();
    }
    else
    {
        for (int j=1;j<=m;j++)      //试探每一种着色
        {
            x[i]=j;
            if (Same(i))            //可以着色 j,进入下一个顶点着色
```

```
        dfs(i+1);
        x[i]=0;                    //回溯
    }
  }
}
```

**【算法效率分析】**该算法中的每个顶点试探 $1 \sim m$ 种着色，共 $n$ 个顶点，对应的解空间树是棵 $m$ 叉树（子集树），故算法的时间复杂度为 $O(m^n)$。

## 7.2.5 求解子集和问题

**【例 7.9】**求子集和问题的可行解。

**【问题描述】**给定有 $n$ 个不同正整数的集合 $w=(w_1, w_2, \cdots, w_n)$ 和一个正数 $W$，要求找出 $w$ 的子集 $s$，使该子集中所有元素的和为 $W$。例如，当 $n=4$ 时，$w=(11, 13, 24, 7)$，$W=31$，则满足要求的子集为 $(11, 13, 7)$ 和 $(24, 7)$。

**【解题思路】**$n=4$ 时的解空间树如图 7.14 所示，结点中的数字是结点的编号，如结点 18 对应的解向量为 $(1, 1, 0, 1)$，选择的整数和为 $11+13+7=31$，从 $i$ 层到 $i+1$ 层（$1 \leqslant i \leqslant n$）的每一条边标有 $x_i$ 的值或者为 1 或者为 0，$x_i$ 为 1 时表示取 $w_i$ 整数，$x_i$ 为 0 时表示不取 $w_i$ 整数，从根结点到叶子结点的所有路径定义了解空间。

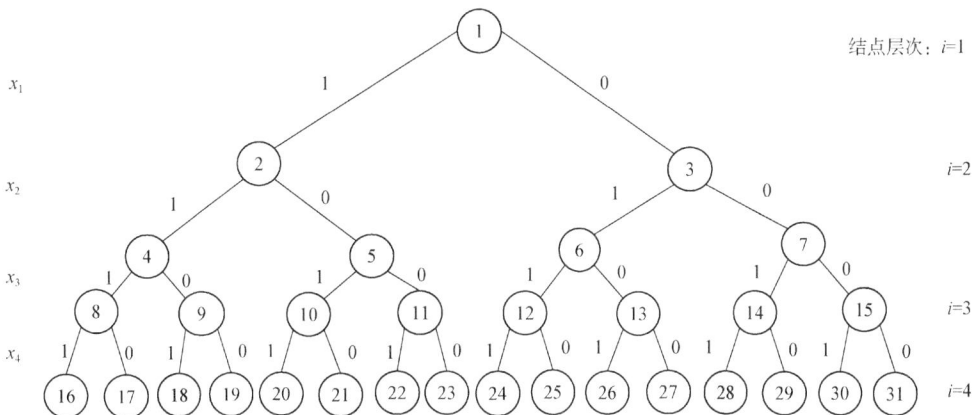

图 7.14 子集和问题的解空间树

为求解该问题需要搜索整个解空间树，设解向量 $x=(x_1, x_2, \cdots, x_n)$，本问题是求所有解，所以一旦搜索到叶子结点（即 $i=n+1$），如果相应的子集和为 $W$，则输出解向量。当搜索到第 $i(1 \leqslant i \leqslant n)$ 层的某个结点时用 tw 表示选取的整数和，rw 表示余下的整数和，即 $\mathrm{rw}=\sum_{j=i+1}^{n} w[j]$，设置相关的剪枝函数如下。

(1)约束函数：检查当前整数 $w[i]$ 加入后子集和是否超过 $W$，若超过，则不能选择该路径。这用于左孩子结点的剪枝。

(2)限界函数：一个结点满足 $\mathrm{tw}+\mathrm{rw}<W$，也就是说即使选择剩余的所有整数，也不

可能找到一个解。这用于右孩子结点的剪枝。

【算法设计】

本题对应的回溯算法如下。

```
void dfs(int tw,int rw,int x[],int i)       //求解子集和
{                                           //tw 为考虑第 i 个整数时选取的整数和,rw 为剩下的整数和
    if (i>n)                                //找到一个叶子结点
    {   if (tw==W)                          //找到一个满足条件的解,输出它
        dispasolution(x);
    }
    else                                    //尚未找完所有物品
    {
        if (tw+w[i]<=W)                     //左孩子结点剪枝:选取满足条件的整数 w[i]
        {   x[i]=1;                         //选取第 i 个整数
            dfs(tw+w[i],rw-w[i],x,i+1);
        }
        if (tw+rw>W)                        //右孩子结点剪枝:剪除不可能存在解的结点
        {   x[i]=0;                         //不选取第 i 个整数,回溯
            dfs(tw,rw-w[i],x,i+1);
        }
    }
}
```

【算法效率分析】该算法的解空间树中有 $2^{n+1}-1$ 个结点，对应的算法时间复杂度为 $O(2^n)$。

【例 7.10】判断子集和问题是否存在解。

【问题描述】针对例题 7.9，判断子集和问题是否存在解。

【解题思路】采用回溯法一般是针对问题存在解时求出相应的一个或多个可行解，或者最优解。如果要判断问题是否存在可行解（一个或者多个），可以将求解函数改为布尔类型，当找到任何一个可行解时返回 true，否则返回 false。需要注意的是，当问题没有可行解时需要搜索所有解空间。

【算法设计】

本题对应的 dfs( )和 solve( )算法如下。

```
bool dfs(int tw,int rw,int i)               //求解子集和
{
    if (i>n)                                //找到一个叶子结点
    {   if (tw==W)                          //找到一个满足条件的解,输出它
        return true;
    }
```

```
    else                            //尚未找完所有物品
    {
        if (tw+w[i]<=W)             //左孩子结点剪枝:选取满足条件的整数 w[i]
            return dfs(tw+w[i],rw-w[i],i+1);    //选取第 i 个整数
        if (tw+rw>W)                //右孩子结点剪枝:剪除不可能存在解的结点
        return dfs(tw,rw-w[i],i+1); //不选取第 i 个整数,回溯
    }
    return false;
}
bool solve()                        //判断子集和问题是否存在可行解
{
    int rw=0;
    for (int j=1;j<=n;j++)          //求所有整数和 rw
        rw+=w[j];
    return dfs(0,rw,1);             //i 从 1 开始
}
```

另外一种方法是通过解个数来判断,例如,设置全局变量 count 表示解个数,初始化为 0,调用搜索解的回溯算法,当找到一个解时置 count++。最后判断 count>0,若为真,则表示存在解,否则表示不存在解。

**通过解个数判断子集和问题是否存在解的算法如下。**

```
void dfs(int tw,int rw,int i)       //求解子集和
{
    if (i>n)                        //找到一个叶子结点
    {   if (tw==W)                  //找到一个满足条件的解,解个数增 1
            count++;
    }
    else                            //尚未找完所有物品
    {
        if (tw+w[i]<=W)             //左孩子结点剪枝:选取满足条件的整数 w[i]
                dfs(tw+w[i],rw-w[i],i+1); //选取第 i 个整数
        if (tw+rw>W)                //右孩子结点剪枝:剪除不可能存在解的结点
                dfs(tw,rw-w[i],i+1); //不选取第 i 个整数,回溯
    }
}
bool solve()                        //判断子集和问题是否存在解
{
    count=0;
    int rw=0;
    for (int j=1;j<=n;j++)          //求所有整数和 rw
        rw+=w[j];
```

```
    dfs(0,rw,1);                    //i从1开始
    if (count>0)
        return true;
    else
        return false;
}
```

【算法效率分析】该算法的解空间树中有 $2^{n+1}-1$ 个结点，因此对应的算法时间复杂度为 $O(2^n)$。

# 7.3  分支限界法的设计技术

## 7.3.1  分支限界法的思想

**分支限界法**类似于回溯法，也是一种在问题的解空间树上搜索问题解的算法，但在一般情况下分支限界法和回溯法的求解目标不同。回溯法的求解目标是找出解空间树中满足约束条件的所有解，而分支限界法的求解目标则是找出满足约束条件的一个解，或是在满足约束条件的解中找出使某一目标函数值达到极大或极小的解，即在某种意义下的最优解。所谓"分支"，就是采用广度优先的策略依次搜索活结点的所有分支，也就是所有相邻结点，如图 7.15 所示。分支限界法在每一活结点处计算一个函数值（限界函数）并根据这些已计算出的函数值从当前活结点表中选择一个最有利的结点作为扩展结点，使搜索朝着解空间树上有最优解的分支推进，以便尽快地找出一个最优解。

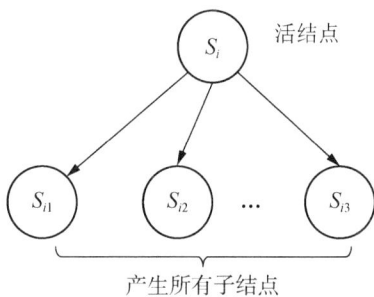

图 7.15  扩展活结点的所有子结点

## 7.3.2  分支限界法与回溯法对比

分支限界法和回溯法一样，都是对蛮力法的改进，它们都是通过有组织地搜索解空间来获取问题的解。分支限界法与回溯法主要有如下三个方面的区别。

（1）**搜索组织方法不同**。回溯法以深度优先策略搜索解空间树，而分支限界法则以广度优先策略搜索解空间树。深度优先搜索与广度优先搜索的对比如图 7.16 所示。

（2）**避免无效搜索的方法不同**。回溯法在搜索过程中使用约束条件、目标函数等剪枝函数进行剪枝，避免无效搜索；分支限界法在搜索过程中对已经处理的每一个结点根据限界函数估算目标函数的可能取值，从中选取使目标函数取得极值的结点优先进行广度优先搜索，从而不断调整搜索方向，尽快找到问题的解。

（3）**子结点的扩展方式不同**。回溯法通过依次遍历子结点的形式来扩展结点；分支限

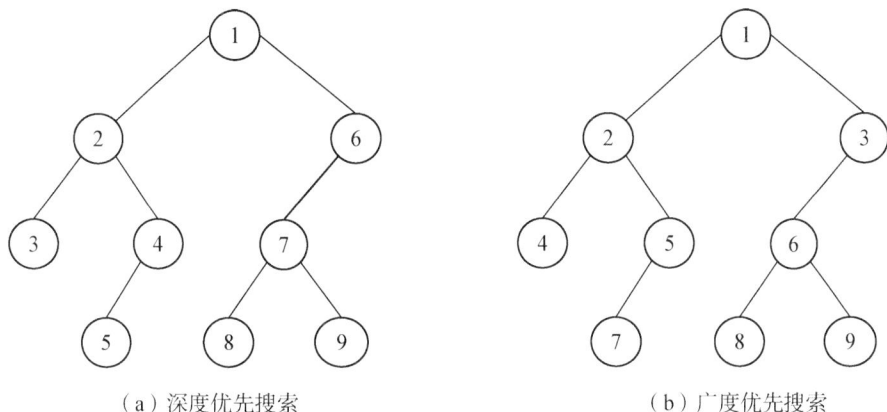

（a）深度优先搜索　　　　　　　　　　　　　　（b）广度优先搜索

图 7.16　深度优先搜索与广度优先搜索的对比

界法则建立活结点表，选取能够使目标函数的值达到极值的结点进行扩展，运用目标函数估算所有可行子结点数的可能取值，如果过界就丢弃，否则加入活结点表，而后重复此搜索过程，直到找到最优解为止。

表 7.2 列出了两者的主要区别。

表 7.2　回溯法与分支限界法的主要区别

| 方法 | 解空间搜索方式 | 存储结点的数据结构 | 结点存储特性 | 常用应用 |
|---|---|---|---|---|
| 回溯法 | 深度优先 | 栈 | 活结点的所有可行子结点被遍历后才从栈中出栈 | 找出满足条件的所有解 |
| 分支限界法 | 广度优先 | 队列，优先队列 | 每个结点只有一次成为活结点的机会 | 找出满足条件一个解或者特定意义的最优解 |

### 7.3.3　分支限界法解决的关键问题

采用分支限界法求解的过程需要解决如下 3 个关键问题。

(1)如何确定合适的限界函数。

(2)如何组织待处理结点的活结点表。

(3)如何确定解向量的各个分量。

#### 1. 设计合适的限界函数

在搜索解空间树时每个活结点可能有很多子结点，其中有些子结点搜索下去是不可能产生问题解或最优解的，可以设计限界函数在扩展结点时删除这些不必要的子结点，从而提高搜索效率，如图 7.17 所示。

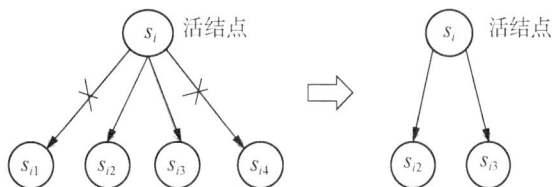

图 7.17　通过限界函数删除一些不必要的子结点

假设活结点有 4 个子结点，而满足限界函数的子结点只有两个，则可以删除 2 个不满足限界函数的子结点，使得从 $s_i$ 出发的搜索效率提高了 1 倍。好的限界函数不仅要计算简单，还要保证最优解在搜索空间中，更重要的是能在搜索的早期对超出目标函数的结点进行丢弃。

限界函数设计难以找出通用的方法，需根据具体问题来分析。一般先要确定问题解的特性，如果目标函数是求最大值，则设计上界限界函数 ub（根结点的 ub 值通常大于或等于最优解的 ub 值），若 $s_i$ 是 $s_j$ 的父结点，则应满足 $ub(s_i) \geqslant ub(s_j)$，找到一个可行解 $ub(s_k)$ 后将所有小于 $ub(s_k)$ 的结点剪枝。如果目标函数是求最小值，则设计下界限界函数 lb（根结点的 lb 值一定要小于或等于最优解的 lb 值），若 $s_i$ 是 $s_j$ 的父结点，则应满足 $lb(s_i) \leqslant lb(s_j)$，找到一个可行解 $lb(s_k)$ 后将所有大于 $lb(s_k)$ 的结点剪枝。

### 2. 组织活结点表

根据选择下一个扩展结点的方式来组织活结点表，不同的活结点表对应不同的分支搜索方式，常见的有**队列式分支限界法**和**优先队列式分支限界法**两种。

（1）队列式分支限界法

队列式分支限界法将活结点表组织为一个**队列**，并按照队列的先进先出（First In First Out，FIFO）原则选取下一个结点作为扩展结点。具体步骤如下。

①将根结点加入活结点队列。

②从活结点队列中取出队头结点作为当前扩展结点。

③对于当前扩展结点，先从左到右产生它的所有子结点，用约束条件搜索，把所有满足约束条件的子结点加入活结点队列。

（2）优先队列式分支限界法

优先队列式分支限界法的主要特点是将活结点表组织为一个**优先队列**，并选取优先级最高的活结点作为当前扩展结点。具体步骤如下。

①计算起始结点（根结点）的优先级并加入优先队列（与特定问题相关的信息的函数值决定优先级）。

②从优先队列中取出优先级最高的结点作为当前扩展结点，使搜索朝着解空间树上可能有最优解的分支推进，以便尽快地找出一个最优解。

③对于当前扩展结点，先从左到右产生它的所有子结点，然后用约束条件搜索，对所有满足约束条件的子结点计算优先级并加入优先队列。

（4）重复步骤（2）和（3），直到找到一个解或优先队列为空为止。在一般情况下，结点的优先级用与该结点相关的一个数值力来表示，如价值、费用、重量等。最大优先队列规定 $p$ 值越大优先级越高，常用大根堆来实现；最小优先队列规定 $p$ 值越小优先级越高，常用小根堆来实现。

### 3. 确定最优解的解向量

分支限界法在采用广度优先遍历方式搜索解空间树时，结点的处理是跳跃式的，回溯并非单纯地沿着双亲一层一层地向上回溯，当搜索到某个叶子结点且该结点对应一个可行解时，得到对应的解向量的方法主要有以下两种。

（1）对每个扩展结点保存从根结点到该结点的路径，也就是说，每个结点都带有一个可能的解向量，当找到一个可行解时该结点中可能的解向量就是真正的解向量。如图7.18所示，结点编号为搜索顺序，每个结点带有一个可能的解向量，带阴影的结点为最优解结点，对应的最优解向量为[0，1，1]。这种做法比较浪费空间，但实现起来较为简单，故后面的示例均采用这种方式。

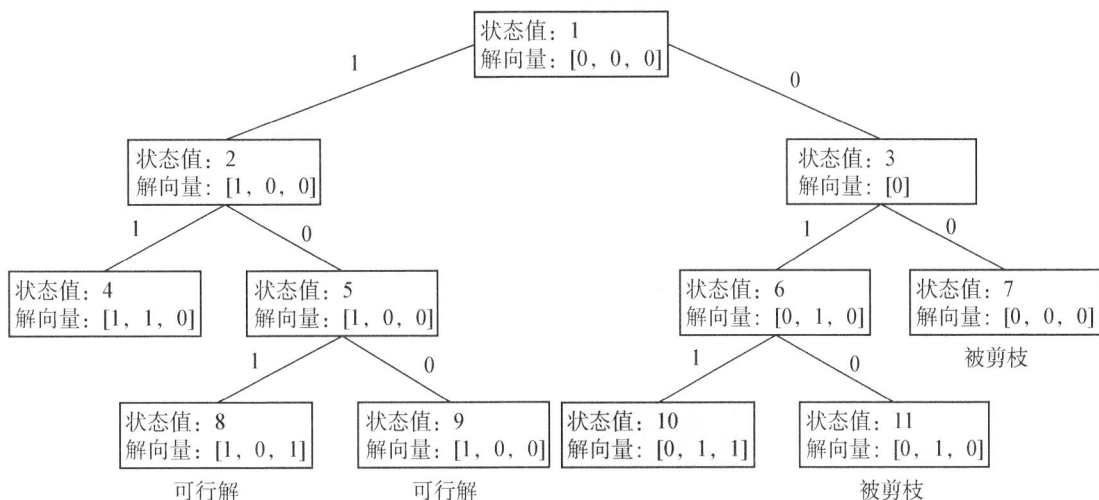

图7.18　每个结点保存可能的解向量

（2）在搜索过程中构建搜索经过的树结构，在求得最优解时从叶子结点不断回溯至根结点，以确定最优解的各个分量。如图7.19所示，结点编号为搜索顺序，每个结点带有一个双亲指针（根结点的双亲指针为0或−1，图中虚箭头连线表示指向双亲的指针），带阴影的结点为最优解结点，当找到最优解时通过双亲指针找到对应的最优解向量为[0，1，1]。这种做法需保存搜索经过的树结构，每个结点增加一个指向双亲的指针。

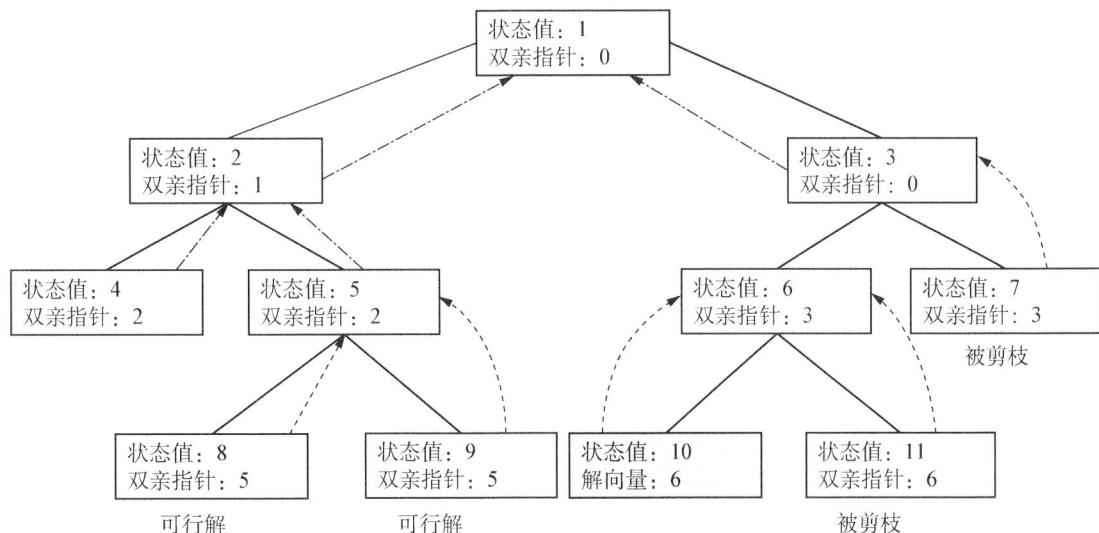

图7.19　每个结点带有一个指向双亲的指针

### 7.3.4 分支限界法的时间性能

一般情况下，在问题的解向量 $X = (x_1, x_2, \cdots, x_n)$ 中，分量 $x_i (1 \leqslant i \leqslant n)$ 的取值范围为某个有限集合 $(s_{i1}, s_{i2}, \cdots, s_{in})$，根结点从 1 开始。因此，问题的解空间由笛卡尔积 $S_1 \times S_2 \times \cdots \times S_n$ 构成，第 1 层的根结点有 $|S_1|$ 棵子树，第 2 层有 $|S_1|$ 个结点，第 2 层的每个结点有 $|S_2|$ 棵子树，则第 3 层有 $|S_1| \times |S_2|$ 个结点，以此类推，第 $(n+1)$ 层有 $|S_1| \times |S_2| \times \cdots \times |S_n|$ 个结点，它们都是叶子结点，代表问题的所有可能解。

分支限界法和回溯法实际上都属于穷举法，因此不能指望有很好的最坏时间复杂度，在最坏情况下，其时间复杂度是指数阶的。分支限界法的较高效率是以付出一定代价为基础的，其工作方式也造成了算法设计的复杂度。另外，算法要维护一个活结点表（队列），并且需要在该表中快速查找取得极值的结点，这都需要较大的存储空间，在最坏情况下，分支限界法需要的空间复杂度是指数阶的。

归纳起来，与回溯法相比，分支限界法算法的优点是可以更快地找到一个解或者最优解，缺点是要存储结点的限界值等信息，占用的内存空间较多。另外，分支限界法的求解效率基本上由限界函数决定，若限界估计不好，在极端情况下将与穷举搜索没有多大区别。

# 7.4 分支限界法的应用

## 7.4.1 0/1 背包问题

【例 7.11】利用分支限界法求解 0/1 背包问题。

【问题描述】有 $n$ 件重量分别为 $\{w_1, w_2, \cdots, w_n\}$ 的物品（物品编号为 $1 \sim n$），它们的价值分别为 $\{v_1, v_2, \cdots, v_n\}$，给定一个容量为 $W$ 的背包。设计从这些物品中选取一部分物品放入背包的方案，每件物品要么选中要么不选中，要求选中的物品不仅能够放入背包，而且具有最大的价值，其解空间树如图 7.20 所示。例如，有表 7.3 所示信息，则选中 2 号和 3 号物品具有最大价值 50。

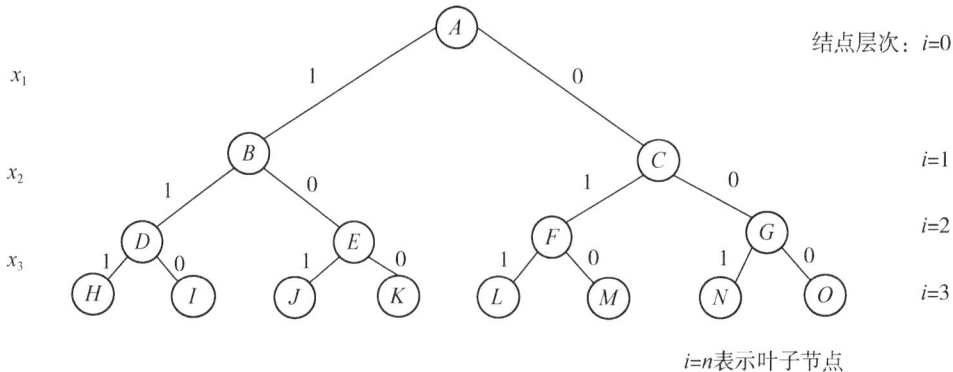

图 7.20  用分支限界法求 0/1 背包问题的解空间树

表 7.3　4 件物品的信息

| 物品编号 | 重量 | 价值 |
|---|---|---|
| 1 | 16 | 45 |
| 2 | 15 | 25 |
| 3 | 15 | 25 |

【解题思路】

首先采用队列式分支限界法求解，不考虑限界问题，但对左孩子采用条件"已选物品重量和＋当前物品重量≤W"进行约束。用 qu 表示队列，初始时 qu＝[]，其求解过程如下。

(1)根结点 $A(0，0)$入队(括号内的两个数分别表示此状态下放入背包的物品重量和物品价值，初始时均为 0)，qu＝[$A$]。

(2)出队 $A$，其孩子 $B(16，45)$、$C(0，0)$入队，qu＝[$B，C$]。

(3)出队 $B$，其孩子 $D(31，70)$变为死结点，只有孩子 $E(16，45)$入队，qu＝[$C，E$]。

(4)出队 $C$，其孩子 $F(15，25)$和 $G(0，0)$入队，qu＝[$E，F，G$]。

(5)出队 $E$，其孩子 $J(31，70)$变为死结点(超重)，孩子 $K(16，45)$是叶子结点，总重量＜W，为一个可行解，总价值为 45，对应的解向量为$(1，0，0)$，qu＝[$F，G$]。

(6)出队 $F$，其孩子 $L(30，50)$为叶子结点，构成一个可行解，总价值为 50，解向量$(0，1，1)$；其孩子 $M(15，25)$为叶子结点，构成一个可行解，总价值为 25，对应的解向量＝$(0，1，0)$，qu＝[$G$]。

(7)出队 $G$，其孩子 $N(15，25)$为叶子结点，构成一个可行解，总价值为 25，对应的解向量＝$(0，0，1)$；其孩子 $O(0，0)$为叶子结点，构成一个可行解，总价值为 0，对应的解向量＝$(0，0，0)$，qu＝[]。

(8)因为 qu＝[]，算法结束。

对应的搜索空间如图 7.21 所示，图中带有"×"的结点表示死结点，通过所有可行解的总价值比较得到最优解为$(0，1，1)$，总价值为 50。

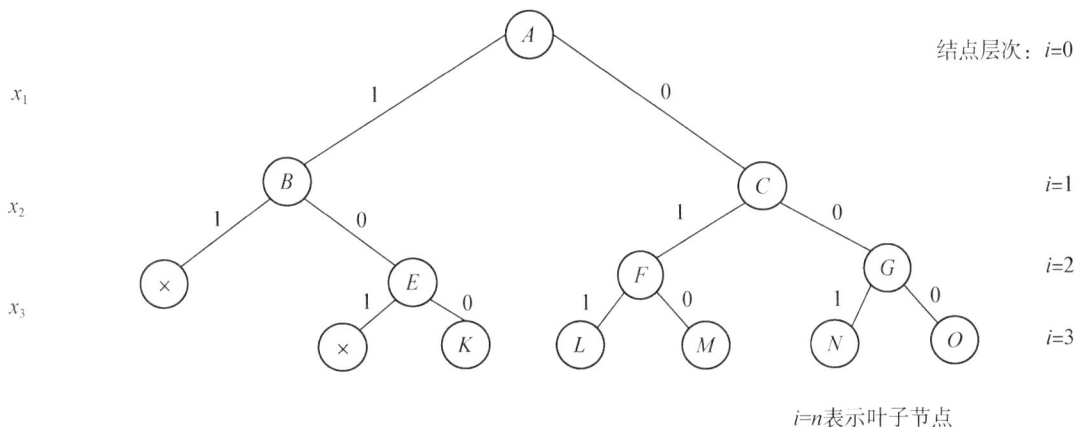

图 7.21　采用队列式分支限界法(不考虑限界函数)求解的搜索空间

采用 STL 的 queue＜NodeType＞容器 qu 作为队列，队列中的结点类型声明如下。

```
struct NodeType                    //队列中的结点类型
{   int no;                        //结点编号
    int i;                         //当前结点在搜索空间中的层次
    int w;                         //当前结点的总重量
    int v;                         //当前结点的总价值
    int x[MAXN];                   //当前结点包含的解向量
    double ub;                     //上界
};
```

现在设计限界函数，为了简便，设根结点为第 0 层，然后各层依次递增，显然 $i=n$ 时表示叶子结点层。由于该问题是求装入背包的最大价值，属于求最大值问题，故采用上界设计方式求解。

对于第 $i$ 层的某个结点 $e$，用 $e.w$ 表示结点 $e$ 已放入的总重量，用 $e.v$ 表示已放入的总价值，如果所有剩余的物品都能放入背包，那么价值的上界 $e.ub$ 显然是 $e.v+\sum_{j=i+1}^{n}v[j]$；如果所有剩余的物品不能全部放入背包，假设物品 $i+1\sim k$ 能够全部放入，而物品 $k+1$ 只能放入一部分，那么价值的上界 $e.ub$ 应是 $e.v+\sum_{j=i+1}^{k}v[j]+$（物品 $k+1$ 放入部分的重量）×（物品 $k+1$ 的单位价值）。这样每个结点实际放入背包的价值一定小于等于该上界。

例如，在图 7.21 中，根结点 $A$ 的层次 $i=0$，$w=0$，$v=0$，其 $ub=0+45+(30-16)\times25/15=68$（为了简单，均采用取整运算）；结点 $F$ 中 $w=15$，$v=25$，$i=2$，其 $ub=25+(30-15)\times25/15=50$。

对应的求结点 $e$ 的上界 $e.ub$ 的算法如下。

```
void bound(NodeType &e)                //计算分支结点 e 的上界
{
    int i=e.i+1;
    int sumw=e.w;
    double sumv=e.v;
    while  ((sumw+w[i]<=W)  && i<=n)
    {   sumw+=w[i];                    //计算背包已放入的载重
        sumv+=v[i];                    //计算背包已放入的价值
        i++;
    }
    if  (i<=n)
        e.ub=sumv+(W-sumw) * v[i]/w[i];
    else
        e.ub=sumv;
}
```

限界函数给出每一个可行结点相应的子树可能获得的价值的上界。如果这个上界不比当前最优值更大，则说明相应的子树中不含问题的最优解，该结点可以剪去(剪枝)。

求解最优解的过程是先将求出价值上界的根结点入队，在队不空时循环：出队一个结点 $e$，检查其左孩子并求出其价值上界，若满足约束条件($e.w+u[e.i+1] \leqslant W$)，将其入队，否则该结点变成死结点；再检查其右孩子并求出其价值上界，若它是可行的(即其价值上界大于当前已找到可行解的最大总价值 maxv，否则沿该结点搜索下去不可能找到一个更优的解)，则将该结点入队，否则该结点被剪枝。循环这一过程，直到队列为空。算法最后输出最优解向量和最大总价值。

在结点 $e$ 入队时先判断其是否为叶子结点(当 $e.i=n$ 时为叶子结点)，若是叶子结点，表示找到一个可行解，通过比较将最优解向量保存在 bestx 数组中，将最大总价值保存在 maxv 数组中，可行解对应的结点不入队，否则将结点入队。

**【算法设计】**

**求结点 e 入队 qu 的算法如下。**

```
bool EnQueue(NodeType e,queue<NodeType> &qu)    //结点 e 入队 qu
{
    if (e.i==n)                                 //到达叶子结点
    {
        if (e.v>maxv)                           //找到更大价值的解
        {
            printf("一个解\n");
            maxv=e.v;
            for (int j=1;j<=n;j++)
            bestx[j]=e.x[j];
        }
        return false;
    }
    else
    {
        qu.push(e);
        return true;
    }
}
```

**求 0/1 背包的队列式分支限界法对应的 bfs( )算法如下。**

```
void bfs()                                      //求 0/1 背包的最优解
{
    int j;
    NodeType e,e1,e2;                           //定义 3 个结点
    queue<NodeType>qu;                          //定义 1 个队列
    e.i=0;                                      //根结点置初值,其层次计为 0
    e.w=0; e.v=0;
```

```
    e.no=total++;
    for (j=1;j<=n;j++)
        e.x[j]=0;
    bound(e);                          //求根结点的价值上界
    qu.push(e);                        //根结点入队
    while(!qu.empty())                 //队不空循环
    {
        e=qu.front(); qu.pop();        //出队结点 e
        printf("出队");dispnode(e);
        if (e.w+w[e.i+1]<=W)           //剪枝:检查左孩子结点
        {
            e1.no=total++;
            e1.i=e.i+1;                //建立左孩子结点
            e1.w=e.w+w[e1.i];
            e1.v=e.v+v[e1.i];
            for (j=1;j<=n;j++)         //复制解向量
                e1·x[j]=e.x[j];
            e1·x[e1.i]=1;
            bound(e1);                 //求左孩子结点的价值上界
            if (EnQueue(e1,qu))        //左孩子结点入队操作
                printf("  左孩子入队");dispnode(e1);
        }
        e2.no=total++;                 //建立右孩子结点
        e2.i=e.i+1;
        e2.w=e.w; e2.v=e.v;
        for (j=1;j<=n;j++)             //复制解向量
            e2·x[j]=e.x[j];
        e2·x[e2.i]=0;
        bound(e2);                     //求右孩子结点的价值上界
        if (e2.ub>maxv)               //若右孩子结点可行,则入队,否则被剪枝
        {
            if (EnQueue(e2,qu))
                printf("  右孩子入队");dispnode(e2);
        }
        else
        {
            printf("  右孩子不入队");dispnode(e2);
        }
    }
}
```

上述 0/1 背包问题的求解过程如图 7.22 所示,图中为"×"的结点表示死结点,带阴影的结点表示最优解结点,结点的编号为搜索顺序。从中看到由于采用队列,结点的扩

展是一层一层顺序展开的，类似于广度优先搜索。其实际搜索的结点个数为 13，由于物品个数较少，没有明显体现出限界函数的作用，当物品个数较多时，使用限界函数的效率会得到较大的提高。

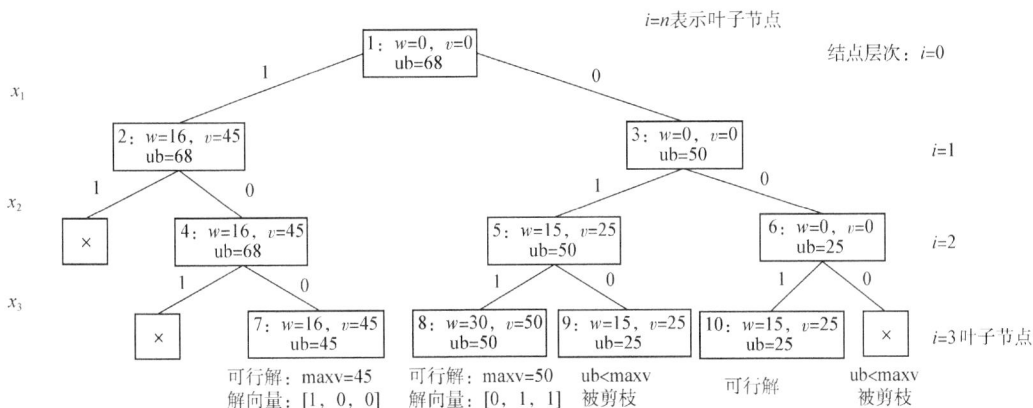

图 7.22 采用队列式分支限界法求解 0/1 背包问题的过程

需要说明的是，在上述算法设计中采用的是在结点入队时判断是否为叶子结点，每个叶子结点对应一个可行解，也可以改为根结点不入队，直接扩展其子结点，将这些子结点入队，然后出队结点 e，判断 e 是否为叶子结点，从中比较找到最优解。在有些情况下设计的限界函数满足第一次找到的叶子结点就对应最优解，此时一旦找到一个解就可以退出循环，不必等到队列为空。

上述解题过程采用的是队列式分支限界法，现在我们改用优先队列式分支限界法求解，也就是将一般的队列改为优先队列，但必须设计限界函数，因为优先级是以限界函数值为基础的。限界函数的设计方法同上。这里用大根堆表示活结点表，取优先级为活结点所获得的价值。

采用 STL 的 priority_queue< NodeType >容器作为优先队列（大根堆），优先队列结点类型与上述算法相同，仅仅需要添加比较重载函数，即指定按什么条件优先出队，这里是按结点的 ub 成员值越大越优先出队。为此，设计 NodeType 结构体的比较重载函数如下。

```
bool operator<(const NodeType &s) const          //重载<关系函数
{
    return ub<s.ub;                              //ub 越大越优先出队
}
```

**本题采用优先队列式分支限界法求解对应的 bfs( )算法如下。**

```
void bfs()                                       //求 0/1 背包的最优解
{
    int j;
    NodeType e,e1,e2;                            //定义 3 个结点
    priority_queue<NodeType>qu;                  //定义 1 个队列
```

```
    e.i=0;                                  //根结点置初值,其层次计为 0
    e.w=0; e.v=0;
    e.no=total++;
    for (j=1;j<=n;j++)
        e.x[j]=0;
    bound(e);                               //求根结点的价值上界
    qu.push(e);                             //根结点入队
    while(!qu.empty())                      //队不空循环
    {
        e=qu.top(); qu.pop();               //出队结点 e
        printf("出队");dispnode(e);
        if (e.w+w[e.i+1]<=W)                //剪枝:检查左孩子结点
        {
            e1.no=total++;
            e1.i=e.i+1;                      //建立左孩子结点
            e1.w=e.w+w[e1.i];
            e1.v=e.v+v[e1.i]
            for (j=1;j<=n;j++)               //复制解向量
                e1·x[j]=e.x[j];
            e1·x[e1.i]=1;
            bound(e1);                       //求左孩子结点的价值上界
            if (EnQueue(e1,qu))              //左孩子结点入队操作
                printf("  左孩子入队");dispnode(e1);
        }
        e2.no=total++;                       //建立右孩子结点
        e2.i=e.i+1;
        e2.w=e.w; e2.v=e.v;
        for (j=1;j<=n;j++)                   //复制解向量
            e2·x[j]=e.x[j];
        e2·x[e2.i]=0;
        bound(e2);                           //求右孩子结点的价值上界
        if (e2.ub>maxv)                      //若右孩子结点可行,则入队,否则被剪枝
        {
            if (EnQueue(e2,qu))
                printf("  右孩子入队");dispnode(e2);
        }
        else
        {
            printf("  右孩子不入队");dispnode(e2);
        }
    }
}
```

该程序的执行结果与采用队列式分支限界法求解程序的结果相同。采用优先队列式分支限界法求解上述 0/1 背包问题的搜索过程如图 7.23 所示，图中为"×"的结点表示死结点，带阴影的结点表示最优解结点，结点的编号为搜索顺序。从图 7.23 中可以看到由于采用优先队列，结点的扩展不再是一层一层顺序展开的，而是按限界函数值的大小跳跃式选取扩展结点。该求解过程实际搜索的结点个数比队列式求解要少，当物品数较多时这种效率的提高会更为明显。

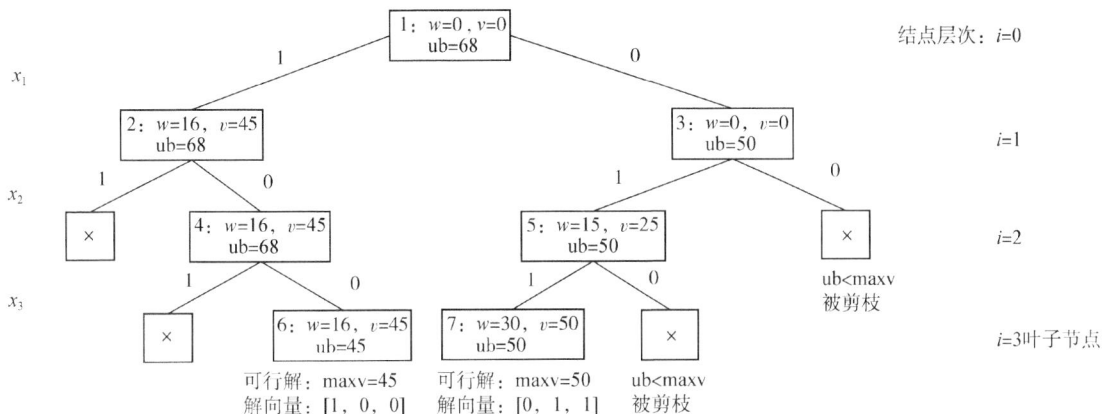

图 7.23　采用优先队列式分支限界法求解 0/1 背包问题的过程

【算法效率分析】无论是采用队列式分支限界法还是采用优先队列式分支限界法求解 0/1 背包问题，在最坏情况下都要搜索整个解空间树，所以最坏情况下，其时间和空间复杂度均为 $O(2^n)$，其中 $n$ 为物品个数。

## 7.4.2　旅行商问题

【例 7.12】利用分支限界法求解例 7.7 的旅行商问题。

【问题描述】旅行商问题是 19 世纪初提出的一个数学问题：有若干个城市，任何两个城市之间的距离都是确定的，现要求一旅行商从某城市出发必须经过每一个城市且只能在每个城市逗留一次，最后回到原出发城市，问如何事先确定好一条最短的路径使其旅行的费用最少。

【解题思路】

以图 7.24 中的 5 个城市的旅行商问题为例，来分析如何用分支限界求解问题，通过例 7.7 的分析，我们可以知道旅行商问题实质上就是以某一结点为根的排列树。在回溯法中，有一些改善，但仍然需要遍历几乎所有的结点。而分支限界法就是找一个上界，当某一分支超出这一上界时，就将其剪枝，从而减少遍历的结点数目。

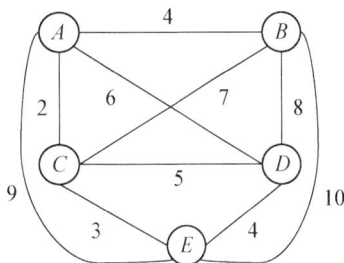

图 7.24　5 个城市旅行商问题的图

旅行商问题剪枝的思路如下。

（1）上界：从 $A$ 点出发，向距离最短的结点行进，到达 $C$ 点（权值为 2）后，再在与 $C$

相邻的结点里找距离最近又没有走过的结点，到达 $E$ 点，以此类推，则可以找到路径 $A \rightarrow C \rightarrow E \rightarrow D \rightarrow B \rightarrow A$，总长度 up$=21$，如图 7.25 所示。它是问题的一个解，但不一定是最优解，可以以此作为问题的上界，比这一距离长的将被淘汰，即被剪枝。

（2）下界：依题意，每一个结点只遍历一次，即只有一条离开结点的边和一条进入结点的边，取由每个结点出发的线段中最短的那条作为该结点的离开边和进入边，则有 $n$ 个结点的旅行商问题中有 $2n$ 条这样的边，但有 $n$ 个结点的旅行商问题中每个解最多有 $n$ 条路径，那么，将每个结点的离开边和进入边的权值相加除以 2，得 low$=19$，显然，旅行商问题的最优解大于等于 low，它可以作为旅行商问题的下界，如图 7.26 所示。由（1）和（2）可知，旅行商问题的最优解应该处于上界与下界之间。

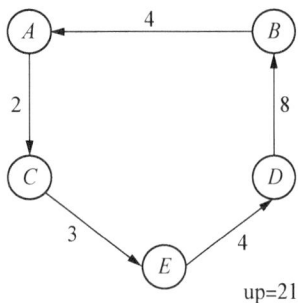

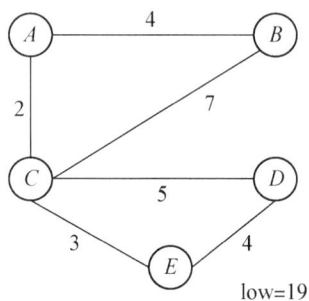

图 7.25　旅行商问题采用深度优先方式求上界　　图 7.26　旅行商问题用结点的最小两边求下界

（3）在算法执行过程中，可能会得到比（1）更短的路径，如果以此为新的上界，则有可能剪掉更多的分支，从而加快算法速度。为此，在融合（1）和（2）的思想后，可以得到一个不断更新分支上界的方法。

①将走过的路径和结点看作一个带权的结点，加入图中，取代原来的结点与线段，构成新图，并且以后加入的结点作为新生成的带权结点的离开结点，它所引领的分支称为**离开分支**。

②利用（2）的方法，计算新图的 low 值，称为离开分支的下界（lowbound，lb）。lb 计算方法如下。

lb$=$已经历路程$\times 2+$新结点的进入边长度$+$新结点离开边长度$+$
剩余每个结点的两个最短边长度

其中，新结点的进入边是以起始结点为终点的最短边，新结点的离开边是以最晚加入的新结点为起点的最短边。显然，如果 lb$>$up，则此分支中不可能有高于 up 的最优解，不用再对此分支进行遍历。

③当沿某一个分支执行到叶子结点时，得到一个新的解，如果此解小于 up，则可以用此解取代 up 的值，作为新的上界。

（4）算法的改进：考虑到分支的 lb 值越小越有可能得到问题的最优解，因而可以使用**优先级队列**，它可以按关键字的大小排列，如按从小到大顺序，最小的结点放在队头，依次排列，关键字相等的按先进先出的次序排列。引进优先级队列有两个好处：一是可以更快地找到问题当前的最优解，更早地更新 up 值，剪掉更多的分支；二是当找到的解小于队首结点的 lb 时，则找到了本问题的最优解，可以终结算法。

根据上述思路，对图 7.24 所示问题进行求解的过程如下。

(1)设 $A$ 是起始结点，让 $A$ 首先入队，如图 7.27 所示。

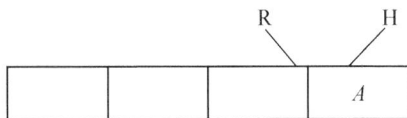

图 7.27 A 进入优先级队列

(2)让 $A$ 出队，考察 $A$ 的第一个邻接点 $B$，计算以 $B$ 引领的分支下界

$$(A,B).lb = (AB \times 2 + BC + CA + (CA + CE) + (DC + DE) + (EC + ED)) \div 2$$
$$= (4 \times 2 + 7 + 2 + (2+3) + (5+4) + (3+4)) \div 2 = 19$$

其中，$AB$ 表示 $A$ 与 $B$ 之间的距离(其他线段类似，图 7.28 中的粗线表示已经走过的线路，可以看作一个带权的新结点)，$BC$ 为新结点 $AB$ 的离开边，$CA$ 为回到新结点 $AB$ 的进入边，$CA$ 和 $CE$ 为与 $C$ 关联的两条最小的边，$DC$ 和 $DE$ 为与 $D$ 关联的两条最小的边，$EC$ 和 $ED$ 为与 $E$ 关联的两条最小的边。

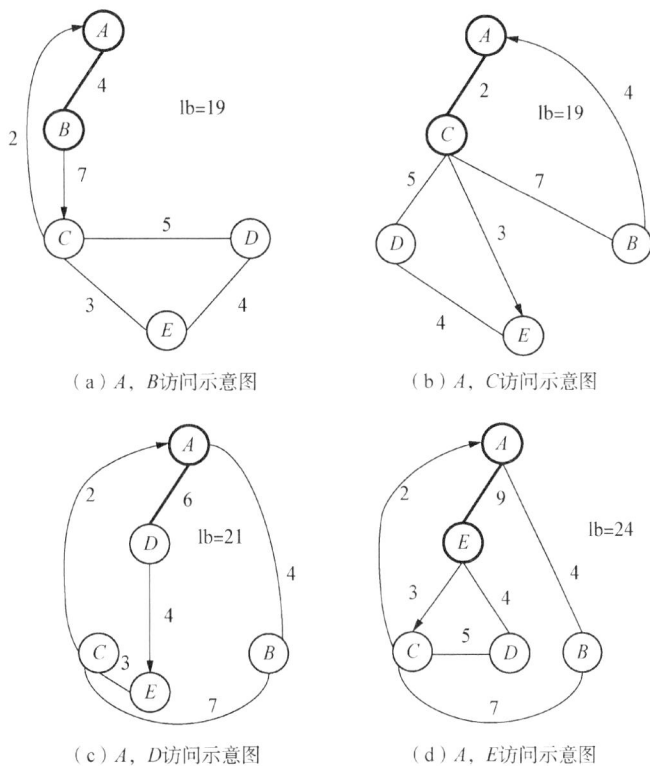

(a) $A$、$B$ 访问示意图    (b) $A$、$C$ 访问示意图

(c) $A$、$D$ 访问示意图    (d) $A$、$E$ 访问示意图

图 7.28 $A$,$B$、$A$,$C$、$A$,$D$、$A$,$E$ 访问示意图

(3)由 $A$ 到 $C$、$D$、$E$ 的计算方法与 $AB$ 的计算方法相同，如图 7.29 所示，计算方法如下。

$$(A,C).lb = (AC \times 2 + CE + BA + (BA + BC) + (DC + DE) + (EC + ED)) \div 2$$
$$= (2 \times 2 + 3 + 4 + (4+7) + (5+4) + (3+4)) \div 2$$
$$= 19$$

$$(A，D).\text{lb}=(AD\times2+DE+CA+(BA+BC)+(CA+CE)+(EC+ED))\div2$$
$$=(6\times2+4+2+(4+7)+(2+3)+(3+4))\div2+1$$
$$=21$$

$$(A，E).\text{lb}=(AE\times2+EC+CA+(BA+BC)+(CA+CE)+(DC+DE))\div2$$
$$=(9\times2+3+2+(4+7)+(2+3)+(5+4))\div2$$
$$=24$$

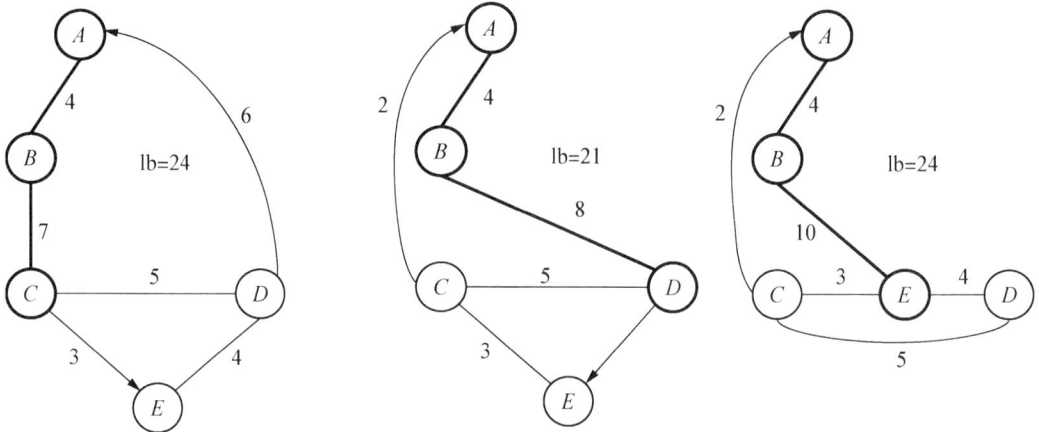

图 7.29　$A，B，C$、$A，B，C$、$A，B，E$ 访问示意图

特别说明，在$(A，D).\text{lb}$ 的运算中，因为结果不能被整除，所以采用了向上取整的方式，即舍去小数部分，再加上$(A，E).\text{lb}>\text{up}$，显然包含这一分支的路径不可能是最优的，因此，$A，E$ 不入队，下次遍历不考察，如图 7.30 所示。

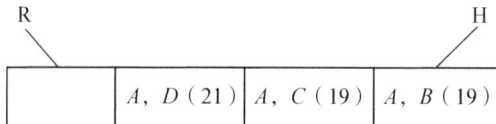

图 7.30　$A，B$、$A，C$、$A，D$ 入队

（4）$A，B$ 出队，依次考察它的相邻结点，并计算这些结点所引领的分支下界，如图 7.29 所示，将 $AB$ 视为带权的新结点，用同样的方法，延 $AB$ 进行扩展，方法及结果如下。

$$(A，B，C).\text{lb}=((AB+BC)\times2+CE+DA+(DA+DE)+(EC+ED))\div2$$
$$=(11\times2+3+6+(5+4)+(3+4))\div2+1$$
$$=24$$

$$(A，B，D).\text{lb}=((AB+BD)\times2+CA+DE+(CA+CE)+(EC+ED))\div2$$
$$=(12\times2+2+4+(2+3)+(3+4))\div2$$
$$=21$$

$$(A，B，E).\text{lb}=((AB+BE)\times2+CA+EC+(CA+CE)+(DC+DE))\div2$$
$$=(14\times2+2+3+(2+3)+(4+5))\div2+1$$
$$=24$$

由于$(A，B，C).lb>up$ 和$(A，B，E).lb>up$，所以这两条路径被剪枝，不进入队列。$(A，B，D)$入队，如图7.31所示。

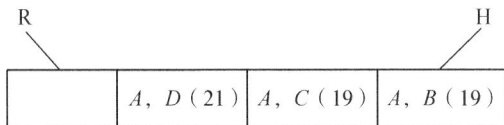

图7.31 $A，B$ 出队、$A，B，D$ 入队

（5）$A，C$ 出队，依次考察它的相邻结点，并计算这些结点所引领的分支下界，如图7.32所示，方法及结果如下。

$$(A，C，B).lb=((AC+CB)\times2+BD+DA+(DA+DE)+(EC+ED))\div2$$
$$=(9\times2+8+6+(5+4)+(3+4))\div2$$
$$=24$$

$$(A，C，D).lb=((AC+CD)\times2+DE+BA+(BA+BC)+(EC+ED))\div2$$
$$=(7\times2+4+4+(4+7)+(3+4))\div2$$
$$=20$$

$$(A，C，E).lb=((AC+CE)\times2+EA+BA+(BA+BC)+(DC+DE))\div2$$
$$=(5\times2+4+4+(4+7)+(4+5))\div2$$
$$=19$$

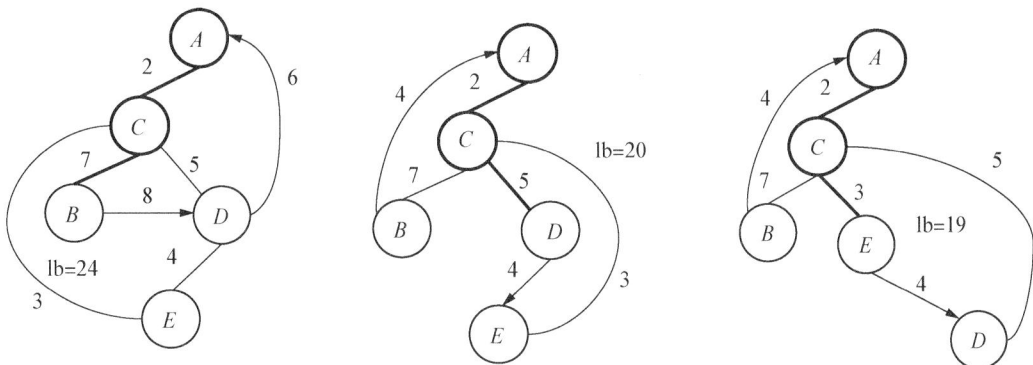

图7.32 $A，C，B$、$A，C，D$、$A，C，E$ 访问示意图

由于$(A，C，B).lb>up$，所以这条路径被剪枝，不进入队列。$(A，C，D)$和$(A，C，E)$入队，如图7.33所示，因为$(A，C，E)$和$(A，C，D)$的权值小，所以排在队列的首位和第二位。

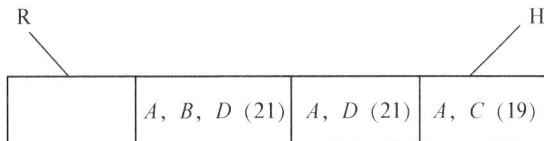

图7.33 $A，C$ 出队、$A，C，D$、$A，C，E$ 入队

（6）$A，C，E$ 出队，依次考察它的相邻结点，并计算这些结点所引领的分支下界，如图7.34所示，方法及结果如下。

$(A，C，E，D).\mathrm{lb}=((AC+CE+ED)\times2+DB+BA+(BA+BC))\div2$
$=(9\times2+8+4+(4+7))\div2+1$
$=21$

$(A，C，E，B).\mathrm{lb}=((AC+CE+EB)\times2+BD+DA+(EC+ED))\div2$
$=(15\times2+8+6+(4+5))\div2+1$
$=27$

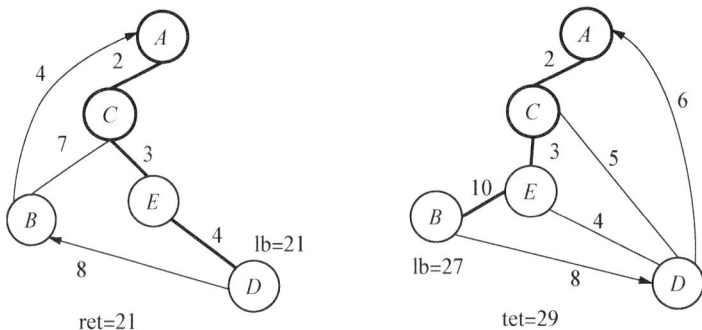

图 7.34　$A，C，E，D$、$A，C，E，B$ 访问示意图

由于 $(A，C，E，B).\mathrm{lb}>\mathrm{up}$，所以这条路径被剪枝，不进入队列。$(A，C，E，D)$ 入队，如图 7.35 所示。

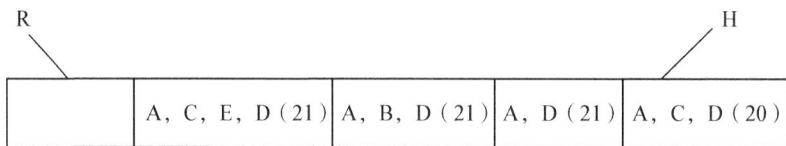

图 7.35　$A，C，E$ 出队，$A，C，E，D$ 入队

(7) $A，C，D$ 出队，依次考察它的相邻结点，并计算这些结点所引领的分支下界，如图 7.36 所示，方法及结果如下。

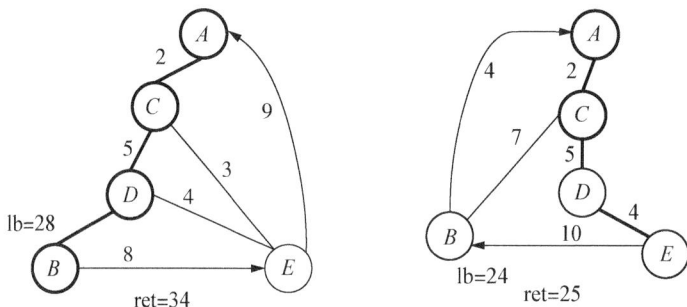

图 7.36　$A，C，D，B$、$A，C，D，E$ 访问示意图

$$(A，C，D，B).\text{lb} = ((AC+CD+DB)\times 2+BE+EA+(EC+ED))\div 2$$
$$= (15\times 2+10+9+(4+3))\div 2$$
$$= 28$$
$$(A，C，D，E).\text{lb} = ((AC+CD+DE)\times 2+EB+BA+(BC+BA))\div 2$$
$$= (11\times 2+10+4+(4+7))\div 2+1$$
$$= 24$$

由于$(A，C，D，B).\text{lb}>\text{up}$ 和$(A，C，D，E).\text{lb}>\text{up}$，所以这两条路径被剪枝，不进入队列，如图 7.37 所示。

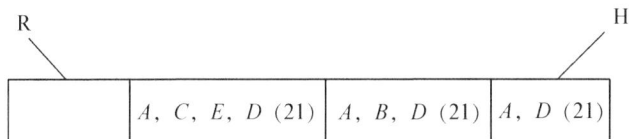

图 7.37　A，C，D 出队

(8)A，D 出队，依次考察它的相邻结点，并计算这些结点所引领的分支下界，如图 7.38 所示，方法及结果如下。

$$(A，D，B).\text{lb} = ((AD+DB)\times 2+BC+CA+(CA+CE)+(EC+ED))\div 2$$
$$= (14\times 2+7+2+(2+3)+(3+4))\div 2+1$$
$$= 25$$
$$(A，D，C).\text{lb} = ((AD+DC)\times 2+CE+BA+(BA+BC)+(EC+ED))\div 2$$
$$= (11\times 2+4+3+(4+7)+(3+4))\div 2+1$$
$$= 24$$
$$(A，D，E).\text{lb} = ((AD+DE)\times 2+EC+CA+(BA+BC)+(CA+CE))\div 2$$
$$= (10\times 2+3+2+(4+7)+(2+3))\div 2+1$$
$$= 21$$

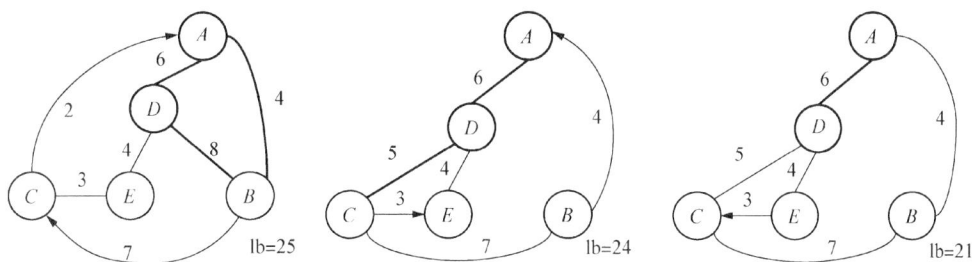

图 7.38　A，D，B、A，D，C、A，D，E 访问示意图

由于$(A，D，B).\text{lb}>\text{up}$ 和$(A，D，C).\text{lb}>\text{up}$，所以这两条路径被剪枝，不进入队列。$(A，D，E)$入队，如图 7.39 所示。

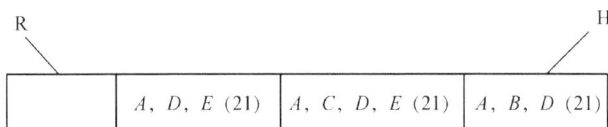

图 7.39　A，D 出队、A，D，E 入队

(9)$A$，$B$，$D$ 出队，依次考察它的相邻结点，并计算这些结点所引领的分支下界，如图 7.40 所示，方法及结果如下。

$$(A，B，D，C).lb = ((AB+BD+DC)\times 2+CE+EA+(EC+ED))\div 2$$
$$= (17\times 2+3+9+(4+3))\div 2+1$$
$$= 27$$

$$(A，B，D，E).lb = ((AB+BD+DE)\times 2+EC+CA+(CA+CE))\div 2$$
$$= (16\times 2+3+2+(2+3))\div 2$$
$$= 21$$

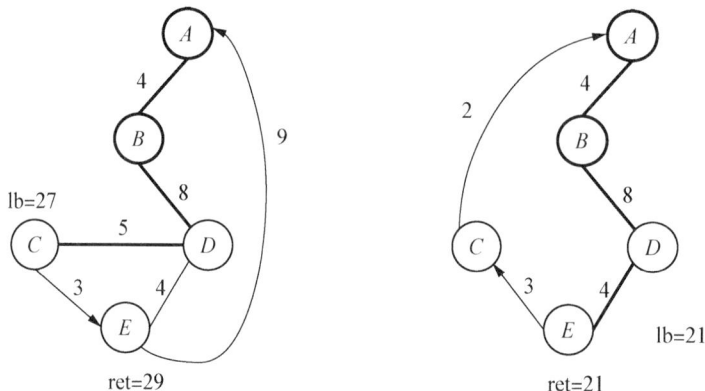

图 7.40　$A$，$B$，$D$，$C$、$A$，$B$，$D$，$E$ 访问示意图

由于$(A，B，D，C).lb > up$，所以这条路径被剪枝，不进入队列。$(A，B，D，E)$ 进入队列，如图 7.41 所示。

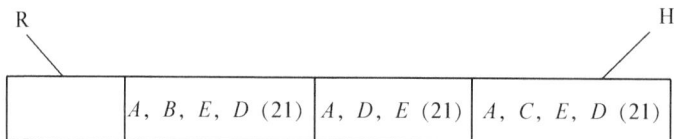

图 7.41　$A$，$B$，$D$ 出队、$A$，$B$，$D$，$E$ 入队

(10)$A$，$C$，$E$，$D$ 出队，这时只剩下一个结点 $B$，则完成了第 1 个解的遍历，不但要把 $BD$ 路径加入，还要把 $BA$ 的路径也加入，如图 7.42 所示，路径总长度的计算方法及结果如下：$(A，C，E，D，B，A) = AC+CE+ED+DB+BA = 2+3+4+8+4 = 21$ 考察队列的队首元素，得$(A，C，E，D，B，A) \leqslant (A，D，E)$，依据优先队列的性质可知，$(A，D，E)$ 是所有分支中下界最小的分支，则可推断出，所有剩余分支中再没有大于当前路径的路线，所以，本旅行商问题的最优解找到，中断算法，

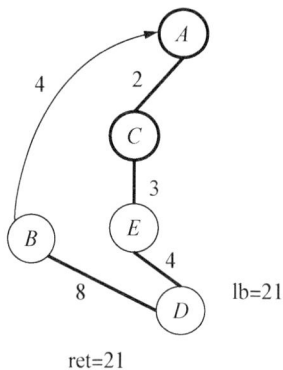

图 7.42　$A$，$C$，$E$，$D$，$B$，$A$ 访问示意图

输出结果。

**【算法设计】**算法的数据结构中，采用 const 常量 INF＝10000000 表示无穷大，表示两结点间没有直达的边；$n$ 表示结点个数，low 和 up 表示上界与下界；二维数组 cost[ ][ ] 表示不同城市之间线路的代价（权值），一位数组 city[ ] 表示城市信息。path[ ] 表示最优路径，mind 表示最优值。

算法需要设置一个优先级队列 $q$，并提供如下的结点信息。

```
struct node
{
    bool vis[20];
    int st;              //路径的起点
    int ed;              //路径的终点
    int k;               //走过的点数
    int sumv;            //经过路径的距离
    int lb;              //目标函数的值
    int path[20];
};
```

在问题分析中提到，为了能够预估由每段经历路程最后加入的那个结点（离开结点）所引领的分支下界的数值，需要把每段已经历的路程看作一个新结点，在这个新结点中包括以下需要记录的数据。

(1)路径的起点(st)是生成排列树的根结点，它在整个运算过程中都不会改变，但是需要计算以其为终点的最短边。随着遍历结点数量的不断增多，到达路径起点的直接出发点会不断变化，所以这条最短边也会不断发生变化。

(2)离开结点(ed)是当前路径的终点，每遍历一个新结点，就把它当作当前路径的终点，加入带权结点中。在计算过程中需要找到一条以其为出发点的最短边。经过①②两个步骤，新的带权结点的两条最短边就被找到，与其他结点就一样了。

(3)经过的结点数 $k$ 是为了能够确定运算是否已遍历所有结点而设置的。

(4)经过路径的总长度 sumv 是用来描述已走过的路径长度，它有两个重要用途，一是在预估由离开结点引领的分支下界时会用到，使用方法见问题分析中的公式；二是参与求解旅行商问题的运算。

(5)每个分支的下界 lb 被用来预估由新的带权结点里的离开结点引领的分支下界的值。

(6)本路径中已经走过结点的标识 vis[ ] 被用于标识结点是否已被访问过。在预估每个分支下界的值时，被访问过的结点与未被访问过的结点的计算方法是不同的，而且也不能进行重复运算，因而需要进行标识。

(7)记录经过结点编号的 path[ ] 是用来计算旅行商问题解的。

本题计算方法如下。

(1)计算 up 值。

(2)计算 low 值。

（3）设置起始结点 start，令 st＝ed＝start，start.vis[1]＝1，start.k＝1，start.lb＝low，start.path[1]＝1。

（4）按广度优先的方式逐步加入相邻结点 nexti，令 ed＝nexti，更新相关信息，计算 lb 的值，若 next.lb＞up，则淘汰之(剪枝)，否则加入队列，直到求出最优解。注意这里的广度优先不完全，它是依赖于优先队列的，优先队列是按 lb 值进行排列的，这意味着后进的元素反而可能被排在队首以至于先出队。

（5）当找到一个解时，用这个解的值与队首的 lb 值相比较，若此解小于或等于队首的 lb 值，则意味着此解已是最优解，终止运算，输出结果。

**本题对应的主要算法函数设计如下。**

```
int get_up_helper(int v,int j,int len)        //这是一个深度优先算法
{
    if(j==n) return len+graph[v][1];
    int minlen=INF,pos;
    for(int i=1;i<=n;i++)
    {
        if(used[i]==0&&minlen>graph[v][i])//采用贪心法取权值最小的边
        {
            minlen=graph[v][i];
            pos=i;
        }
    }
    used[pos]=1;
    return get_up_helper(pos,j+1,len+minlen);
}


void get_up()//计算上界
{
    used[1]=1;                             //user[]为结点状态伴随数组
    up=get_up_helper(1,1,0);              //1表示已访问；0表示未访问
}
int get_lb(node p)                        //求由p引导的分支的下界
{
    int ret=p.sumv * 2;                   //已遍历城市距离
    int min1=INF,min2=INF,pos;
    cout<<"("<<p.st<<"->"<<p.ed<<") "<<ret<<"+";
                                          //从起点到最近未遍历城市的距离
    for(int i=1;i<=n;i++)
    {
        if(p.vis[i]==0&&min1>graph[p.st][i])
        {
            min1=graph[p.st][i];
```

```
            pos=i;
        }
    }
    ret+=min1;
    cout<<"(1<- "<<pos<<") "<<min1<<"+";
    for(int i=1;i<=n;i++)                    //从终点到最近未遍历城市的距离
    {
        if(p.vis[i]==0&&min2>graph[p.ed][i])
        {
            min2=graph[p.ed][i];
            pos=i;
        }
    }
    ret+=min2;
    cout<<"("<<p.ed<<"->"<<pos<<") "<<min2;
    for(int i=1;i<=n;i++)                    //进入并离开每个未遍历城市的最小成本
    {
        if(p.vis[i]==0)
        {
            min1=min2=INF;
            int temp[n];
            for(int j=1;j<=n;j++)
            {
                temp[j]=graph[i][j];
            }
            sort(temp+1,temp+1+n);
            ret+=temp[1]+temp[2];
            cout<<"+("<<i<<") "<<temp[1]<<"+"<<temp[2];
        }
    }
    ret=ret%2==0? (ret/2):(ret/2+1);    //向上取整
    cout<<"="<<ret<<"  ";
    return ret;
}


void get_low()                              //计算下界
{
    low=0;
    for(int i=1;i<=n;i++)
    {
        int temp[20];
        for(int j=1;j<=n;j++)
```

```
        {
            temp[j]=graph[i][j];
        }
        sort(temp+1,temp+1+n);
        low=low+temp[1]+temp[2];
    }
    low=low/2;
}


int solve()                            //求解过程
{
    get_up();
    cout<<"up="<<up<<endl;
    get_low();
    cout<<"low="<<low<<endl;
    node start;
    start.st=1;
    start.ed=1;
    start.k=1;
    for(int i=1;i<=n;i++)
    {
        start.vis[i]=0;
        start.path[i]=0;
    }
    start.vis[1]=1;
    start.sumv=0;
    start.lb=low;
    start.path[1]=1;
    int ret=INF;
    q.push(start);
    node next,temp;
    while(!q.empty())
    {
        temp=q.top();
        q.pop();
        if(temp.k==n-1)                //如果只剩最后一个点了
        {
            int pos=0;
            for(int i=1;i<=n;i++)
            {
                if(temp.vis[i]==0)
```

```
        {
            pos=i;
            break;
        }
    }
    if(pos==0){
        cout<<"error zxd!"<<endl;
        break;
    }
    int ans=temp.sumv+graph[pos][temp.st]+graph[temp.ed][pos];
    temp.path[n]=pos;              //存最后一个结点
    temp.lb=ans;                   //更新最后一个结点的上界
    for(int i=1;i<=n;i++)
        cout<<setw(6)<<temp.path[i];
    cout<<endl;
    node judge=q.top();
    //如果当前的路径和比所有的目标函数值都小,则跳出并直接输出最优解
    if(ans<=judge.lb)
    {
        ret=min(ans,ret);
        answer=temp;               //返回答案
        cout<<"the last node of best answer!"<<temp.path[n]<<endl;
        break;
    }
    else                           //否则继续求其他可能的路径和并更新上界
    {
        if (up>=ans) {             //找到比上界小的全路径,更新这个路径
            up=ans;
            answer=temp;
        }
        ret=min(ret,ans);
        continue;
    }
}
for(int i=1;i<=n;i++)
{
    if(temp.vis[i]==0)
    {
        next.st=temp.st;
        next.sumv=temp.sumv+graph[temp.ed][i];
        next.ed=i;
        next.k=temp.k+1;
        for(int j=1;j<=n;j++){
```

```
            next.vis[j]=temp.vis[j];
            next.path[j]=temp.path[j];
        }
        next.vis[i]=1;
        next.path[next.k]=i;            //路径统计
        next.lb=get_lb(next);
        if(next.lb<=up)                 //剪枝
            q.push(next);
        cout<<" next["<<i<<"]lb:"<<next.lb<<endl;
        }
    }
    cout<<endl;
    }
    return ret;
}
```

**【算法效率分析】**用分支限界法解决旅行商问题,通过引入上下界来对排列树进行剪枝,大大提高了算法效率,但是没有从本质上改变其算法复杂度,其时间复杂度仍为 $O((n-1)!)$。

# 7.5 本章小结

回溯法是基本的算法策略之一,也是人工智能中问题求解的基本方法。回溯法通常具有较高的时间复杂度,但对于众多至今尚未找到多项式算法的 NP 完全问题,是目前较为有效的方法。在问题规模不太大的前提下,回溯法可以解决为数众多的组合数问题。

分支限界法是回溯法的改进,增加了剪枝操作,在生成选择树的过程中,把不满足条件的分支全部剪掉,从而提高了算法效率。分支限界法是以最小代价优先的方式在解空间树上进行搜索,它可以找出满足问题约束的一个可行解,或者从满足约束条件的可行解中找出一个使目标函数达到极值的最优解。这里的可行解在搜索树中表现为一条由根结点到叶子结点的路径,这条路径上权值的和称为可行解的值。其中,最优解就是使可行解的值达到最优的那条路径。分支限界法的核心思想就是增加更多的约束条件,剪掉更多的分支,在对当前的树结点进行扩展时,一次性产生其所有孩子结点,并抛弃那些不可能产生可行解或最优解的结点,即剪枝;对于留下的孩子结点,计算一个函数值(限界),然后选取一个最有利的结点继续进行扩展,使搜索朝着最优解的分支推进。重复这个过程,直到找到最优解或没有可扩展的结点为止。

回溯法与分支限界法的异同如下。

**1. 相同点**

(1)二者都是一种在问题的解空间树 $T$ 上搜索问题解的算法。

（2）回溯法与分支限界法都可以通过剪枝来提高搜索效率，通常采用以下两种剪枝策略。

①根据约束条件，在扩展结点处剪去不满足条件的子树。

②回溯法用限界函数剪去不能得到最优解的子树，分支限界法采用优先队列进行剪枝。

**2. 不同点**

（1）在一般情况下，回溯法与分支限界法的求解目标不同。回溯法的求解目标是找出 $T$ 中满足约束条件的所有解；而分支限界法的求解目标则是找出满足约束条件的一个解，或是在满足约束条件的解中找出使某一目标函数值达到极大或极小的解，即在某种意义下的最优解。

（2）回溯法与分支限界法对解空间的查找方式不同。回溯法通常采用深度优先搜索，而分支限界法则通常采用广度优先搜索。在回溯法的解空间中，同一结点可以出现多次，而在分支限界法中，同一结点只会出现一次，不会发生回溯。

（3）对结点进行存储的常用数据结构及结点的存储特性也各不相同。除由搜索方式决定的不同存储结构外，分支限界法通常需要存储一些额外的信息，以便之后进一步展开搜索。

# 7.6 习题

1. 分支限界法在问题的解空间树中，从根结点出发搜索解空间树采用的策略是（    ）。

A. 广度优先　　　　B. 活结点优先　　　　C. 扩展结点优先　　　D. 深度优先

2. 下列采用最大效益优先搜索方式的算法是（    ）。

A. 分支限界法　　　　B. 动态规划法　　　　C. 贪心法　　　　　D. 回溯法

3. 下列关于回溯法的叙述中，不正确的是（    ）。

A. 回溯法有"通用解题法"之称，可以系统地搜索一个问题的所有解或任意解

B. 回溯法是一种既带系统性又带跳跃性的搜索算法

C. 回溯算法需要借助队列这种结构来保存从根结点到当前扩展结点的路径

D. 回溯算法在生成解空间的任一结点时先判断该结点是否可能包含问题的解，如果肯定不包含，则跳过对该结点为根的子树的搜索，逐层向祖先结点回溯

4. 常见的两种分支限界法为（    ）。

A. 广度优先分支限界法与深度优先分支限界法

B. 队列式(FIFO)分支限界法与堆栈式分支限界法

C. 排列树法与子集树法

D. 队列式(FIFO)分支限界法与优先队列式分支限界法

5. 在用分支限界法求解0/1背包问题时，活结点表的组织形式是（    ）。

A. 小根堆　　　　　B. 大根堆　　　　　C. 栈　　　　　　D. 数组

6. 回溯法在问题的解空间树中，从根结点出发搜索解空间树采用的策略是( )。

A. 广度优先　　　B. 活结点优先　　　C. 扩展结点优先　　D. 深度优先

7. 优先队列式分支限界法选取扩展结点的原则是( )。

A. 先进先出　　　B. 后进先出　　　C. 结点的优先级　　D. 随机

8. 回溯法中为避免无效搜索采取的策略是( )。

A. 递归函数　　　B. 剪枝函数　　　C. 随机数函数　　　D. 搜索函数

9. 回溯法的效率不依赖于( )。

A. 确定解空间的时间　　　　　　　B. 满足显式约束的值的个数

C. 计算约束函数的时间　　　　　　D. 计算限界函数的时间

10. 下面不是分支限界法搜索方式的是( )。

A. 广度优先　　　B. 最小耗费优先　　C. 最大效益优先　　D. 深度优先

11. 回溯法的搜索特点是什么？

12. 简述分支限界法的搜索策略。

13. 设计一个算法求解简单装载问题。设有一批集装箱要装上一艘载重量为 $W$ 的轮船，其中编号为 $i(0 \leqslant i \leqslant n-1)$ 的集装箱的重量为 $w_i$。现要从 $n$ 个集装箱中选出若干个装上轮船，使它们的重量之和正好为 $W$。如果找到任一种解，返回 true，否则返回 false。

14. 采用优先队列式分支限界法求解最优装载问题。给出以下装载问题的求解过程和结果：$n=5$，集装箱重量为 $w=(5, 2, 6, 4, 3)$，限重为 $W=10$，在装载重量相同时最优装载方案是集装箱个数最少的方案。

15. 对于 $n$ 皇后问题，有人认为当 $n$ 为偶数时，其解具有对称性，即 $n$ 皇后问题的解个数恰好为 $n/2$ 皇后问题的解个数的 2 倍，这个结论正确吗？请编写回溯法程序对 $n=4$，6，8，10 的情况进行验证。

16. 有一个 0/1 背包问题，其中 $n=4$，物品重量为 $(4, 7, 5, 3)$，物品价值为 $(40, 42, 25, 12)$，背包最大载重量 $W=10$，给出采用优先队列式分支限界法求最优解的过程。

17. 有一个流水作业调度问题，$n=4$，$a[]=\{5, 10, 9, 7\}$，$b[]=\{7, 5, 9, 8\}$，给出采用优先队列式分支限界法求一个解的过程。

18. 求解填字游戏问题。在 $3 \times 3$ 个方格的方阵中要填入数字 $1 \sim 10$ 的某 9 个数字，每个方格填一个整数使所有相邻两个方格内的两个整数之和为素数。编写一个实验程序，求出所有满足这个要求的数字填法。

# 7.7　实验题

**实验一：求解满足方程解问题**

**【问题描述】**

编写一个实验程序，求出 $a$、$b$、$c$、$d$、$e$，它们满足 $a*b-c*d+e=1$ 方程，其中所有变量的取值均为 $1 \sim 5$ 并且均不相同。

**【问题解析】**

本题相当于求出 $1 \sim 5$ 的一个排列，以满足方程要求。采用解空间为排列数的回溯法求解，实验设计实现的算法。

**实验二：求解 4 皇后问题**

**【问题描述】**

编写一个实验程序，分别采用队列式和优先队列式分支限界法求 4 皇后问题的一个解，分析这两种方式的求解过程，比较创建的队列结点个数。

**【问题解析】**

采用队列式分支限界法求解，只需要设计一个普通队列，如果已经放置了 $i$ 个皇后，考察第 $i+1$ 个皇后时需要判断是否有冲突。为此，在每个结点中存放搜索到该结点为止所有已摆放好的皇后。由于每行只能摆放一个皇后，只需要保存皇后的列位置。首先将根结点(虚结点，其 row＝－1)进 qu 队。队列 qu 不空时循环：出队结点 $e$，考察 $i=e.$row$+1$ 行的孩子结点，仅仅将与 $e.$cols 不冲突的孩子结点入队。由于需要求所有的解，不发生冲突就是剪枝条件。当出队结点 $e$ 时有 $e.$row$=n-1$。实验设计实现的算法。

**实验三：求解布线问题**

**【问题描述】**

印刷电路板将布线区域划分成 $n\times m$ 个方格。精确的布线问题要求确定方格 $a$ 的中点到方格 $b$ 的中点的最短布线方案。在布线时，电路只能沿直线或直角布线。为了避免线路相交，对已布了线的方格做了封锁标记，其他线路不允许穿过被封锁的方格。图 7.43 所示为一个布线的例子，图中阴影部分是指被封锁的方格，其起始点为 $a$，目标点为 $b$。

编写一个实验程序采用分支限界法求解。

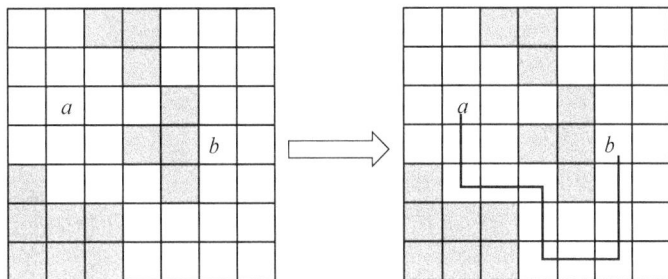

图 7.43 一个布线的例子

**【问题解析】**

采用广度优先搜索方法，从 $a$ 点搜索到 $b$ 点，一旦找到 $b$ 点，通过队列反推出路径(逆路径)。STL 的队列不能顺序遍历，为此设计了一个非环形队列 qu，并提供相关的判断队空、入队、出队和从下标 $s$ 开始求逆路径的运算算法。对分支限界法求解中的几个问题说明如下。

(1)结点扩展：出队结点 $e$，如果 $e$ 是目标结点 $b$，即为叶子结点，通过路径长度比较，将最短路径长度保存在 bestlen 向量中，将最短路径保存在 bestpath 向量中；如果 $e$ 不是目标结点 $b$，查找周围的 4 个结点，不扩展无效的结点。

(2)剪枝：由于每走一个方格路径长度增加 1，如果从结点 $e$ 走到任何一个有效结点 $e1$ 有 $e.$length$+1>$bestlen，说明 $e$ 结点为死结点，不应该从结点 $e$ 继续扩展。

如果将队列中当前结点的路径也存放在结点中，则无须通过队列反推路径，可以直接使用 STL 的 queue 或者 priority _ queue，但这样做队列结点占用的空间比较多。

**实验四：求解密码问题**

**【问题描述】**

给定一个整数 $n$ 和一个由不同大写字母组成的字符串 str（长度大于 5、小于 12），每一个字母在字母表中对应有一个序数（$A=1$，$B=2$，…，$Z=26$），从 str 中选择 5 个字母构成密码，如选取的 5 个字母为 $v$、$w$、$x$、$y$ 和 $z$，它们要满足 $v$ 的序数$-$（$w$ 的序数）$^2+$（$z$ 的序数）$^3-$（$y$ 的序数）$^4+$（$z$ 的序数）$^5=n$。例如，给定的 $n=1$ 和字符 str 为"ABCDEFGHIJKL"，一个可能的解是"FIECB"，因为 $6-9^2+10^3-3^4+2^5=1$，但这样的解可以有多个，最终结果是按字典序最大的那个，所以这里的正确答案为"LKEBA"。

**【问题解析】**

本题就是求 str 的所有排列，找出这些排列中前 5 个字母满足指定要求的排列。由于最优解是按字典序最大的那个，所以先对 str 递减排序，那么最先求出的满足要求的排列就一定是按字典序最大的一个。采用解空间为排列树的回溯法框架。实验设计实现的算法。

**实验五：求解饥饿的小易问题**

**【问题描述】**

小易是个章鱼，总是感到饥饿，所以小易经常出去寻找贝壳吃。最开始小易在一个初始位置 $x\_0$。对于小易所处的当前位置 $x$，它只能通过神秘的力量移动到 $4x+3$ 或者 $8x+7$。因为使用神秘力量要耗费太多体力，所以它最多只能使用神秘力量 100000 次。贝壳总生长在能被 1000000007 整除的位置（如位置 0、位置 1000000007、位置 2000000014 等）。小易需要你帮忙计算最少使用多少次神秘力量才能吃到贝壳。

**【问题解析】**

本题可以理解为从 $x\_0$ 开始，每次有两种移动方法（$4x+3$ 或者 $8x+7$），看作一个二叉树，采用广度优先遍历方法，当出队元素为 0（找到贝壳）时返回移动次数。实验设计实现的算法。

**实验六：求解最少翻译个数问题**

**【问题描述】**

据美国动物分类学家欧内斯特·迈尔推算，世界上有超过 100 万种动物，各种动物都有自己的语言。假设动物 $A$ 可以与动物 $B$ 进行通信，但它不能与动物 $C$ 通信，动物 $C$ 只能与动物 $B$ 通信，所以动物 $A$ 和动物 $C$ 之间的通信需要动物 $B$ 来当翻译。问两个动物之间相互通信至少需要多少个翻译。

测试数据中第 1 行包含两个整数 $n$（$2\leqslant n\leqslant 200000$）、$m$（$1\leqslant m\leqslant 300000$），其中 $n$ 代表动物的数量，动物编号从 0 开始，$n$ 个动物编号为 $0\sim n-1$，$m$ 表示可以相互通信的动物对数，接下来的 $m$ 行中包含两个数字，分别代表两种动物可以互相通信。再接下来包含一个整数 $k$（$k\leqslant 20$），代表查询的数量，每个查找包含两个数字，表示这两个动物想要与对方通信。

　　编写程序，对于每个查询，输出这两个动物彼此通信至少需要多少个翻译，若它们之间无法通过翻译来通信，输出－1。

【问题解析】

　　$n$ 个动物编号为 $0 \sim n-1$，动物之间的通信关系构成一个无向图，图采用邻接矩阵 $A$ 表示，$A[i][j]=1$ 表示动物 $i$ 和 $j$ 之间能够相互通信。求两个动物 sno 和 tno 之间相互通信需要的最少翻译个数，就是从顶点 sno 到顶点 tno 的最短路径长度－1，求最短路径长度采用广度优先遍历方法。实验设计实现的算法。

# 第8章 图的搜索算法

🔑 **学习目标**

(1)掌握图的概念。

(2)掌握广度搜索和深度搜索算法的分析与设计步骤。

(3)掌握应用图搜索算法解决相关实际问题。

🔑 **内容导读**

图是用来表示现实世界中对象之间关系的数学模型。一个图搜索算法可能发现关于图结构的更多信息。很多算法就是从搜索输入的图得到这些结构信息开始的,还有很多图算法是对基本图搜索算法的简单扩展。图的搜索技术是图算法领域的核心,本章将应用前7章讨论过的算法设计方法来设计有效的图的搜索算法,并探讨几个基本应用问题。

# 8.1 广度优先搜索

## 8.1.1 算法描述与分析

### 1. 问题的理解与描述

**广度优先搜索**是图搜索中最简单的算法,并且也是很多重要图算法的原型。给定一个图(有向或无向)$G=<V,E>$和其中的一个源顶点 $s$,广度优先搜索系统地探索 $G$ 的边以"发现"从 $s$ 出发每一个可达的顶点:发现从 $s$ 出发距离为 $k+1$ 的顶点之前先发现距离为 $k$ 的顶点。搜索所经路径中的顶点,按先后顺序构成"父子关系":若先发现顶点 $u$,并由 $u$ 出发发现与其相邻的顶点 $v$,则称 $u$ 为 $v$ 的双亲。由于每个顶点只有最多一个顶点作为它的双亲,所以搜索路径必构成一棵根树(根为起始顶点 $s$)$G_\pi$。我们把这棵树称为 $G$ 的广度优先树。与此同时,我们还计算出了从 $s$ 到这些可达顶点的距离(最少的边即"最短路径")。这样,图的广度搜索问题形式化描述如下。

输入:图 $G=<V,E>$,源顶点 $s\in V$。

输出:$G$ 的广度优先树 $G_\pi$ 及树中从树根 $s$(根源点)到各结点的距离。

### 2. 算法的伪代码描述

为跟踪整个过程，广度优先搜索为每个顶点填上白色、灰色或黑色。开始时，所有的顶点都是白色，然后可能变成灰色，再后变为黑色。一个顶点在搜索过程中首次被遇到称为**被发现**，此后它就不再是白色的了。所以，灰色的或黑色的顶点是已经发现的顶点，广度优先搜索用两者间的区别来保证搜索进程以广度优先的方式进行。若$(u, v) \in E$且顶点$u$是黑色的，则顶点$v$非灰即黑，即与黑色顶点相邻的顶点必是已访问过的。灰色顶点可能有白色相邻顶点，它们表示已访问过的与未访问过的顶点之间的界线。

过程BFS假定输入的图$G$是用邻接表表示的。每个顶点$u \in V$的颜色存储在color$[u]$中。为计算图$G$的广度优先树$G_\pi$和从$s$到各可达顶点的距离，用$\pi[u]$表示顶点$u$在$G_\pi$中的双亲，用$d[u]$表示从$s$到$u$的距离。算法使用一个先进先出的队列$Q$来管理灰色顶点集合。对应的算法伪代码如下。

```
BFS(G,s)
1   for 每一个顶点 u∈V[G]-{s}
2       do color[u]←WHITE
3       d[u]←∞
4       π[u]←NIL
5   color[s]←GRAY
6   d[s]←0
7   Q←∅
8   ENQUEUE(Q,s)
9   while Q≠∅
10  do u←DEQUEUE(Q)
11      for each v∈Adj[u]
12          do if color[v]=WHITE
13              then color[v]←GRAY
14                  π[v]←u
15                  d[v]←d[u]+1
16                  ENQUEUE(Q,v)
17      color[u]←BLACK
18  return π and d
```

图8.1展示了BFS作用在一个简单的图上的过程。

第1～第7行进行初始化工作：将所有顶点$u$的颜色属性color$[u]$置为WHITE(未访问)，距离属性$d[u]$置为∞，双亲指针$\pi[u]$置为NIL。将入队的源顶点$s$的颜色属性color$[s]$置为GRAY(开始访问)，距离属性$d[s]$置为0。第8行将$s$加入队列$Q$。

第9～第15行的while循环重复执行直至队列$Q$空为止。每次重复将队首元素$u$(某灰色顶点)出队，将图$G$中所有与$u$邻接的白色顶点$v$填上灰色(开始访问)，将$v$的双亲指针指向$u$，并将$v$的距离属性$d[v]$置为$d[u]+1$，即从$s$到$v$的距离为到其结点的距离加1，然后入队。最后将$u$填上黑色(完成访问)。

第9～第15行的while循环只要还有灰色顶点就会重复，这些灰色顶点是已被发现尚未扫描其邻接表的顶点。为证明此算法的正确性，需要说明算法运行结束时所有从 $s$ 可达的顶点 $v$ 都被搜索到，且 $\pi[v]$ 记录下从 $s$ 到 $v$ 的一条最短路径上 $v$ 的双亲，$d[v]$ 是这条最短路径的长度。

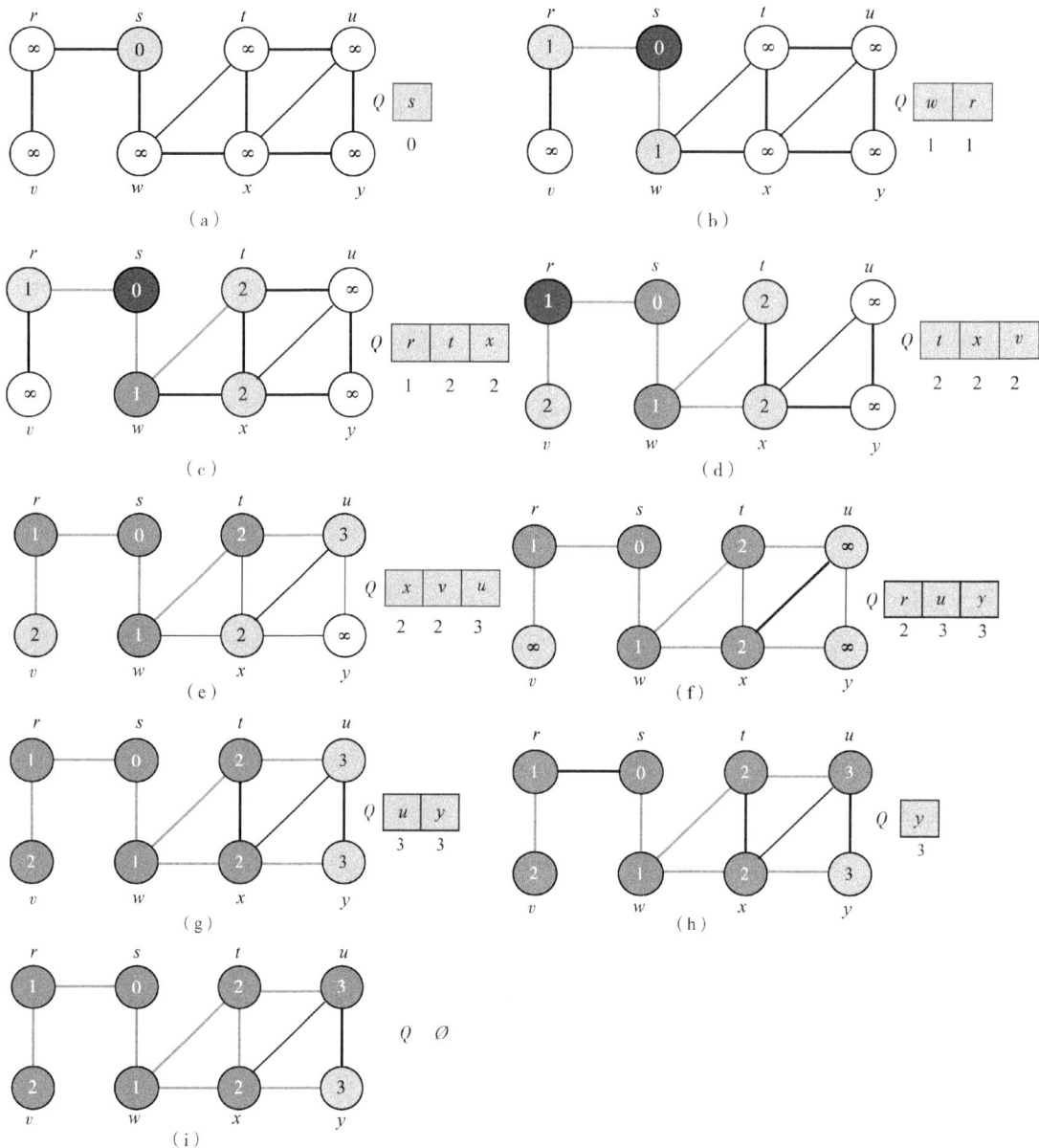

图 8.1　BFS 对一个无向图的操作

图 8.1 中灰色加粗的边表示是 BFS 产生的树中的边。每个顶点 $u$ 内部显示的是 $d[u]$。队列 $Q$ 显示的是第 8～第 15 行的 while 循环每次重复前的状态。队列中顶点距离显示在顶点下方。

### 3. 算法的正确性

【引理 8.1】从源顶点 $s$ 到任何顶点 $v$ 的距离必不超过运行 BFS 后过此顶点的 $d$ 属性。

这是因为若 $v$ 从 $s$ 不可达，则其 $d$ 属性将维持初始值 $\infty$。若从 $s$ 可达，则在 BFS 过程中其 $d$ 属性得到改写时必经过一条从 $s$ 出发的路径，其长度恰为 $d[v]$。按距离的意义，它是从 $s$ 到 $v$ 的最短路径的长度。所以，$d[v]$ 作为一条从 $s$ 到 $v$ 的路径长度当然不会小于从 $v$ 到 $s$ 的距离。

【引理 8.2】设队列 $Q=\{v_1, v_2, \cdots, v_r\}$。则 $d[v_r] \leqslant d[v_1]+1$（即队尾元素的 $d$ 属性不超过队首元素的 $d$ 属性加 1），且 $d[v_1] \leqslant d[v_2] \leqslant \cdots \leqslant d[v_r]$。

要证明这一事实，我们可以在算法中对队列 $Q$ 的操作次数 $k$ 做数学归纳。$k=1$ 时，即对 $Q$ 的第 1 次操作，发生在第 9 行。此时 $Q=\{s\}$，结论当然为真。

假定 $k<i(>1)$ 时，结论为真。即若 $Q=\{v_1, v_2, \cdots, v_r\}$，且 $d[v_r] \geqslant d[v_1]+1$，且 $d[v_1] \leqslant d[v_2] \leqslant \cdots \leqslant d[v_r]$。下面证明 $k=i(>1)$ 时，结论也为真。这要对第 $(k=i)$ 次操作的种类分别讨论。

首先，假定本次操作是第 11 行的出队操作。这时，原来的队首元素 $v_1$ 被出队，而原来的元素 $v_2$ 成为队首。这时根据归纳假设，$d[v_r] \leqslant d[v_1]+1 \leqslant d[v_2]+1$。即队尾元素的 $d$ 属性不超过队首元素的 $d$ 属性加 1。而不等式 $d[v_2] \leqslant \cdots \leqslant d[v_r]$ 继续保持。

其次，假定第 $k$ 次操作是发生在第 17 行的入队操作。这里又需要分两种情况。其一，上次操作是出队操作，出队的顶点为 $u$。根据归纳假设得出 $u$ 出队前 $d[u]=d[v_1] \leqslant d[v_2] \leqslant \cdots \leqslant d[v_r] \leqslant d[v_1]+1=d[u]+1$。$u$ 出队后，$v_2$ 成为队首。本次入队的顶点 $v$ 在第 15 行获得新的 $d$ 属性 $d[v]=d[u]+1 \leqslant d[v_2]+1$，即 $v$ 入队后，作为队尾元素的 $d$ 属性不超过队首元素的 $d$ 属性加 1。此外 $d[v_2] \leqslant \cdots \leqslant d[v_r] \leqslant d[v_1]+1=d[u]+1=d[v]$，即队列中所有顶点的 $d$ 属性不减。其二，上次操作也是入队操作，所以本次的入队顶点和上次入队的顶点都与顶点 $u$ 相邻，它们的 $d$ 属性相等且都等于 $d[u]+1$。至此，本引理得证。

由引理 8.2 可知，在 BFS 过程中，顶点按入队的前后顺序，其 $d$ 属性不减。即先入队的顶点的 $d$ 属性不会超过后入队的顶点的 $d$ 属性。

利用引理 8.1 和引理 8.2 可以说明以下引理。

【引理 8.3】运行 BFS 后，图 $G$ 中各顶点 $v$ 的 $d$ 属性记录了 $s$ 到 $v$ 的距离。

我们对 $s$ 到 $v$ 的距离做数学归纳。$k=1$ 时，即考虑所有与 $s$ 相邻的顶点 $v$，它们在 BFS 的第 10～18 行的 while 循环的第 1 次重复中均被填上灰色且将 $d$ 属性置为 1 后入队。由于在 BFS 中每个顶点至多入队 $Q$ 一次，所以这些顶点的 $d$ 属性此后不会被改变，即过程结束时，其 $d$ 属性记录了从 $s$ 到 $v$ 的距离。

假定对所有从 $s$ 出发距离为 $k=i(>1)$ 的顶点 $v$，运行 BFS 后，$d$ 属性记录了距离，即 $d[v]=i$。现在证明对于所有从 $s$ 出发距离为 $k=i+1$ 的顶点，在 BFS 中将得到值为 $i+1$ 的 $d$ 属性。设 $v$ 是任一从 $s$ 出发距离为 $k=i+1$ 的顶点，并设 $p: s \in u \to v$ 为 $s$ 到 $v$ 的一条最短路径，即 $|p|=i+1$。设 $p$ 中从 $s$ 到顶点 $u$ 的一部分为 $p_1$。则 $p_1$ 为 $s$ 到 $u$ 的一条最短路径[这是因为若否，则有 $s$ 到 $u$ 的一条更短路径，$p_1: s \in u$，则 $p'_1$ 连接 $(u, v)$ 将得到一条从 $s$ 到 $v$ 的比 $p$ 更短的路径。这与 $p$ 是最短路径相矛盾]。显然 $|p_1|=i$，根

据归纳假设，$d[u]=i$，我们断言，$u$ 出队时，$v$ 是白色。否则，$v$ 比 $u$ 更先入队。根据引理 8.1 可知，$d[v]\geqslant i+1$，而根据引理 8.2 可知，$d[u]\geqslant d[v]\geqslant i+1$，这与 $d[u]=i$ 矛盾。这样，$u$ 出队时第 12～17 行的 for 循环必能在第 13 行测出 $v$ 是与 $u$ 相邻且为白色，并在第 15 行得到它的 $d$ 属性值为 $d[u]+1=i+1$。

最后，观察算法可知，对所有从 $s$ 可达的顶点 $v$，$d[v]$ 的值是在第 14 行确定了 $\pi[v]$ 为顶点 $u$ 后，第 15 行将其确定为其双亲 $u$ 的 $d[u]$ 值加 1。根据上述 $d$ 属性的说明可知，记录在 $\pi[v]$ 中的 $u$ 确实就是 $s$ 到 $v$ 的一条最短路径上 $v$ 顶点的双亲。

**4. 算法的运行时间**

第 1～第 4 行的循环重复 $|V|$ 次。另一方面，由于每条边在搜索过程中有且仅有一次被访问，第 9～第 17 行双重循环嵌套内的操作被执行 $|E|$ 次。所以 BFS 的总运行时间是 $\Theta(V+E)$。于是，广度优先搜索运行于 $G$ 的邻接表示规模的线性时间内。

利用算法产生的属性 $\pi$，我们可以计算出广度优先树 $G_\pi$ 中从根 $s$ 到每一片叶子 $v$ 的路径。对应算法伪代码描述如下。

```
PRINT－PATH(π,s,v)
1    if v=s
2    then print  s
3    else  if π[v]＝NIL
4        then print"没有从's'到'v'的路径"
5        else PRINT－PATH((π, s, π[v])
6          print v
```

## 8.1.2　程序实现

【例 8.1】图的广度优先遍历实现：已知顶点数、边数。点、边集合表示（1 代表存在边，0 代表不存在边），输出邻接表存储，输出广度遍历结果。

**样例输出：**

```
图 G 的邻接表：
0:1[1]→3[1]→4[1]→∧
1:0[1]→2[1]→3[1]→∧
2:1[1]→3[1]→4[1]→∧
3:0[1]→1[1]→2[1]→4[1]→∧
4:0[1]→2[1]→3[1]→∧
广度优先序列:2 1 3 4 0
```

**本题对应算法实现的完整 C 代码如下。**

```c
//广度优先遍历算法
# define MaxSize 100
//图的基本运算算法
# include <stdio.h>
```

```
# include <malloc.h>
//图的两种存储结构
# define INF 32767                            //定义∞
# define MAXV 100                             //最大顶点个数
typedef char InfoType;
# include<iostream>
using namespace std;
//以下定义邻接矩阵类型
typedef struct
{   int no;                                   //顶点编号
    InfoType info;                            //顶点其他信息
}VertexType;                                  //顶点类型
typedef struct
{   int edges[MAXV][MAXV];                    //邻接矩阵数组
    int n,e;                                  //顶点数,边数
    VertexType vexs[MAXV];                    //存放顶点信息
}MatGraph;                                    //完整的图邻接矩阵类型
//以下定义邻接表类型
typedef struct ANode
{   int adjvex;                               //该边的邻接点编号
    struct ANode * nextarc;                   //指向下一条边的指针
    int weight;                               //该边的相关信息,如权值(用整型表示)
}ArcNode;                                     //边结点类型
typedef struct Vnode
{   InfoType info;                            //顶点其他信息
    int count;                                //存放顶点入度,仅仅用于拓扑排序
    ArcNode * firstarc;                       //指向第一条边
}VNode;                                       //邻接表头结点类型
typedef struct
{   VNode adjlist[MAXV];                      //邻接表头结点数组
    int n,e;                                  //图中顶点数 n 和边数 e
}AdjGraph;                                    //完整的图邻接表类型
//创建图的邻接矩阵
void CreateMat(MatGraph &g,int A[MAXV][MAXV],int n,int e)
{
    int i,j;
    g.n=n; g.e=e;
    for (i=0;i<g.n;i++)
        for (j=0;j<g.n;j++)
            g.edges[i][j]=A[i][j];
}
//输出邻接矩阵 g
void DispMat(MatGraph g)
```

```
{
    int i,j;
    for (i=0;i<g.n;i++)
    {
        for (j=0;j<g.n;j++)
            if (g.edges[i][j]!=INF)
                printf("%4d",g.edges[i][j]);
            else
                printf("%4s","∞");
        printf("\n");
    }
}
//创建图的邻接表
void CreateAdj(AdjGraph * &G,int A[MAXV][MAXV],int n,int e)
{
    int i,j;
    ArcNode * p;
    G=(AdjGraph *)malloc(sizeof(AdjGraph));
    for (i=0;i<n;i++)                              //给邻接表中所有首结点的指针域置初值
        G->adjlist[i].firstarc=NULL;
    for (i=0;i<n;i++)                              //检查邻接矩阵中每个元素
        for (j=n-1;j>=0;j--)
            if (A[i][j]!=0 && A[i][j]!=INF)        //存在一条边
            {   p=(ArcNode *)malloc(sizeof(ArcNode));   //创建一个结点 p
                p->adjvex=j;
                p->weight=A[i][j];
                p->nextarc=G->adjlist[i].firstarc;      //采用头插法插入结点 p
                G->adjlist[i].firstarc=p;
            }
    G->n=n; G->e=n;
}
//输出邻接表 G
void DispAdj(AdjGraph * G)
{
  int i;
  ArcNode * p;
  for (i=0;i<G->n;i++)
  {
    p=G->adjlist[i].firstarc;
    printf("%3d:",i); //"  0:  "
    while (p!=NULL)
    {
        printf("%3d[%d]→",p->adjvex,p->weight);
```

```
            p=p->nextarc;
        }
        printf("∧\n");
    }
}
//销毁图的邻接表
void DestroyAdj(AdjGraph * &G)
{   int i;
    ArcNode * pre, * p;
    for (i=0;i<G->n;i++)              //扫描所有的单链表
    {   pre=G->adjlist[i].firstarc;  //p指向第 i 个单链表的首结点
        if (pre!=NULL)
        {   p=pre->nextarc;
            while (p!=NULL)           //释放第 i 个单链表的所有边结点
            {   free(pre);
                pre=p; p=p->nextarc;
            }
            free(pre);
        }
    }
    free(G);                         //释放头结点数组
}
typedef int ElemType;
typedef struct
{
    ElemType data[MaxSize];
    int front,rear;                  //队首和队尾指针
}SqQueue;
void InitQueue(SqQueue * &q)
{   q=(SqQueue *)malloc (sizeof(SqQueue));
    q->front=q->rear=0;
}
void DestroyQueue(SqQueue * &q)
{
    free(q);
}
bool QueueEmpty(SqQueue * q)
{
    return (q->front==q->rear);
}
bool enQueue(SqQueue * &q,ElemType e)
```

```
{    if ((q->rear+1)%MaxSize==q->front)              //队满上溢出
         return false;
     q->rear=(q->rear+1)%MaxSize;
     q->data[q->rear]=e;
     return true;
}
bool deQueue(SqQueue * &q,ElemType &e)
{   if (q->front==q->rear)                            //队空下溢出
        return false;
    q->front=(q->front+1)%MaxSize;
    e=q->data[q->front];
    return true;
}
void BFS(AdjGraph * G,int v)
{
    int w,i;
    ArcNode * p;
    SqQueue * qu;                                     //定义环形队列指针
    InitQueue(qu);                                    //初始化队列
    int visited[MAXV];                                //定义顶点访问标志数组
    for (i=0;i<G->n;i++) visited[i]=0;                //访问标志数组初始化
    printf("%2d",v);                                  //输出被访问顶点的编号
    visited[v]=1;                                     //置已访问标记
    enQueue(qu,v);
    while(!QueueEmpty(qu))                            //队不空循环
    {
        deQueue(qu,w);                               //出队一个顶点 w
        p=G->adjlist[w].firstarc;                    //指向 w 的第一个邻接点
        while (p!=NULL)                              //查找 w 的所有邻接点
        {
            if (visited[p->adjvex]==0)  //若当前邻接点未被访问
            {
                printf("%2d",p->adjvex);            //访问该邻接点
                visited[p->adjvex]=1;               //置已访问标记
                enQueue(qu,p->adjvex);              //该顶点入队
            }
            p=p->nextarc;                           //找下一个邻接点
        }
    }
    printf("\n");
}
int main()
```

```
{   int sum1＝0;
    int sum0＝0;
    AdjGraph * G;
    int A[MAXV][MAXV]＝{{0,1,0,1,1},{1,0,1,1,0},
        {0,1,0,1,1},{1,1,1,0,1},{1,0,1,1,0}};
    int n＝5, e＝8;
    CreateAdj(G,A,n,e);
    printf("图 G 的邻接表:\n");
    DispAdj(G);                          //输出邻接表 G
    printf("广度优先序列:");BFS(G,2);printf("\n");
    DestroyAdj(G);                       //销毁邻接表
    return 1;
}
```

# 8.2  深度优先搜索

## 8.2.1  算法描述与分析

### 1. 问题的理解与描述

**深度优先搜索**所遵循的策略，正如其名，是在图中尽可能"更深"地进行搜索。在深度优先搜索中，对于最新发现的顶点 $v$，若尚有未搜索，则从其出发的边开始搜索。当 $v$ 的所有边都被搜索过，搜索"回溯"至发现顶点 $v$ 的顶点。此过程继续直到发现所有从源点可达的顶点。若图中还有未发现的顶点，则以其中之一为新的源点重复搜索，直到所有的顶点都被发现。这与广度优先搜索算法 BFS 中源顶点是指定的稍有不同。这样，搜索轨迹 $G_\pi$ 将形成一片森林——深度优先森林，而不一定仅含一棵树。

如同广度优先搜索，深度优先搜索也用顶点上的颜色来指示顶点的状态。每一个顶点初始时为白色，搜索时一旦被发现就变成灰色，当其完成时也就是它的邻接表被完全考察过就变为黑色。为了通过深度优先搜索揭示图的更多信息，我们在深度优先搜索过程中对每一个顶点 $u$ 跟踪两个时间：发现时间 $d[u]$ 和完成时间 $f[u]$。$d[u]$ 记录首次发现（$u$ 由白色变成灰色）时刻，$f[u]$ 记录完成 $v$ 的邻接表检测（变成黑色）时刻。换句话说，对每个顶点必有 $d[u]<f[u]$。

在时间 $d[u]$ 前顶点 $u$ 为白色（WHITE），在时间 $d[u]$ 和 $f[u]$ 之间为灰色（GRAY），在 $f[u]$ 之后为黑色（BLACK）。所有这些时间是介于 1 到 $2|V|$ 的整数，这是因为对 $|V|$ 个顶点的每一个而言仅发生一次发现事件和一次完成事件。

图的深度优先搜索问题形式化描述如下。

输入：图 $G=<V, E>$。

输出：$G$ 的深度优先森林 $G_\pi$ 及图中各顶点在搜索过程中的发现时间和完成时间。

**2. 算法的伪代码描述**

下列的伪代码是基本的深度优先算法，它利用一个栈来控制对顶点的访问顺序。所谓"栈"是一种插入和删除操作都在同一端进行的线性表，具有元素先进后出的特性。输入的图 $G$ 可以是无向的也可以是有向的。变量 time 是一个用来表示时间的全局变量。对应的算法的伪代码描述如下。

```
DFS(G)
1    for each vertex u∈V[G]
2            do color[u]←WHITE
3                π[u]←NIL
4    time←0
5    for each vertex u∈V[G]
6            do if color[u]=WHITE
7              then DFS-VISIT(u)
DFS-VISIT(u)
8    color[u] ← GRAY
9    time←time+1
10   d[u]←time
11   for each v∈Adj[u]
12      do if color[v]=WHITE
13        then π[v]←u
14          DFS-VISIT(v)
15   color[u]←BLACK
16   f[u]←time←time+1
```

第 1～第 3 行，把全部顶点置为白色，全部 $\pi$ 域被初始化为 NIL；第 4 行为复位时间计数器；第 7 行调用函数 DFS-VISIT()访问 $u$，$u$ 成为深度优先森林中一棵新的树；第 5～7 行，依次检索 $V$ 中的顶点，发现白色顶点时，调用 DFS-VISIT()函数访问该顶点。每一个顶点 $u$ 都对应一个发现时刻 $d[u]$ 和一个完成时刻 $f[u]$。第 10 行记录 $u$ 被发现的时间；第 11 行检查并访问 $u$ 的每个邻接点 $v$；第 12 行若 $v$ 为白色，则递归访问 $v$；第 13 行置 $u$ 为 $v$ 的祖先；第 15 行 $u$ 置为黑色，表示 $u$ 及其邻接点都已访问完成；第 16 行将访问完成时间记录在 $f[u]$ 中。

注意深度优先搜索的结果可能依赖于深度优先搜索的第 5 行所检测的顶点的顺序，以及第 11 行所访问的各相邻顶点的顺序。这些不同的访问顺序并不会在实践中发生什么问题，深度优先搜索的任一结果都可用另一本质上等价的结果所替代。图 8.2 展示了深度优先搜索施于一个有向图的过程，各顶点按发现时间和完成时间格式做标记。

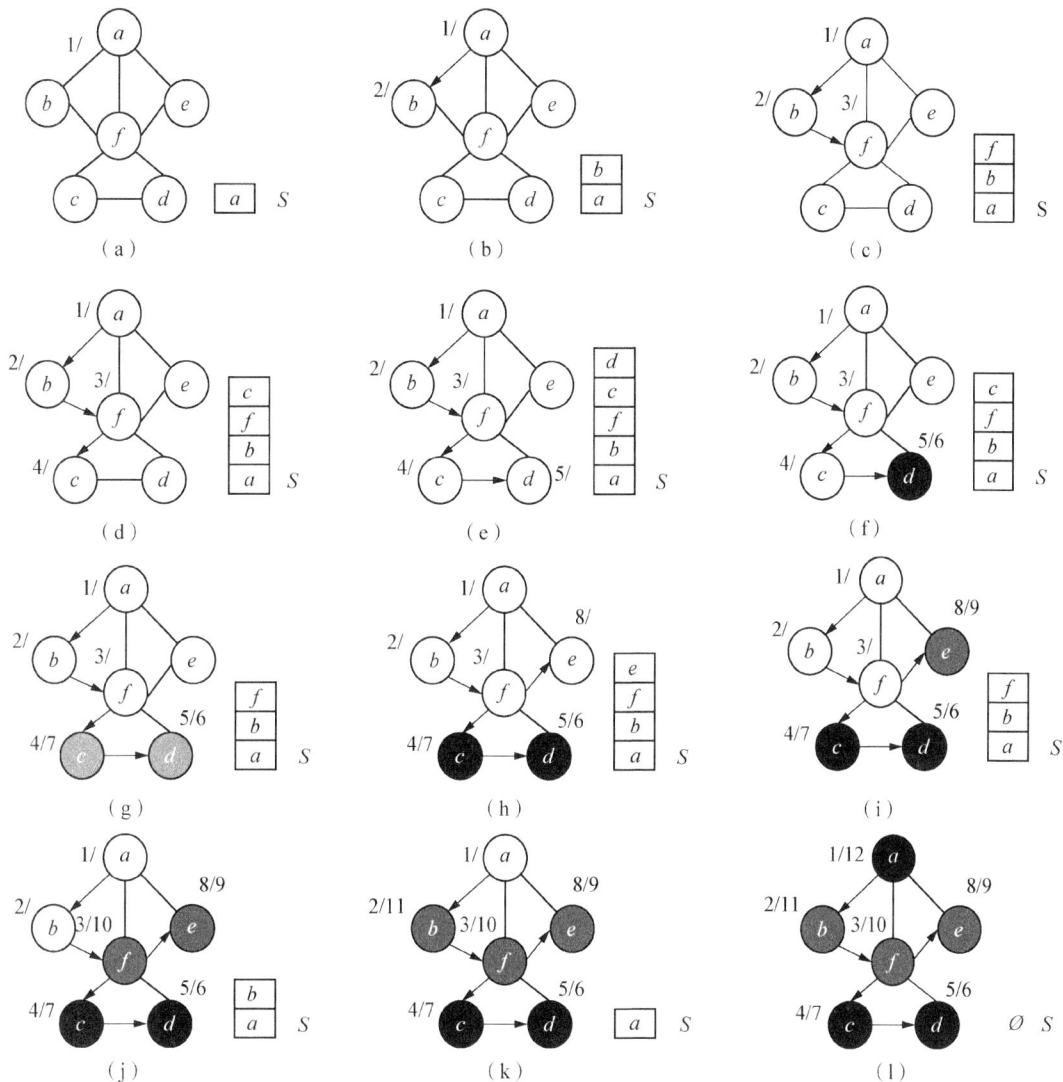

图 8.2　深度优先搜索施于一个有向图的过程

## 3. 算法的运行时间

深度优先搜索的运行时间如何？第 1～2 行的循环 $\Theta(V)$。内嵌于后边操作对 $G$ 的每条边执行一次，因此其时间花费为：

$$\sum_{v \in V} |Adj[v]| = O(E)$$

所以深度优先搜索的程序运行时间为 $\Theta(V+E)$。

## 8.2.2　程序实现

【例 8.2】图的深度优先遍历实现：已知顶点数、边数。点、边集合表示（1 代表存在边，0 代表不存在边），输出深度遍历结果。

**样例输入：**

输入顶点数和边数：

5 8

输入顶点信息：

0

1

2

3

4

输入边(vi,vj)的顶点序号 i,j：

0 1

0 3

0 4

1 2

1 3

2 3

2 4

3 4

**样例输出：**

深度优先序列：0 4 3 2 1

**本题算法实现对应的完整 C 代码如下。**

```
/深度优先遍历算法
# include <stdio.h>
# include <malloc.h>
# define MAX_VERTEX_NUM 50
typedef char vertexType;
typedef int edgeType;
/*边表*/
typedef struct ArcNode
{
  int adjIndex;
  ArcNode * nextArc;
  edgeType weight;
}ArcNode;
/*顶点表*/
typedef struct VNode
{
  vertexType data;
  ArcNode * firstArc;
```

```
}VNode, AdjList[MAX_VERTEX_NUM];
/*图结构*/
typedef struct
{
  AdjList adjList;
  int vexNum;
  int edgeNum;
}ALGraph;
int visit[MAX_VERTEX_NUM]={0};
void DFS(ALGraph * G, int i)
{
  visit[i]=1;
  printf("%c ", G->adjList[i].data);

  ArcNode * arcNodePt=G->adjList[i].firstArc;
  while (arcNodePt)
  {
    if(!visit[arcNodePt->adjIndex])
    {
      DFS(G, arcNodePt->adjIndex);
    }
    arcNodePt=arcNodePt->nextArc;
  }
}
void DFSTraverse(ALGraph * G)
{
  int i;
  for (i=0; i < G->vexNum; i++)
  {
    if(!visit[i])
    {
      DFS(G, i);
    }
  }
}
void CreateALGraph(ALGraph * G)
{
  int i, j, k;
  ArcNode * e;
  int c;
  printf("输入顶点数和边数:\n");
  scanf("%d %d", &G->vexNum, &G->edgeNum);
  setbuf(stdin, NULL);
```

```
    printf("输入顶点信息:\n");
    for (i=0; i<G->vexNum; i++)
    {
      scanf("%c", &G->adjList[i].data);
      G->adjList[i].firstArc=NULL;
      while((c=getchar()) !='\n' && c !=EOF);
    }
    printf("输入边(vi,vj)的顶点编号 i,j:\n");
    for (k=0; k<G->edgeNum; k++)
    {
      scanf("%d %d", &i, &j);
      while((c=getchar()) !='\n' && c !=EOF);
      e=(ArcNode *)malloc(sizeof(ArcNode));
      if (NULL==e)
      {
        return;
      }
      e->adjIndex=j;
      e->nextArc=G->adjList[i].firstArc;
      G->adjList[i].firstArc=e;
      // double direction copy
      e=(ArcNode *)malloc(sizeof(ArcNode));
      if (NULL==e)
      {
        return;
      }
      e->adjIndex=i;
      e->nextArc=G->adjList[j].firstArc;
      G->adjList[j].firstArc=e;
    }
}
int main()
{
  ALGraph G;
  CreateALGraph(&G);
  printf("深度优先序列:");
    DFSTraverse(&G);
  return 0;
}
```

# 8.3 有向图的强连通分支

**1. 问题的理解与描述**

现在我们来考虑深度优先搜索的另一个经典应用：将一个有向图分解为强连通分支（Strong Connected Components）。本小节将说明如何利用两次深度优先搜索来做到这一点。很多针对有向图的算法都以这样的分解作为开头。分解后，算法分别对每一个强连通分支进行运算。问题的解按各分支间的连接结构合并而成。

有向图 $G=(V,E)$ 的一个强连通分支 $C \subseteq V$ 是一个使得其中每一对顶点 $u$ 和 $v$ 均有 $u \in v$ 及 $v \in u$，即顶点 $u$ 和 $v$ 是互相可达且对任意 $w \in V-C$，$C \cup \{w\}$ 中至少有一对顶点不能相互可达的顶点集合。图 8.3 展示了一个强连通分支示例。

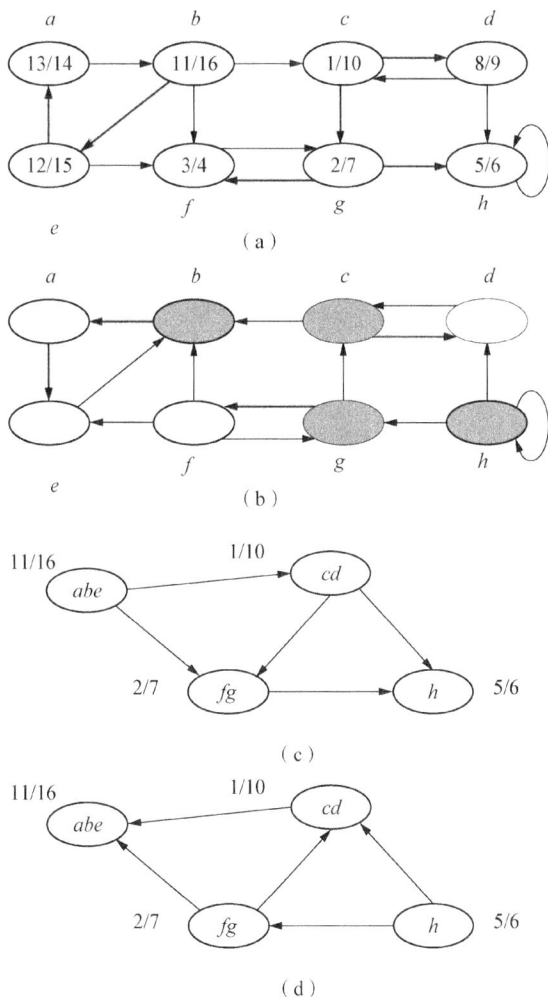

图 8.3 强连通分支示例

在图 8.3(a)中图 $G$ 的强连通分支显示为阴影区域。每一个顶点标识出了它的发现时间和完成时间。树枝边也加有阴影。图 8.3(b)中的图 $G^T$ 是图 $G$ 的转置，深度优先森林树枝边也加有阴影。每个强连通分支对应一棵深度优先树。加了深色阴影的顶点 $b$、$c$、$g$ 和 $h$ 是由对 $G^T$ 进行深度优先搜索而产生的深度优先树的根。图 8.3(c)是将图 $G$ 中的各强连通分支收缩为单一顶点后得到的分支图。图 8.3(d)中的图为 $G^T$ 的分支图。计算强连通分支的问题形式化表示描述如下。

输入：有向图 $G$。

输出：$G$ 的各强连通分支 $\{C_1, C_1, \cdots, C_k\}$。

我们寻求图 $G=<V, E>$ 的强连通分支的算法要用到 $G$ 的转置。也就是图 $G^T=<V, E^T>$，其中 $E^T=\{(u, v): (v, u)\in E\}$。即 $E^T$ 是由 $G$ 的所有边的反向而得的。给定 $G$ 的一个邻接表表示，创建 $G^T$ 的时间是 $\Theta(V+E)$。有趣的是 $G$ 和 $G^T$ 恰有相同的连通分支：$u$ 和 $v$ 在 $G$ 中相互可达当且仅当它们在 $G^T$ 中相互可达。图 8.3(b)展示了图 8.3(a)中的图的转置，其中的强连通分支带有阴影。如果把一个有向图 $G$ 中的各个强连通分支收缩为一个"顶点"，将得到一个称为 $G$ 的分支图的有向图。图 8.3(c)展示了 8.3(a)的分支图。很容易理解如下结论。

【引理 8.4】有向图的分支图是一个有向无环图。

这是因为如果分支图中存在一个环，则该环又构成 $G$ 的一个更大的连通分支，与分支图的定义不符。

假定对有向图 $G$ 做了一次深度优先搜索，则每个顶点 $u$ 都具有发现时间 $d[u]$ 和完成时间 $f[u]$。设 $G$ 有强连通分支 $C_1, C_2, \cdots, C_k$，对 $G$ 的分支图中的各个顶点($G$ 的各个强连通分支 $C_i$，$i=1, 2, \cdots, k$)定义发现时间和完成时间 $d(C_i)=\min_{u\in C_i}\{f[u]\}$。例如，图 8.3(a)的分支图 8.3(c)中各个顶点所标识的发现时间和完成时间。有趣的是，分支图中边的方向都是从完成时间较大的顶点指向完成时间较小的顶点。这不是偶然现象，因为由引理 8.4 可知，有向图的分支图是无环的，所以图中顶点按完成时间的降序恰为顶点的拓扑顺序。由此我们可以得到如下结论。

【引理 8.5】设 $C$ 和 $C'$ 是有向图 $G=<V, E>$ 的两个不同的强连通分支。在一次深度优先搜索中其完成时间分别为 $f(C)$ 和 $f(C')$。若有边 $(u, v)\in E^T$，其中 $u\in C$ 及 $v\in C'$。则 $f(C)<f(C')$。

例如，图 8.3(d)可视为图 8.3(c)的转置，其实也是图 8.3(a)的转置的分支图。其中所有顶点旁边标识的是图 8.3(c)的顶点的发现时间和完成时间，而所有的边都是从完成时间的较大者指向完成时间的较小者。

### 2. 算法的伪代码描述

利用引理 8.2，我们用下列线性时间(即 $\Theta(V+E)$-时间)算法计算有向图 $G=(V, E)$ 的强连通分支，它利用两次深度优先搜索，一次对 $G$，一次对 $G^T$。计算有向图的强连通分支的算法 STRONGLY-CONNECTED-COMPONENTS 的框架如下。

STRONGLY-CONNECTED-COMPONENTS(G)
1　调用 DFS(G) 对每个顶点 u 计算 f[u]
2　计算 G^T
3　调用 DFS(G^T)，但在 DFS 的主循环中按 (以在第 1 行中的计算) f[u] 的降序进行
4　输出步骤 3 所得的深度优先森林中的每一棵树中的顶点作为一个强连通分支

　　步骤 3 按在步骤 1 中所得的顶点的完成时间降序作为第二次深度优先搜索的主循环顺序，再进入一个连通分支进行深度优先搜索，完成该分支中的所有顶点的访问，形成一棵深度优先树。根据引理 8.2 此次搜索不会进入另一个强连通分支，因为完成时间较大的分支在分支图中没有指向完成时间较小的分支。所以完成一个分支的搜索后，主循环会进入下一轮重复，进行另一个分支的搜索，形成又一棵深度优先树……步骤 4 将对应强连通分支的搜索树中的顶点输出刚好得到每个分支。从上述说明中可见，STRONGLY-CONNECTED-COMPONENTS 过程中调用的深度优先搜索算法需要做一点修改，使它能够按照一定的顺序执行主循环。按指定顺序进行主循环的深度优先搜索算法伪代码如下。

DFS-BY-ORDER(G, order)
1　　for each vertex u∈V[G]
2　　do color[u]←WHITE
3　　π[u]←NIL
4　　top-logic←S←φ
5　　for s←1 to n
6　　　　do if color[order[s]]=WHITE
7　　　　　　then color[order[s]]←GRAY
8　　　　　　　　PUSH(S,order[s])
9　　　　　　　　while S≠φ
10　　do u←TOP(S)
11　　　if ∃v∈Adj[u] and color[v]=WHITE
12　　　　then color[v]←GRAY
13　　　　　　π[v]←u
14　　　　　　PUSH (S, v)
15　　　　else color[u]←BLACK
16　　　　　　PUSH(top-logic, u)
17　　　　　　POP(S)
18　　return π and top-log c

　　与深度优先搜索相比，DFS-BY-ORDER 多了一个指示访问顶点顺序的数组 order 作为参数，其中的元素是 1，2，n 的一个排列。第 6～第 8 行的主循环 for 的重复顺序为 order[1]，order[2]，order[n]。

　　介于第 9、第 17 行之间的代码计算有向无环图的拓扑排序。第 18 行返回计算所得的数组 π 和 top-logic。

### 3. 算法的程序运行时间

由于 DFS-BY-ORDER 的程序运行时间与过程深度优先搜索的程序运行时间相同，都是 $\Theta(V+E)$，计算 $G^{\mathrm{T}}$ 的程序运行时间也是 $\Theta(V+E)$。所以，过程 STRONGLY-CONNECTED-COMPONENTS 的程序运行时间为 $\Theta(V+E)$。

### 4. 强连通分支的输出

为了能根据对 $G^{\mathrm{T}}$ 运行算法 DFS-BY-ORDER 返回的数组 $\pi$ 输出 $G$ 的各个强连通分支，根据表示深度优先森林的数组 $K$ 打印各棵树中顶点的过程的伪代码如下。

```
PRINT-COMPONENTS(n)
1        n←length[n]
2        for s←1 to n
3            do if π[s]=NIL
4                then for v←1 to n
5                    do if IS-ROOT(π,s,v)
6                        then print v
7                    newline
```

过程 PRINT-COMPONENTS 运行如下。第 2～第 7 行的 for 循环扫描数组 $\pi$ 中的根结点 $s$。内嵌的第 4～第 6 行的 for 循环对于个顶点 $v$，检测其是否在以 $s$ 为根的树中，若是则打印 $v$。循环完成则输出以 $s$ 为根的搜索树。第 7 行换行。

其中，第 5 行用来测试顶点 $s$ 是否为 $v$ 的根的 IS-ROOT 过程的伪代码如下。

```
IS-ROOT(T,s,v)
1        if s=v
2            then return true
3        if π[v]=NIL
4            then return false
5    return IS-ROOT(π,s,π[v])
```

本算法为上述 PRINT-PATH 的翻版：用递归的方式判断 $s$ 到 $v$ 是否构成搜索树中的一条路径。由于 IS-ROOT 至多递归 $n$ 次，所以它的时间复杂度为 $\Theta(n)$。于是，过程 PRINT-COMPONENTS 的时间复杂度为 $m \times \Theta(n^2)$，其中，$m$ 是森林中搜索树数。因此将 STRONGLY-CONNECTED-COMPONENTS 重写如下。

```
STRONGLY-CONNECTED-COMPONENTS(G)
1  for u←1 to n
2      do order[u]←u
3  order←调用 DFS-BY-ORDER(G order) 返回的 top～logic 数组
4  Gᵀ←TRANSPOSE-DIRECTED-GRAPH(G)
5  π←调用 DFS-BY-ORDER(Gᵀ, order) 返回的 π 数组
6  PRINT- COMPONENTS (π)
```

学者可以深入研究具体的 C、C++、Java 语言程序实现解决有向图的强连通分支问题的算法。

# 8.4　无向图的双连通分支

### 1. 问题的理解与描述

设 $G=(V，E)$ 是一个连通无向图。$G$ 的一个关节点是移除该点将导致该图不连通的顶点。$G$ 的一座桥是 $G$ 的一条边，移除该边将导致 $G$ 不连通。$G$ 的一个双连通分支是一个边的最大集合，其中任意两条边都同在一条简单环路上，如图 8.4 所示。我们可以利用深度优先搜索来确定关节点、桥和双连通分支。设 $G_k=(V，E_x)$ 是 $G$ 的一棵深度优先树。

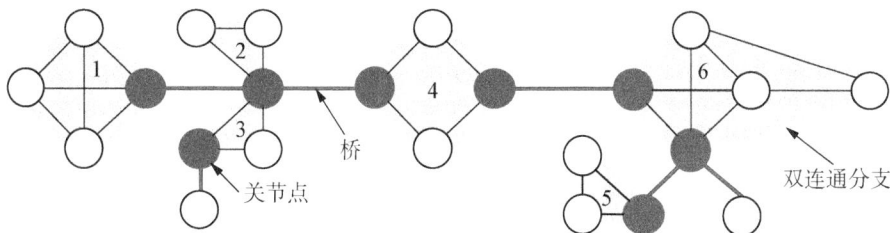

图 8.4　连通无向图的关节点、桥和双连通分支

图 8.4 中，关节点加了深色阴影，桥也加上了深色阴影，双连通分支是阴影区域中的边，并加以编号。显然，没有关节点的图 $G$ 是双连通图。若两个关节点 $u$、$v$ 之间存在 $G$ 的边 $(u，v)$，则 $(u，v)$ 就是 $G$ 的一座桥。删除所有的桥，得到的 $G$ 的子图构成 $G$ 的双连通分支。所以，计算图的关节点是一个关键问题，我们把它形式化描述如下。

输入：无向连通图 $G$，$G$ 中一个顶点 $s$ 作为源顶点。

输出：若 $G$ 有关节点，返回 $G$ 的关节点构成的集合 $A$，否则返回空集。

### 2. 关节点在深度优先搜索过程中的性质

用一个简单的例子来说明关节点在深度优先搜索过程中的性质，并由此来设计一个利用无向连通图的深度优先搜索算法查找关节点的算法。图 8.5(a)所示的无向连通图具有 $c$、$b$、$g$ 和 $h$ 4 个关节点(标记为灰色)。图 8.5(b)和图 8.5(c)都是对(a)中的图进行 DFS 后形成的搜索树，结点以 $d/f$ 标记发现时间和完成时间。图 8.5(b)的源顶点是 $b$，虚线边为回边。图 8.5(c)的源顶点是 $a$。无论在图 8.5(b)还是图 8.5(c)中，只要不是树根，都不会存在从孩子结点指向其双亲的回边。

在这两棵深度优先树中，我们观察到：

(1)如果树根是图中的一个关节点，则它有多于一个孩子[图 8.5(b)中的情形]；

(2)如果树中的一个非根结点 $v$ 是图中的一个关节点，则该结点必不存在一个孩子结点 $w$，它有一条指向 $v$ 的双亲的回边。

（a）

（b）　　　　　　　　　　　（c）

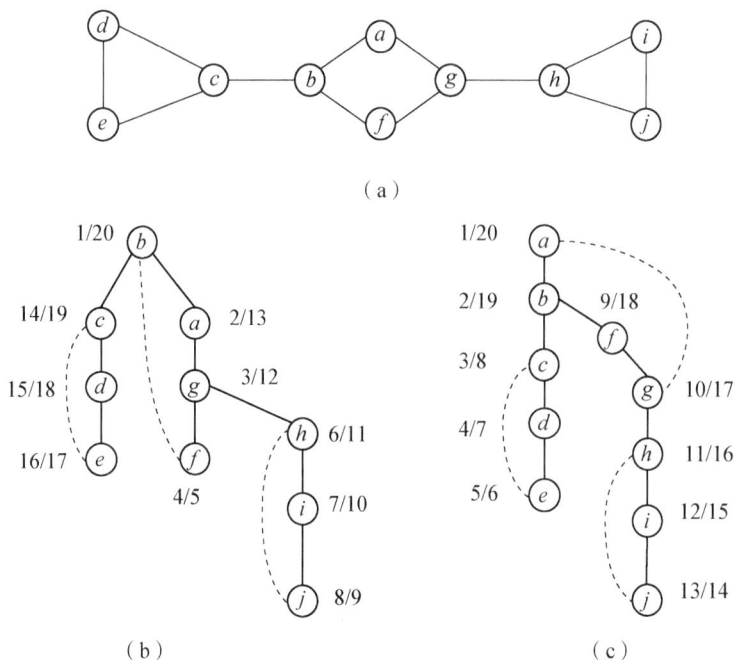

图 8.5　关节点在深度优先树中的特性

为了使深度优先搜索过程能跟踪顶点是否具有关节点的性质，我们定义深度优先树中结点 $v$ 的属性：

$$\mathrm{low}[v]=\min\begin{cases}d[v]\\d[u]，(u，v)\text{为一条回边}\\\mathrm{low}[w]，w\text{ 为 }v\text{ 的孩子}\end{cases}$$

对一个非根结点 $v$ 而言，如果有它的孩子 $w$ 的属性 $\mathrm{low}[w]$ 不小于它的发现时间 $d[v]$，则意味着 $v$ 不存在后代有指向 $v$ 的祖先的回边。这样，我们就可判断 $v$ 就是图中的一个关节点。按结点的 low 属性定义，我们将图 8.5(c)深度优先树中各结点的 low 属性值添加到发现时间和完成时间标识之后，这样每个结点就有标记：$d/f$、low，如图 8.6 所示。

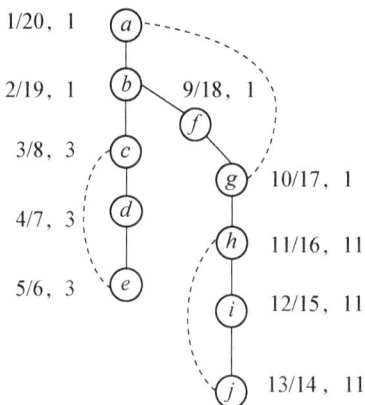

图 8.6　图 8.5(c)的深度优先树

注意，树中结点 $b$ 有孩子 $c$ 的 low 属性值 $3 > b$ 的发现时间 $2$，$b$ 恰为图中一个关节点。同样地，关节点 $c$ 有孩子 $d$ 的 low 属性值，不小于 $c$ 的发现时间。此外，关节点 $g$ 和 $h$ 也是如此。建议读者对图 8.5(b) 的深度优先树中的各个结点标记出 low 属性值。

### 3. 算法的伪代码描述

有了对无向连通图中关节点的上述观察，我们来设计一个基于深度优先搜索的计算无向连通图关节点的算法，对应的伪代码如下。

```
ARTICULATION(G,s)
1       for each vertex u∈V[G]
2           do color[u]← WHITE
3            π[u]←NIL
4           time←rootdegree←0
5  A←S←φ
6           color[s]← GRAY
7  low[s]←d[s]←time← time +1
8           PUSH(S, s)
9  while S≠φ
10      do u←TOP(S)
11          for each v∈Adj[u] and color[v]=GRAY
12              do low[u]=min{low[u],d[v]}
13              if ∃v∈Adj[u] and color[v]=WHITE
14                  then color[v]← GRAY
15                      π[v]←u
16                      low[v]←d[s]←time←time +1
17                      if u=s
18                          then rootdegree←rootdegree +1
19                      PUSH(S, v)
20                  else coior[u]←BLACK
21                  POP (S)
22  for v←1 to n
23  do if π[v]≠NIL△ 非根结点
24      then if low[π[v]]>Iow[v]
25          then low[π[v]]←Iow[v]
26  if rootdegree>1
27      then 将 s 插入 A△ 根结点是关节点
28  for u←1 to n
29      do if π[u]≠s
30          then if low[u]≥d[π[u]]
31              then 将 π[u]插入 A△ 非根结点 π[u]是关节点
32  return A
```

在此过程中，我们需要计算每个顶点 $u$ 的 low 属性。而 low 属性需要根据发现时间 $d$ 和顶点间的父子关系 $\pi$ 来计算。注意，实际上顶点 $u$ 的发现时间和完成时间没有计算上的关系，所以可以省略完成时间而不影响发现时间和 low 属性的计算。

由于已知 $G$ 是连通的，且指定了源顶点 $s$，因此可以省略一般的深度优先搜索中的主循环。第 6～第 7 行将 $s$ 的颜色发现时间和 low 属性初始化后，第 8 行将其压栈。第 9～第 21 行的 while 循环完成对 $G$ 的深度优先搜索。

对每一个顶点 $v$，压栈时将属性 $low[v]$ 初始化为发现时间。在搜索 $u$ 的邻接表过程中，一旦发现一条回边 $(u, v)$ 就将 $low[u]$ 置为 $low[u]$ 和 $d[v]$ 的较小者。在完成深度优先搜索后第 22～第 25 行利用计算所得的 $\pi$（深度优先中结点间的子关系）数组，检测各顶点 $v(v=\pi[u])$ 与其孩子 $u$ 之间 low 属性的大小，将较小者赋予 $low[u]$。这样，对于每一个顶点，都可以计算出它的 low 属性。

对于源顶点 $s$，作为优先树的根结点，一旦发现它有一棵非空子树，就将其子树计数 rootdegree 增加 1（见第 17、第 18 行）如果根结点有多于 1 棵子树，则它是一个关节点（见第 26、27 行）。对于非根结点 $v$，第 28～第 31 行检测是否有它的孩子 $u$ 使得 $low[u] \geqslant d[v]$，若是，则 $v$ 为一个关节点。

由于过程 ARTICULATION 是基于深度优先搜索的计算无向连通图的关节点，所以其时间复杂度和深度优先搜索的一样，为 $\Theta(V+E)$。

# 8.5　网络流

在日常生活中有大量的网络，如电网、交通运输网、通信网、生产管理网等。近三十年来，在解决网络方面相关问题时，网络流理论及其应用起着很大的作用。

## 8.5.1　相关概念

设带权有向图 $G=(V, E)$ 表示一个**网络(Network)**，其中有两个分别称为起点 $s$ 和终点 $t$ 的顶点，起点(Origin)的入度为零，终点(Terminus)的出度为零，其余顶点称为中间点，有向边 $<u, v>$ 上的权值 $c(u, v)$ 表示从顶点 $u$ 到 $v$ 的容量。图 8.7 所示为一个网络，边上的数值表示容量。

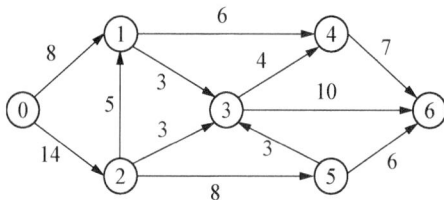

图 8.7　一个网络

定义在边集合 $E$ 上的一个函数 $f(u, v)$ 为网络 $G$ 上的一个**流量函数(Flow Function)**，它满足以下条件。

(1)**容量限制(Capacity Constraints)**：$V$ 中的任意两个顶点 $u$、$v$，满足 $f(u, v) \leqslant c(u, v)$，即一条边的流量不能超过它的容量。

（2）**斜对称(Skew Symmetry)**：$V$ 中的任意两个顶点 $u$、$v$，满足 $f(u，v)=-f(v，u)$。即从 $u$ 到 $v$ 的流量必须是 $v$ 到 $u$ 的流量的相反值。

（3）**流守恒(Flow Conservation)**：$V$ 中非 $s$、$t$ 的其他任意两个顶点 $u$、$v$ 满足 $\sum_{v\ni\in V}f(u，v)=0$。即顶点的净流量(出去的总流量减去进来的总流量)是零。

满足上述条件的流量函数称为**网络流(Network-Flows)**，简称**流**。如图 8.8 所示，在边 $<u，v>$ 上的数值对 $c(u，v)$，$f(u，v)$ 中，前者表示该边的容量，后者表示该边的流量，设起点 $s=0$，终点 $t=6$，显然 $f(u，v)$ 满足前面的条件。例如，对于顶点 3，流进的流量＝3(从顶点 1 流进)＋0(从顶点 2 流进)＋1(从顶点 5 流进)＝4，流出的流量＝1(流向顶点 4)＋3(流向顶点 6)＝4，两者相等。那么该 $f(u，v)$ 就是一个网络流，显然该网络流并非该网络的最大流。

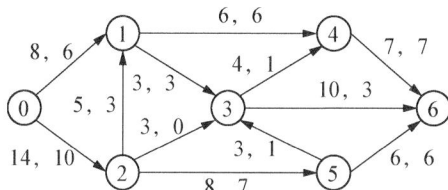

图 8.8　图 8.7 网络的一个网络流

由于流过网络的流量具有一定的方向，边的方向就是流量流过的方向，每一条边上的流量应小于其容量，中间点的流入量总和等于其流出量总和，对于起点和终点，总输出流量等于总输入流量。满足这些条件的流 $f$ 称为**可行流**，可行流总是存在的。

如果所有的边的流量均取 0，即对于所有的顶点 $u$、$v$，有 $f(u，v)=0$，称此可行流为**零流(Zero Flow)**，零流一定是可行流。如果某一条边的流量 $f(u，v)=c(u，v)$，则称流 $f(u，v)$ 是**饱和流**，否则为**非饱和流**。$f(u，v)>0$ 的边称为**非零流边**。最大网络流问题就是求可行流 $f$，其流量达到最大。

当流 $f$ 的值定义为 $|f|=\sum_{v\in V}f(s，v)=0$，即从起点 $s$ 出发的总流(这里记号 $|\cdot|$ 表示流的值，并表示绝对值)。在最大流问题中，给出一个具有起点 $s$ 和终点 $t$ 的网络流 $G$，从中找出从 $s$ 到 $t$ 的最大值流。

给定一个网络 $G=(V，E)$，其流量函数为 $f$，由 $f$ 对应的**残留网络**或者**剩余网络(Residual Network)** $G_f=(V，E_f)$，$G_f$ 中的边称为**残留边(Residual Edge)**，若 $G$ 中有边 $<u，v>$ 且 $f(u，v)<c(u，v)$，则对应的残留边 $<u，v>$ 的流量＝$c(u，v)-f(u，v)$(表示从顶点 $u$ 到 $v$ 可以增加的最大额外网络流量)，若 $G$ 中有边 $<u，v>$ 且 $f(u，v)>0$，则对应的残留边 $<v，u>$ 的流量＝$f(u，v)$(表示从顶点 $u$ 到 $v$ 可以减少的最大额外网络流量)。

这样，如果 $f(u，v)<c(u，v)$，则 $<u，v>$ 和 $<v，u>$ 均在 $E_f$ 中，如果在 $G$ 中 $u$、$v$ 之间没有边，则 $<u，v>$ 和 $<v，u>$ 均不在 $E_f$ 中，这样 $E_f$ 的边数小于 2 倍的 $E$ 中的边数。从中看出残留网络中每条边的流量为正。图 8.8 所示的网络流对应的残留网络如图 8.9 所示，图中实线表示可以增加的最大额外网络流量边，虚线表示可以减少的最大额外网络流量边。显然，残留网络中的边既可以是 $E$ 里面的边，也可以是此边的后向边。只有当两条边 $<u，v>$ 和 $<v，u>$ 中至少有一条边出现在初始网络中时，边 $<u，v>$ 才会出现在残留网络中。

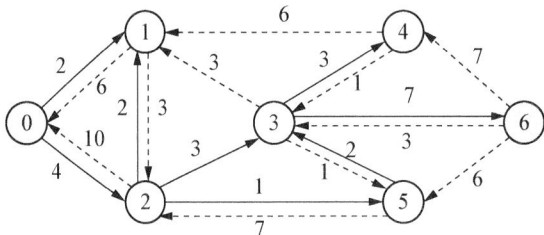

图 8.9  图 8.8 对应的残留网络

若 $f$ 是 $G$ 中的一个流，$G_f$ 是由 $G$ 导出的残留网络，$f'$ 是 $G_f$ 中的一个流，则 $f+f'$ 是 $G$ 中一个流，且其值 $|f+f'|=|f|+|f'|$。

设 $\mu$ 是网络 $G$ 中从顶点 $u$ 到顶点 $v$ 的一条路径，在路径中与路径的方向一致的边称为**前向边**（即可以增加流量的边），其集合记为 $\mu^+$；在路径中与路径的方向相反的边称为**后向边**（即可以减少流量的边），其集合记为 $\mu^-$。在图 8.7 中，对于路径 $\mu=\{0，1，2，5，6\}$ 有 $\mu^+=\{<0，1>，<2，5>，<5，6>\}$，$\mu^-=\{<2，1>\}$。

设 $f=\{f(u，v)\}$ 为网络 $G$ 上一个可行流，$\mu$ 为网络流 $G$ 中从起点 $s$ 到终点 $t$ 的一条路径，若该路径上的边的流量满足条件：当 $<u，v>\in\mu^+$ 时，$f(u，v)<c(u，v)$；当 $<u，v>\in\mu^-$ 时，$f(u，v)>0$，则称 $\mu$ 是一条关于可行流 $f$ 的**增广路径**（Augmenting Path），记为 $\mu(f)$。在图 8.8 中 $\mu=\{0，1，2，5，6\}$ 就是一条增广路径，显然一个网络流中的增广路径可能不止一条。

$G$ 中所对应的增广路径上的每条边 $<u，v>$ 可以容纳从 $u$ 到 $v$ 的某额外正流量，能够在这条路径上的网络流的最大值一定是该增广路径中边的残留容量的最小值。因为如果该增广路径上的流量大于某条边上的残留容量，必定会在这条边上出现流聚集的情况。所以沿着增广路径 $\mu(f)$ 去调整路径上各边的流量可以使网络的流量增大，即得到一个比 $f$ 的流量更大的可行流。求网络最大流的方法正是基于这种增广路径。

## 8.5.2  求最大流

常用的求网络最大流的算法是**福特-富尔克逊（Ford-Fulkserson）算法**，它是一种图上迭代计算方法。该算法首先给出一个初始可行流（可以是零流），通过标号找出一条增广路径，然后调整增广路径上的流量，从而得到更大的流量。

### 1. 福特-富尔克逊算法的步骤

福特-富尔克逊算法的步骤如下。

(1)初始化一个可行流，通常是从所有边的流量 $f=\{f(u，v)=0\}$ 的零流开始的。

(2)按增广路径访问顶点序列对顶点进行标号，以便找到一条增广路径。

①起点 $s(s=0)$ 标号为 $(0，\infty)$。

②选一个已标号的顶点 $u$，找它的一个相邻顶点 $v$：若 $<u, v>$ 是一条前向边且 $f(u, v)<c(u, v)$，则令 $\theta_v=c(u, v)-f(u, v)$，顶点 $v$ 标记为 $(u, \theta_v)$；若 $<u, v>$ 是一条反向边且 $f(u, v)>0$，则令 $\theta_v=f(v, u)$，顶点 $v$ 标记为 $(-u, \theta_v)$。

当终点已标号时，说明已找到一条增广路径 $\mu$，依据终点 $t$ 的标号反向推出一条增广路径 $\mu$。当终点 $t$ 不能得到标号时，说明不存在增广路径，当前流即为最大流，算法结束。

这一步实际上是在 $f$ 对应的残留网络 $G_f$ 中找出一条增广路径。

（3）调整流量。

①求增广路径上各顶点标号的最小值，得到 $\theta=\underset{j}{\text{MIN}}\theta_j$。

②调整流量：只调整增广路径 $\mu$ 上各边的流量，其他边的流量不变。调整增广路径 $\mu$ 上各边流量的公式如下。

$$f(u, v)=\begin{cases}f(u, v)+\theta & <u, v>\in\mu^+ \\ f(u, v)-\theta & <u, v>\in\mu^-\end{cases}$$

得到新的可行流 $f$，去掉标号，返回步骤（2）从起点 $s$ 出发重新标号寻找增广路径，直到找不到增广路径为止。此时的可行流就是最大流。

那么如何在网络流中求增广路径呢？可以采用改进的深度优先遍历算法，即 DFS($s$) 从 $s$ 出发遍历，查找顶点 $s$ 所有前向边对应的顶点 $v$，递归调用 DFS($v$)，再查找顶点 $s$ 所有后向边对应的顶点 $v$，递归调用 DFS($v$)，所有顶点不重复访问，当访问到终点 $t$ 后结束。那么，从起点 $s$ 到终点 $t$ 的路径就是增广路径，其访问序列就是增广路径访问顶点序列。

**【例 8.3】**对于上图 8.8 所示的网络容量和网络流，起点 s＝0，终点 t＝6，给出求其最大流的过程。

**解：**求最大流的过程如下。

（1）**第 1 次迭代**：采用深度优先搜索算法得到增广路径访问顶点序列为 0，1，2，3，4，5，6，各顶点标记为"0：(0，∞)，1：(0，2)，2：(-1，3)，3：(2，3)，4：(3，3)，5：(3，2)，6：(3，7)"。

求得增广路径为 0→1→2→3→6，最小调整量 $\theta=$ MIN{∞，2，3，3，7}＝2，调整该增广路径上的各边：调整流 $f(3, 6)$ 为 5，调整流 $f(2, 3)$ 为 2，调整流 $f(2, 1)$ 为 1，调整流 $f(0, 1)$ 为 8。

（2）**第 2 次迭代**：在（1）基础上采用深度优先搜索算法得到增广路径访问顶点序列为 0，2，1，3，4，5，6，各顶点标记为"0：(0，∞)，1：(2，4)，2：(0，4)，3：(2，1)，4：(3，3)，5：(3，2)，6：(3，5)"。

求得的增广路径为 0→2→3→6，最小调整量 $\theta=$ MIN{∞，4，1，5}＝1，调整该增广路径上的各边：调整流 $f(3, 6)$ 为 6，调整流 $f(2, 3)$ 为 3，调整流 $f(0, 2)$ 为 11。

（3）**第 3 次迭代**：在（2）基础上采用深度优先搜索算法得到增广路径访问顶点序列为 0，2，1，5，3，4，6，各顶点标记为"0：(0，∞)，1：(2，4)，2：(0，3)，3：(5，2)，4：(3，3)，5：(2，1)，6：(3，4)"。

求得的增广路径为 0→2→5→3→6，最小调整量 $\theta=$ MIN{∞，3，1，2，4}＝1，调整

该增广路径上的各边：调整流 $f(3,6)$ 为 7，调整流 $f(5,3)$ 为 2，调整流 $f(2,5)$ 为 8，调整流 $f(0,2)$ 为 12。

(4)**第 4 次迭代**：在(3)基础上采用深度优先搜索算法得到增广路径访问顶点序列为 0，2，1，顶点 $t$ 没有标记，不再存在增广路径。

此时求出的 $f$ 即为最大流，该最大流 $f$ 如图 8.10 所示，最大流量$=f(0,1)+f(0,2)=8+12=20$。

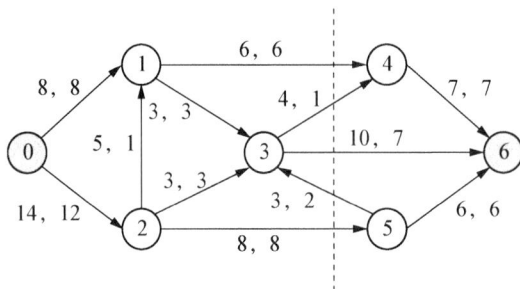

图 8.10  最大网络流

### 2. 福特-富尔克逊算法设计

网络 G 的容量和初始可行流分别采用二维数组 $c$ 和 $f$ 表示。

采用深度优先遍历方法求从起点 $s$ 到终点 $t$ 的增广路径，顶点 $i$ 的标记为($\mathrm{pre}[i]$，$a[i]$)，对于正向边，$\mathrm{pre}[i]$ 表示顶点 $i$ 在增广路径上的前驱顶点；如果为反向边，$\mathrm{pre}[i]$ 表示的前驱结点前加上一个负号。

**求增广路径 DFS( )算法如下。**

```
void DFS(int u)                      //从顶点 u 出发求一条增广路径
{
    int v;
    if (visited[t]==1)               //若终点已标记,返回
        return;
    visited[u]=1;                    //置已访问标志
    for (v=1;v<=t;v++)               //遍历前向边
    {
        if (c[u][v]>0 && c[u][v]!=INF && visited[v]==0 && c[u][v]>f[u][v])
        {
            a[v]=c[u][v]-f[u][v];
            pre[v]=u;
            DFS(v);
        }
    }
    for (v=1;v<=t;v++)               //遍历后向边
    {
        if (c[v][u]>0 && c[v][u]!=INF && visited[v]==0 && f[v][u]>0)
```

```
        {
            a[v]=f[v][u];
            pre[v]=-u;
            DFS(v);
        }
    }
}
```

**调整 pre 指定路径的流量算法如下。**

```
void argument(int pre[])                //调整 pre 指定路径的流量
{
    int u,v,min=INF;
    for (v=s;v<=t;v++)
        if (a[v]!=0 && a[v]<min)
            min=a[v];                   //求最小调整流量
    u=t; v=pre[u];                      //从路径的终点开始调整
    while (true)
    {
        if (v>=0)                       //调整正向边
        {
            f[v][u]+=min;
            u=v;

        }
        else                            //调整反向边
        {
            f[u][-v]-=min;
            u=-v;
        }
        if (u==s) break;                //到达起点结束
        v=pre[u];
    }
}
```

**求最大流的福特-富尔克逊算法如下。**

```
void FordFulkerson()                    //求最大流的福特-富尔克逊算法
{
    while (true)
    {
        memset(visited,0,sizeof(visited));
        memset(pre,-1,sizeof(pre));
```

```
        memset(a,0,sizeof(a));
        pre[s]=0; a[s]=INF;
        DFS(s);
        if(visited[t]==0)                 //没有标记终点时退出循环
            break;
        argument(pre);
    }
    for (int v=1;v<=t;v++)                 //从起点流出的流量和为最大流量
        if (c[s][v]!=0 && c[s][v]!=INF)
            maxf+=f[s][v];
}
```

上述程序是从一个非 0 的可行流开始调整的，实际上也可以从一个为 0 的网络流(零流)开始调整(即在 main()中将 $f[MAXV][MAXV]$ 的所有元素设置为 0)，此时最大流量 maxf 等于所有最小调整量之和，即 20(和从任何一个可行流开始调整结果相同)。

**【算法效率分析】**若网络 $G$ 中有 $n$ 个顶点和 $e$ 条边，在 FordFulkerson()算法中，找一条增广路径的时间为 $O(e)$，调整流量的时间为 $O(e)$，设 $f^*$ 表示算法找到的最大流，迭代次数最多为 $|f^*|$，所以该算法的时间复杂度为 $O(e|f^*|)$。

### 8.5.3 割集与割量

网络 $G=(V,E)$ 的割集(Cut Set)用 $(S,T)$ 表示，它是 $V$ 的一个划分，将 $V$ 划分为 $S$ 和 $T=V-S$ 两个部分，使得起点 $s\in C$，终点 $t\in T$。割集是指一端在 $S$ 中另一端在 $T$ 中的所有边构成的集合。一个网络的割集可能有很多。

对于一个网络流 $f$，割集 $(S,T)$ 的割量(或者容量)是 $S$ 到 $T$ 中所有边的割量之和，用 $c(S,T)$ 表示。穿过割集 $(S,T)$ 的净流量为从 $S$ 到 $T$ 的流量之和减去从 $T$ 到 $S$ 的流量之和，用 $f(S,T)$ 表示。

例如，对于图 8.10 所示的网络 $G$ 和流 $f$ 中，设对于割集 $(S,T)$，有 $S=\{0,1,2,3\}$，$T=\{4,5,6\}$，则有 $c(S,T)=c(1,4)+c(3,4)+c(3,6)+c(2,5)=6+4+10+8=28$，该割集的净流量 $=f(1,4)+f(3,4)+f(3,5)+f(3,6)+f(2,5)=6+1+7+(-2)+8=20$。

显然，若 $f$ 为任意一个流，对于网络流 $G$ 中的任意割集 $(S,T)$ 有 $f(S,T)\leqslant c(S,T)$。

如果 $f$ 是具有起点 $s$ 和终点 $t$ 的一个流，则以下条件是等价的。

(1) $f$ 是 $G$ 的最大流。

(2)残留网络 $G_f$ 中不包含增广路径。

(3)对 $G$ 的某个割集 $(S,T)$，有 $f(S,T)=c(S,T)$。

例如，在图 8.10 中，流 $f$ 是最大流，其中不存在增广路径。对于 $S=\{0,1,2\}$、$T=\{3,4,5,6\}$ 的割集 $(S,T)$，有 $f(S,T)=c(S,T)$。

## 8.5.4 求最小费用最大流

### 1. 问题描述

在给定的网络 $G=(V，E)$ 中，对每条边 $(i，j)$，除了给出其容量 $c(i，j)$ 外，还给出单位流量的费用 $b(i，j)\geqslant 0$。当最大流不唯一时，在这些最大流中求一个 $f$，使流 $f$ 的总费用达到最小，即

$$\text{mincost}=\underset{f}{\text{MIN}}\left(\sum_{(i，j)\in f}f(i，j)*b(i，j)\right)$$

这便是最小费用最大流问题。例如，$n$ 辆卡车要运送物品，从 $s$ 地到 $t$ 地，由于每个路段都有不同的路费要缴纳，每条路能容纳的车的数量有限制，这里的最小费用最大流问题就是指如何安排卡车的出发路线可以使费用最低，物品又能全部送到。

### 2. 求最小费用最大流的原理

求最小费用最大流的方法之一是采用和前面介绍的最大流福特-富尔克逊算法相类似的思路，首先给出零流作为初始流。这个流的费用为零，当然是最小费用的。然后寻找一条起点 $s$ 至终点 $t$ 的增广路径，但要求这条增广路径必须是所有增广路径中费用最小的一条。

如果能找出增广路径，则在增广路径上增流，得出新流。将这个流作为初始流看待，继续寻找增广路径增流。这样迭代下去，直至找不出增广路径，这时的流即为**最小费用最大流**。这一算法思路的特点是保持解的最优性（每次得到的新流都是费用最小的流），而逐渐向可行解靠近（直至最大流时才是一个可行解）。

为此将原来的深度优先搜索算法改为求费用的最短路径算法（如 BellmanFord 或者 SPFA 算法）来寻找最短路径（最小费用的路径）。只要初始流是最小费用可行流，每次增广后的新流都是最小费用流，最终求出的流即为最小费用最大流。

显然费用与单位流量费用 $b(i，j)$ 有关，现在改为按单位流量费用值求最短路径。在求最短路径时需要考虑前向边和后向边，这个比较麻烦，可以在网络中为每条边添加一条前向边和相应的后向边。由于添加了后向边，在查找最短路径时将前向边和后向边同样看待，从而简化了算法。

这样可以构造一个赋权有向图 $W(f^{(k)})$，它的顶点与原来的网络 $G$ 的顶点相同，但把 $G$ 中的每一条边 $(i，j)$ 变成两个方向相反的边 $(i，j)$ 和 $(j，i)$，分别为前向边和后向边，两边的权分别为 $w(i，j)$ 和 $w(j，i)$：

$$w(i，j)=\begin{cases}b(i，j)，& f(i，j)<c(i，j)\\ \infty，& f(i，j)=c(i，j)\end{cases}；\quad w(j，i)=\begin{cases}-b(i，j)，& f(i，j)>0\\ \infty，& f(i，j)=0\end{cases}$$

实际上就是把单位流量费用 $b(i，j)$ 看作边权值 $w(i，j)$，当 $f(i，j)<c(i，j)$ 时，该边取值 $b(i，j)$ 表示可以增广，当 $f(i，j)=c(i，j)$ 时，该边取值 $\infty$ 表示不可以增广（相当于删除该边）；否则，该边取值 $-b(i，j)$ 表示可以反向增广（后向边，这里采用负数表示，即考虑反悔的情况）。

那么这样按单位流量费用 $b(i，j)$ 调整是否正确呢？设沿着一条可行流 $f$ 的增广路径

为 $\mu$，以 $\theta$ 调整 $f$，得到一个新的可行流 $f'$，则

$$
\begin{aligned}
cost(f') - cost(f) &= \sum_{(i,j) \in V} f(i,j) * b(i,j)' - \sum_{(i,j) \in V} f(i,j) * b(i,j) \\
&= \sum_{\mu} f(i,j) * b(i,j)' - \sum_{\mu} f(i,j) * b(i,j) \\
&= \sum_{\mu^+} f(i,j) * (b(i,j) + \theta) + \sum_{\mu^-} (f(i,j) - \theta) - \\
&\quad \sum_{\mu} f(i,j) * (b(i,j) \\
&= \theta * \left( \sum_{\mu^+} f(i,j) - \sum_{\mu^-} f(i,j) \right)
\end{aligned}
$$

这是因为对于 $\mu$ 以外的边 $(i,j)$，$*b(i,j)' = b(i,j)$。记作

$$
cost(\mu) = \sum_{\mu^+} f(i,j) - \sum_{\mu^-} f(i,j)
$$

$cost(\mu)$ 是沿着增广路径 $\mu$ 当可行流增加单位流量时费用的增量，当 $\mu$ 确定时它是确定的。可以证明若 $f$ 是费用最小流（若将初始零流看作费用最小流），而 $\mu$ 是所有增广路径中费用最小的增广路径时，即在网络 $G$ 中关于 $f$ 的最小费用增广路径等价于在 $W(f)$ 中求 $s$ 到 $t$ 的最短路径，则沿着增广路径 $\mu$ 去调整得到的可行流就是费用最小的流。

也就是说，按赋权有向图 $W$[对应单位流量费用 $b(i,j)$]求从 $s$ 到 $t$ 的最短路径 $\mu$，按 $f(i,j)$ 求 $\mu$ 上的最小调整量 $\theta$ 并调整 $f$ 得到一个新的可行流。若从零流开始，直到不存在增广路径，所有的 $\theta$ 之和为最大流量 $\max f$，所有前面的 $cost(f') - cost(f)$ 之和为最大流最小费用 $mincost$。

### 3. 求最小费用最大流的步骤

采用迭代法求最小费用最大流的步骤如下。

(1) 取 $k=0$，$f^{(0)}=0$，$f^{(0)}$ 是零流中费用最小的流。

(2) 由 $f$、$c$ 和 $b$ 构造一个赋权有向图 $W(f^{(k)})$。

(3) 采用求最短路径算法(如贝尔曼-福特算法)在赋权有向图 $W(f^{(k)})$ 中求出从起点 $s$ 到终点 $t$ 的最短路径，此时分为以下两种情况。

① 若不存在最短路径，则 $f^{(k)}$ 就是最小费用最大流，算法结束。

② 若存在最短路径，记为 $\mu$，则 $\mu$ 是原网络(由 $c$、$f$ 构成)中的一个增广路径，在增广路径 $\mu$ 上对 $f^{(k)}$ 进行如下调整。

a. 求 $f^{(k)}$ 的增广路径 $\mu$ 上所有边的最小值，得到一个该增广路径的最小调整量 $\theta$。

b. 调整流量：只调整 $f^{(k)}$ 的增广路径 $\mu$ 上各边的流量，其他边的流量不变。调整增广路径 $\mu$ 上各边流量的方式为若边 $<i,j> \in \mu^+$，则 $f^{(k)}(i,j)$ 增大 $\theta$；若边 $<i,j> \in \mu^-$，则 $f^{(k)}(i,j)$ 减少 $\theta$，从而得到一个新的可行流 $f^{(k+1)}$。

(4) 令 $k=k+1$，转步骤(2)。直到求出最小费用最大流。

【例 8.4】对于图 8.11 所示的网络，起点 $s=0$，终点 $t=5$，边 $<i,j>$ 的权为 $<c(i,j), b(i,j)>$，其中 $c(i,j)$ 表示容量，$b(i,j)$ 表示单位流量费用。给出求最小费用最大流的过程。

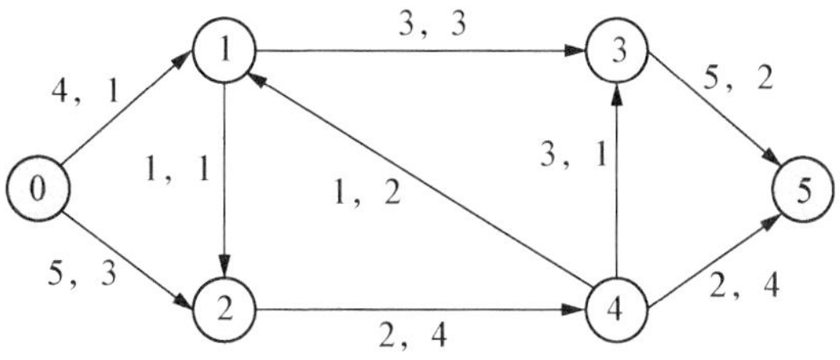

图 8.11 一个网络

**解：** 首先初始化最大流量 maxf＝0，最大流最小费用 mincost＝0，求 maxf 和 mincost 的过程如下。

(1)$k=0$，取 $f^{(0)}=0$ 为初始可行流(即从零流开始调整)。

(2)构造一个赋权有向图 $W(f^{(0)})$，如图 8.12(a)所示，求出其中从起点 0 到终点 5 的最短路径为 0→1→3→5，由 $c$、$f$ 求出该路径上的最小调整量 $\theta=3$。将 $f^{(0)}$ 中的 $f[3][5]$ 调整为 3，$f[1][3]$ 调整为 3，$f[0][1]$ 调整为 3，得到 $f^{(1)}$ 如图 8.12(b)所示。

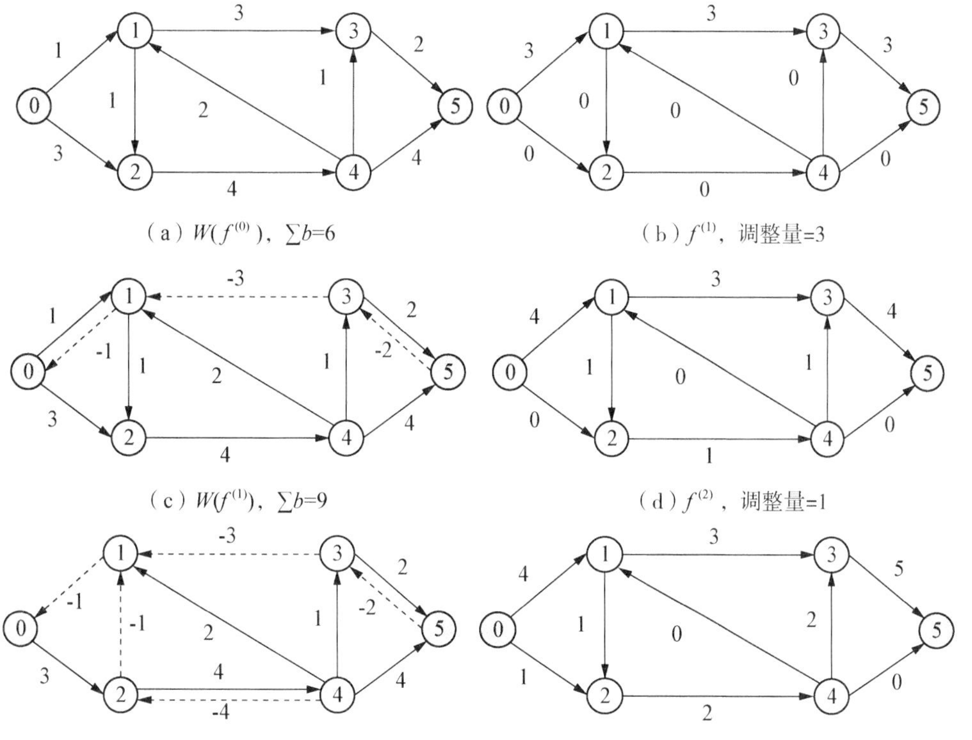

（a）$W(f^{(0)})$，$\sum b=6$ 　　　　　（b）$f^{(1)}$，调整量=3

（c）$W(f^{(1)})$，$\sum b=9$ 　　　　　（d）$f^{(2)}$，调整量=1

（e）$W(f^{(1)})$，$\sum b=10$ 　　　　　（f）$f^{(3)}$，调整量=1

图 8.12 求最小费用最大流的过程

执行 maxf＋=$\theta$，求出 maxf=3，另外执行 mincost＋=$\theta\times(w[0][1]+w[1][3]+w[3][5])=3\times(1+3+2)=18$，求出 mincost=18。

(3)$k=1$，构造一个赋权有向图 $W(f^{(1)})$，如图 8.12(c)所示，求出其中从起点 0 到终点 5 的最短路径为 0→1→2→4→3→5，由 $c$、$f$ 求出该路径上的最小调整量 $\theta=1$。将 $f^{(1)}$ 中的 $f[3][5]$ 调整为 4，$f[4][3]$ 调整为 1，$f[2][4]$ 调整为 1，$f[1][2]$ 调整为 1，

$f[0][1]$调整为 4，得到的 $f^{(2)}$ 如图 8.12(d)所示。

执行 maxf $+=\theta$，求出 maxf $=3+1=4$，另外执行 mincost $+=\theta \times$ ($w[0][1]+w[1][2]+w[2][4]+u[4][3]+w[3][5]$) $=1 \times (1+1+4+1+2)=18$，求出 mincost$=27$。

(4)$k=2$，构造一个赋权有向图 $W(f^{(2)})$，如图 8.12(e)所示，求出其中从起点 0 到终点 5 的最短路径为 $0 \to 2 \to 4 \to 3 \to 5$，由 $c$、$f$ 求出该路径上的最小调整量 $\theta=1$。将 $f^{(2)}$ 中的 $f[3][5]$ 调整为 5，$f[4][3]$ 调整为 2，$f[2][4]$ 调整为 2，$f[0][2]$ 调整为 1，得到的 $f^{(3)}$ 如图 8.12(f)所示。

执行 maxf$+=\theta$，求出 maxf$=5$，另外执行 mincost$+=\theta \times (w[0][2]+w[2][4]+w[4][3]+w[3][5])=1 \times (3+4+1+2)=10$，求出 mincost$=37$。

(5)$k=3$，再构造一个赋权有向图 $W(f^{(3)})$，此时找不出从起点 0 到终点 5 的路径，算法结束，图 8.12(f)即为最小费用最大流。

最后得到 maxf$=5$，mincost$=37$。注意，上述过程要求从 $f$ 为零流开始调整。实际上无论是否从零流开始调整，在求出最大流 $f$ 后都可以通过求起点 $s$ 的净流出得到最大流量 maxf，代码如下。

```
int maxf=0;
for (int i=0;i<n; i++) maxf+=f[s][i];
```

或者求终点 $t$ 的净流入得到最大流量 maxf，代码如下。

```
int maxf=0;
for (int i=0; i<n; i++) maxf+=f[i][t];
```

基于最大流 $f$ 求最小费用 mincost 的代码如下。

```
mincost=0;
for (int i=0;i<n; i++)
    for (int j=0;j<n;j++) mincost+=f*b[i][j];
```

### 4. 求最小费用最大流算法设计

由于赋权有向图 $W$ 中可能存在负权边，可以采用贝尔曼-福特算法或者 SPFA 算法求从起点 $s$ 到终点 $t$ 的最短路径。

**求最短路径 path 的 BellmanFord( )算法如下。**

```
bool BellmanFord(int path[])            //对 w 求从 s 到 t 的最短路径 path
{
    int dist[MAXV];                     //dist[i]存放 s 到顶点 i 的最短路径长度
    for (int i=0;i<n;i++)               //初始化
    {
        dist[i]=w[s][i];                //对 dist(0)[i]初始化
        if (i!=s && dist[i]<INF)
            path[i]=s;                  //对 path(0)[i]初始化
```

```
    else
        path[i]=-1;
}
for (int k=1;k<n;k++)
{
    for (int u=0;u<n; u++)              //修改每个顶点的 dist[u]和 path[u]
    {
        if (u!=s)
        {
            for (int i=0;i<n;i++)      //考虑其他每个顶点
            {
                if (w[i][u]<INF && dist[u]>dist[i]+w[i][u])
                {
                    dist[u]=dist[i]+w[i][u];
                    path[u]=i;
                }
            }
        }
    }
}
if (path[t]==-1)
    return false;                      //当没有从起点到终点的最短路径时返回 false
else
    return true;                       //当存在从起点到终点的最短路径时返回 true
}
```

**求最小费用最大流 *f* 的 FordFulkerson( )算法如下。**

```
void FordFulkerson()                   //求最小费用最大流 f
{
    int k=0;
    int path[MAXV],min;
    while (true)
    {
        Createw();
        if (BellmanFord(path))
        {
            min=Getargpathmin(path);   //path 表示最小调整量
            argument(path,min);        //根据最小调整量 min 对增广链进行调整
        }
        else break;
    }
}
```

**【算法效率分析】**对于具有 $n$ 个顶点、$e$ 条边的网络，每次采用贝尔曼-福特算法求最小增广路径的时间为 $O(ne)$，设 $f^*$ 表示算法找到的最大流，迭代次数最多为 $|f^*|$，则上述算法的时间复杂度为 $O(ne|f^*|)$。

**说明：**在有向图中一条边可看作正向和反向两条边；对于无向图，每条边的两个方向都是可以走的，所以将原来的一条边看作 4 条边，即两条原有边（前向边）、两条后向边，两条原有边相互独立，不能将这两个原有边看作互为后向边，否则就会出现环路。例如，一条无向边 $(x, y)$，其流量为 $f$、容量为 cap、费用为 cost，则 4 条边如下。

```
x, y, f, cap, cost      //原有边1(前向边)
y, x, -f, 0, -cost      //原有边1的后向边
y, x, f, cap,cost       //原有边2(前向边)
x, y, -f, 0, -cost      //原有边2的后向边
```

# 8.6 本章小结

一个图搜索算法可能发现关于图结构的更多信息，所以它是信息技术中用来表达各种应用系统的强有力的逻辑模型。随着信息技术应用的不断深化，在模拟人的智力活动的人工智能技术中，表达知识就需要借助图。图的搜索指的是系统地沿图的边访问图中顶点的过程。本章应用前 7 章讨论过的算法设计方法，深入阐述了广度优先、深度优先、网络流等相关算法应用，采用 C 语言完整实现了部分算法，读者可以进一步采用 C++、Java 等语言实现算法。

# 8.7 习题

1. 采用广度优先策略搜索的算法是（    ）。

A. 分支限界法　　　B. 动态规划法　　　　C. 贪心法　　　　　D. 回溯法

2. 下列选项中，不属于贪心法的是（    ）。

A. Prim 算法　　　　　　　　　　B. Kruskal 算法

C. Dijkstra 算法　　　　　　　　D. 深度优先遍历

3. 一个有 $n$ 个顶点的连通图的生成树是原图的最小连通子图，且包含原图中所有 $n$ 个顶点，并且有保持图连通的最少的边。最大生成树就是权和最大的生成树，现在给出一个无向赋权图的邻接矩阵为 {{0, 4, 5, 0, 3}, {4, 0, 4, 2, 3}, {5, 4, 0, 2, 0}, {0, 2, 2, 0, 1}, {3, 3, 0, 1, 0}}，其中权为 0 表示没有边。这个图的最大生成树的权和是（    ）。

A. 11　　　　　　B. 12　　　　　　C. 13　　　　　　D. 14　　　　　　E. 15

4. 某个赋权连通图有 4 个以上的顶点，其中恰好有 2 条权值最小的边，尽管该图的

最小生成树可能有多个，而这 2 条权值最小的边一定包含在所有的最小生成树中吗？如果有 3 条权值最小的边呢？

5. 给出一种方法求无环赋权连通图（所有权值非负）中从顶点 $s$ 到顶点 $t$ 的一条最长简单路径。

6. 一个运输网络如图 8.13 所示，边上数字为 $(c(i,j),b(i,j))$，其中 $c(i,j)$ 表示容量，$b(i,j)$ 表示单位运输费用。给出从位置 1、2、3 运输货物到位置 6 的最小费用最大流的过程。

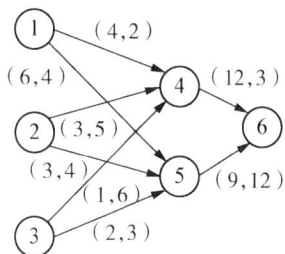

7. $N$ 个城市，标号从 0 到 $N-1$；$M$ 条道路，第 $K$ 条道路（$K$ 从 0 开始）的长度为 $2K$，求编号为 0 的城市到其他城市的最短距离。

图 8.13　一个运输网络

**输入描述**：第 1 行两个正整数 $N(2 \leqslant N \leqslant 100)$ 和 $M(M \leqslant 500)$，表示有 $N$ 个城市、$M$ 条道路，接下来的 $M$ 行，每行两个整数，表示相连的两个城市的编号。

**输出描述**：$N-1$ 行，表示 0 号城市到其他城市的最短距离，如果无法到达，输出 $-1$，数值太大的以取模 100000 后的结果输出。

# 8.8　实验题

**实验一：小明的烦恼**

【问题描述】

当小明的朋友在农场拜访他时，他喜欢向他们展示整个农场。他的农场有 $N$（$1 \leqslant N \leqslant 100$）个编号分别为 $1 \sim N$ 的区域，第 1 个区域包含他的房子，其中第 $N$ 个区域包含大谷仓；共有 $M$（$1 \leqslant M \leqslant 100$）条道路，每条道路连接两个不同的区域，并且具有小于 35000 的非零长度。为了以最好的方式展示自己的农场，他计划进行一次从他家到大谷仓的旅行，其中会穿过一些区域，再返回家中。他希望旅程尽可能短，但又不想在返回时走与前面重复的线路。请计算小明的最短行程长度。例如，$N=4$，$M=5$，5 条道路为 1 2 1（表示从区域 1 到达区域 2 的长度为 1）、2 3 1、3 4 1、1 3 2、2 4 2，求解结果为 6。

【问题解析】

本例给定一个含 $n$ 个顶点的无向图，从起点出发，走到终点再回到起点，每条边都对应一个长度，求来回路径不重复所需的最短路径长度。从表面上看是一个最短路径问题，但实际上是一个最小费用最大流问题，可以等效为求从起点到终点两次的最短行程长度。这两次走过的边没有交集，所以把每条边对应的容量设置为 1，这样可以确保只能走一次，费用就是路径长度，再加入一个超级起点 0 和一个超级终点 $n+1$，增加超级起点 0 到顶点 1 的一条边，其容量为 2，增加顶点 $n$ 到超级终点 $n+1$ 的一条边，其容量为 2，相当于求从超级起点 0 到超级终点 $n+1$ 的最小费用最大流。实验设计实现解决该问题的算法。

**实验二：求解小人移动最小费用问题**

**【问题描述】**

在一个网格地图上有若干个小人和房子，在每个单位时间内每个人可以往水平方向或垂直方向移动一步，走到相邻的方格中。对于每个小人，走一步需要支付 1 美元，直到他走入房子，且每栋房子只能容纳 1 人。求让这些小人移动到这些不同的房子所需要支付的最小费用。从起点到各小人之间的费用为 0、容量为 1，各房子到终点之间的费用为 0、容量为 1。这样的网络实际上是一个二分图，如图 8.14 所示，小人和房子的个数均为 2，添加起点 0 和终点 5，在边 $(x，y)$ 中 $x$ 表示容量、$y$ 表示距离。实验设计实现解决该问题的算法。

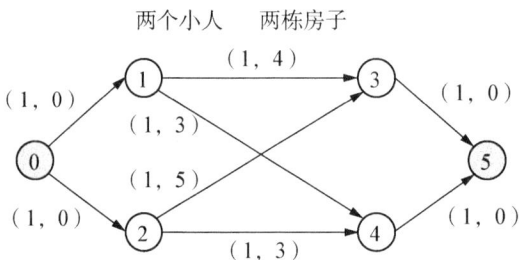

图 8.14　小人移动问题

**输入描述**：输入包含一个或者多个测试用例。每个测试用例的第 1 行包含两个整数 $M$ 和 $N(2 \leqslant M、N \leqslant 100)$，分别为网格地图的行、列数，其他 $M$ 行表示网格地图，地图中的'H'和'm'分别表示房子和小人的位置，个数相同，最多有 100 栋房子，其他空位置用 '.'表示。输入的 $N$ 和 $M$ 等于 0，表示结束。

**输出描述**：每个测试用例的输出对应一行，表示最少费用。

**输入样例：**

```
2 2
. m
H .
5 5
H H . . m
. . . . .
m m . . H
7 8
. . . H . . . .
. . . H . . . .
. . . H . . . .
m m m H m m m m
. . . H . . . .
. . . H . . . .
. . . H . . . .
0 0
```

**样例输出：**

```
2
10
28
```

**【问题解析】**

本题是一个求最大流最小费用的问题。求出小人数 mcase 和房子数 hcase，添加一个起点 0 和终点，终点编号为 $t=\text{mcase}+\text{hcase}+1$。每个小人和房子作为一个顶点，小人顶点的编号为 $1\sim\text{mcase}$，房子顶点的编号为 $\text{mcase}+1\sim t-1$。

以任意小人（$\text{man}[i]$）和房子（$\text{house}[j]$）之间为边构成一个网络，它们之间的距离为 $w=\text{abs}(\text{house}[j].x-\text{man}[i].x)+\text{abs}(\text{house}[j].y-\text{man}[i].y)$，初始时两者之间的费用为 $w$（单位流量费用为 1 美元）、容量为 1（每栋房子只能容纳 1 人）。

**实验三：求解全省畅通工程的最低成本问题**

**【问题描述】**

省政府"畅通工程"的目标是使全省的任何两个村庄之间都可以实现公路交通（不一定有直接的公路相连，只要能间接通过公路可达即可）。现得到城镇道路统计表，表中列出了任意两城镇之间修建道路的费用及该道路是否已经修通。请编写程序计算出全省畅通需要的最低成本。实验设计实现解决该问题的算法。

**输入描述：** 测试输入包含若干个测试用例。每个测试用例的第 1 行给出村庄数目 $N(1<N<100)$；随后的 $N(N-1)/2$ 行对应村庄之间道路的成本及修建状态，每行 4 个正整数，分别是两个村庄的编号（从 1 到 $N$），以及两村庄之间道路的成本和修建状态（1 表示已建，0 表示未建）。当 $N$ 为 0 时输入结束。

**输出描述：** 每个测试用例的输出占一行，输出全省畅通需要的最低成本。

**输入样例：**

```
3
1 2 1 0
1 3 2 0
2 3 4 0
3
1 2 1 0
1 3 2 0
2 3 4 1
3
1 2 1 0
1 3 2 1
2 3 4 1
0
```

**样例输出：**

```
3
```

【问题解析】

本题采用求最小生成树的 Kruskal 贪心法。为了提高性能，通过并查集判断一条边的两个顶点是否在一个连通子图中。以两村庄之间的道路成本为权（若已建道路，则对应的成本为0），通过 Kruskal 算法求出最小生成树，累计其中所有边的成本即为所求。

**实验四：求解股票经纪人问题**

【问题描述】

股票经纪人要在一群人（$n$ 个人的编号为 $0\sim n-1$）中散布一个传言，传言只在认识的人中间传递。题目中给出了人与人的认识关系，以及传言在某两个认识的人中传递所需要的时间。编写程序求出以哪个人为起点可以在耗时最短的情况下让所有人收到消息。实验设计实现解决该问题的算法。

例如，$n=4$（人数），$m=4$（边数），4 条边如下。

```
0 1 2
0 2 5
0 3 1
2 3 3
输出：3
```

【问题解析】

利用 Floyd 算法求出所有人（顶点）之间传递消息的最短时间（即最短路径长度），然后求出每个人 $i$ 传递消息到其他所有人的最短时间的最大值（该时间表示从 $i$ 开始传递消息到其他所有人所需要的时间），再在这些最大值中求出最小值对应的人 mini 即为所求。

**实验五：求解自行车慢速比赛问题**

【问题描述】

一个美丽的小岛上有许多景点，景点之间有一条或者多条道路。现在进行自行车慢速比赛（最慢的选手获得冠军），工作人员在道路上标出自行车的单向行驶方向，所有比赛线路不会出现环路，选手不能在中途的任何地方停下来，否则犯规，退出比赛。首先给定一行两个整数 $N$ 和 $M$，$N$ 为岛上的景点数（景点编号为 $0\sim N-1$，$N\leqslant 100$），接下来的 $M$ 行，每行为 $a$、$b$、$l$，表示景点 $a$ 和景点 $b$ 之间的单向路径长度为 $l$（$l$ 为整数）。最后一行为 $s$ 和 $t$，表示比赛的起点 $s$ 和终点 $t$。所有选手水平高超，都能够以自行车的最低速度行驶，并且所有自行车的最低速度相同。问冠军所走的路径长度是多少？假设只有一组测试数据。实验设计实现解决该问题的算法。

【问题解析】

用邻接矩阵 $A$ 存放图，本题是求从起点 $s$ 和终点 $t$ 的最长路径长度。由于图中没有环，可以将所有边的权改为负值，即将 $A[i][j]$ 改为 $-A[i][j]$，然后采用贝尔曼-福特算法求出顶点 $s$ 到其他顶点的最短路径长度 dist，即 dist$[t]$ 就是负权下顶点 $s$ 到其他顶点的最短路径长度，或者说 $-$dist$[t]$ 就是正权下顶点 $s$ 到其他顶点的最长路径长度。

# 第9章　计算几何算法

### 学习目标

(1)掌握计算几何的相关概念。
(2)掌握线段的性质和应用。
(3)理解凸包的相关算法。
(4)理解计算几何的设计思想和算法步骤。

### 内容导读

计算几何作为计算机科学中的一个分支，主要研究解决几何问题的算法，在计算机图形学、科学计算可视化和图形用户界面等领域都有广泛的应用。

## 9.1　线段的性质

本章的几个计算几何算法都要求回答关于线段的性质问题。两个不同的点 $p_1 = (x_1, y_1)$ 和 $p_2 = (x_2, y_2)$，任何满足 $0 \leqslant \alpha \leqslant 1$，$x_3 = \alpha x_1 + (1-\alpha) x_2$，$y_3 = \alpha y_1 + (1-\alpha) y_2$ 的点 $p_3 = (x_3, y_3)$，称为 $p_1$、$p_2$ 的凸组合。也可以写作点 $p_3 = \alpha p_1 + (1-\alpha) p_2$。直观地说，$p_3$ 是 $p_1$ 和 $p_2$ 连线上介于 $p_1$ 和 $p_2$ 之间的点。给定两个点 $p_1$、$p_2$，线段 $\overline{p_1 p_2}$ 是 $p_1$、$p_2$ 凸组合点的集合。称 $p_1$、$p_2$ 为线段 $\overline{p_1 p_2}$ 的端点。有时，要考虑 $p_1$、$p_2$ 的顺序，我们就称其为有向线段 $\overrightarrow{p_1 p_2}$。若 $p_1$ 是原点 $(0, 0)$，我们把有向 $\overrightarrow{p_1 p_2}$ 视为向量 $p_2$。

接下来，我们将探索以下问题。

(1)给定两条有向线段 $\overrightarrow{p_0 p_1}$ 和 $\overrightarrow{p_0 p_2}$，$\overrightarrow{p_0 p_1}$ 是否绕它们的公共端点 $p_0$ 从 $\overrightarrow{p_0 p_2}$ 顺时针方向旋转而得？

(2)给定线段 $\overline{p_1 p_2}$ 和 $\overline{p_2 p_3}$，如果先沿 $\overline{p_1 p_2}$ 行进再沿 $\overline{p_2 p_3}$ 行进，需要在点 $p_2$ 处左转弯吗？

(3)线段 $\overline{p_1 p_2}$ 和 $\overline{p_3 p_4}$ 相交吗？

由于每个问题的输入规模都是 $O(1)$，无疑可以在 $O(1)$ 的时间内解答每一个问题。此外，我们的方法将仅使用加法、减法、乘法和比较运算。既不需要除法也不需要三角函数，这两种运算都很费时且容易产生舍入误差。例如，我们用"直接"方法判断两条线段是否相交——计算每条线段的直线方程 $y = mx + b$（$m$ 为斜率，为 $y$ 轴上的截距），求出两直线的交点并检测该交点是否在两条线段中。这需要使用除法，当两条线段几乎平行时，在实际的计算中此问题对除法运算的精度很敏感。本节中的方法避免了除法，因此更加精确。

# 9.2 向量运算

在二维空间（即平面上），每个输入对象都用一组点 $\langle p_1, p_2, \cdots, p_n\rangle$ 来表示，其中每个 $p_i = (x_i, y_i)$，$x_i$、$y_i$ 分别是点 $p_i$ 的行坐标和列坐标，用实数表示。设计点类 Point，下面分别讨论这些友元函数的设计。

```
    class Point                               //点类
{
  public:
  double x;                                   //行坐标
  double y;                                   //列坐标
  Point() {}                                  //默认构造函数
  Point(double x1,double y1)                  //重载构造函数
  {   x＝x1;
      y＝y1;
  }
  void ssp()                                  //输出点
  {
    printf("(%g,%g) ",x,y);
  }
};
    friend bool operator＝＝(Point &p1,Point &p2);   //重载＝＝运算符
    friend Point operator＋(Point &p1,Point &p2);    //重载＋运算符
    friend Point operator－(Point &p1,Point &p2);    //重载－运算符
    friend double Dot(Point p1,Point p2);            //两个向量的点积
    friend double Length(Point &p);                  //求向量长度
    friend int Angle(Point p0,Point p1,Point p2);    //求两线段p0p1和p0p2的夹角
    friend double Det(Point p1,Point p2);            //两个向量的叉积
    friend int Direction(Point p0,Point p1,Point p2);//判断两线段p0p1和p0p2的方向
    friend double Distance(Point p1,Point p2);       //求两个点的距离
    friend double DistPtoSegment(Point p0,Point p1,Point p2);
                                                     //求p0到p1p2线段的距离
    //判断点p0是否在p1和p2表示的矩形内
    friend bool InRectAngle(Point p0,Point p1,Point p2);
    //判断点p0是否在p1p2线段上
    friend bool OnSegment(Point p0,Point p1,Point p2);
    //判断p1p2和p3p4线段是否平行
```

```
        friend bool Parallel(Point p1,Point p2,Point p3,Point p4);
        //判断 p1p2 和 p3p4 两线段是否相交
        friend bool SegIntersect(Point p1,Point p2,Point p3,Point p4);
        //判断点 p0 是否在点集 a 所形成的多边形内
        friend bool PointInPolygon(Point p0,vector<Point>a);
    };
```

### 9.2.1 向量加减运算

对于两个点表示的向量 $p_1$ 和 $p_2$ [起点均为原点(0，0)]，向量加法定义为 $p_1 + p_2 = (p_1.x + p_2.x，p_1.y + p_2.y)$，其结果仍为一个向量。

向量加法一般可用平行四边形法则，如图 9.1(a)所示，两个向量分别为 $p_1(2，-1)$ 和 $p_2(3，3)$，则 $p_3 = p_1 + p_2 = (5，2)$。

求两个向量 $p_1$ 和 $p_2$ 的加法运算的算法如下。

```
        Point operator＋(const Point &p1,const Point &p2)          //重载＋运算符
{
        return Point(p1.x＋p2.x,p1.y＋p2.y);
}
```

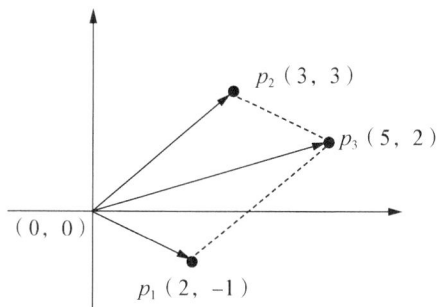

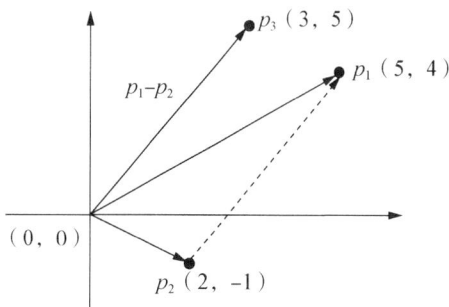

（a）向量加法　　　　　　　　　　　　　（b）向量减法

图 9.1　向量的加减法

向量减法是向量加法的逆运算，如图 9.1(b)所示，一个向量减去另一个向量等于加上那个向量的负向量，即 $p_1 - p_2 = p_1 + (-p_2) = (p_1.x - p_2.x，p_1.y - p_2.y)$，其结果仍为一个向量。求两个向量 $p_1$ 和 $p_2$ 的减法运算的算法如下。

```
        Point operator－(const Point &p1,const Point &p2)          //重载－运算符
{
        return Point(p1.x－p2.x,p1.y－p2.y);
}
```

显然有性质 $p_1 + p_2 = p_2 + p_1$，$p_1 - p_2 = -(p_2 - p_1)$。

## 9.2.2 向量点积运算

两个向量 $p_1$ 和 $p_2$ 的点积(或内积)定义为 $p_1 \cdot p_2 = |p_1| \times |p_2| \times \cos\theta = p_1.x \times p_2.x + p_1.y \times p_2.y$，其结果是一个标量，其中，向量 $p$ 的长度 $|p| = \sqrt{p.x^2 + p.y^2}$，表示两个向量的夹角。如图9.2所示。显然有性质 $p_1 \cdot p_2 = p_2 \cdot p_1$。

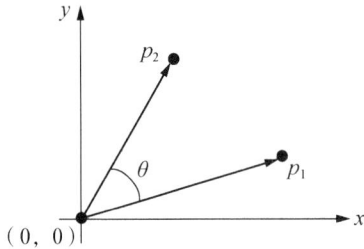

图9.2 两个向量的夹角

求两个向量 $p_1$ 和 $p_2$ 点积的算法如下。

```
double Dot(Point p1, Point p2)          //两个向量的点积
{
    return p1.x * p2.x + p1.y * p2.y;
}
```

可以通过点积的符号判断两向量之间的夹角关系。

(1)若 $p_1 \cdot p_2 > 0$，向量 $p_1$ 和 $p_2$ 之间的夹角为锐角。如图9.3所示。

(2)若 $p_1 \cdot p_2 = 0$，向量 $p_1$ 和 $p_2$ 垂直，即夹角为直角。

(3)若 $p_1 \cdot p_2 < 0$，向量 $p_1$ 和 $p_2$ 之间的夹角为钝角。

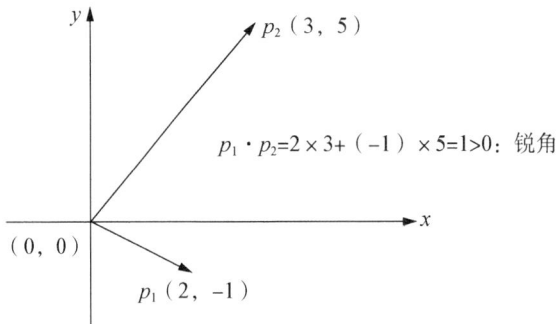

图9.3 两个向量的夹角为锐角

利用点积求一个向量 $p$ 的长度的算法如下。

```
double Length(Point &p)          //求向量长度
{
    return sqrt(Dot(p,p));
}
```

对于具有公共起点的两个有向线段 $\overrightarrow{p_0p_1}$ 和 $\overrightarrow{p_0p_2}$，只需要把 $p_0$ 作为原点，亦即 $p_1-p_0$ 和 $p_2-p_0$ 都是向量，它们的点积为 $r=(p_1-p_0)\cdot(p_2-p_0)$，则

(1)若 $r>0$，两线段 $\overrightarrow{p_0p_1}$ 和 $\overrightarrow{p_0p_2}$ 的夹角为锐角，如图9.4所示。

(2)若 $r=0$，两线段 $\overrightarrow{p_0p_1}$ 和 $\overrightarrow{p_0p_2}$ 的夹角为直角。

(3)若 $r<0$，两线段 $\overrightarrow{p_0p_1}$ 和 $\overrightarrow{p_0p_2}$ 的夹角为钝角。

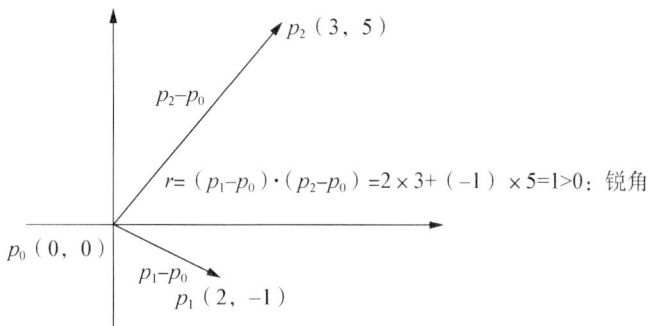

图9.4 两个线段的夹角为锐角

求两条线段 $\overrightarrow{p_0p_1}$ 和 $\overrightarrow{p_0p_2}$ 的夹角的算法如下。

```
int Angle(Point p0,Point p1,Point p2)
{   double d=Dot((p1-p0),(p2-p0));
  if (d==0)
       return 0;               //两线段 p1p0 和 p2p0 夹角为直角
  else if (d>0)
       return 1;               //两线段 p1p0 和 p2p0 的夹角为锐角
  else
return-1;                       //两线段 p1p0 和 p2p0 的夹角为钝角
}
```

# 9.3 叉积

## 9.3.1 叉积的计算

叉积的计算是解决上述线段问题的方法的核心。考虑两个向量 $p_1$ 和 $p_2$，如图9.5(a)所示。叉积 $p_1\times p_2$ 可以解释为由点$(0,0)$、$p_1$、$p_2$ 和 $p_1+p_2=(x_1+x_2,y_1+y_2)$构成的平行四边形的带符号面积。一个等价的但是更有用的定义是叉积是下列矩阵的行列式：

$$p_1\times p_2=\det\begin{cases}x_1 & x_2\\y_1 & y_2\end{cases}$$

$$= x_1 y_2 - x_2 y_1$$
$$= -p_1 \times p_2$$

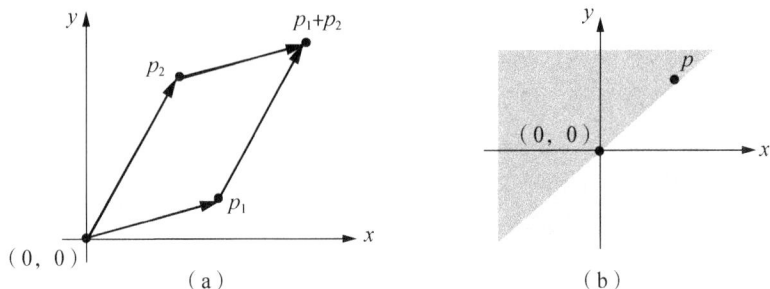

图 9.5 两个向量 $p_1$ 和 $p_2$

图 9.5(a)表示向量 $p_1$ 和 $p_2$ 的叉积是平行四边形的带符号面积；图 9.5(b)的浅阴影区域包含从向量 $p$ 出发顺时针旋转的所有向量。而深阴影部分则包含从向量 $p$ 出发逆时针旋转的所有向量。事实上，叉积是一个三维概念。它是"右手法则"既垂直于 $p_1$ 又垂直于 $p_2$ 的向量，其模长为 $|x_1 y_2 - x_2 y_1|$。因而，本章的内容说明，将叉积视为值 $x_1 y_2 - x_2 y_1$ 是方便的。

求两个向量 $p_1$ 和 $p_2$ 叉积的算法如下。

```
double Det(Point p1,Point p2)        //两个向量的叉积
{
return p1.x * p2.y－p1.y * p2.x;
}
```

### 9.3.2 判断相继两直线段左转或右转

利用对向量叉积的定义，假定向量 $p_1$ 和 $p_2$ 所张角于 $0 \sim \pi$ 之间，则有以下结论。

(1)若 $p_1 \times p_2 < 0$，当且仅当 $p_1$ 是从 $p_2$ 绕原点 $(0,0)$ 逆时针方向旋转而得。

(2)若 $p_1 \times p_2 > 0$，当且仅当 $p_1$ 是从 $p_2$ 绕原点 $(0,0)$ 顺时针方向旋转而得。

(3)若 $p_1 \times p_2 = 0$，则产生边界条件，此时，两个向量共线，或方向一致或方向相反。

为了判定有向线段 $\overrightarrow{p_0 p_1}$ 是否从有向线段 $\overrightarrow{p_0 p_2}$ 绕它们的公共端点 $p_0$ 顺时针旋转而得，只要将 $p_0$ 转换为原点。即设 $p_1 - p_0$ 表示向量 $p_1' = (x_1', y_1')$，其中 $x_1' = x_1 - x_0$ 及 $y_1' = y_1 - y_0$。类似地，定义 $p_2 - p_0$。然后计算叉积

$$(p_1 - p_0) \times (p_2 - p_0) = (x_1 - x_0)(y_2 - y_0) - (x_2 - x_0)(y_1 - y_0)$$

如果此叉积为正，则 $\overrightarrow{p_0 p_1}$ 是从有向线段 $\overrightarrow{p_0 p_2}$ 绕它们的公共端点 $p_0$ 顺时针旋转而得，若为负，则为逆时针旋转而得。

下一个问题是，两条相继线段 $\overrightarrow{p_0 p_1}$ 和 $\overrightarrow{p_1 p_2}$ 是在点 $p_1$ 处左转还是右转。等价地，我们要设法判定给定角 $\angle p_0 p_1 p_2$ 的转向。叉积使得我们可以不计算角而回答此问题。如图 9.6 所示，我们直接检测有向线段 $\overrightarrow{p_0 p_2}$ 是从有向线段 $\overrightarrow{p_0 p_1}$ 顺时针还是逆时针旋转而

得。为此，我们计算叉积$(p_1-p_0)\times(p_2-p_0)$。若此叉积为负，则$\overrightarrow{p_0p_2}$是从有向线段$\overrightarrow{p_0p_1}$逆时针旋转而得，因此在$p_1$处左转。正的叉积值意味着顺时针并向右转。叉积为 0 意味着$p_0$、$p_1$和$p_2$共线。图 9.6(a)若是逆时针，则在该点处左转，图 9.6(b)若是顺时针，则为右转。

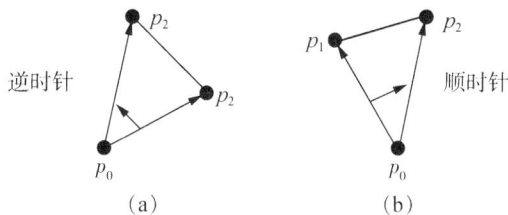

图 9.6 两条线段的转向

```
int Direction(Point p0,Point p1,Point p2)     //判断两线段 p0p1 到 p0p2 的方向
{ double d=Det((p1-p0),(p2-p0));
  if (d==0)
      return 0;                               //3点共线
  else if (d>0)
      return 1;                               //p0p1 在 p0p2 的顺时针方向上
  else
      return -1;                              //p0p1 在 p0p2 的逆时针方向上
}
```

## 9.3.3 两个点的距离

两个点$p_1$、$p_2$之间的距离为$\sqrt{(p_1.x-p_2.x)^2+(p_1.y-p_2.y)^2}$。对应的算法如下。

```
double Distance(Point p1,Point p2)
{
    return sqrt((p1.x-p2.x) * (p1.x-p2.x)+(p1.y-p2.y) * (p1.y-p2.y));
}
```

## 9.3.4 点到线段的距离

求点$p_0$到线段$\overline{p_1p_2}$的距离。设$p_0$在线段$\overline{p_1p_2}$上的投影点为$q$，设向量$v_1=p_2-p_1$、$v_2=p_1-p_2$、$v_3=p_0-p_1$、$v_4=p_0-p_2$。投影点$q$的 3 种可能情况如图 9.7 所示。

若满足图 9.7(a)所示情况，则$p_0$到线段$\overline{p_1p_2}$的距离为向量$v_3$的长度；若满足图 9.7(b)所示情况，则$p_0$到线段$\overline{p_1p_2}$的距离为向量$v_4$的长度；若满足图 9.7(c)所示情况，则$p_0$到线段$\overline{p_1p_2}$的距离为向量$v_1$和$v_3$叉积的绝对值(平行四边形面积)除以底长。

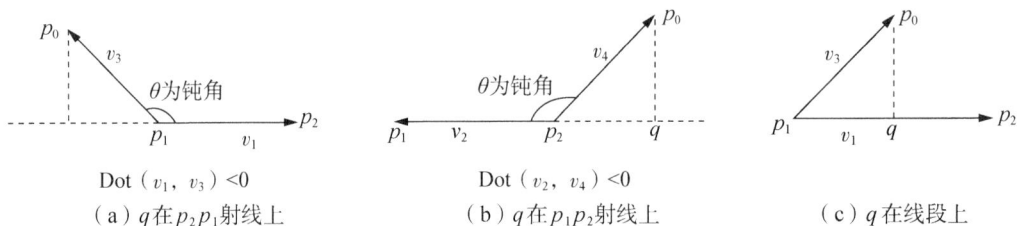

（a）$q$ 在 $p_2p_1$ 射线上　Dot$(v_1, v_3) < 0$
（b）$q$ 在 $p_1p_2$ 射线上　Dot$(v_2, v_4) < 0$
（c）$q$ 在线段上

图 9.7　投影点 $q$ 的 3 种可能情况

对应的算法如下。

```
double DistPtoSegment(Point p0,Point p1,Point p2)        //求 p0 到 p1p2 线段的距离
{   Point v1＝p2－p1,v2＝p1－p2,v3＝p0－p1,v4＝p0－p2;
    if (p1==p2)                                          //两点重合
        return Length(p0－p1);
    if (Dot(v1,v3)<0)                                    //满足图 9.7(a)条件
        return Length(v3);
    else if (Dot(v2,v4)<0)                               //满足图 9.7(b)条件
        return Length(v4);
    else                                                 //满足图 9.7(c)条件
        return fabs(Det(v1,v3))/Length(v1);
}
```

# 9.4　线段的应用

## 9.4.1　判断一个点是否在一个矩形内

设一个矩形的左上角为点 $p_1$、右下角为点 $p_2$，另有一个点 $p_0$，现要判断该点是否在指定的矩形内。

将 $\overline{p_0p_1}$ 和 $\overline{p_0p_2}$ 看作具有公共起点的两个线段，把 $p_0$ 作为原点，显然 $\overline{p_0p_1}$ 和 $\overline{p_0p_2}$ 两线段的夹角为直角或钝角时，点 $p_0$ 便落在该矩形内（含点 $p_1$、$p_2$），如图 9.8 所示。所以点 $p_0$ 在该矩形内应满足以下条件：$(p_1-p_0)\times(p_2-p_0)\leqslant 0$。

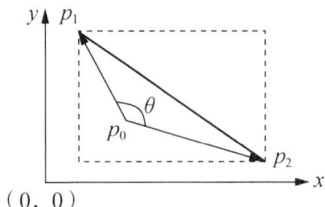

图 9.8　判断点 $p$ 是否在矩形内

对应的判断算法如下。

```
bool InRectangle(Point p0,Point p1,Point p2)
//判断点 p₀ 是否在 p₁ 和 p₂ 表示的矩形内
{
    return Dot(p1-p0,p2-p0)<=0;
}
```

另一种更直观的判断方法是 $p_0$ 在该矩形内应满足以下条件：

$$\text{MIN}(p_1.x, p_2.x) \leqslant p_0.x \leqslant \text{MAX}(p_1.x, p_2.x) \&\& \text{MIN}(p_1.y, p_2.y) \leqslant$$
$$p_0.y \leqslant \text{MAX}(p_1.y, p_2.y)$$

## 9.4.2 判断一个点是否在一条线段上

设点为 $p_0$，线段为 $\overline{p_1p_2}$，若点 $p_0$ 在该线段上（含点 $p_1$、$p_2$），应同时满足两个条件：一是点 $p_0$ 在线段为 $\overline{p_1p_2}$ 所在的直线上，另一个是点 $p_0$ 在以点 $p_1$、$p_2$ 为对角顶点的矩形内。前者保证点 $p_0$ 在直线 $\overline{p_1p_2}$ 上，后者是保证点 $p_0$ 不在线段 $\overline{p_1p_2}$ 的延长线或反向延长线上。

(1)点 $p_0$ 在线段 $\overline{p_1p_2}$ 所在直线上应满足的条件是 $(p_1-p_0) \times (p_2-p_0) = 0$。

(2)点 $p_0$ 在以点 $p_1$、$p_2$ 为对角顶点的矩形内应满足的条件是 $(p_1-p_0) \times (p_2-p_0) \leqslant 0$。
对应的判断算法如下。

```
bool OnSegment(Point p0,Point p1,Point p2)          //判断点 p0 是否在线段 p1p2 上
{
    return Det(p1-p0,p2-p0)==0 && Dot(p1-p0,p2-p0)<=0;
}
```

## 9.4.3 判断两条线段是否平行

设两条线段为 $\overline{p_1p_2}$ 和 $\overline{p_3p_4}$，如果它们的夹角为零，则认为它们是平行的。所以可以推出两条线段 $\overline{p_1p_2}$ 和 $\overline{p_3p_4}$ 平行应满足的条件是 $(p_2-p_1) \times (p_4-p_3) = 0$。对应的判断算法如下。

```
bool Parallel(Point p1,Point p2,Point p3,Point p4)
{
    return Det(p2-p1,p4-p3)==0;
}
```

### 9.4.4 判断两条线段是否相交

为确定两条线段是否相交,我们检测每条线段是否跨越包含另一条线段的直线。若线段 $\overline{p_1p_2}$ 的端点 $p_1$ 位于一条直线的一端,而端点 $p_2$ 位于该直线的另一端,则认为该线段跨越此直线。若 $p_1$ 或 $p_2$ 位于直线上则发生边界情形。两条线段相交当且仅当下列两个条件至少发生一个。

(1)每一条线段跨越包含另一条线段的直线。

(2)一条线段的一个端点位于另一条线段上(此条件来自上述的边界情形)。

下列的过程实现了这一思想。若两条线段相交,算法 SegIntersect 返回 true,若不相交,返回 false。它调用算法 Direction,该算法利用上述的叉积方法计算相对方位,还要调用算法 OnSegmeut,该算法确定一个点是否在某线段上。

对应的判断算法如下。

```
bool SegIntersect(Point p1,Point p2,Point p3,Point p4)    //判断两线段是否相交
{   int d1,d2,d3,d4;
    d1=Direction(p3,p1,p4);                  //求 p3p1 在 p3p4 的哪个方向上
    d2=Direction(p3,p2,p4);                  //求 p3p2 在 p3p4 的哪个方向上
    d3=Direction(p1,p3,p2);                  //求 p1p3 在 p1p2 的哪个方向上
    d4=Direction(p1,p4,p2);                  //求 p1p4 在 p1p2 的哪个方向上
    if (d1 * d2<0 && d3 * d4<0)
        return true;
    if (d1==0 && OnSegment(p1,p3,p4))        //若 d1 为 0 且 p1 在 p3p4 线段上
        return true;
    else if (d2==0 && OnSegment(p2,p3,p4))   //若 d2 为 0 且 p2 在 p3p4 线段上
        return true;
    else if (d3==0 && OnSegment(p3,p1,p2))   //若 d3 为 0 且 p3 在 p1p2 线段上
        return true;
    else if (d4==0 && OnSegment(p4,p1,p2))   //若 d4 为 0 且 p4 在 p1p2 线段上
        return true;
    else
        return false;
}
```

### 9.4.5 判断一个点是否在多边形内

一个多边形由 $n$ 个顶点 $a[0..n]$ 构成($a[n]=a[0]$),假设其所有的边不相交,称之为简单多边形。下面所讲述的多边形如未做特殊说明默认均指简单多边形。现有一个点 $p_0$,要求判断 $p_0$ 是否在该多边形内(含边界)。

解决该问题的基本思想是从点 $p_0$ 引一条水平向右的射线,统计该射线与多边形相交的情况,如果相交次数是奇数,那么就在多边形内,否则在多边形外。例如,在图 9.9

中，多边形由 8 个顶点构成，从点 $p_0$ 引出的射线与多边形相交的交点个数为 3，它在多边形内，而从点 $p_1$ 引出的射线与多边形相交的交点个数为 2，它在多边形外。

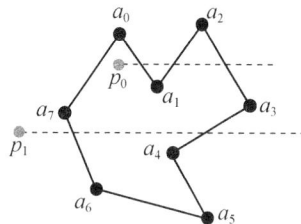

图 9.9　判断点 $p$ 是否在一个多边形内

对于多边形的一条边 $\overline{p_1p_2}$，它构成的直线的方程为 $y-p_1.y=k(x-p_1.x)$，其中斜率 $k=\dfrac{p_2.y-p_1.y}{p_2.x-p_1.x}$，所以有 $x=\dfrac{y-p_1.x}{k}-p_1.x=\dfrac{(y-p_1.x)(p_2.x-p_1.x)}{p_2.y-p_1.y}+p_1.x$。从点 $p_0$ 引一条水平向右的射线的方程为 $y=p_0.y$。

如果这两条直线有交点，则交点为 $(x, p_0.y)$，其中 $x=\dfrac{(p_0.y-p_1.x)(p_2.x-p_1.x)}{p_2.y-p_1.y}+p_1.x$。

判断点 $p_0$ 是否在多边形 $a[0..n]$ 中的步骤如下。

(1) 置 cnt=0，$i$ 从 0 到 $n-1$ 循环 (最后边为 $a[n-1]\sim a[n]=a[0]$)。

(2) $p_1=a[i]$，$p_2=a[i+1]$，若 $p_0$ 在 $\overline{p_1p_2}$ 线段上，则返回 true。

(3) 若线段 $\overline{p_1p_2}$ 是一条水平线，或者 $p_0$ 在 $\overline{p_1p_2}$ 线段的上方或下方，则没有交点，转向下一条线段进行求解。

(4) 求出射线与线段 $\overline{p_1p_2}$ 的交点的 $x$。

(5) 若 $x>p_0.x$，则交点个数 cnt 增 1。

(6) 循环结束后返回 cnt%2==1 值，即交点个数为奇数表示该点在多边形内。

对应的判断算法如下。

```
bool PointInPolygon(Point p0,vector<Point>a)
//判断点 p0 是否在点集 a 所形成的多边形内
{   int i,cnt=0;                      //cnt 累加交点个数
    double x;
    Point p1,p2;
    for (i=0;i<a.size();i++)
    {p1=a[i]; p2=a[i+1];              //取多边形的一条边
        if (OnSegment(p0,p1,p2))
              return true;            //如果点 p0 在多边形的线段 p1p2 上,返回 true
        //以下求解 y=p0.y 与 p1p2 的交点
        if (p1.y==p2.y) continue;     //如果 p1p2 是水平线,直接跳过
        //以下两种情况是交点在 p1p2 延长线上
        if (p0.y<p1.y && p0.y<p2.y) continue;   //p0 在 p1p2 线段下方,直接跳过
        if (p0.y>=p1.y && p0.y>=p2.y) continue;  //p0 在 p1p2 线段上方,直接跳过
        x=(p0.y-p1.y) * (p2.x-p1.x)/(p2.y-p1.y)+p1.x;
                                      //求交点坐标的 x 值
```

```
        if (x>p0.x) cnt++;      //只统计射线的一边
    }

    return (cnt%2==1);
}
```

### 9.4.6  求3个点构成的三角形面积

对于由 3 个顶点 $p_0$、$p_1$、$p_2$ 构成的三角形，求其面积有多种计算公式。从向量的角度看，3 个向量构成的三角形如图 9.10(a)所示，可以将其两条边看成以 $p_0$ 为原点的三角形，这两条边分别是 $p_1-p_0$ 和 $p_2-p_0$，如图 9.10(b)所示，则该三角形的面积 $S(p_0, p_1, p_2)$ 等于以 $p_1-p_0$ 和 $p_2-p_0$ 向量构成的平行四边形面积的一半，$S(p_0, p_1, p_2)=((p_1-p_0)\times(p_2-p_0))/2$。

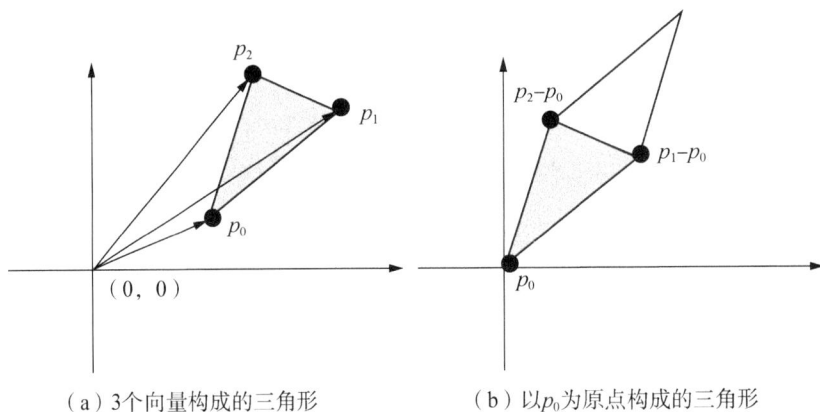

（a）3个向量构成的三角形　　　　　　　（b）以$p_0$为原点构成的三角形

图 9.10　求三角形面积

而 $(p_1-p_0)\times(p_2-p_0)$ 的结果有正有负，所以 $S(p_0, p_1, p_2)=((p_1-p_0)\times(p_2-p_0))/2$ 称为有向面积，实际面积为其绝对值。对应的算法如下。

```
double triangleArea(Point p1,Point p2,Point p3)        //求三角形面积
{
    return fabs(Det(p1-p2,p3-p2))/2;
}
```

根据向量叉积运算规则有如下两条结论。

（1）若 $(p_1-p_0)$ 在 $(p_2-p_0)$ 的顺时针方向，或者说 $p_0$、$p_1$、$p_2$ 在右手螺旋方向上，则 $(p_1-p_0)\times(p_2-p_0)>0$。图 9.10 中就是这种情况。

（2）若 $(p_1-p_0)$ 在 $(p_2-p_0)$ 的逆时针方向，或者说 $p_0$、$p_1$、$p_2$ 在左手螺旋方向上，则 $(p_1-p_0)\times(p_2-p_0)<0$。

### 9.4.7  求一个多边形的面积

若一个多边形由 $n$ 个顶点构成，采用 vector<Point> 容器 $p$ 存储，求其面积的方法

有多种。常用的是采用三角形剖分的方法，取一个顶点作为剖分出的三角形的顶点，三角形的其他顶点为多边形上相邻的点，如图 9.11 所示。

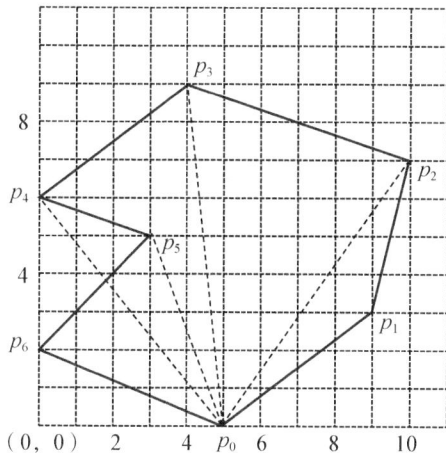

图 9.11 一个多边形

已知三角形的 3 个顶点向量，可以通过向量叉积得到其面积，还可以通过向量叉积解决凹多边形中重复面积的计算问题。在图 9.11 中 7 个顶点分别是 $p_0(5,0)$、$p_1(9,3)$、$p_2(10,7)$、$p_3(4,9)$、$p_4(0,6)$、$p_5(3,5)$、$p_6(0,2)$，以 $p_0$ 为剖分点，求解过程如下。

(1) $(p[1]-p[0]) \times (p[2]-p[0])/2 = 6.5$，得到 $S(p_0,p_1,p_2)=6.5$。

(2) $(p[2]-p[0]) \times (p[3]-p[0])/2 = 26$，得到 $S(p_0,p_2,p_3)=26$。

(3) $(p[3]-p[0]) \times (p[4]-p[0])/2 = 19.5$，得到 $S(p_0,p_3,p_4)=19.5$，含 $p_4-p_5-x$ 部分面积(不应该包括在多边形面积中)和 $p_0-p_5-x$ 部分面积。

(4) $(p[4]-p[0]) \times (p[5]-p[0])/2 = -6.5$，得到 $S(p_0,p_4,p_5)=-6.5$，其绝对值含 $p_4-p_5-x$ 部分面积和 $p_0-p_5-x$ 部分面积。由于为负数，$S(p_0,p_3,p_4)+S(p_0,p_4,p_5)$ 恰好得到 $p_0-p_3-p_4-p_5$ 部分的面积。

(5) $(p[5]-p[0]) \times (p[6]-p[0])/2 = 10.5$，得到 $S(p_0,p_5,p_6)=10.5$。

(6) 上述所有面积相加得到多边形的面积 56。

对应的算法如下。

```
double polyArea(vector<Point>p)          //求多边形面积
{ double ans=0.0;
    for (int i=1;i<p.size()-1;i++)
            ans+=Det(p[i]-p[0],p[i+1]-p[0]);
    return fabs(ans)/2;                  //累计有向面积结果的绝对值
}
```

# 9.5 求解凸包问题

简单多边形分凸多边形和凹多边形两类。凸多边形是没有任何"凹陷处"的,而凹多边形至少有一个顶点处于"凹陷处"(称为凹点)。凸多边形上任意两个顶点的连线都包含在多边形中,在凹多边形中总能找到一对顶点,它们的连线有一部分在多边形外。图9.12(a)所示的多边形是一个凸多边形,而图9.12(b)所示的多边形是一个凹多边形。

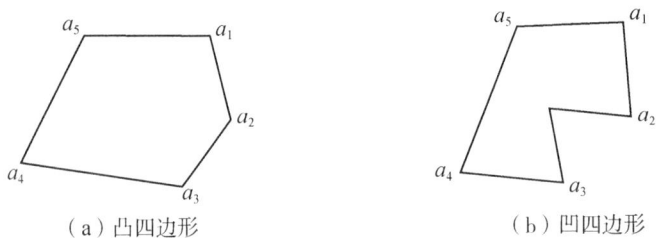

(a)凸四边形　　　　　　　　　　(b)凹四边形

图 9.12　两个多边形

沿凸多边形周边移动,在每个顶点的转向都是相同的。对于凹多边形,一些是向右转,一些是向左转,在凹点的转向是相反的。

点集 $A$ 的凸包(Convex Hull)是指一个最小凸多边形,满足 $A$ 中的点或者在多边形边上或者在其内,也就是说满足任意两点的连线都在 $A$ 点集内的点集就是一个凸包。图9.13所示的二维平面上有10个点,即 $a_0$(4,10)、$a_1$(3,7)、$a_2$(9,7)、$a_3$(3,4)、$a_4$(5,6)、$a_5$(5,4)、$a_6$(6,3),$a_7$(8,1)、$a_8$(3,0)和 $a_9$(1,6),其凸包是由点 $a_0$、$a_2$、$a_7$、$a_8$ 和 $a_9$ 构成的。

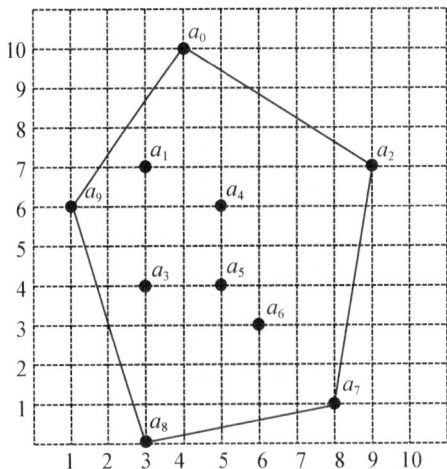

图 9.13　一个点集的凸包

求一个点集的凸包是计算几何的一个基本问题,目前有多种求解算法,本节主要介绍两种找凸包的典型算法:卷包裹算法和葛立恒扫描法。

### 9.5.1 卷包裹算法

卷包裹算法也称为礼品包裹算法,其原理比较简单,先找一个最边缘的点(一般是最左边的点,如有多个这样的点则选择最下方的点)。假设有一条绳子,以该点为端点向右逆时针旋转直到碰到另一个点为止,此时找出凸包的一条边;然后用新找到的点作为端点,继续旋转绳子,找到下一个端点;重复这一步骤直到回到最初的点,此时围成一个凸多边形,所选出的点集就是所要求的凸包。

对于给定的 $n$ 个点 $a[0..n-1]$,求解的凸包顶点序列存放在凸包数组 ch 中,其步骤如下。

(1)从所有点中求出最左边的最低点 $a_j$($x$ 坐标最小者,若有多个这样的点,选其中 $y$ 坐标最小者),置 tmp$=j$。

(2)将点编号 j 作为凸包中的一个顶点编号,存放到 ch 中。

(3)对于点 $a_j$,找一个点 $a_i$,使得 $\overrightarrow{a_j a_i}$ 与以 $a_j$ 为起点的水平方向射线的角度最小,如图 9.14 所示。若存在两个点 $a_i$ 和 $a_k$,并有 $a_i$、$a_j$、$a_k$ 三点共线,则选取离 $a_j$ 最远的点 $a_i$。若 Direction$(a_i,a_j,a_k)>0$,则 $a_i$、$a_j$、$a_k$ 3 点在右手螺旋方向上,也就是顺时针方向上,即 $\theta_1<\theta_2$。

(4)当 $j=$tmp 时,表示已求出凸包顶点序列 ch,算法结束。

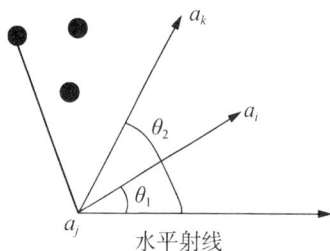

图 9.14　求点 $a_i$

对于图 9.13 所示的点集 $a$,采用卷包裹算法求凸包的过程如下。

(1)选取最左边最下点 $a_9$。

(2)当前点为 $a_9$,从 $a_9$ 出发在其余所有点中找到角度最小的点 $a_8$。

(3)当前点为 $a_8$,从 $a_8$ 出发在其余所有点中找到角度最小的点 $a_7$。

(4)当前点为 $a_7$,从 $a_7$ 出发在其余所有点中找到角度最小的点 $a_2$。

(5)当前点为 $a_2$,从 $a_2$ 出发在其余所有点中找到角度最小的点 $a_0$。

(6)当前点为 $a_0$,从 $a_0$ 出发在其余所有点中找到角度最小的点 $a_9$。

(7)回到起点,算法结束。找到的凸包顶点序列是 $a_9$,$a_8$,$a_7$,$a_2$,$a_0$。

**采用卷包裹算法求解图 9.13 中凸包的主要算法如下。**

```
bool cmp(Point aj,Point ai,Point ak)
{
    int d=Direction(aj,ai,ak);
    if (d==0)                        //共线时,若 ajai 更长则返回 true
        return Distance(aj,ak)<Distance(aj,ai);
    else if (d>0)                    //ajai 在 ajak 的顺时针方向上,返回 true
        return true;
    else                             //否则返回 false
        return false;
}
```

```
void Package(vector<Point>a,vector<int>&ch)    //卷包裹算法
{
    int i,j,k,tmp;
    j=0;
    for (i=1;i<a.size();i++)
        if (a[i].x<a[j].x || (a[i].x==a[j].x && a[i].y<a[j].y))
            j=i;                               //找最左边最低点 j
    tmp=j;                                      //tmp 保存起点
    while (true)
    {
        k=-1;
        ch.push_back(j);                       //顶点 aj 作为凸包上的一个点
        for (i=0;i<a.size();i++)
            if (i!=j && (k==-1 || cmp(a[j],a[i],a[k])))
                k=i;                           //从 aj 出发找角度最小的点 ai
        if (k==tmp) break;                     //找出起点时结束
        j=k;
    }
}
```

【算法效率分析】

上述算法的时间复杂度为 $O(nh)$ 或 $O(n^2)$，其中 $n$ 为所有点的个数，$h$ 为求得的凸包中的点数。

## 9.5.2　葛立恒扫描法

葛立恒扫描法(Graham 扫描法)的原理：沿逆时针方向通过凸包时，在每个点处应该向左拐，而删除出现右拐的点。

通过设置一个关于候选点的栈 ch 来解决凸包。输入点集 $A$ 中的每个点都入栈一次，非凸包中的顶点最终将出栈，当算法终止时，栈中仅包含凸包中的点，其顺序为各点在边界上出现的逆时针方向排列的顺序。

对于给定的 $n$ 个点 $a[0..n-1]$，葛立恒扫描法求凸包的步骤如下。

(1)从所有点中求出找最下且偏左的点 $a[k]$（$y$ 坐标最小者，若有多个这样的点，选其中 $x$ 坐标最小者）。通过交换将 $a[k]$ 放到 $a[0]$ 中，并置全局变量 $p_0=a[0]$。

(2)对 $a$ 中所有点按以 $p_0$ 为中心的极角从小到大排序。如图 9.15 所示，对于两个点 $a_j$ 和 $a_i$，若 Direction($p_0$, $a_j$, $a_i$)>0，$p_0$、$a_i$、$a_j$ 在右手螺旋方向上，也就是顺时针方向上，即极角关系为 $\theta_1<\theta_2$，则点 $a_i$ 排在点 $a_j$ 的前面；否则，点 $a_i$ 排在点 $a_j$ 的后面。

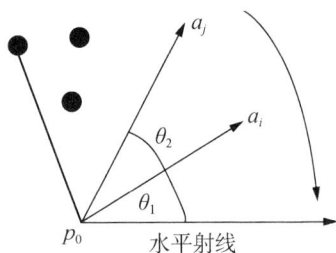

图 9.15　相对于点 $p_0$，点 $a_i$ 排在点 $a_j$ 之前

（3）在点集 $a$ 排序后，先将 $a[0]$、$a[1]$和 $a[2]$三个点入栈到 ch 中，因为一个凸包至少含有 3 个点。

（4）扫描点集 $a$ 中余下的所有点（从 $i=3$ 开始）。若扫描点 $a[i]$，栈顶点为 ch[top]，次栈顶点为 ch[top−1]，若有 Direction(ch[top−1], $a[i]$, ch[top])>0，如图 9.16 所示，ch[top−1]、$a[i]$、ch[top]在右手螺旋方向上，也就是顺时针方向上，则存在着右拐，则栈顶点 ch[top]一定不是凸包中的点，将其退栈；如此循环，直到该条件不成立或者栈中少于两个元素为止，然后将当前扫描点 $a[i]$入栈。

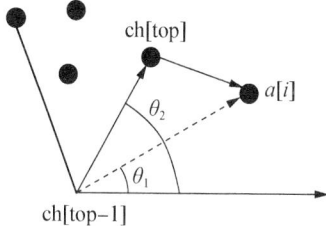

图 9.16　扫描遇到右拐的情况

**采用葛立恒扫描法求解图 9.13 中凸包的主要算法如下。**

```
bool cmp(Point &a,Point &b)              //排序比较函数
{
    if (Direction(p0,a,b)>0)
        return true;
    else
        return false;
}
int Graham(vector<Point>&a,Point ch[])   //求凸包的葛立恒扫描法
{
    int top=-1,i,k=0;
    Point tmp;
    for (i=1;i<a.size();i++)             //找最下且偏左的点 a[k]
        if ((a[i].y<a[k].y) || (a[i].y==a[k].y && a[i].x<a[k].x))
            k=i;
    swap(a[0],a[k]);                     //通过交换将 a[k]点指定为起点 a[0]
    p0=a[0];                             //将起点 a[0]放入 p0 中
    sort(a.begin()+1,a.end(),cmp);       //按极角从小到大排序
    top++;ch[0]=a[0];                    //前 3 个点先入栈
    top++;ch[1]=a[1];
    top++;ch[2]=a[2];
    for (i=3;i<a.size();i++)             //判断与其余所有点的关系
    {
        while (top>=0 && (Direction(ch[top-1],a[i],ch[top])>0 ||
            Direction(ch[top-1],a[i],ch[top])==0 && Distance(ch[top-1],a[i])
            >Distance(ch[top-1],ch[top])))
        {
            top--;                       //存在右拐关系,栈顶元素出栈
        }
        top++; ch[top]=a[i];             //当前点与栈内所有点满足向左关系,因此入栈
    }
}
```

```
    return top+1;                          //返回栈中元素个数
    }
```

【算法效率分析】对于 $n$ 个点，上述算法中排序过程的时间复杂度为 $O(n\log_2 n)$，for 循环次数少于 $n$，所以整个算法的时间复杂度为 $O(n\log_2 n)$。

# 9.6  求解最近点对问题

二维空间中最近点对问题：给定平面上 $n$ 个点，找其中的一对点，使得在 $n$ 个点的所有点对中该点对的距离最小。这类问题在实际中有广泛的应用。

例如，在空中交通控制问题中，若将飞机作为空间中移动的一个点来看待，则具有最大碰撞危险的两架飞机，就是这个空间中最接近的一对点。本节将介绍求解最近点对的两种算法。

### 1. 用蛮力法求最近点对

用蛮力法求最近点对的过程如下：分别计算每一对点之间的距离，然后找出距离最小的那一对点。对于给定的点集 $a$，采用蛮力法求 $a[\text{leftindex}..\text{rightindex}]$ 中的最近点对之间距离的算法如下。

```
double ClosestPoints(vector<Point>a,int leftindex,int rightindex)
{   int i,j;
    double d,mindist=INF;
    for (i=leftindex;i<=rightindex;i++)
        for (j=i+1;j<=rightindex;j++)
        {   d=Distance(a[i],a[j]);
            if (d<mindist)
            mindist=d;
        }
    return mindist;
}
```

【算法效率分析】上述算法中有两重 for 循环，当求 $a[0..n-1]$ 中 $n$ 个点的最近点对时，其时间复杂度为 $O(n^2)$。

### 2. 用分治法求最近点对

对于给定的点集 $a[0..n-1]$，采用分治法求最近点对距离的步骤如下。

(1)对 $a$ 中所有点按 $x$ 坐标从小到大排序，将 $a$ 中的点集复制到 $b$ 中，对 $b$ 中所有点按 $y$ 坐标从小到大排序。设求出 $a$ 中最近点对距离为 $d$。

(2)如果 $a$ 中点数少于 4，则采用蛮力法直接计算各点的最近距离 $d$。

(3)求出 $a$ 中间位置的点 $a[\text{midindex}]$，以此位置画一条中轴线 $l$（对应的 $x$ 坐标为

$a[\text{midindex}].x$），将 $a$ 的所有点分割为点数大致相同的两个子集：左部分包含 $a$ [0..midindex] 的点，右部分包含 $a[\text{midindex}+1..n-1]$ 的点。同样将 $b$ 中的点相应分为两部分 leftb 和 rightb，左部分称为 $S_1$（含 $a$ [0..midindex] 和 leftb），右部分称为 $S_2$（含 $a$ [midindex+1..n-1] 和 rightb），如图 9.17 所示。递归调用求出 $S_1$ 中点集的最近点对的距离为 $d_1$，递归调用求出 $S_2$ 中点集的最近点对的距离为 $d_2$，并求出当前最近点对的距离为 $d=\min(d_1, d_2)$。

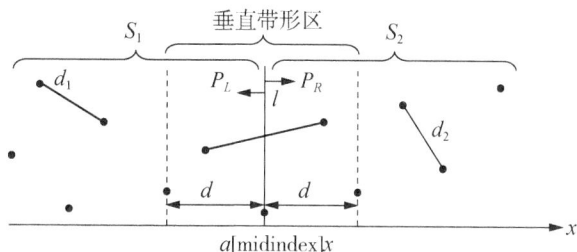

图 9.17　采用分治法求最近点对

（4）显然 $S_1$ 和 $S_2$ 中任意点对之间的距离小于或等于 $d$，但 $S_1$、$S_2$ 交界的垂直带形区（由所有与中轴线的 $x$ 坐标值相差不超过 $d$ 的点构成）中的点对之间的距离可能小于 $d$。将 $b$ 中所有落在垂直带形区的点复制到 $b_1$ 中，对于 $b_1$ 中任一点 $p$，仅需要考虑紧随 $p$ 后的 7 个点，计算出从 $p$ 到这 7 个点的距离，并和 $d$ 进行比较，将最小的距离存放在 $d$ 中，最后求得的 $d$ 即为 $a$ 中所有点的最近点对距离。

对于 $b_1$ 中的点 $p$，为什么只需要考虑紧随 $p$ 后的 7 个点呢？如果 $p_L \in P_L$，$p_R \in P_R$，且 $p_L$ 和 $p_R$ 的距离小于 $d$，则它们必定位于以 $l$ 为中轴线的 $d \times 2d$ 的矩形内，如图 9.18 所示，该矩形内最多有 8 个点（左、右阴影正方形中最多有 4 个点，否则它们的距离小于 $d$，与 $P_L$、$P_R$ 中所有点的最小距离大于或等于 $d$ 矛盾）。所以为了求 $P_L$ 和 $P_R$ 中点之间的最小距离，只需要考虑每个点 $p$ 之后的 7 个点。

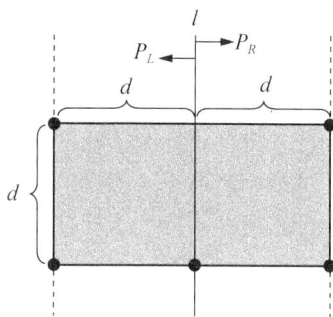

图 9.18　以 $l$ 为中轴线的 $d \times 2d$ 的矩形区

对于图 9.13 所示的点集 $a$，采用分治法求最近点对的过程如下。

（1）**排序前**的 $a$ [0..9] 为 $a_0(4, 10)$、$a_1(3, 7)$、$a_2(9, 7)$、$a_3(3, 4)$、$a_4(5, 6)$、$a_5(5, 4)$、$a_6(6, 3)$、$a_7(8, 1)$、$a_8(3, 0)$ 和 $a_9(1, 6)$。

对 $a$[0..9] 按 $x$ 坐标从小到大排序的结果为 $a_9(1, 6)$、$a_1(3, 7)$、$a_3(3, 4)$、$a_8(3, 0)$、$a_0(4, 10)$、$a_4(5, 6)$、$a_5(5, 4)$、$a_6(6, 3)$、$a_7(8, 1)$ 和 $a_2(9, 7)$。

将 $a$ 复制到 $b$ 中，对 $b[0..9]$ 按 $y$ 坐标从小到大排序的结果为 $a_8(3，0)$、$a_7(8，1)$、$a_6(6，3)$、$a_3(3，4)$、$a_5(5，4)$、$a_9(1，6)$、$a_4(5，6)$、$a_1(3，7)$、$a_2(9，7)$ 和 $a_0(4，10)$。

（2）**取中间位置** midindex$=4$，对应顶点 $a_0$，左部分为 $(a_9，a_1，a_3，a_8，a_0)$，右部分为 $(a_4，a_5，a_6，a_7，a_2)$，中间部分为 $(a_8，a_3，a_5，a_4，a_1，a_0)$（按 $y$ 从小到大排列）。其中，左部分包含中间位置的顶点。

（3）**处理整个序列的左部分** $(a_9，a_1，a_3，a_8，a_0)$。

① 取中间位置 midindex$=2$，对应顶点 $a_3$，左部分为 $(a_9，a_1，a_3)$，右部分为 $(a_8，a_0)$，中间部分为 $(a_8，a_3，a_9，a_1)$（按 $y$ 从小到大排列）。其中左部分包含中间位置的顶点。

② 处理左部分 $(a_9，a_1，a_3)$，由于顶点个数少于 4，采用蛮力法求出 $a_9$ 和 $a_1$ 的最小距离为 $d_{11}=2.23607$。对应的点对是 $a_9$ 和 $a_1$。

③ 处理右部分为 $(a_8，a_0)$，由于顶点个数少于 4，采用蛮力法求出 $a_8$ 和 $a_0$ 的最小距离为 $d_{12}=10.0499$。对应的点对是 $a_8$ 和 $a_0$。

左右部分合起来求出 $d_1=\min(d_{11}，d_{12})=\min(2.23607，10.0499)=2.23607$，对应的点对是 $a_9$ 和 $a_1$。

④ 中间部分为 $(a_8，a_3，a_9，a_1)$（按 $y$ 从小到大排列）。

a. 考虑 $a_8$，在 $y$ 方向上后面没有小于 $d_1$ 的顶点。

b. 考虑 $a_3$，在 $y$ 方向上后面小于 $d_1$ 的顶点只有顶点 $a_9$，求出 $a_3$ 到 $a_9$ 的距离为 2.82843。

c. 考虑 $a_9$，在 $y$ 方向上后面小于 $d_1$ 的顶点只有顶点 $a_1$，求出 $a_9$ 到 $a_1$ 的距离为 2.23607。

d. 考虑 $a_1$，在 $y$ 方向后面没有其他顶点。

求出中间部分的最近距离 $d_{13}=2.23607$，对应的点对是 $a_9$ 和 $a_1$。

这样合并得到左部分 $(a_9，a_1，a_3，a_8，a_0)$ 的结果 $d_1=\min(d_1，d_{13})=(2.23607，2.23607)=2.23607$，对应的点对是 $a_9$ 和 $a_1$。

（4）**处理整个序列的右部分** $(a_4，a_5，a_6，a_7，a_2)$。

① 取中间位置 midindex$=7$，对应顶点 $a_6$，左部分为 $(a_4，a_5，a_6)$，右部分为 $(a_7，a_2)$，中间部分为 $(a_6，a_5，a_4)$（按 $y$ 从小到大排列）。其中左部分包含中间位置的顶点。

② 处理左部分 $(a_4，a_5，a_6)$，由于顶点个数少于 4，采用蛮力法求出最近距离为 $d_{21}=1.41421$。对应的点对是 $a_5$ 和 $a_6$。

③ 处理右部分为 $(a_7，a_2)$，由于顶点个数少于 4，采用蛮力法求出最近距离为 $d_{22}=6.08276$。对应的点对是 $a_7$ 和 $a_2$。

左右部分合起来求出 $d_2=\min(d_{21}，d_{22})=\min(1.41421，6.08276)=1.41421$，对应的点对是 $a_5$ 和 $a_6$。

④ 中间部分为 $(a_6，a_5，a_4)$（按 $y$ 从小到大排列）。

a. 考虑 $a_6$，在 $y$ 方向上后面小于 $d_2$ 的顶点只有顶点 $a_5$，求出 $a_6$ 到 $a_5$ 的距离为 1.41421。

b. 考虑 $a_5$，在 $y$ 方向上后面没有小于 $d_2$ 的顶点。

c. 考虑 $a_4$，在 $y$ 方向后面没有其他顶点。

求出中间部分的最近距离 $d_{23} = 1.41421$，对应的点对是 $a_6$ 和 $a_5$。

这样合并得到右部分 $(a_4, a_5, a_6, a_7, a_2)$ 的结果 $d_2 = \min(d_2, d_{23}) = (1.41421, 1.41421) = 1.41421$，对应的点对是 $a_5$ 和 $a_6$。

(5)**考虑左右部分**，求出 $d = \min(d_1, d_2) = 1.41421$。

中间部分点集 $(a_8, a_3, a_5, a_4, a_1, a_0)$（按 $y$ 从小到大排列）。

a. 考虑 $a_8$，在 $y$ 方向上后面没有小于 $d$ 的顶点。

b. 考虑 $a_3$，在 $y$ 方向上后面小于 $d$ 的顶点只有顶点 $a_5$，求出 $a_3$ 到 $a_5$ 的距离为 2。

c. 考虑 $a_5$，在 $y$ 方向上后面没有小于 $d$ 的顶点。

d. 考虑 $a_4$，在 $y$ 方向上后面小于 $d$ 的顶点只有顶点 $a_1$，求出 $a_4$ 到 $a_1$ 的距离为 2.23607。

e. 考虑 $a_1$，在 $y$ 方向上后面没有小于 $d$ 的顶点。

f. 考虑 $a_0$，在 $y$ 方向后面没有其他顶点。

求出中间部分 $(a_8, a_3, a_5, a_4, a_1, a_0)$ 的最近距离 $d_3 = 2$，对应的点对是 $a_3$ 和 $a_5$。

(6)**合并最终结果**：$d = \min(d, d_3) = \min(1.41421, 2) = 1.41421$，对应的点对是 $a_5$ 和 $a_6$。

**采用分治法求最近点对的主要算法如下。**

```
double ClosestPoints(vector<Point>a,int leftindex,int rightindex)
//蛮力法求 a[leftindex..rightindex]中的最近点对距离
{
    int i,j;
    double d,mindist=INF;
    for (i=leftindex;i<=rightindex;i++)
        for (j=i+1;j<=rightindex;j++)
        {
            d=Distance(a[i],a[j]);
            if (d<mindist)
                mindist=d;
        }
    return mindist;
}
//分治递归求点对距离
bool pointxcmp(Point &p1,Point &p2)        //用于点按 x 坐标递增排序
{
    return p1.x<p2.x;
}
bool pointycmp(Point &p1,Point &p2)        //用于点按 y 坐标递增排序
{
    return p1.y<p2.y;
}
```

```
    double ClosestPoints11(vector<Point>&a, vector<Point>b, int leftindex, int
rightindex)
    //递归求 a[leftindex..rightindex]中最近点对的距离
    {
        vector<Point>leftb,rightb,b1;
        int i,j,midindex;
        double d1,d2,d3=INF,d;
        if ((rightindex-leftindex+1)<=3)        //少于 4 个点,直接用蛮力法求解
        {
            d=ClosestPoints(a,leftindex,rightindex);
            return d;
        }
        midindex=(leftindex+rightindex)/2;      //求中间位置
        for (i=0;i<b.size();i++)                //将 b 中点集分为左右两部分
            if (b[i].x<a[midindex].x)
                leftb.push_back(b[i]);
            else
                rightb.push_back(b[i]);
        d1=ClosestPoints11(a,leftb,leftindex,midindex);
        d2=ClosestPoints11(a,rightb,midindex+1,rightindex);
        d=min(d1,d2);                           //当前最小距离 d=min(d1,d2)
                                                //求中间部分点对的最小距离
        for (i=0;i<b.size();i++)
    //将 b 中间宽度为 2×d 的带状区域内的子集复制到 b1 中
            if (fabs(b[i].x-a[midindex].x)<=d)
                b1.push_back(b[i]);
        double tmpd3;
        for (i=0;i<b1.size();i++)               //求 b1 中最近点对
            for (j=i+1;j<b1.size();j++)
            {
                if (b1[j].y-b1[i].y>=d) break;
                tmpd3=Distance(b1[i],b1[j]);
                if (tmpd3<d3)
                    d3=tmpd3;
            }
        d=min(d,d3);
        return d;
    }
    double ClosestPoints1(vector<Point>&a,int leftindex,int rightindex)
                                //求 a[leftindex..rightindex]中最近点对的距离
    {
        int i;
        vector<Point>b;
```

```
vector<Point>::iterator it;
printf("排序前:\n");
for (it=a.begin();it!=a.end();it++)
    (*it).disp();
printf("\n");
sort(a.begin(),a.end(),pointxcmp);        //按 x 坐标从小到大排序
printf("按 x 坐标排序后:\n");
for (it=a.begin();it!=a.end();it++)
    (*it).disp();
printf("\n");
for (i=0;i<a.size();i++)                   //将 a 中的点集复制到 b 中
    b.push_back(a[i]);
sort(b.begin(),b.end(),pointycmp);        //按 y 坐标从小到大排序
printf("按 y 坐标排序后:\n");
for (it=b.begin();it!=b.end();it++)
    (*it).disp();
printf("\n");
return ClosestPoints11(a,b,0,a.size()-1);
}
//求最近点对的主函数
```

【算法效率分析】当求 $a[0..n-1]$ 中 $n$ 个点的最近点时，设其运行时间为 $T(n)$，求左右部分中最近点对的时间为 $T(n/2)$，求中间部分的时间为 $O(n)$，则

$$\begin{cases} T(n)=O(1), & n<4 \\ T(n)=2T(n/2)+O(n), & 其他情况 \end{cases}$$

从而推出算法的时间复杂度为 $O(n\log_2 n)$。

# 9.7 求解最远点对问题

在二维空间中求解最远点对问题与求解最近点对问题相似，也具有许多实际应用价值。本节将介绍求解最远点对的两种算法。

## 1. 用蛮力法求最远点对

用蛮力法求最远点对的过程：分别计算每一对点之间的距离，然后找出距离最大的那一对点。

对于给定的点集 $a$，采用蛮力法求 $a$ 中的最远点对 $a[\text{maxindex1}]$ 和 $a[\text{maxindex2}]$ 的算法如下。

```
double Mostdistp(vector<Point>a,int &maxindex1,int &maxindex2)
//蛮力求 a 中的最远点对
```

```
{    int i,j;
     double d,maxdist=0.0;
     for (i=0;i<a.size();i++)
         for (j=i+1;j<a.size();j++)
     {   d=Distance(a[i],a[j]);
             if (d>maxdist)
         {   maxdist=d;
             maxindex1=i;
             maxindex2=j;
         }
     }
     return maxdist;
}
```

【算法效率分析】上述算法的时间复杂度为 $O(n^2)$。

**2. 用旋转卡壳法求最远点对**

旋转卡壳法的基本思想：对于给定的点集，先采用葛立恒扫描法求出一个凸包 $a$，然后根据凸包上的每条边找到离他最远的一个点。即卡着外壳转一圈，这便是旋转卡壳法名称的由来。

图 9.19(a) 所示是一个凸包，图 9.19(b)～图 9.19(f) 是找最远点对的过程，虚线指示当前处理的边，粗线表示离虚线边最远的点所在的边，从中可以看到，虚线恰好绕凸包转了一圈，而粗线也只绕凸包转了一圈。每次处理一条边 $a_ia_{i+1}$ 时，若对应的粗线为 $a_ja_{j+1}$，则求出点 $a_i$ 和 $a_j$ 及点 $a_{i+1}$ 和 $a_j$ 之间的距离，通过比较求出较大距离存放到 maxdist 中。当所有边处理完毕后 maxdist 即为最大点对的距离。

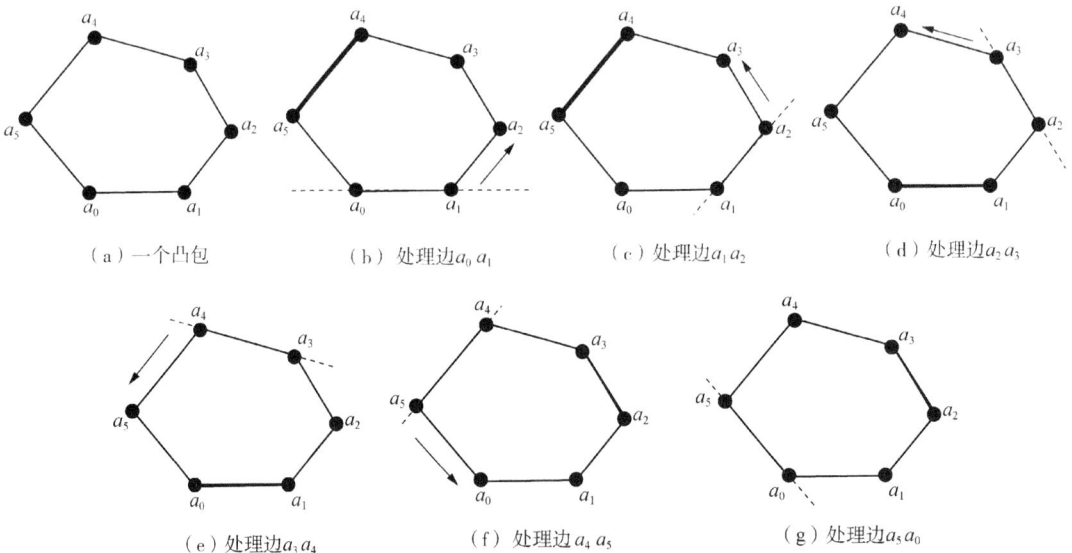

（a）一个凸包　　　（b）处理边 $a_0a_1$　　　（c）处理边 $a_1a_2$　　　（d）处理边 $a_2a_3$

（e）处理边 $a_3a_4$　　　（f）处理边 $a_4a_5$　　　（g）处理边 $a_5a_0$

图 9.19　用旋转卡壳法求最远点对的过程

现在需要解决以下两个问题。

(1)如何求当前处理的边对应的粗边。以当前处理的边为 $a_0a_1$ 为例，如图 9.20 所示，先从 $j=1$ 开始，即看 $a_1a_2$ 是否为粗边，显然它不是。那么如何判断呢？对于边 $a_ja_{j+1}$（图中 $j=2$），由向量 $a_1a_0$ 和 $a_1a_j$ 构成一个平行四边形，其面积为 $S_2$，由向量 $a_1a_0$ 和 $a_1a_{j+1}$ 构成一个平行四边形，其面积为 $S_1$。由于这两个平行四边形的底相同，如果 $S_1>S_2$，说明 $a_{j+1}$ 离当前处理边更远，表示边 $a_ja_{j+1}$ 不是粗边，需要通过增 $j$ 继续判断下一条边，直到这样的平行四边形面积出现 $S_1 \leqslant S_2$ 为止，此时的边 $a_ja_{j+1}$ 就是粗边，图 9.20 中当前边 $a_0a_1$ 找到的粗边为 $a_4a_5$，较大距离的点为 $a_1$ 和 $a_4$。

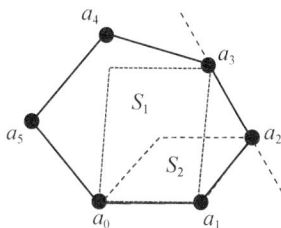

图 9.20 找粗边的过程

(2)如何求平行四边形的面积。两个向量的叉积为对应平行四边形的有向面积(可能为负)，通过求其绝对值得到其面积在图 9.20 中，$S_1 = \text{fabs}(\text{Det}(a_1, a_0, a_3))$，$S_2 = \text{fabs}(\text{Det}(a_1, a_0, a_2))$，其中 Det 是求叉积。

对于图 9.13 所示的点集 $a$，采用旋转卡壳法求最远点对的过程如下。

(1)采用葛立恒扫描法求出一个凸包 ch 为 $a_8(3, 0)$，$a_7(8, 1)$，$a_2(9, 7)$，$a_0(4, 10)$，$a_9(1, 6)$。

(2)$i=0$，处理边 $a_8a_7$（对应 ch[0]ch[1]），找到粗边为 $j=3$，即边 $a_0a_9$，求出 $a_8$ 到 $a_0$ 的距离为 10.0499，$a_7$ 到 $a_0$ 的距离为 9.8886，maxdist=10.0499。

(3)$i=1$，处理边 $a_7a_2$，找到粗边为 $j=4$，即边 $a_9a_8$，求出 $a_7$ 到 $a_9$ 的距离为 860233，$a_2$ 到 $a_9$ 的距离为 8.06226，maxdist 不变。

(4)$i=2$，处理边 $a_2a_0$，找到粗边为 $j=0$，即边 $a_8a_7$，求出 $a_2$ 到 $a_8$ 的距离为 9.21954，$a_0$ 到 $a_8$ 的距离为 10.0499，maxdist 不变。

(5)$i=3$，处理边 $a_0a_9$，找到粗边为 $j=1$，即边 $a_7a_2$，求出 $a_0$ 到 $a_7$ 的距离为 9.84886，$a_9$ 到 $a_7$ 的距离为 860233，maxdist 不变。

(6)$i=4$，处理边 $a_9a_8$，找到粗边为 $j=2$，即边 $a_2a_0$，求出 $a_9$ 到 $a_2$ 的距离为 8.06226，$a_8$ 到 $a_2$ 的距离为 9.21954，maxdist 不变。

最后求得的最远点对为 $a_8(3, 0)$ 和 $a_0(4, 10)$，最远距离为 10.0499。对应的旋转卡壳算法如下。

```
double RotatingCalipers1(Pointch[],int m,int &maxindex1,int &maxindex2)
{                             //由 RotatingCalipers 调用
    int i,j;
    double maxdist=0.0,d1,d2;
    ch[m]=ch[0];                     //添加起点
    j=1;
    for (i=0;i<m;i++)
    {   while (fabs(Det(ch[i]-ch[i+1],ch[j+1]-ch[i+1]))>fabs(Det(ch[i]-ch
            [i+1],ch[j]-ch[i+1])))
```

```
            j=(j+1)%m;              //以面积来判断,面积大则说明要离平行线远些
        d1=Distance(ch[i],ch[j]);
        if (d1>maxdist)
                { maxdist=d1;
                  maxindex1=i;
                  maxindex2=j;
                }
        d2=Distance(ch[i+1],ch[j]);
        if (d2>maxdist)
                { maxdist=d2;
                  maxindex1=i+1;
                  maxindex2=j;
                }

    }
    return maxdist;
}
void RotatingCalipers(vector<Point>&a)
//旋转卡壳算法
{   int m,index1,index2;
    Point ch[MAXN];
    m=Graham(a,ch);
    double maxdist=RotatingCalipers1(ch,m,index1,index2);
    printf("最远点对:(%g,%g)和(%g,%g),最远距离=%g\n",
        ch[index1].x,ch[index1].y,ch[index2].x,
        ch[index2].y,maxdist);
}
```

【算法效率分析】对于 $n$ 个点集,其中葛立恒扫描法的程序运行时间为 $O(n\log_2 n)$,若求出的凸包中含有 $m(m \leqslant n)$ 个点,则 RotatingCalipers1 算法的执行时间为 $O(m)$,所以整个算法的时间复杂度为 $O(n\log_2 n)$,显然优于采用蛮力法求解。

# 9.8  本章小结

计算几何是计算机科学中研究解决几何问题算法的一个分支,是计算机图形学的基础,而计算机图形学的应用领域非常广泛。在现代工程与数学中,计算几何应用于计算机图形学、机器人技术、大规模集成电路设计、计算机辅助设计及统计学等多个领域。

本章讨论了计算几何中的几个比较简单,但又具有典型意义的问题,包括判断两条线段是否相交问题,判断一组线段是否存在相交线段问题,平面点集凸包问题和平面点集最邻近点对距离等问题。说这些问题具有典型意义,除了它们是很多计算几何问题的

基础之外，还因为解决这些问题的算法思想具有典型性。例如，利用向量的叉积计算向量极角，判别向量的转向，对事件点集合的扫描线法等。读者可以通过研读解决这些问题的算法，领会到关于计算几何的基本概念、基本问题和解决问题的基本方法。

# 9.9　习题

1. 对于图 9.21 所示的点集 $A$，给出采用葛立恒扫描法求凸包的过程及结果。
2. 对于图 9.21 所示的点集 $A$，给出采用分治法求最近点对的过程及结果。
3. 对于图 9.21 所示的点集 $A$，给出采用旋转卡壳法求最远点对的结果。

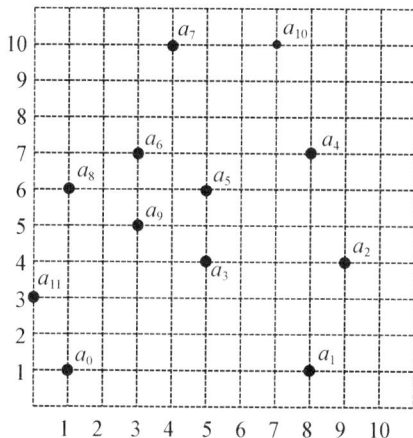

图 9.21　一个点集 $A$

4. 已知坐标为整数，给出判断平面上一点 $p$ 是否在一个逆时针三角形 $p_1 - p_2 - p_3$ 内部的算法。

5. 对应 3 个点向量 $p_1$、$p_2$、$p_3$，采用 $S(p_1, p_2, p_3) = (p_2 - p_1) \times (p_3 - p_1)/2$ 求它们构成的三角形面积，请问什么情况下计算结果为正？什么情况下计算结果为负？

# 9.10　实验题

**实验一：求解凸多边形的直径问题**

【问题描述】

所谓凸多边形的直径，即凸多边形任意两个顶点的最大距离。设计一个算法，输入一个含有 $n$ 个顶点的凸多边形，且顶点按逆时针方向依次输入，求其直径，要求算法的时间复杂度为 $O(n)$，并用相关数据进行测试。

【问题解析】

采用旋转卡壳法求凸多边形的直径，实验设计实现解决该问题的算法。

**实验二：求解判断三角形类型问题**

**【问题描述】**

给定三角形的 3 条边 $a$、$b$、$c$，判断该三角形的类型。

**输入描述**：测试数据有多组，每组输入三角形的 3 条边。

**输出描述**：对于每组输入，输出直角三角形、锐角三角形或钝角三角形。

**输入样例**：

3、4、5

**样例输出：**

直角三角形

**【问题解析】**最长边对应最大角，对 3 条边 $e[0..2]$ 按递增排序，求出 result $= e[0]^2 + e[1]^2 - e[2]^2$，根据 result 可以确定三角形的类型。实验设计实现解决该问题的算法。

**实验三：求解最大三角形问题**

**【问题描述】**

老师在计算几何这门课上给 Eddy 布置了一道题目，即给定二维平面上 $n$ 个不同的点，要求在这些点里寻找 3 个点，使它们构成的三角形的面积最大。Eddy 对这道题目百思不得其解，想不通用什么方法来解决，因此他找到了聪明的你，请你帮他解决。

**输入描述**：输入数据包含多组测试用例，每个测试用例的第 1 行包含一个整数，表示一共有 $n$ 个互不相同的点，接下来的 $n$ 行每行包含两个整数 $x_i$、$y_i$，表示平面上第 $i$ 个点的 $x$ 与 $y$ 坐标。可以认为 $3 \leqslant n \leqslant 50000$，而且 $10000 \leqslant x_i$，$y_i \leqslant 10000$。

**输出描述**：对于每一组测试数据，请输出构成的最大三角形的面积，结果保留两位小数。每组输出占一行。

**输入样例：**

3
3 4
2 6
3 7
6
2 6
3 9
2 0
8 0
6 6
7 7

**样例输出：**

1.50
27.00

**【问题解析】**

最大面积的三角形总是由凸包的顶点构成，所以首先采用葛立恒扫描法求出凸包 ch [$0..m-1$]，通过枚举其所有三角形求出最大面积。实验设计实现解决该问题的算法。

**实验四：求解两个多边形公共部分的面积问题**

**【问题描述】**

贝蒂喜欢剪纸，有两个新剪出的凸多边形需要粘在一起，她打算用糨糊涂抹两张剪纸的共同区域，如图 9.22 所示。请帮忙求出两个多边形的公共部分的面积。

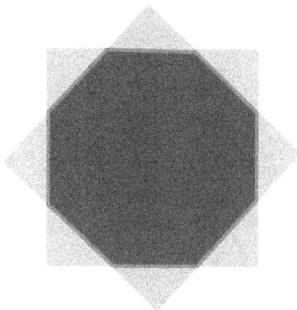

图 9.22 求解两个多边形公共部分的面积问题

**输入描述：** 输入由两部分组成，每个部分的第 1 行是一个 3~30 的整数，用于指定多边形的顶点数，紧接的行指出多边形的顶点的坐标（由两个实数构成）。实数的小数部分包含 6 个数字，其绝对值低于 1000，所有顶点按逆时针方向给出。

**输出描述：** 输出一个实数（含两位小数），表示两个多边形的公共部分的面积。

**输入样例：**

```
4
1.500000 −0.500000
3.500000 1.500000
1.500000 3.500000
−0.500000 1.500000
4
0.000000 0.000000
3.000000 0.000000
3.000000 3.000000
0.000000 3.000000
```

**输出样例：**

```
7.00
```

**【问题解析】**

将两个剪纸看作多边形 $A$ 和 $B$，找出它们的相交点构成的结果多边形，其中需要考虑多边形 $A$ 中的顶点缩到多边形 $B$ 内部的情况，最后求出结果多边形的面积。实验设计实现解决该问题的算法。

# 第 10 章　随机算法

**学习目标**

(1)掌握同余的概念。

(2)掌握随机算法的设计思想。

(3)掌握利用三种随机算法解决典型应用问题的能力。

**内容导读**

在多数情况下，当算法在执行过程中面临某个选择时，随机性选择一般会比最优选择节省时间，因此，随机算法可在很大程度上降低算法的复杂度。随机算法的一个基本特征是对所求解问题的同一实例用同一随机算法求解两次可能得到完全不同的效果——所需的时间及其所得到的结果都可能会有相当大的差异。

本章将讨论蒙特卡罗(Monte Carlo)算法、舍伍德(Sherwood)算法和拉斯维加斯(Las Vegas)算法三类随机算法策略。随机算法在采样不全时，通常不能保证找到精确解，甚至是无解。

# 10.1　同余的概念

由于在某些随机算法的相关概念、定理及相应的构造方法里，大量应用了同余的概念，所以本节先介绍同余的基本概念及主要性质。

## 1. 同余

设 $a$、$b$、$n$ 为整数，$n>0$，若 $a-b$ 为 $n$ 的整数倍，则称 $a$ 与 $b$ 关于模 $n$ 同余，记为 $a\equiv b(\bmod\ n)$。

**证明：** 设 $a\%n=x$，$b\%n=y$，则有

$$a/n=c\cdots x，b/n=d\cdots y \rightarrow a=n\times c+x，b=n\times d+y \rightarrow a-b$$
$$=(c-d)\times n+(x-y) \tag{10-1}$$

由题意有

$$(a-b)/n=z \rightarrow a-b=z\times n \tag{10-2}$$

比较式(10-1)和式(10-2)可知，$x-y=0$，即 $x=y$。同余具有以下性质。

(1)**反身性**：$a\equiv a(\bmod\ n)$。

（2）**对称性**：若 $a \equiv b \pmod{n}$，则 $b \equiv a \pmod{n}$。

（3）**传递性**：若 $a \equiv b \pmod{n}$，$b \equiv c \pmod{n}$，则 $a \equiv c \pmod{n}$。

（4）若 $a_i \equiv b_i \pmod{n}$，$i = 1$，2，则 $\boldsymbol{a_1 \pm a_2 \equiv b_1 \pm b_2 \pmod{n}}$，$\boldsymbol{a_1 a_2 \equiv b_1 b_2 \pmod{n}}$。

（5）**可约分**：若 $aC \equiv bC \pmod{n}$，则 $a \equiv b \pmod{n/\gcd(n, C)}$，其中，$\gcd(n, C)$ 表示 $n$ 和 $C$ 的最大公因子，$a$，$b$，$C$ 均为整数。

由性质（1）（2）（3）可以将整数分为若干类，余数相同的类称之为**同余类**或**剩余类**。如以 $n$ 为模，则有 $n$ 个同余类：除以 $n$ 余数为 0（即被整除）的为一类，余数 1 的为一类，余数为 2 的为一类……余数为 $n-1$ 的为一类。显然，每一类中都包含若干个整数。

**2. 完全剩余系**

从模 $n$ 的每一个剩余类中各取一个数所组成的集合，称为关于模 $n$ 的**完全剩余系**。如 $n=7$，则 $\{0, 1, 2, 3, 4, 5, 6\}$ 为模 $n$ 的完全剩余系。由完全剩余系的构造特点可以推论出，$n$ 个整数成为模 $n$ 的一个完全剩余系的充分与必要条件是该集合内任意两个不相同的整数对模 $n$ 不同余。

**3. 缩剩余系**

缩剩余系简称缩系，也被称为**简化剩余系**或**既约剩余系**。在关于模 $n$ 的同余类 $A$ 中，若有一个数与 $n$ 互素，则称为同余类 $A$ 与 $n$ 互素。此时，$A$ 中的每一个数都与 $n$ 互素。如 $n=6$，$A=\{1, 13, 19, \cdots\}$。**缩剩余系**是从一切与 $n$ 互素的关于模 $n$ 的同余类中各取一个数所组成的集合。设 $n$ 的缩剩余系中的元素个数为 $\varphi(n)$，函数 $\varphi(n)$ 被称为**欧拉（Euler）函数**。

例如，对模 $n=6$，关于 $n$ 的一个完全剩余系为 $\{0, 1, 2, 3, 4, 5\}$，缩剩余系为 $\{1, 5\}$。对于模 $n=7$，关于 $n$ 的一个完全剩余系为 $\{0, 1, 2, 3, 4, 5, 6\}$，缩剩余系为 $\{0, 1, 2, 3, 4, 5, 6\}$。由此可见，素数 $n$ 的缩剩余系为 $\{1, 2, \cdots, n-1\}$，因为在 $(0, n)$ 区间内的每一个整数都与 $n$ 互素。

【**定理 10.1**】设 $n$ 是正整数，$\gcd(a, n)=1$，$b$ 是任意整数，若 $a_0, \cdots, a_{n-1}$ 是模 $n$ 的一个完全剩余系，则 $a \times a_0 + b, \cdots, a \times a_{n-1} + b$ 也是模 $n$ 的一个完全剩余系。

**证明**：由完全剩余系的定义可知，只要证明 $a \times a_0 + b, \cdots, a \times a_{n-1} + b$ 两两不同余就够了。用反证法。

假定 $a \times a_i + b \equiv a \times a_j + b \pmod{n}$（$i \neq j$），由同余性质（4）可得 $a \times a_i \equiv a \times a_j \pmod{n}$，再由同余性质（5）及 $\gcd(a, n)=1$，可得 $a_i \equiv a_j \pmod{n}$。这与 $a_0, \cdots, a_{n-1}$ 是模 $n$ 的一个完全剩余系相矛盾。故定理得证。

【**定理 10.2**】若 $a$，$b$，$c$ 为 3 个任意整数，$m$ 为正整数，且 $\gcd(m, c)=1$，则当 $ac \equiv bc \pmod{m}$ 时，有 $a \equiv b \pmod{m}$。

**证明**：$ac \equiv bc \pmod{m}$，可得 $ac - bc \equiv 0 \pmod{m}$，可得 $(a-b)c \equiv 0 \pmod{m}$，因为 $\gcd(m, c)=1$ 即 $m$ 与 $c$ 互质，那么 $a-b$ 必然是 $m$ 的倍数，则 $c$ 可以约去，$a-b \equiv 0 \pmod{m}$，依据同余定义，可得 $a \equiv b \pmod{m}$。

【**定理 10.3**】设 $n$ 是正整数，$\gcd(a, n)=1$，若 $A=\{a_1, \cdots, a_{\varphi(n)}\}$ 是模 $n$ 的一个缩

剩余系，则 $B=\{a\times a_1,\cdots,a\times a_{\varphi(n)}\}$ 也是模 $n$ 的一个缩剩余系。

**证明：** 显然集合 $B$ 中有 $\varphi(n)$ 个整数。其次由于 $\gcd(a,n)=1$，所以对于任意的 $a_i(1\leqslant i\leqslant\varphi(n))$，$a_i\in A$，有 $(a\times a_i,n)=(a,n)=1$。因此 $B$ 中的每一个数都与 $n$ 互素。最后，$B$ 中的任何两个不同的整数对模 $n$ 不同余。若 $a_i$，$a_j\in A$，有 $a\times a_i\equiv a\times a_j(\bmod m)$，则依据定理 10.2，可知必有 $a_i\equiv a_j(\bmod m)$，这与已知条件相矛盾。所以 $B$ 也是模 $m$ 的一个缩剩余系。

注意，定理 10.1 并不适用于定理 10.2，即若 $\gcd(a,n)=1$，$b$ 是任意整数，$A=\{a_1,\cdots,a_{\varphi(n)}\}$ 是模 $n$ 的一个缩剩余系，则有 $B=\{a\times a_1+b,\cdots,a\times a_{\varphi(n)}+b\}$ 也是模 $n$ 的一个缩剩余系。如取 $m=4$，$a=1$，$b=1$ 可知模 $m$ 的一个缩剩余系为 $\{1,3\}$，但 $\{a\times 1+b=2,\cdots,a\times 3+b=4\}$ 就不是模 $m$ 的缩剩余系。

**【欧拉定理】** 若正整数 $n$ 与 $a$ 互素，即 $\gcd(a,n)=1$，$\varphi(n)$ 为欧拉函数，则 $a^{\varphi(n)}=1(\bmod n)$。

**证明：** 设 $A=\{a_1,\cdots,a_{\varphi(n)}\}$ 构成模 $n$ 的缩剩余系。由定理 10.3 可知 $B=\{a\times a_1,\cdots,a\times a_{\varphi(n)}\}$ 也构成了模 $n$ 的缩剩余系。因为 $\gcd(a,n)=1$，而且 $A$ 与 $B$ 中的元素对应同余，即 $a_i\equiv a\times a_i(\bmod n)$。所以，由同余性质(4)可得

$$a_1\times a_{\varphi(n)}\equiv(a\times a_1)\times\cdots\times(a\times a_{\varphi(n)})(\bmod n)$$
$$a_1\times a_{\varphi(n)}\equiv a^{\varphi(n)}\times(a_1\times\cdots\times a_{\varphi(n)})(\bmod n)$$

依据同余定义有

$$a^{\varphi(n)}\times(a_1\times\cdots\times a_{\varphi(n)})-(a_1\times\cdots\times a_{\varphi(n)})\equiv 0(\bmod n)$$
$$(a_1\times\cdots\times a_{\varphi(n)})(a^{\varphi(n)}-1)\equiv 0(\bmod n)$$

由缩剩余系定义可知，$((a_1\times\cdots\times a_{\varphi(n)}),n)=1$，所以，可以约去 $(a_1\times\cdots\times a_{\varphi(n)})$，得 $(a^{\varphi(n)}-1)\equiv 0(\bmod n)$，即 $a^{\varphi(n)}\equiv 1(\bmod n)$。

# 10.2　随机数

随机数在随机算法中有着十分重要的地位，因为几乎所有的随机算法都跟随机数有关，本节首先介绍随机数的基本概念及产生方法。

**随机数：** 设有随机变量 $\eta\sim F(x)$，则称随机变量 $\eta$ 的随机抽样序列 $\{\eta_i,i=1,2,\cdots,n\}$ 为分布 $F(x)$ 的随机数。

其中，$F(x)$ 是 $\eta$ 在某种统计意义上的分布规律。

产生随机数的常用方法有以下三种。

(1)手工方法。如抛硬币、抽签、掷骰子等。这种方法简单易行，技术含量低，在民间广泛采用；缺点是如果需要大量的随机数，执行效率低。

(2)物理方法。如放射性物质放射出的粒子数等。该方法的优点是产生的随机质量好，缺点是技术含量太高，需要有专门的物质和仪器。

(3)按照某一递推公式 $\eta_n=f(\eta_{n-1},\eta_{n-2},\cdots,\eta_{n-k})$ 产生数列 $\eta_1,\eta_2,\cdots,\eta_n$，当 $n$ 充分大时，该数列就具有均匀分布随机变量的独立抽样序列的性质，这一数列也被称为

**伪随机序列**。它的优点是可重复产生大量的伪随机数，缺点是产生的随机数不是真正的随机数。

在计算机中利用方法(3)介绍的递推公式建立计算模型，设计软件算法产生伪随机数并使这些伪随机数具有均匀分布随机数的一些统计性质，以便能够把这样产生的伪随机数作为真正的随机数使用。一个好的均匀随机数产生的数学方法(通常称为发生器)应当具备以下 3 个特点。

(1)产生的数列具有均匀总体随机样本的统计学性质，如分布均匀、抽样的随机性、数列间的独立性等。

(2)产生的数列要有足够的周期。

(3)产生数列快速，占用计算机内存少，具有完全可重复性。

产生伪随机数最常用的方法是**线性同余法**。它是由美国的莱姆伯(Lehmber)在 1951 年提出来的。此方法利用了数论中的同余运算来产生随机数，故称为**同余发生器**(Linear Congruence Generator，LCG)。

由同余的定义可以构造 LCG 如下。

$$\begin{cases} a_0 = d \\ a_n = (ba_{n-1} + c) \bmod m, & n = 1, 2, \cdots \end{cases}$$

其中，$b \geqslant 0$，$c \geqslant 0$，$m \geqslant 0$，$d \leqslant m$。$d$ 被称为该序列的**随机种子**，$m$ 与 $c$ 互质，$m$ 为机器所能取得的大数。$m$、$b$、$c$ 和 $a_0$ 分别被称为模数、乘数、增量和初始值。通过 LCG 求出的随机数序列 $\{a_n\}$ 被称为**线性同余序列**。利用 LCG 产生均匀随机数时，式中参数 $m$、$b$、$c$ 和 $a_0$ 的选取值很关键。例如：

$$\begin{cases} a_0 = 1 \\ a_n = (5a_{n-1} + 1) \bmod 10, & n = 1, 2, \cdots \end{cases}$$

可得$\{a_n\}=6$，1，6，1，$\cdots$，则它的周期只有 2。若是改为

$$\begin{cases} a_0 = 1 \\ a_n = (5a_{n-1} + 1) \bmod 8, & n = 1, 2, \cdots \end{cases}$$

可得$\{a_n\}=6$，7，4，5，2，3，0，1，周期为 8。满足总体随机样本的统计学性质——分布均匀、抽样的随机性等，并且是全数列周期的，即 0~7。再进行下去，其所产生的数列是可重复的，且用线性同余法取得伪随机序列的速度比较快。

例如，以下算法产生 $n$ 个$[a, b]$的随机数。

```
# include <stdio.h>
# include <stdlib.h>                //包含产生随机数的库函数
# include <time.h>
void randa(int x[],int n,int a,int b)    //产生 n 个[a,b]的随机数
{  int i;
    for (i=0;i<n;i++)
        x[i]=rand()% (b-a+1)+a;
}
```

```
void main()
{
    int i,n=10,x[10];
    int b=30,a=10;
    srand((unsigned)time(NULL));                    //随机种子
    for (i=0;i<n;i++)
        randa(x,n,a,b);
    for (i=0;i<n;i++)
        printf("%d  ",x[i]);
    printf("\n");
}
```

# 10.3　随机算法

## 10.3.1　随机算法的概念

随机算法也称为**概率算法**,允许算法在执行过程中随机地选择下一个计算步骤。在很多情况下,算法在执行过程中面临选择时,随机性选择比最优选择省时,因此随机算法可以在很大程度上降低算法的复杂度。

随机算法的基本特征是随机决策,在同一实例上执行两次的结果可能不同,在同一实例上执行两次的时间也可能不同。这种算法的新颖之处是把随机性注入算法中,使得算法设计与分析的灵活性及解决问题的能力大为改善,曾一度在密码学、数字信号和大系统的安全及故障容错中得到广泛应用。

前面几章讨论的算法的每一个计算步骤都是固定的,而随机算法允许算法在执行过程中随机选择下一个计算步骤。

随机算法具有以下 2 个特点:一是**不可再现性**,在同一个输入实例上每次执行的结果不尽相同,如 $n$ 皇后问题,随机算法运行不同次将会得到不同的正确解;二是**算法分析困难**,要求有概率论、统计学和数论的知识。

对随机算法通常讨论以下两种期望时间。

(1)平均的期望时间:所有输入实例上平均的期望执行时间。

(2)最坏的期望时间:最坏的输入实例上的期望执行时间。

## 10.3.2　随机算法的分类

随机算法大致分为以下 4 类。

(1)**数值概率算法**。这类算法常用于数值问题的求解,得到的往往是近似解,而且近似解的精度随计算时间的增加而不断提高。在许多情况下,精确解是不可能的或没有必要的,因此用数值概率算法可以得到相当满意的解。其特点是用于数值问题的求解,得到最优化问题的近似解。

（2）**蒙特卡罗（Monte Carlo）算法**。用蒙特卡罗算法能够求得问题的一个解，但这个解未必是正确的。求得正确解的概率依赖于算法所用的时间。算法所用的时间越多，得到正确解的概率就越高。蒙特卡罗算法的主要缺点正在于此。一般情况下，采用这类算法无法有效判断得到的解是否肯定正确。其特点是判定问题的准确解，得到的解不一定正确。

（3）**舍伍德（Sherwood）算法**。舍伍德算法总能求得问题的一个解，且所求得的解总是正确的。当一个确定性算法的最坏时间复杂度与平均时间复杂度存在较大差别时，可以在这个确定算法中引入随机性将它改造成一个舍伍德算法，消除或减少确定算法中求解问题的好坏实例（确定算法中好实例是指运行时间性能较好的算法输入，坏实例是指运行时间性能较差的算法输入）之间在运行时间性能上的差别。舍伍德算法的精髓不是避免算法的最坏情况行为，而是设法消除这种最坏行为与特定实例之间的关联性。其特点是总能求得一个解，且一定是正确解。

（4）**拉斯维加斯（Las Vegas）算法**。一旦用拉斯维加斯算法找到一个解，那么这个解肯定是正确的，但有时用拉斯维加斯算法可能找不到解。与蒙特卡罗算法类似，拉斯维加斯算法得到正确解的概率随着它耗用的计算时间的增加而提高。对于所求解问题的任一实例，用同一拉斯维加斯算法反复对该实例求解足够多次，可使求解失效的概率任意小。其特点是不一定会得到解，但得到的解一定是正确解。

本章主要讨论后 3 种随机算法。

# 10.4 经典随机算法

## 10.4.1 蒙特卡罗算法

蒙特卡罗算法，又称**计算机随机模拟算法**，也称**统计模拟法**，是一种基于"随机数"的计算方法，是以概率和统计理论方法为基础的一种随机模拟算法。它将所求解的问题同一定的概率模型相联系，用计算机实现统计模拟或抽样，以获得问题的解。这一方法源于 20 世纪 40 年代，美国在第二次世界大战中研制原子弹的"曼哈顿计划"。该计划的成员斯塔尼斯拉夫·乌拉姆（Stanislaw Ulam）和数学家冯·诺伊曼（von Neumann）首先提出了该算法，并用驰名世界的赌城——摩纳哥的蒙特卡罗来命名这种算法。其基本思想很早以前就被人们所发现和利用，在 7 世纪人们就知道用事件发生的"频率"来决定事件的"概率"。在 19 世纪，人们用投针试验的方法来决定 π。高速计算机的出现，使得用数学方法在计算机上大量模拟这样的试验成为可能。

【**例 10.1**】设计一个求 π（圆周率）的蒙特卡罗算法。

**解**：在边长为 2 的正方形内有一半径为 1 的内切圆，如图 10.1 所示。向该正方形中投掷 $n$ 次飞镖，假设飞镖击中正方形中任何位置的概率相同，设飞镖的位置为 $(x, y)$，如果有 $x^2 + y^2 \leqslant 1$，则飞镖落在内切圆中。

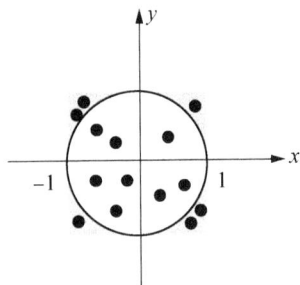

图 10.1  正方形和圆的关系

这里，圆面积为 $\pi$，正方形面积为 4，内切圆面积与正方形面积之比为 $\pi/4$。若 $n$ 次投掷中有 $m$ 次落在内切圆中，则圆面积与正方形面积之比可近似为 $m/n$，即 $\pi/4 \approx m/n$，或者 $\pi \approx 4m/n$。由于图中每个象限的概率相同，这里以右上角象限进行模拟。

**采用蒙特卡罗算法求 $\pi$ 的算法如下。**

```
double solve()                    //求 π 的蒙特卡罗算法
{
    int n＝10000;
    int m＝0;
    doublex,y;
    for (int i＝1;i＜=n;i＋＋)
    {
        x＝rand01();
        y＝rand01();
        if (x＊x＋y＊y＜=1.0)
            m＋＋;
    }
    return 4.0＊m/n;
}
```

上述程序的每次执行结果可能不同，下面是其执行 5 次的执行结果。

```
PI＝3.1276
PI＝3.1256
PI＝3.132
PI＝3.1264
PI＝3.1392
```

从中看出，每次的执行结果依赖于 rand01() 随机函数。

## 10.4.2  舍伍德算法

在分析确定性算法的平均时间复杂度时，通常假定算法的输入实例满足某一特定的概率分布。事实上，很多算法对于不同的输入实例，其运行时间差别很大。此时，可以采用舍伍德型算法来消除算法的时间复杂度与输入实例间的这种联系。

【例10.2】设计一个快速排序的舍伍德算法。

**解**：快速排序算法的关键在于一次划分中选择合适的划分基准元素，如果基准是序列中的最小(或最大)元素，则一次划分后得到的两个子序列不均衡，使得快速排序的时间性能降低。**舍伍德算法**在快速排序的一次划分之前，根据随机数在待划分序列中随机确定一个元素作为基准，并把它与第一个元素交换，则一次划分后得到期望均衡的两个子序列。从而使算法的行为不受待排序序列的不同输入实例的影响，使快速排序在最坏情况下的时间性能趋近于平均情况的时间性能，即 $O(n \log_2 n)$。

**本题对应的完整 C 程序如下。**

```c
//舍伍德快速排序算法
# include <stdio.h>
# include <stdlib.h>                    //包含产生随机数的库函数
# include <time.h>
void disp(int a[],int n)               //输出 a 中所有元素
{
    for (int i=0;i<n;i++)
        printf("%d ",a[i]);
    printf("\n");
}
int Partition(int a[],int s,int t)    //划分算法
{
    int i=s,j=t;
    int tmp=a[s];                      //用序列的第 1 个记录作为基准
    while (i!=j)                        //从序列两端交替向中间扫描,直至 i=j 为止
    {
        while (j>i && a[j]>=tmp)
            j--;                       //从右向左扫描,找第 1 个关键字小于 tmp 的 a[j]
        a[i]=a[j];                     //将 a[j]前移到 a[i]的位置
        while (i<j && a[i]<=tmp)
            i++;                       //从左向右扫描,找第 1 个关键字大于 tmp 的 a[i]
        a[j]=a[i];                     //将 a[i]后移到 a[j]的位置
    }
    a[i]=tmp;
    return i;
}
int randa(int a,int b)                 //产生 n 个[a,b]的随机数
{
    return rand()% (b-a+1)+a;
}
void swap(int &x,int &y)               //交换 x 和 y
```

```
{
    int tmp=x;
    x=y; y=tmp;
}
void QuickSort(int a[],int s,int t)          //对 a[s..t]元素序列进行递增排序
{
    if (s<t)                                 //序列内至少存在 2 个元素的情况
    {
        int j=randa(s,t);                    //产生[s,t]的随机数 j
        swap(a[j],a[s]);                     //将 a[j]作为基准
        int i=Partition(a,s,t);
        QuickSort(a,s,i-1);                  //对左子树递归排序
        QuickSort(a,i+1,t);                  //对右子树递归排序
    }
}
int main()
{
    int n=10;
    int a[]={2,5,1,7,10,6,9,4,3,8};
    printf("排序前:"); disp(a,n);
    srand((unsigned)time(NULL));             //随机种子
    QuickSort(a,0,n-1);
    printf("排序后:"); disp(a,n);
    return 0;
}
```

从中可以看出，舍伍德快速排序就是在确定性算法中引入随机性。其优点是时间复杂度对所有实例而言相对均匀，但与其他相应的确定性算法相比，其平均时间复杂度没有改进。

一个有很好平均性能的选择算法，在最坏情况下对某些实例来说，算法效率较低。此时，可以采用随机算法，将上述算法改造成一个舍伍德算法，使该算法以高概率对任何实例均有效。舍伍德算法对于确定性选择算法所做的修改简单易行，但并非所有确定性算法都能被直接改成舍伍德算法。此时，借助随机处理技术，不改变原有的确定性算法，仅对其输入进行随机洗牌，同样可以收到与舍伍德算法类似的效果。

## 10.4.3  拉斯维加斯算法

**拉斯维加斯算法**不时地做出可能导致算法陷入僵局的选择，并且算法能够检测是否陷入僵局，如果是，算法就承认失败。这种行为对于一个确定性算法是不能接受的，因为这意味着它不能解决相应的问题实例，但是，拉斯维加斯算法的随机特性可以接受失败，只要这种行为出现的概率不占多数。当出现失败时，只要在相同的输入实例上再次运行随机算法就有成功的可能。

拉斯维加斯算法的一个显著特征是，它所做的随机性选择有可能导致算法找不到问题的解，即算法运行一次，或者得到一个正确的解，或者无解。因此，需要对同一输入实例反复多次运行算法，直到成功地获得问题的解。

**【例 10.3】**设计一个求解 $n$ 皇后问题的拉斯维加斯算法。

**解：**当在第 $i$ 行摆放一个皇后时，可能的列为 $1\sim n$，产生 $1\sim n$ 的随机数 $j$，如果皇后的位置 $(i,j)$ 发生冲突，继续产生另外一个随机数 $j$，这样最多试探 $n$ 次。其中任何一次试探成功（不冲突），则继续查找下一个皇后位置，如果试探超过 $n$ 次，算法返回 false。

**算法设计如下。**

```
bool queen(int i,int n)              //摆放 1~i 的皇后
{
    int count,j;
    if (i>n)
    {
        dispasolution(n);            //所有皇后摆放结束
        return true;
    }
    else
    {
        count=0;                     //试探次数累计
        while (count<=n)             //最多试探 n 次
        {
            j=randa(1,n);            //产生第 i 行上 1 到 n 列的一个随机数 j
            count++;
            if (place(i,j))break;    //在第 i 行上找到一个合适位置(i,j)
        }
        if (count>n) return false;
        q[i]=j;
        queen(i+1,n);
    }
}
```

上述程序中一次执行 10 次 queen( )，很多次程序的执行都找不到解，其中的一次程序执行结果如下。

6 皇后问题求解如下。
第 1 次运行没有找到解
第 2 次运行没有找到解
第 3 次运行没有找到解
第 4 次运行没有找到解
第 5 次运行没有找到解
第 6 次运行没有找到解
第 7 次运行没有找到解

第 8 次运行没有找到解

第 9 次运行找到一个解：(1,3) (2,6) (3,2) (4,5) (5,1) (6,4)

如果将上述随机放置策略与回溯法相结合，则会获得更好的效果。可以先在棋盘的若干行中随机地摆放相容的皇后，然后在其他行中用回溯法继续摆放，直到找到一个解或宣告失败。

# 10.5　本章小结

由于随机数在随机算法中占有重要的地位，而其产生又与初等数论里的知识相关，因此本章一开始便介绍了同余的相关概念。随后讲解了 3 种类型的随机算法：蒙特卡罗算法、舍伍德算法和拉斯维加斯算法。这三种算法各有特点，在使用时，需要针对不同的情况来设计。

随机算法在采样不全时，通常不能保证找到精确解甚至是无解。对于蒙特卡罗算法来说，采样越多，也就是运算次数越多、消耗的时间越多，得到正确解的概率就越高，越接近精确解，但是无法确保得到的解都是正确的，通常需要分析算法出错的概率。对于拉斯维加斯算法来说，采样越多，就越有机会找到精确解。它通常能够得到正确解，但有时候会找不到解。因此，对于所求解问题的任一实例，用同一拉斯维加斯算法反复求解多次，可使求解失效的概率变小。对于舍伍德算法来说，总能求得问题的一个解，且所求得的解总是正确的。当一个确定性算法在最坏情况下的计算复杂度与其在平均情况下的计算复杂度有较大差异时，可在这个确定性算法中引入随机性将它改造成一个舍伍德算法，消除或减少问题好坏实例间的这种差别。舍伍德算法的精髓不在于避免算法的最坏情况，而在于设法消除这种最坏情形与特定实例之间的关联性。

# 10.6　习题

1. 蒙特卡罗算法属于（　　）。

A. 分支限界算法　　B. 贪心法　　　　C. 随机算法　　　　D. 回溯法

2. 在下列算法中，得到的解未必正确的是（　　）。

A. 蒙特卡罗算法　　B. 拉斯维加斯算法　C. 舍伍德算法　　　D. 数值概率算法

3. 总能求得非数值问题的一个解，且所求得的解总是正确的是（　　）。

A. 蒙特卡罗算法　　B. 拉斯维加斯算法　C. 数值概率算法　　D. 舍伍德算法

4. 在下列算法中，有时找不到问题解的是（　　）。

A. 蒙特卡罗算法　　B. 拉斯维加斯算法　C. 舍伍德算法　　　D. 数值概率算法

5. 下列选项中，能在多项式级时间内求出旅行商问题的一个近似最优解的是（　　）。

A. 回溯法　　　　　B. 蛮力法　　　　　C. 近似算法　　　　D. 都不可能

6. 下列叙述中，错误的是(    )。

A. 随机算法的期望执行时间是指反复解同一个输入实例所花的平均执行时间

B. 随机算法的平均期望时间是指所有输入实例上的平均期望执行时间

C. 随机算法的最坏期望时间是指最坏输入实例上的期望执行时间

D. 随机算法的期望执行时间是指所有输入实例上所花的平均执行时间

7. 下列叙述中，错误的是(    )。

A. 数值概率算法一般是求数值计算问题的近似解

B. 蒙特卡罗算法总能求得问题的一个解，但该解未必正确

C. 拉斯维加斯算法一定能求出问题的正确解

D. 舍伍德算法主要作用是减少或是消除好的和坏的实例之间的差别

8. 证明同余性质(4)：若 $a_i \equiv b_i \pmod{n}$，$i = 1, 2$，则 $a_1 \pm a_2 \equiv b_1 \pm b_2 \pmod{n}$，$a_1 a_2 \equiv b_1 b_2 \pmod{n}$。

9. 证明同余性质(5)：可约分，若 $aC \equiv bC \pmod{n}$，则 $a \equiv b \pmod{n/\gcd(n, C)}$，其中，$\gcd(n, C)$ 表示 $n$ 和 $C$ 的最大公因子，$a$，$b$，$C$ 均为整数。

10. 给定能随机生成整数 1 到 5 的函数 rand 5()，写出能随机生成整数 1 到 7 的函数 rand7()。

# 10.7　实验题

**实验一：求随机数**

**【问题描述】**

给定一个未知长度的整数流，如何合理地随机选取一个数。

**【问题解析】**

如果将整个整数流保存到一个数组中，则之后可以随机选取一个数组。但这里整数流很长，无法保存下来。如果整数流在第 1 个数后结束，则必定会选第 1 个数作为随机数。如果整数流在第 2 个数后结束，可以选第 2 个数的概率为 $1/2$，则以 $1/2$ 的概率用第 2 个数替换前面选的随机数，得到合理的新随机数。如果整数流在第 $n$ 个数后结束，选第 $n$ 个数的概率为 $1/n$，则以 $1/n$ 的概率用第 $n$ 个数替换前面选的随机数，得到合理的新随机数。假设整数流以 0 结尾，上机实验设计实现该问题的算法。

**实验二：随机打乱数组**

**【问题描述】**

给定一个含 $n$ 个整数的 $a$，编写一个实验程序随机打乱数组 $a$，并通过概率分析说明算法的正确性。

**【问题解析】**

首先从所有元素中选取一个元素与 $a[0]$ 交换，然后在 $a[1..n-1]$ 中选择一个元素与 $a[1]$ 交换，以此类推。上机实现随机打乱数组 $a$ 的程序。

# 参考文献

[1]王幸民，张晓霞．算法设计与分析［M］．北京：人民邮电出版社，2018．

[2]汪江桦，汤建国．算法设计基础［M］．北京：人民邮电出版社，2020．

[3]张小东．算法设计与分析［M］．北京：人民邮电出版社，2021．

[4]李春葆，等．算法设计与分析［M］．2 版．北京：清华大学出版社，2018．

[5]李春葆，等．算法设计与分析学习与实验指导［M］．2 版．北京：清华大学出版社，2018．

[6]李春葆，等．数据结构教程［M］．5 版．北京：清华大学出版社，2017．

[7]梁勇（Y. Daniel Liang）．Java 语言程序设计与数据结构（基础篇）（原书第 11 版）［M］．戴开宇，译．北京：机械工业出版社，2018．

[8]苏小红，赵玲玲，孙志刚，等．C 语言程序设计［M］．4 版．北京：高等教育出版社，2019．

[9]耿祥义，张跃平．Java2 实用教程［M］．6 版．北京：清华大学出版社，2021．

[10]徐子珊．算法设计、分析与实现 C、C＋＋和 Java［M］．北京：人民邮电出版社，2012．

[11]王晓东．算法设计与分析［M］．3 版．北京：清华大学出版社，2014．

[12]王晓东．计算机算法设计与分析［M］．5 版．北京：电子工业出版社，2018．

[13]王晓东．计算机算法设计与分析习题解答［M］．5 版．北京：电子工业出版社，2018．

[14]王晓东．计算机算法设计与分析［M］．4 版．北京：电子工业出版社，2012．

[15]王晓东，傅清祥，叶东毅．算法与数据结构学习指导与习题解析［M］．北京：电子工业出版社，2000．

[16]王晓东．数据结构（C 语言描述）［M］．修订版．北京：电子工业出版社，2011．